电子元器件检测与维修

王红军　编著

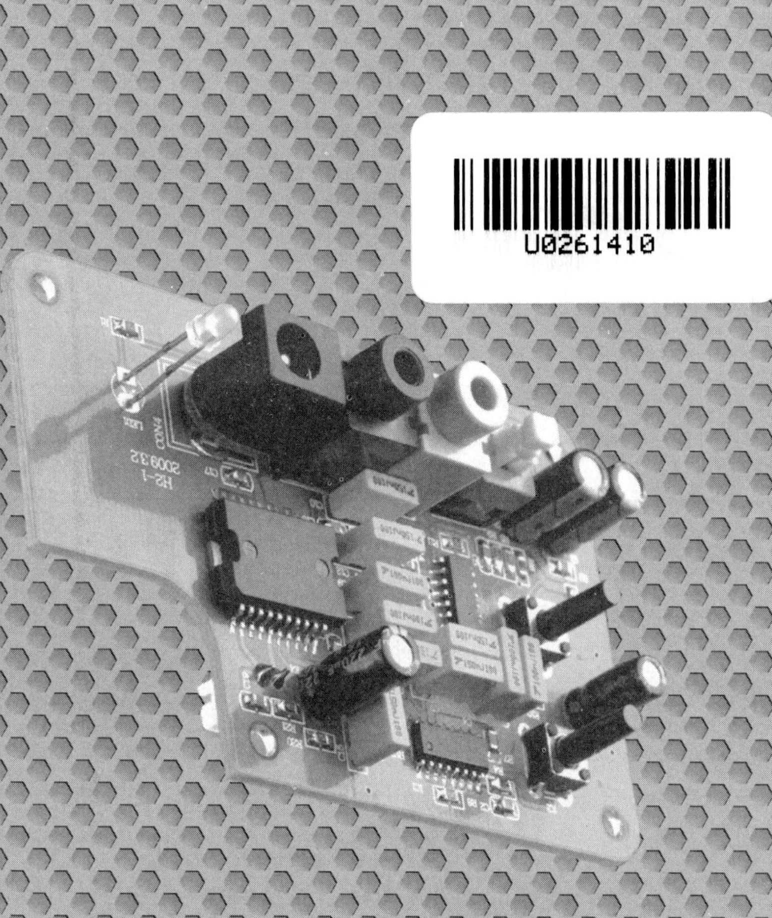

中国铁道出版社有限公司
CHINA RAILWAY PUBLISHING HOUSE CO., LTD.

内 容 简 介

本书由经验丰富的硬件工程师编写，首先讲解了电阻器、电容器、电感器、二极管、三极管等十几种常用电子元器件的基本实用知识（结构功能、表示符号、分类、标注方法等）；然后总结了这些电子元器件的好坏检测、选配与代换方法以及常见故障维修技术；另外，本书还结合大量的实训内容，讲解了使用数字万用表和指针万用表检测电路板中的元器件的方法，为广大读者提供了宝贵的实操经验。随书附赠的多媒体光盘中包含大量精彩的电子元器件维修视频，可有效地帮助读者快速掌握电子元器件的检测与维修。

本书内容全面新颖，具有很强的实用性、可读性和可操作性，适合作为从事专业硬件维修工作人员的参考用书，也可作为电子技术培训的教材，以及高等专业学校相关专业师生的参考资料和相关从业人员的检测维修手册。

图书在版编目（CIP）数据

电子元器件检测与维修从入门到精通 / 王红军编著. — 4版. — 北京：中国铁道出版社，2017.1(2019.12重印)

ISBN 978-7-113-22378-6

Ⅰ. ①电… Ⅱ. ①王… Ⅲ. ①电子元器件—检修 Ⅳ. ①TN606

中国版本图书馆CIP数据核字（2016）第232921号

书　　名：电子元器件检测与维修从入门到精通（第4版）
作　　者：王红军　编著

责任编辑：荆　波　　**读者热线电话**：010-63560056
责任印制：赵星辰　　**封面设计**：MXK DESIGN STUDIO

出版发行：中国铁道出版社有限公司（北京市西城区右安门西街8号　邮政编码：100054）
印　　刷：三河市宏盛印务有限公司
版　　次：2012年1月第1版　2013年2月第2版　2014年11月第3版
2017年1月第4版　2019年12月第8次印刷
开　　本：787mm×1092mm　1/16　**印张**：19.5　**字数**：460千
书　　号：ISBN 978-7-113-22378-6
定　　价：49.80元（附赠光盘）

前言

FOREWORD

任何电器设备的电路板都是由最基本的电子元器件所组成，这些电器设备出现故障，通常都是由电路板中的元器件故障引起的，因此掌握电子元器件的故障维修方法，是学会各种硬件设备故障维修的基础。

本书以电路板中的各种电子元器件为线索，全面、深入、系统地讲解了各种电子元器件的基本实用知识、常用电路、故障维修方法、代换方法、检测方法等方面的知识，重在提高读者识别并检测电路中各种元器件的能力，维修电路板中元器件的能力。

本书是专为普通维修用户编写的，书中将电路板中各种元器件的知识进行了系统地归纳总结，并结合检测维修实训，详细讲解了各种元器件检测维修的方法。本书结构清晰、内容翔实、案例技巧丰富，如良师面授一般，使读者能快速掌握各种电子元器件的检测维修知识。

本书特点

- 技术实用，内容丰富

本书讲解了各种电子元器件的实用知识（如结构功能、表示符号、分类、标注方法等），同时总结了日常维修中最实用的元器件维修检测技术（如元器件故障维修技术、元器件检测方法、选配与代换方法等）。另外，本书还结合实训讲解了使用数字万用表和指针万用表检测电路板中的元器件的方法。

- 大量实训，增加经验

本书结合了大量的检测实训对电路板中的各种电子元器件的好坏判断，进行了实际检测判断，配备了大量的实践操作图，总结丰富的实践经验，读者学过这些实训内容，可以轻松掌握电子元器件的好坏与检测方法。

- 实操图解，轻松掌握

本书讲解过程使用了直观图解的同步教学方式，上手更容易，学习更轻松。此外，本书还配备了大量的实操维修检测图，读者可以一目了然地看清元器件的检测判断过程，可以快速掌握所学知识。

改版说明

《电子元器件检测与维修从入门到精通》（包含第1、2、3版）上市以来，获得了市场的认可和读者的青睐；这也更坚定地证明我们策划思想是正确的；本着精益求精的态度，我们细查前两版时发现了不少需要修改和完善的地方，同时还有很多的读者意见，我们也一并在书中做了修改，真诚地希望本书的第4版能带给更多读者实用的电子元器件检测与维修知识。

适合阅读本书的读者

本书思路清晰，编排新颖，易学实用，可操作性强，可以作为从事专业硬件维修的工作人员的参考用书，还可作为培训机构、大中专院校及职业学校师生的教学参考书。

附赠光盘

为了让读者在阅读本书的同时，更轻松地掌握电子元器件检测和维修的相关知识，我们特意录制了15讲的视频，将电子元器件检测维修的技巧用直观的影像向读者展示。

本书作者团队

本书由王红军编著，参加本书编写的人员还有王红明、韩佶洋、多国华、多国明、李传波、杨辉、贺鹏、连俊英、孙丽萍、张军、张宝利、刘冲、韩海英、陶晶、高红军、付新起、王红丽、马广明、丁凤、王伟等。

由于作者水平有限，书中难免有疏漏和不足之处，恳请业界同仁及读者朋友提出宝贵意见。

编　者

2016年10月

目 录

CONTENTS

第9章 场效应管实用知识、故障判断与检测代换

第10章 晶闸管实用知识、故障判断与检测代换

第11章 晶振的实用知识、故障判断与检测代换

第12章 集成电路的实用知识、故障判断与检测代换

第 1 章　常用仪器使用方法

工欲利其事，必先利其器；要掌握电子元器件的检测与维修，首先要学会电子元器件检测工具的使用方法。本章会重点讲解数字万用表、指针万用表、电烙铁、热风焊台及一些其他常用工具的使用方法等。

1.1 万用表使用方法

万用表是万用电表的简称，又被叫做多用表、三用表和复用表，是一种多功能、多量程的测量仪表。一般万用表可测量直流电流、直流电压、交流电流、交流电压、电阻和音频电平等，是电工必备的仪表之一，也是电子维修中必备的测试工具。万用表有很多种，目前常用的有指针万用表和数字万用表两种，如图 1-1 所示。

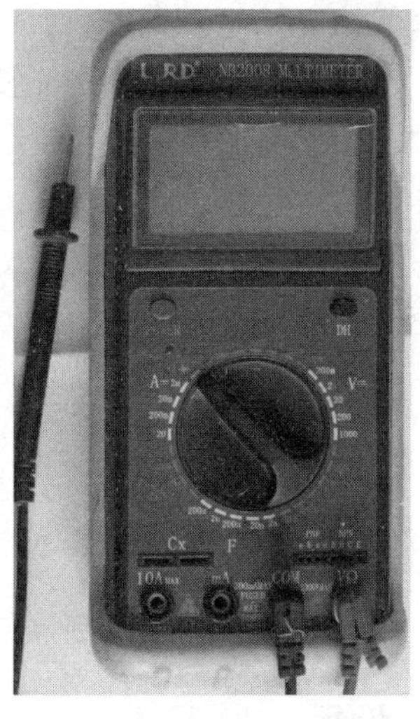

图 1-1　指针万用表（左）和数字万用表

1.1.1 数字万用表的结构

如图 1-2 所示，为一常用数字万用表。数字万用表具有显示清晰，读取方便，灵敏度高、准确度高，过载能力强，便于携带，使用方便等优点。

如图 1-2 所示，数字万用表主要挡位仍与指针万用表挡位相近。调节万用表功能旋钮，可以使万用表的挡位在电阻（Ω）、交流电压（ $\underset{\sim}{V}$ ）、直流电压（ $\underline{V}$ ）、直流电流挡和三极管挡之间进行转换。红黑表笔插孔分别用来插红黑表笔。欧姆挡调节旋钮用来给欧姆挡置零。三极管插孔用来检测三极管的极性和放大系数。不同的是多了一个用来测量温度的温度传感器插孔。

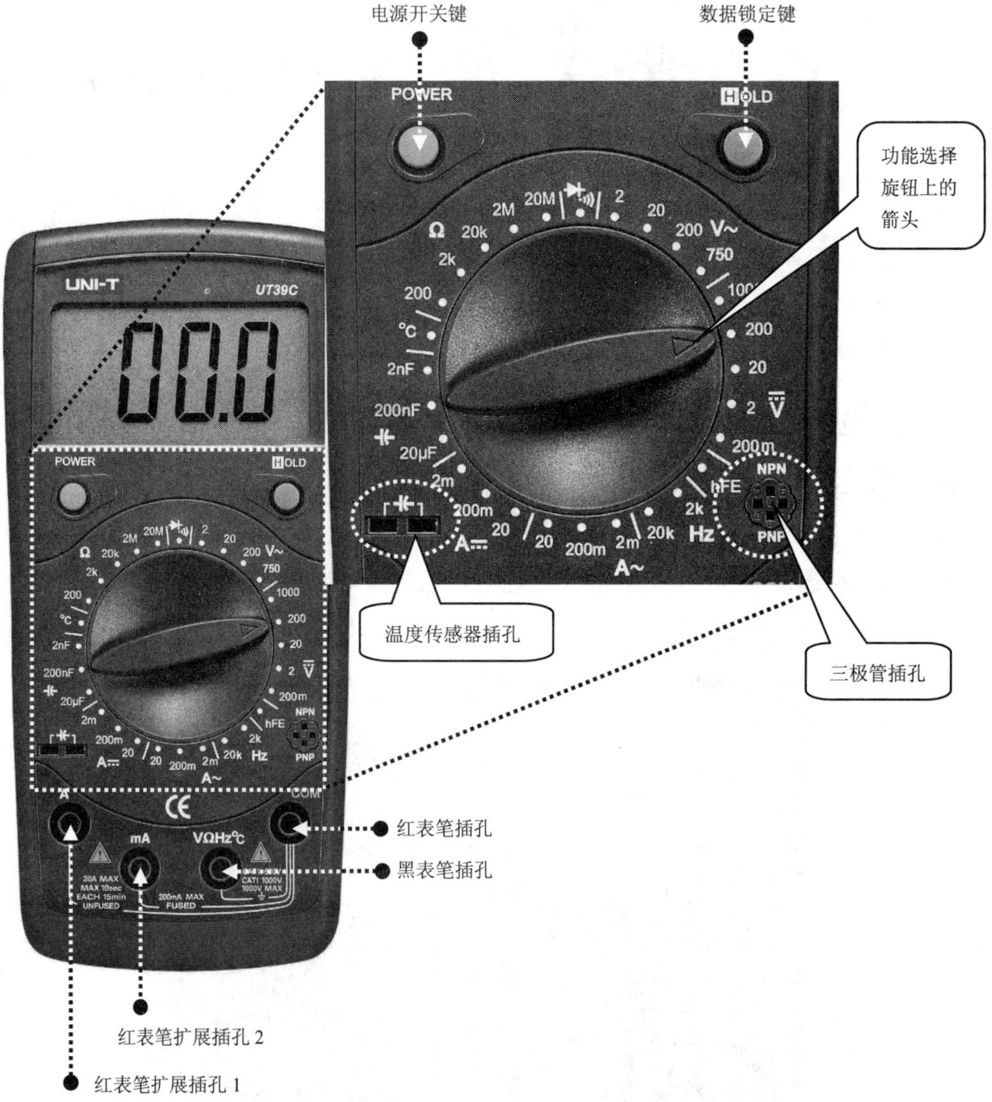

图 1-2　数字万用表的表体

1.1.2 数字万用表使用注意事项

数字万用表使用注意事项如下：

（1）如果无法预先估计待测电压或电流的大小，则需拨至最高量程并粗测量一次，再根据测量结果锁定合适的量程范围。测量结束，应将量程开关拨至最高电压挡并关闭电源开关。

（2）当误用直流电压挡去测量交流电压或者误用交流电压挡去测量直流电压时，显示屏将显示“000”或低位数字出现跳动。

（3）测量时避免将显示屏正对着阳光，这样不仅晃眼，而且还会缩短显示屏的使用寿命，并且万用表也不可以在高温的环境中存放。

（4）当屏幕出现电池符号时，说明电量不足，应及时更换电池。

（5）无论使用或存放，严禁受潮和进水。

（6）仪表在测试时，不能旋转功能转换开关，特别是高电压和大电流时，严禁带电转换量程，防止产生电弧，烧毁开关触点。

（7）测量电容时，注意要将电容插入专用的电容测试座中，每次切换量程时都需要一定的复零时间，待复零结束后再插入待测电容；如果测量数值较大时，需要较长的时间才能将结果稳定下来。

1.1.3 指针万用表的结构

1. 指针万用表的表盘

如图 1-3 所示，为指针万用表表盘，通过转换开关的旋钮，可改变指针万用表测量项目和测量的量程，测量值由表头指针指示读取。通过调节机械调零旋钮可以使万用表指针在静止时处在左零位置。“Ω”调零旋钮是在测量电阻时，用来使指针对准右零位，以保证测量数值的准确。

图 1-3　指针万用表表盘

2. 指针万用表的表体

图 1-4 所示为指针万用表表体，调节万用表功能旋钮，可以使万用表的挡位在电阻（Ω）、交流电压（$\underset{\sim}{V}$）、直流电压（$\underline{V}$）、直流电流挡和三极管挡之间进行转换。红黑表笔插孔分别用来插红、黑表笔。欧姆挡调节旋钮用来给欧姆挡置零。三极管插孔用来检测三极管的极性和放大系数。

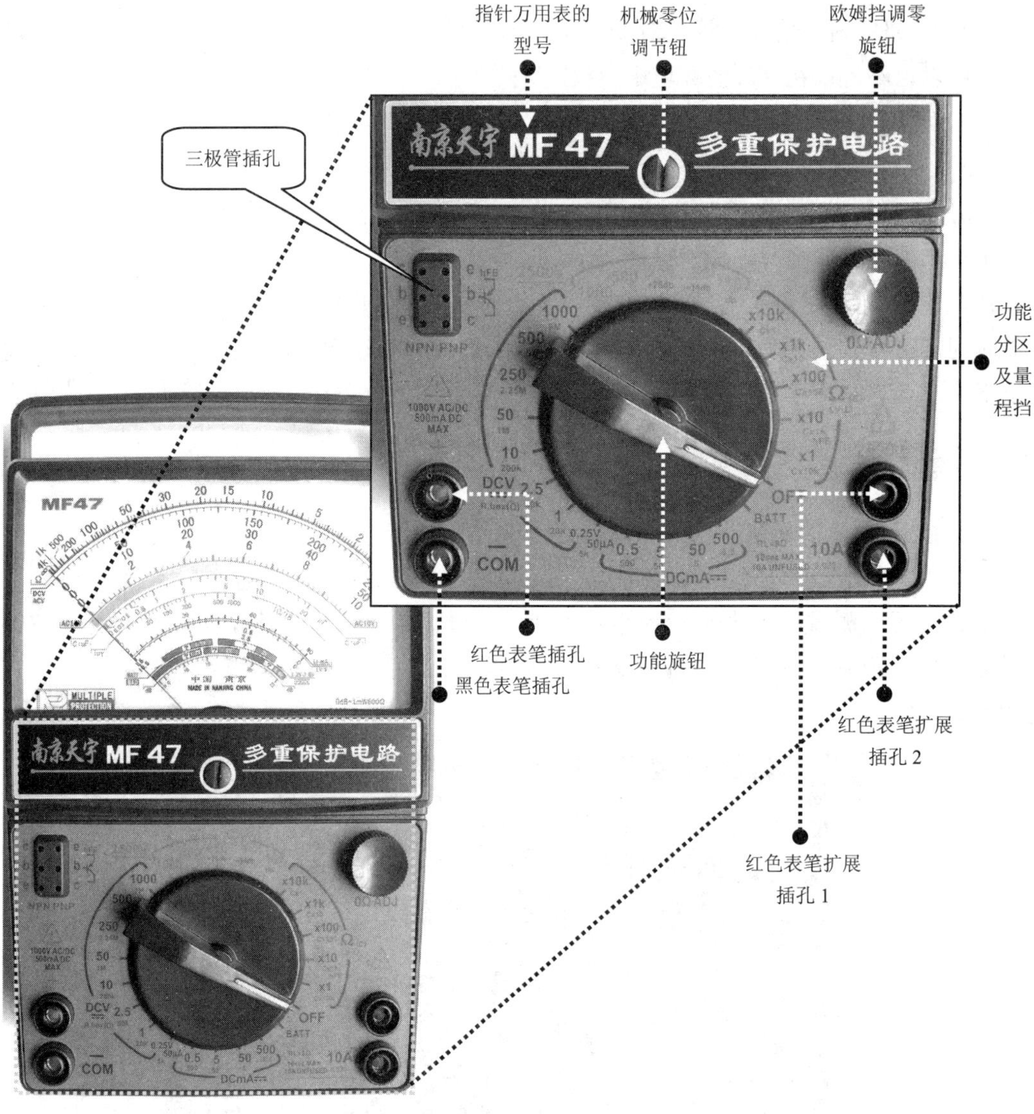

指针万用表的型号
机械零位调节钮
欧姆挡调零旋钮
三极管插孔
功能分区及量程挡
红色表笔插孔
黑色表笔插孔
功能旋钮
红色表笔扩展插孔 2
红色表笔扩展插孔 1

图 1-4　指针万用表的表体

1.1.4 指针万用表使用注意事项

指针万用表使用的注意事项如下：

（1）在万用表对待测物进行检测时，不能用手去触摸表笔的金属部分，因为人体也是导体，会分走一部分电信号使测量数据失真，再有对人体也不安全。

（2）不能在测量的同时进行挡位的转换，尤其是在高电压或大电流时更需慎重，否则将有可能损坏万用表。如需换挡，需断开表笔，换挡后再去测量。这也是对人身安全的一种负责的做法。

（3）在测量时万用表需水平放置，以免因放置倾斜而造成误差。磁场变化也会影响测量结果，测量时需加以注意。

（4）如果不知道被测电压或电流的范围，应采用最高量程，然后根据测出的大致范围改换小量程精确测量，避免将万用表烧毁。

（5）测量电流与电压时不能旋错挡位。如果误用电阻挡或电流挡去测电压，极易将万用表烧毁。

（6）测量直流电压时，要注意正负极性，发现指针反转则应立即调换表笔，以免指针及表头损毁。

（7）如果长期不用，需将电池取出，以免因电池漏液腐蚀表内器件。

1.1.5 万用表的工作原理

万用表的基本原理是利用一只灵敏的磁电式直流电流表（微安表）做表头。当微小电流通过表头时，就会有电流指示。但表头不能通过大电流，所以，必须在表头上并联与串联一些电阻进行分流或降压，从而测出电路中的电流、电压或电阻。虽然万用表种类很多，但基本工作原理则是大同小异，都是把待测指标模拟量转化成数字显示出来。

1.1.6 万用表测量实战

1. 用指针式万用表测电阻

用指针式万用表测电阻的方法如下：

操作须知：测量时应将两表笔分别接触待测电阻的两极（要求接触稳定踏实），观察指针偏转情况。如果指针太靠左，那么需要换一个稍大的量程。如果指针太靠右那么需要换一个较小的量程。直到指针落在表盘的中部（因表盘中部区域测量更精准）。读取表针读数，然后将表针读数乘以所选量程倍数，如选用“R×10”挡测量，指针指示 15，则被测电阻值为 15×10＝150Ω。如图 1-5 所示，为用指针式万用表测量电阻的示范图。

对万用表进行精度校正，短接两表笔，然后调节欧姆挡调零旋钮，使万用表的指针指到零刻度，然后将功能旋钮调到万用表的欧姆挡，并选择合适的量程（估计待测物电阻值，使测量结束后指针静止位置大致为表盘的盘中）
❶

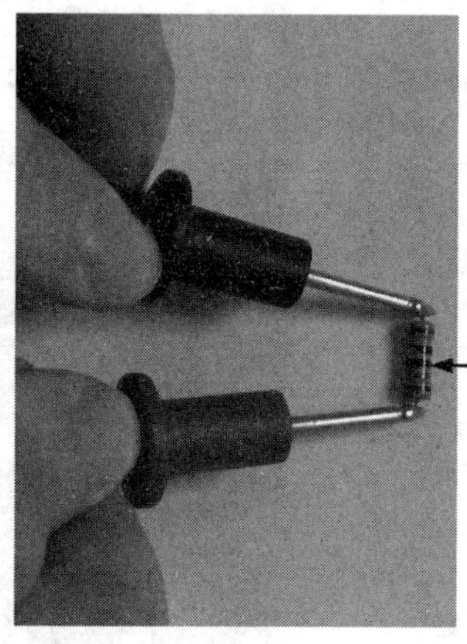

❷
两表笔分别接触待测电阻的两极，然后观察指针偏转情况

图 1-5　指针式万用表测量电阻示范图

2. 用指针万用表测量直流电流

用指针万用表测量直流电流的步骤如图 1-6 所示：

❸ 根据指针稳定时的位置及所选量程，正确读数。读出待测电流值的大小。为万用表测出的电流值，万用表的量程为 5 mA，指针走了 3 个格，因此本次测得的电流值为 3 mA

❶ 把转换开关拨到直流电流挡，估计待测电流值，选择合适量程。如果不确定待测电流值的范围需选择最大量程，待粗测量待测电流的范围后改用合适的量程

❷ 断开被测电路，将万用表串接于被测电路中，不要将极性接反，保证电流从红表笔流入，黑表笔流出

图 1-6　万用表测出的电流值

3. 用指针万用表测量直流电压

旋转功能到直流电压挡，选择合适的量程。当被测电压数值范围不清楚时，可先选用较高的量程挡，不合适时再逐步选用低量程挡，使指针停在满刻度的 2/3 处附近为宜。

测量：把万用表并接到被测电路上，红表笔接被测电压的正极，黑表笔接被测电压的负极。不能接反，如果接反了万用表指针将会向左偏转。

用指针万用表测量直流电压的步骤如图 1-7 所示：

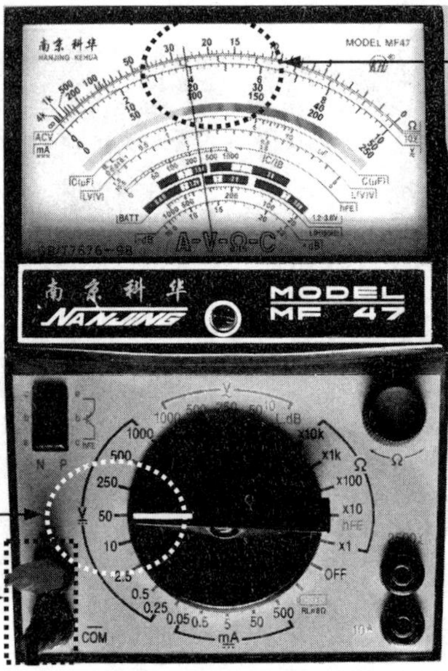

❸ 读数，这个要取决于你的量程以及指针的偏转，为测出的笔记本电源适配器输出的电压值。由图可知该次所选用的量程为 0~50 V，共 50 个刻度，因此这次的读数为 19V

❶ 把转换开关拨到直流电压挡，估计待测电压值，选择合适量程。如果不确定待测电压值的范围需选择最大量程，待粗测量待测电压的范围后改用合适的量程

❷ 将万用表并接到待测电路上，黑表笔与被测电压的负极相接，红表笔与被测电压的正极相接

图 1-7　笔记本电源适配器输出的电压值

4. 用数字万用表测量直流电压

用数字万用表测量直流电压的步骤如图 1-8 所示：

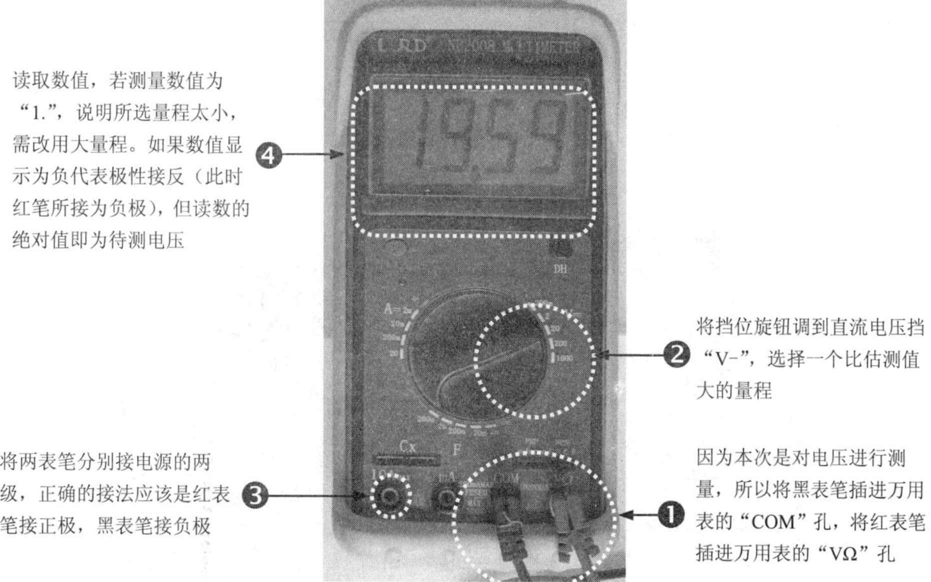

读取数值，若测量数值为“1.”，说明所选量程太小，需改用大量程。如果数值显示为负代表极性接反（此时红笔所接为负极），但读数的绝对值即为待测电压
④
将挡位旋钮调到直流电压挡“V-”，选择一个比估测值大的量程
②
将两表笔分别接电源的两级，正确的接法应该是红表笔接正极，黑表笔接负极
③
因为本次是对电压进行测量，所以将黑表笔插进万用表的“COM”孔，将红表笔插进万用表的“VΩ”孔
①
19.59

图 1-8　表头直接显示测量出的电压值

当将表笔接对后数字万用表会自动给出具体数值，读取十分方便。表头直接显示出本次测量的电压值为 19.59V。

5．使用数字万用表测量直流电流的方法

使用数字万用表测量直流电流的步骤如图 1-9 所示：

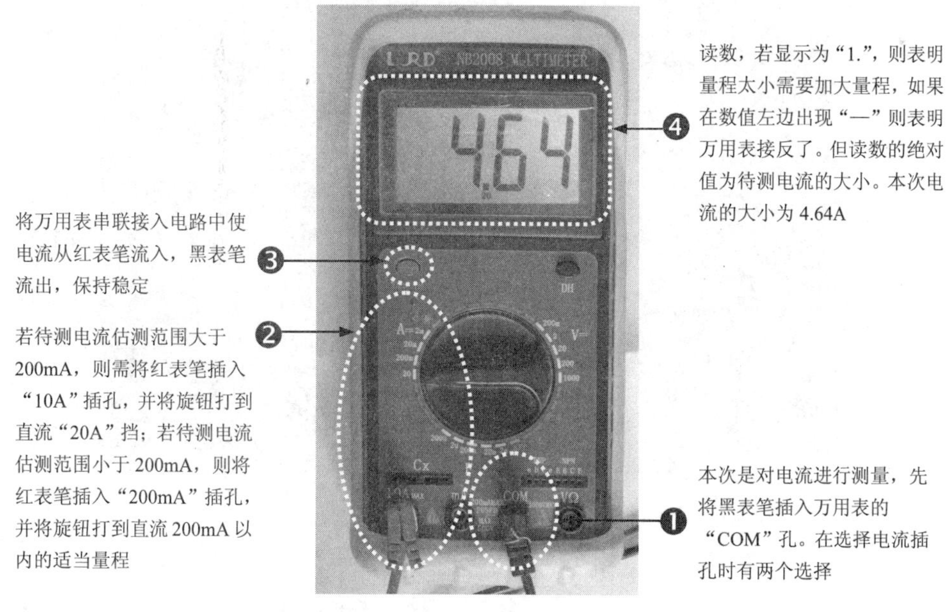

读数，若显示为“1.”，则表明量程太小需要加大量程，如果在数值左边出现“—”则表明万用表接反了。但读数的绝对值为待测电流的大小。本次电流的大小为 4.64A
④
将万用表串联接入电路中使电流从红表笔流入，黑表笔流出，保持稳定
③
若待测电流估测范围大于 200mA，则需将红表笔插入“10A”插孔，并将旋钮打到直流“20A”挡；若待测电流估测范围小于 200mA，则将红表笔插入“200mA”插孔，并将旋钮打到直流 200mA 以内的适当量程
②
本次是对电流进行测量，先将黑表笔插入万用表的“COM”孔。在选择电流插孔时有两个选择
①
4.64

图 1-9　电源适配器输出的直流电压

交流电流的测量方法与直流电流的测量方法基本相同，不过需将旋钮放到交流挡位。

6. 用数字万用表测量二极管

用数字万用表测量二极管的步骤如图 1-10 所示：

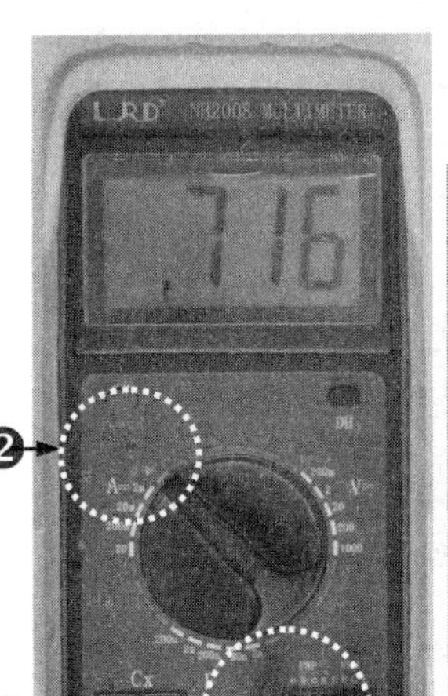

将挡位旋钮调到二极管挡
用数字万用表测量二极管时将黑表笔插在“COM”孔，红表笔插进“VΩ”

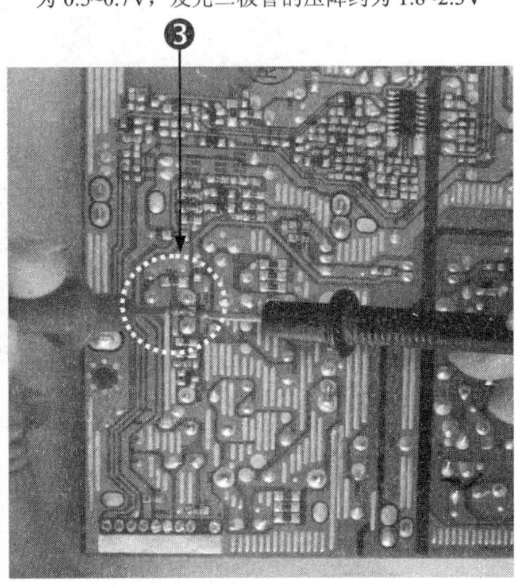

用两表笔分别接二极管的两极，然后交换表笔再测一次。其中一次的测量结果会由于二极管的材料不同而不同，一般锗二极管的压降约为 0.15~0.3V，硅二极管的压降约为 0.5~0.7V，发光二极管的压降约为 1.8~2.3V

（a）硅二极管正向电阻的测量

而另一次的测量结果为“1.”，因为二极管的反向电阻为无穷大

（b）硅二极管反向电阻的测量

图 1-10　二极管检测的示意图

该硅二极管的正向压降约为 0.716V，与 0.5~0.7V 这个范围基本接近，且其反向电阻为无穷大。该硅二极管的质量基本正常。

1.2 电烙铁使用方法

电烙铁是通过熔解锡进行焊接的一种修理时必备的工具，主要用来焊接元器件间的引脚，使用时只需将电烙铁头对准待焊接口即可。图 1-11 所示为一个电烙铁。

图 1-11　电烙铁

1.2.1 电烙铁的分类

电烙铁的种类比较多，常用的电烙铁分为内热式、外热式、恒温式和吸锡式等几种。

1．外热式电烙铁

外热式电烙铁由烙铁头、烙铁芯、外壳、木柄、电源引线、插头等部分组成，因其烙铁头安装在烙铁芯里面而得名。图 1-12 所示为外热式电烙铁。

烙铁头一般由紫铜材料制成，它的作用是存储和传导热量。使用时烙铁头的温度必须要高于被焊接物的熔点。烙铁的温度取决于烙铁头的体积、形状和长短。另外为了适应不同焊接要求，有不同规格的烙铁头，常见的有锥形、凿形、圆斜面形等。

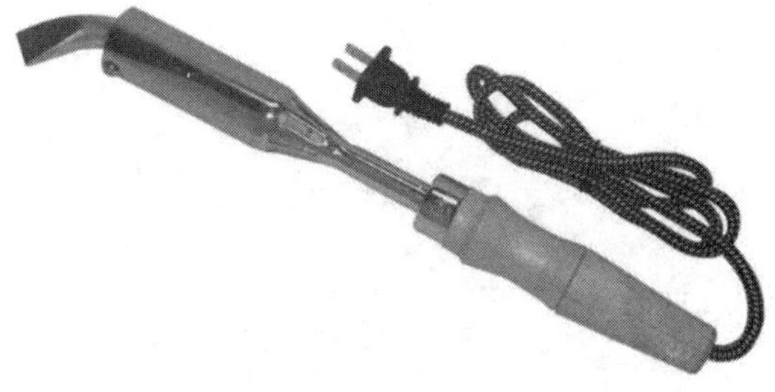

图 1-12　外热式电烙铁

2．内热式电烙铁

内热式电烙铁由手柄、连接杆、弹簧夹、烙铁芯、烙铁头组成，因其烙铁芯安装在烙铁头里面而得名。内热式电烙铁发热快，热利用率高（一般可达 350℃）且耗电小、体积小，因而得到了更加普通的应用。图 1-13 所示为内热式电烙铁。

图 1-13　内热式电烙铁

3．恒温电烙铁

恒温电烙铁头内，通常装有电磁铁式的温度控制器，通过控制通电时间而实现温度控制。当给电路通电时电烙铁的温度上升，当到达预定温度时强磁体传感器达到了居里点，磁性消失，这样磁芯断开，这时便停止通电。当温度低于强磁体传感器的居里点时，磁体恢复磁性并吸引永久磁铁，接通控制开关，继续供电且电烙铁的温度上升。如此往复便得到了温度基本恒定的恒温电烙铁。图 1-14 所示为恒温电烙铁。

图 1-14　恒温电烙铁

4．吸锡电烙铁

吸锡电烙铁是一种将活塞式吸锡器与电烙铁融为一体的拆焊工具，其具有使用方便、灵活、适用范围宽等优点，不足之处在于其每次只能对一个焊点进行拆焊。图 1-15 所示为吸锡电烙铁。

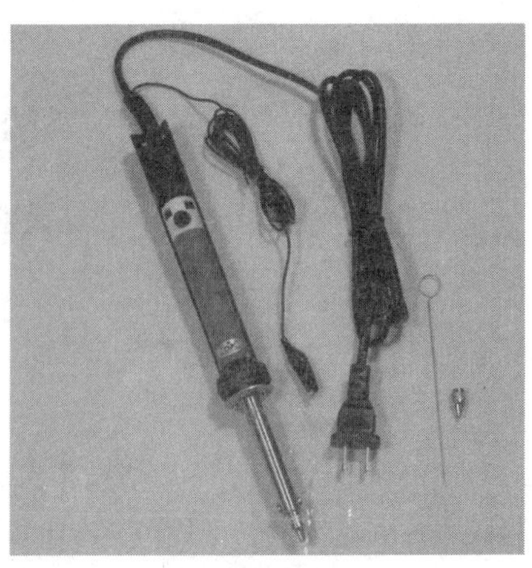

图 1-15　吸锡电烙铁

1.2.2 电烙铁的使用方法

一般新买来的电烙铁在使用前都要在铁头上均匀地镀上一层锡，这样便于焊接并且防止烙铁头表面氧化。操作方法为：用细砂纸轻轻地将烙铁头打磨光亮，通电烧热，将烙铁头蘸上松香后用刃面接触焊锡丝，让焊锡熔化涂布烙铁头后即可。旧的烙铁头如严重氧化或表面有异物附着，可用钢挫将其挫去，使其露出金属光泽后，重新镀锡。

1. 电烙铁使用注意事项

电烙铁在使用时应注意以下几点：

（1）在购买新电烙铁时最好选购三极插头的，外壳具有接地功能的电烙铁使用起来会更加安全，毕竟电烙铁接的是220V交流电压，还是比较危险的。

（2）在使用前一定要认真检查确认电源插头、电源线无破损，并检查烙铁头是否松动。如果有出现上述情况请排除后使用。

（3）在使用过程中一定不要将烙铁头在他人上方移动以免发生危险，如果烙铁头上焊锡过多时，可用布擦掉。此时，一定不能去甩，以免烫伤自己或他人。亦不可乱放，以防止高温将易燃物点燃。更要注意千万不要将烙铁头接触电源线，以免发生危险。

（4）使用结束后，应及时切断电源，待烙铁头冷却后，再将电烙铁收回。

2. 电烙铁的辅助材料及工具

电烙铁使用时的辅助材料：

（1）焊锡：熔点较低的焊料。主要用锡基合金做成。

（2）助焊剂：松香是最常用的助焊剂，助焊剂的使用，可以帮助清除金属表面的氧化物，这样利于焊接，又可保护烙铁头。

焊接时的辅助工具：

辅助工具一般都是用来固定或移除小元器件时使用的，最常用的是镊子，此外还有尖嘴钳、偏口钳等。

用电烙铁焊接电子元器件是硬件维修爱好者必须掌握的基本技术，操作相对简单但仍需勤加练习才能熟练使用。下面我们介绍一下电烙铁的用法。

3. 电烙铁使用方法

电烙铁焊接的基本步骤如下：

（1）为了使焊点导电性良好，用砂纸先将烙铁头打磨干净。力度要轻，不要使烙铁头过度磨损，过度磨损使其更易被氧化。

（2）将电烙铁通电加热，待温度可以使焊锡熔化时，将烙铁头涂上助焊剂，再将焊锡均匀地涂在烙铁头上。

（3）用带焊锡的烙铁头，接触焊点，当焊锡浸没焊点后，慢慢上拉电烙铁。

（4）焊完后将电烙铁断电放在烙铁架上。注意小心被余温灼伤。

（5）最后线路板上残余的助焊剂还需用酒精清洗干净，因为碳化后的助焊剂会影响到电路的正常工作。

1.3 吸锡器使用方法

1.3.1 吸锡器简介

吸锡器是拆除电子元件时，用来吸收引脚焊锡的一种工具，有手动吸锡器和电动吸锡器两种。吸锡器是维修拆卸零件所必需的工具，尤其对于大规模集成电路，如果拆除时不使用吸锡器很容易将印制电路板损坏。吸锡器分为自带热源吸锡器和不带热源吸锡器两种，常见的吸锡器如图 1-16 所示。

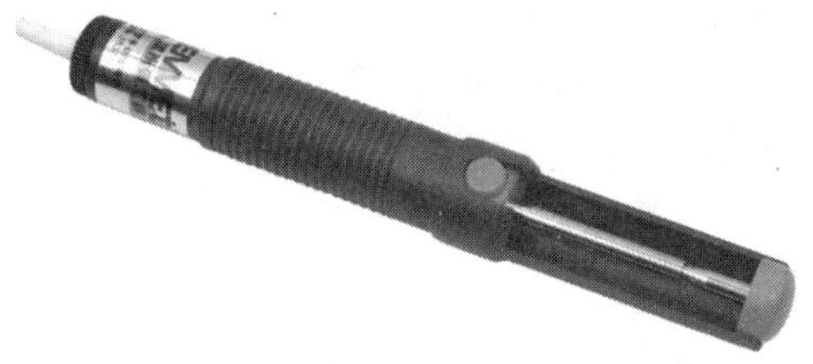

图 1-16　常见的吸锡器

1.3.2 吸锡器的使用方法

吸锡器的使用方法如图 1-17 所示：

（1）按下吸锡器后部的活塞杆。
（2）用电烙铁加热焊点并熔化焊锡。（如果吸锡器带有加热元件，可以直接用吸锡器加热吸取。）
（3）当焊点熔化后，用吸锡器嘴对准焊点，按下吸锡器上的吸锡按钮，锡就会被吸锡器吸走。
（4）如果未吸干净可对其重复操作

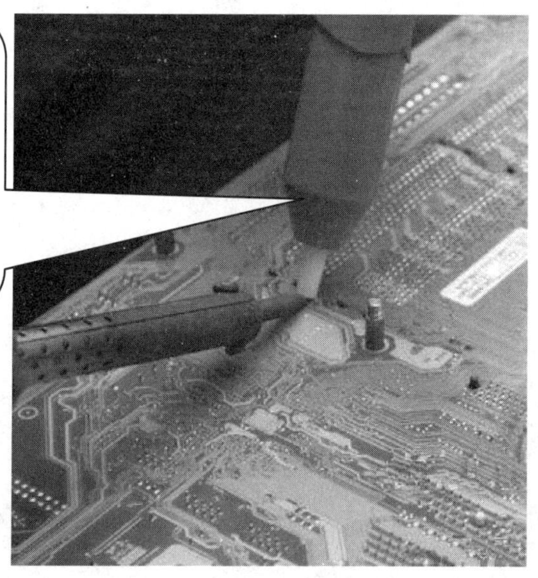

图 1-17　使用吸锡器

1.4 热风焊台使用方法

1.4.1 热风焊台的简介

热风焊台是一种常用于电子焊接的手动工具，通过给焊料（通常是指锡丝）供热，使其熔化，从而达到焊接或分开电子元器件的目的。热风焊台外形如图 1-18 所示。

图 1-18　热风焊台外形

1.4.2 热风焊台使用注意事项

（1）使用前，必须仔细阅读使用说明。

（2）使用前，必须接好地线，以备释放静电。

（3）焊台的前端网孔通电时不得接触金属导体，否则会导致发热体损坏甚至使人体触电，发生危险。

（4）电源开关打开后，根据需要选择不同的风阻和吸锡针，将热风焊台的温度旋钮（HEATER）和风力旋钮（AIRCAPACITY）调节好，一般温度调节在 3 挡或 4 挡，风力调节在 4 挡即可。用户可以根据实际情况自行设定，但温度和风力不宜太大，以免将芯片或部件烧坏，待预热温度达到所需温度时即可使用。

（5）在安装新的芯片的过程中会有暂时不使用热风焊台的时候，此时可将热风温度旋钮调至中间位置，将热风风力旋钮调至较小状态，再次使用时恢复即可。如果一直保持着高温状态会很费电，也很危险。如果关断电源会造成很大的麻烦。

（6）注意风枪口与拆焊的距离在使用热风焊台拆卸或焊接某一个部件时，不要直接将风口放在要拆焊的部件，以免温度太热，将要拆焊的部件烧坏。

（7）使用结束要注意冷却机身，关电后不要迅速拔掉电源，应等待发热管吹出的短暂冷风结束，以免影响焊台使用寿命。

（8）静置时，要把手柄放在支架上面，防止意外发生。

1.4.3 热风焊台的使用方法

用热风焊台拆焊元器件的方法大致如下：

（1）根据实际情况旋转热风焊台的风力和温度挡位，切记温度和风力不宜太大，以免将芯片或部件烧毁。一般将温度选择在 3 挡，风力调节在 4 挡。

（2）接着将热风焊台的电源线插入插座，并打开电源开关。这时会听到热风焊台的风扇开始“嗡嗡”地响，说明焊台正在预热，等“嗡嗡”声停止后，就可以开始使用了。

（3）将风枪嘴对准要拆焊的芯片上方 2~3cm 处。沿着芯片的周围焊点均匀加热，当锡点自动熔解后，用镊子就可以将芯片取下。

（4）将芯片对准要焊接的部位放好，并注意针脚是否对准，以及各功能区是否放正确，以免出现反接。使用热风焊台对其焊点部位加热，直到芯片与焊接部位接触完好。

（5）为了确保焊点部位与主板接触良好，焊接完毕用电烙铁对虚焊处进行补焊，并将短路处分开。

（6）焊接完成后，先关闭热风焊台的电源开关，这时焊台的风扇还在继续工作，等风扇停止转动后，再拔下电源插头。

下面我们以两个实例做出具体的介绍。

1．吹焊小贴片元件的方法

在电路板中小贴片元件主要包括贴片电阻、贴片电容、贴片电感及贴片晶体管等。在吹焊这些小贴片元器件时一定要掌握好风量、风速和气流的方向。如果操作不当很容易将其吹坏。

取下小贴片元件的操作方法如图 1-19 所示：

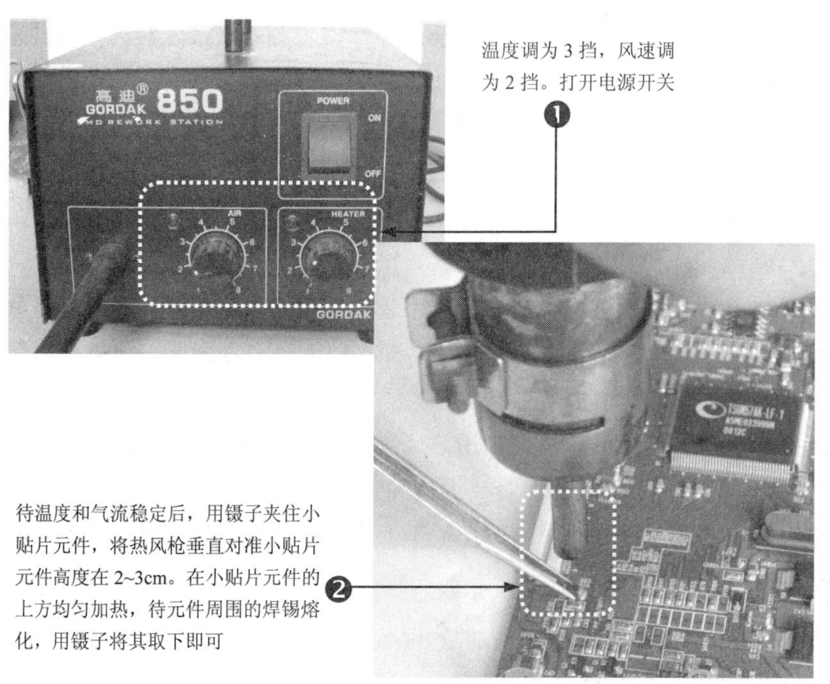

温度调为 3 挡，风速调为 2 挡。打开电源开关
高迪®
GORDAK 850
SMD REWORK STATION
POWER
ON
OFF
AIR
HEATER
GORDAK
待温度和气流稳定后，用镊子夹住小贴片元件，将热风枪垂直对准小贴片元件高度在 2~3cm。在小贴片元件的上方均匀加热，待元件周围的焊锡熔化，用镊子将其取下即可

图 1-19　取下贴片小元件

焊接新的小贴片元件按照下面的方法进行操作：

（1）如图 1-19 所示，温度调为 3 挡，风速调为 2 挡。打开电源开关。

（2）用镊子夹着新的小贴片元件，将元器件的引脚蘸少许焊锡膏。

（3）将待焊器件放在焊接位置，引脚的位置一定要放准。将热风枪垂直对准小贴片均匀对其进行加热，待焊锡熔化后停止加热。

（4）用电烙铁给其补焊，并排出短路的点。

2. 吹焊贴片集成电路的方法

用热风枪吹焊贴片集成电路时，首先应在芯片的表面涂放适量的助焊剂，这样既可防止干吹，又能帮助芯片底部的焊点均匀熔化，取下贴片集成电路的步骤如下。

（1）将热风焊台的温度调节至 5 挡，风速调节至 4 挡，然后打开热风焊台的电源开关。如图 1-20 所示。

图 1-20　调节温度挡和风速挡

（2）待温度和气流稳定后，用热风焊台对着元器件各排引脚均匀加热 10~20s 后，待底部的锡珠完全熔解，用镊子夹住贴片元器件，摇动几下即可将其取下。

（3）如果电路板上的焊锡低不平，可以用电烙铁蘸少许松香，将其刮平。

焊接新的贴片集成电路时按照下面的方法进行操作：

（1）将热风焊台的温度调节至 5 挡，风速调节至 4 挡，然后打开热风焊台的电源开关。

（2）用镊子夹着新的贴片集成电路，将元器件的各引脚蘸少许焊锡膏。将贴片集成电路放在焊接位置，各引脚一定要放对位置，用镊子按紧，如图 1-21 所示。

图 1-21　焊接贴片集成电路

（3）用风枪垂直对着贴片元器件均匀加热，待焊锡熔化后，停止对其加热。关闭焊台的开关，待冷却后才可拔掉电源。

（4）焊接完毕后需检查是否存在虚焊或短路的引脚，用电烙铁对其补焊并排除短路点。

1.5 清洁及拆装工具

1.5.1 清洁工具

1．刷子

刷子是用毛、塑料丝等制成的主要用来清扫部件上的灰尘。一般为长形或椭圆形，多数带有柄。刷子也称为毛刷，如图 1-22 所示。

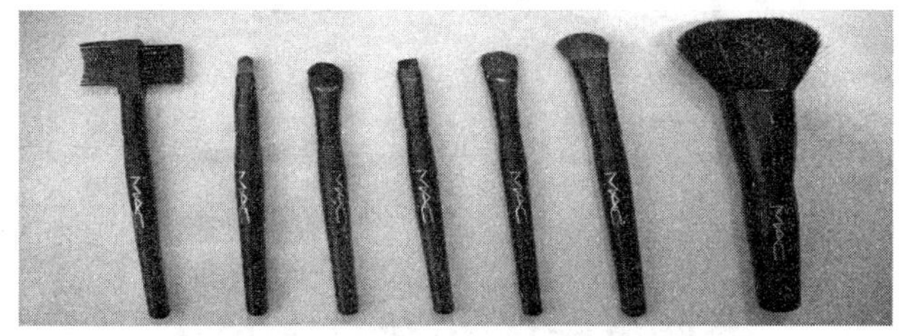

图 1-22　刷子

2．皮老虎

皮老虎是一种清除灰尘用的工具，也称为皮吹子。主要用于清除元器件与元器件之间的落灰。常见的皮老虎如图 1-23 所示。

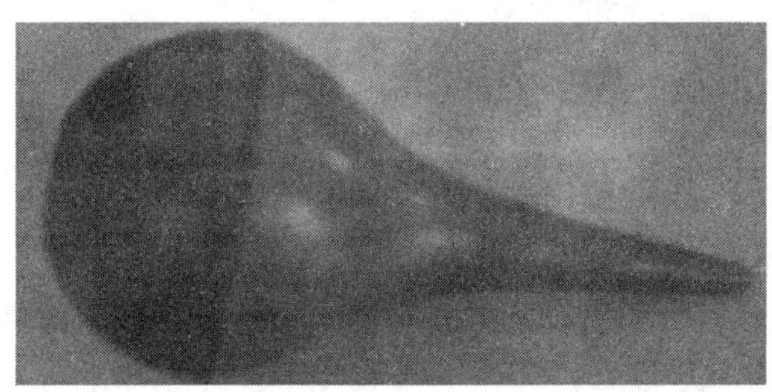

图 1-23　皮老虎

1.5.2 拆装工具

1．螺丝刀

螺丝刀的种类比较多，它是拆装部件以及固定螺钉时的常用工具。常用的螺丝刀有十字形和一字形，如图 1-24 所示和图 1-25 所示。

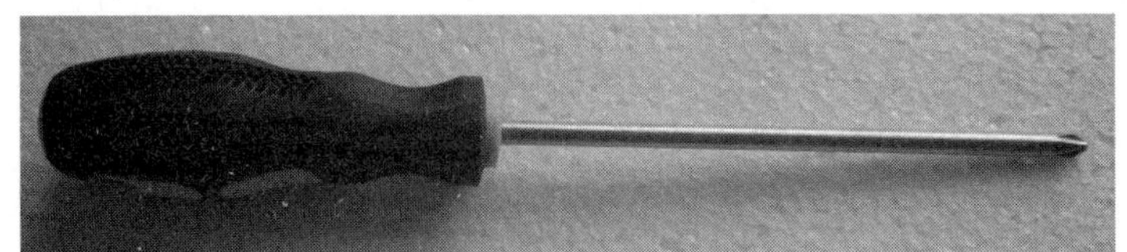

图 1-24　十字形螺丝刀

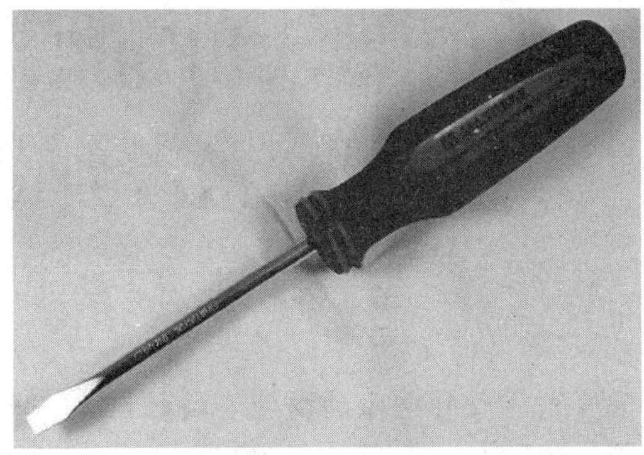

图 1-25　一字形螺丝刀

2．镊子

镊子是主板维修中经常使用的工具，常常用它夹持导线、元件及集成电路引脚等。常见的镊子如图 1-26 所示。

3．钳子

钳子是一种用于夹持、固定加工工件或者扭转、弯曲、剪断金属丝线的手工工具。钳子的外形呈 V 形，通常包括手柄、钳腮和钳嘴三个部分，如图 1-27 所示。

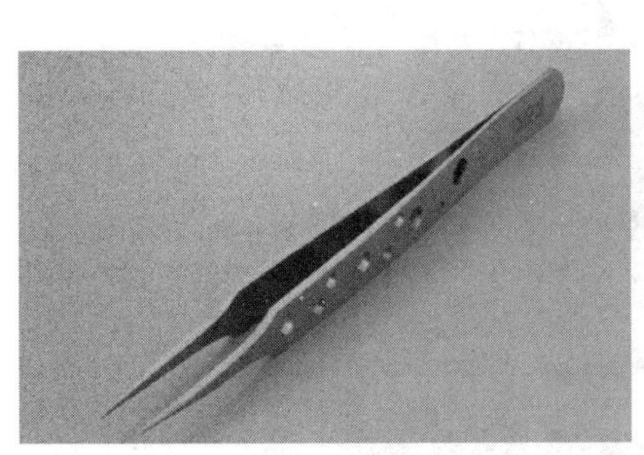

图 1-26　镊子

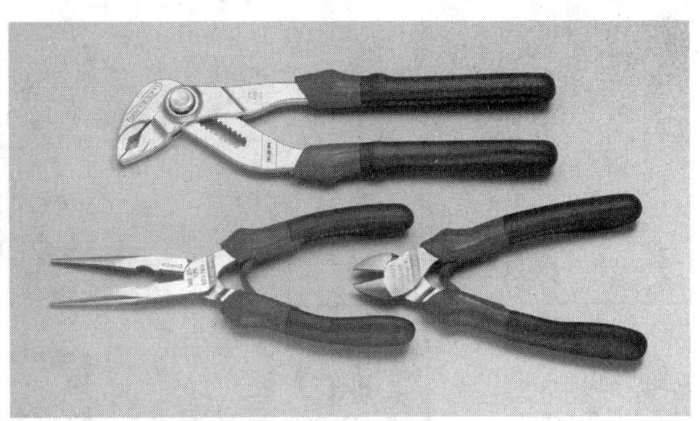

图 1-27　钳子

第 2 章　电阻器实用知识、常用电路、故障判断与检测代换

在电路中，电阻器有很多种，每种电阻的功能和特性都不一样。要学习电阻器的检测维修方法，首先要掌握电阻器的特征、参数、标注规则等基本知识，除此之外，还需掌握电阻器在应用电路中的好坏检测、代换方法。本章将重点讲解这些内容。

2.1 电阻器的功能及分类

2.1.1 电阻器的定义及功能

电阻器是一个限流元件，在日常生活中一般被直接称为电阻。电阻器是电路元件中应用最广泛的一种，在电子设备中约占元件总数的 30%。其质量的好坏对电路的工作状态起着至关重要的作用。图 2-1 所示为电路中常见的电阻器。

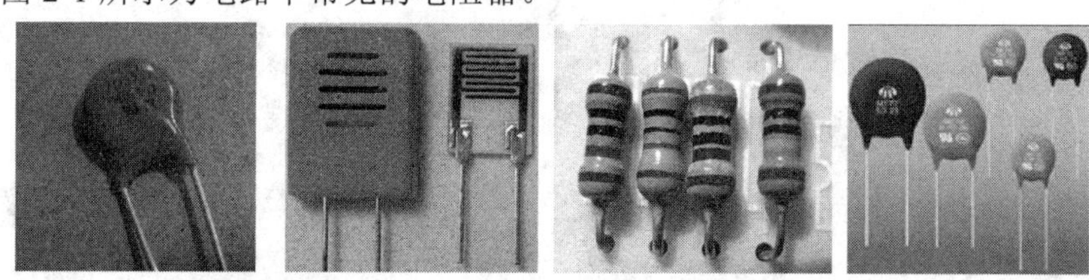

在电路中，电阻器的主要作用是稳定和调节电路中的电流和电压，即控制某一部分电路的电压和电流比例的作用

如该段电路的电流是固定的，则电阻器能制造固定的电压。如果该段电路的电压是固定的，电阻器也能制造固定电流

图 2-1　电路中常见的电阻器

2.1.2 电阻器的图形及文字符号

电阻器是电子电路中最常用的电子元件之一，一般用“R”、“RF”、“RN”、“FS”等

文字符号来表示。在电路图中每个电子元器件还有其电路图形符号，电阻器的电路图形符号如图 2-2 所示。

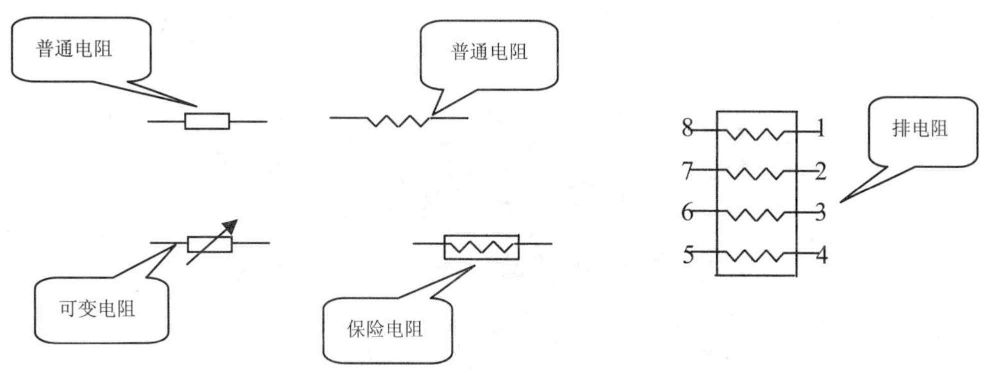

图 2-2　电阻器的电路图形符号

2.1.3 电阻器的分类

电阻器的种类较多且分类方式不一，如果按照值可否调节可将电阻器分为固定电阻器、可变电阻器两大类。阻值固定不可跳动的电阻称为固定电阻，阻值在一定范围内连续可调的电阻称为可变电阻。

按引出线的不同可将电阻器分为轴向引线电阻器和无引线电阻器。

按制造材料可将电阻器分为金属膜电阻器、碳膜电阻器、线绕电阻器等。

按用途不同可将电阻器分为通用电阻器、高频电阻器、精密电阻器、压敏电阻器、热敏电阻器、光敏电阻器等。

如果按照电阻器的外形可将电阻器分为圆柱形电阻器和贴片电阻器。

下面给大家介绍电路中几种常见的电阻器。

1．金属膜电阻器

金属膜电阻器就是在真空中加热合金至蒸发，使瓷棒表面沉积出一层导电金属膜而制成的。通过刻槽或改变金属膜厚度，可以调控产品阻值。金属膜电阻如图 2-3 所示。

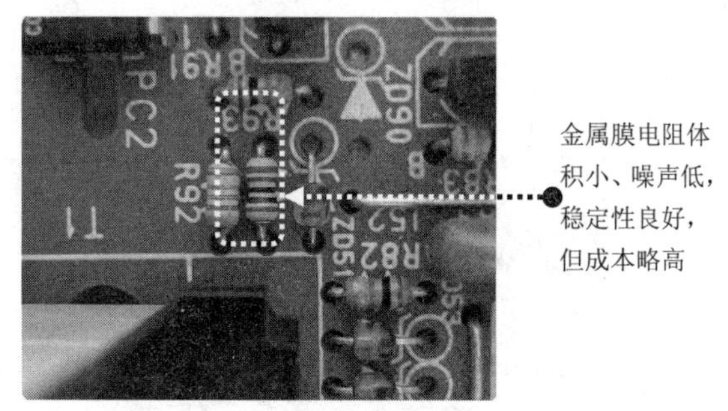

图 2-3　金属膜电阻

2．碳膜电阻器

碳膜电阻器是通过气态碳氢化合物在高温和真空中分解，碳微粒形成一层结晶膜沉积在瓷棒上制成的。利用刻槽的方法或改变碳膜的厚度，可以得到不同阻值的碳膜电阻。图 2-4 所示为常见碳膜电阻器。

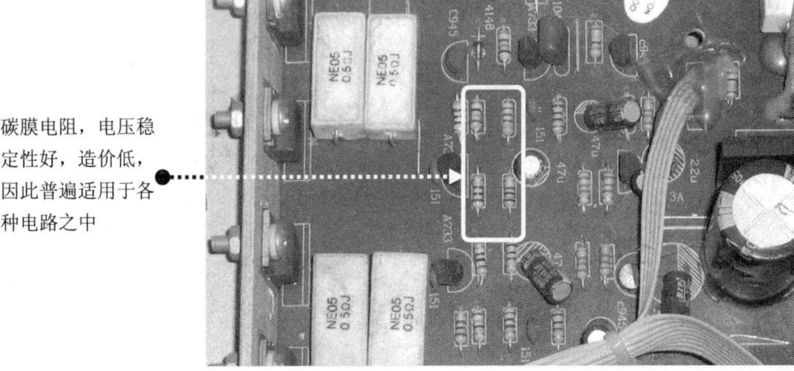

碳膜电阻，电压稳定性好，造价低，因此普遍适用于各种电路之中
NE05
0.5ΩJ

图 2-4 碳膜电阻器

3．热敏电阻器

热敏电阻器大多是由单晶或多晶半导体材料制成的，它的阻值会随着温度的变化而变化。热敏电阻器外形如图 2-5 所示。

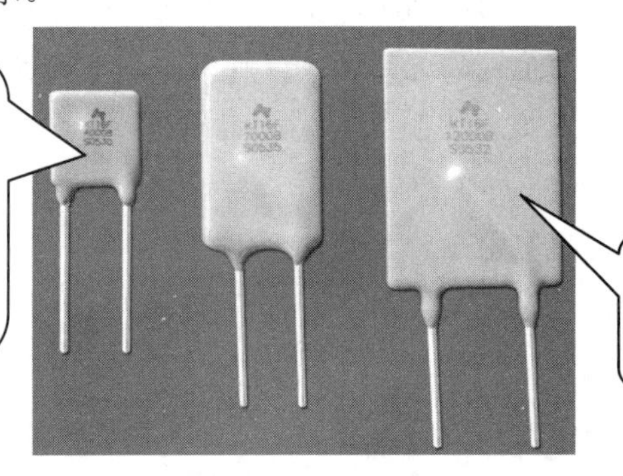

热敏电阻器有负温电阻器和正温度系数热敏电阻器之分。负温电阻器随温度升高，阻值会明显减小；而温度降低时，阻值却明显加大
正温度系数热敏电阻器会随着温度增加阻值变大

图 2-5 热敏电阻器

4．玻璃釉电阻器

玻璃釉电阻器通过贵金属银钯、钌、铑等的金属氧化物（氧化钯、氧化钌等）和玻璃釉黏合剂混合成浆料，涂覆在绝缘骨架上，经高温烧结而成，外形结构如图 2-6 所示。

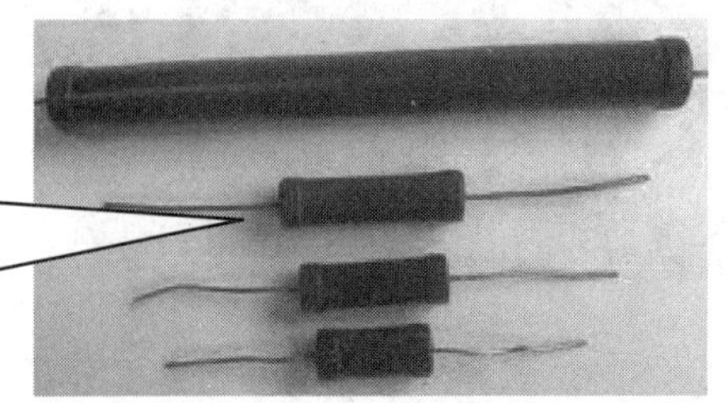

玻璃釉电阻器阻值范围宽，耐湿性好，温度系数小，价廉，此种电阻器又被称为厚膜电阻器

图 2-6 玻璃釉电阻器

5. 光敏电阻器

光敏电阻器是一种对光敏感的元件，又称光导管，外形结构如图 2-7 所示。制作材料一般为硫化镉，另外还有硫化铝、硒、硫化铅和硫化铋等材料。这些制作材料具有在特定波长的光照射下，其阻值迅速减小的特性，而当光照减弱时阻值会显著增大。这是由于光照产生的载流子都参与导电，在外加电场的作用下做漂移运动，电子奔向电源的正极，空穴奔向电源的负极，从而使光敏电阻器的阻值迅速下降。

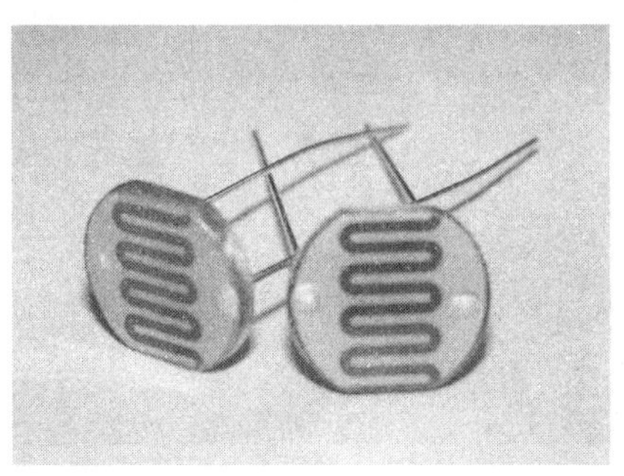

图 2-7　光敏电阻器

6. 湿敏电阻器

湿敏电阻器是一种对环境湿度敏感的元件，它的电阻值能随着环境的相对湿度变化而变化，一般由基体、电极和感湿层等组成，有的还配有防尘外壳，如图 2-8 所示。湿敏电阻器广泛应用于空调器、录音机、洗衣机、微波炉等家用电器及工业、农业等方面做湿度检测和湿度控制用。

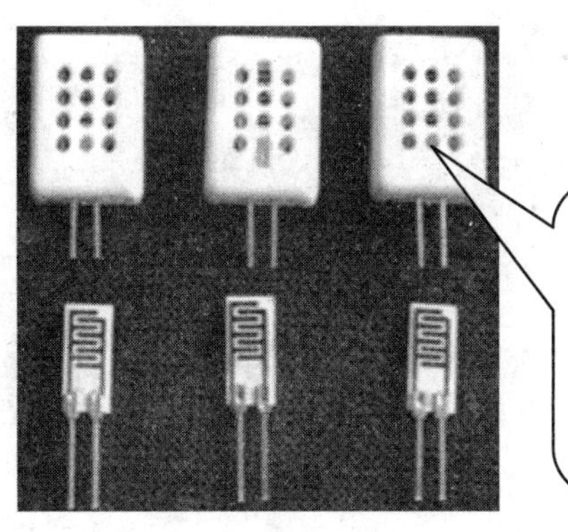

湿敏电阻器可分为正电阻湿度特性和负电阻湿度特性。正电阻湿度特性即湿度增大时，电阻值也增大。负电阻湿度特性即湿度增大时，电阻值减小

图 2-8　湿敏电阻器

7. 熔断电阻器

熔断电阻器又叫做保险电阻器，常见的有贴片熔断电阻和圆柱形熔断电阻，如图 2-9 所示。它具有电阻器和过流保护熔断丝双重作用。在正常情况下，保险电阻器具有普通电阻器的功能。在工作电流异常增大时，保险电阻器会自动断开，起到保护其他元器件不被损毁的作用。

（a）贴片熔断电阻器

（b）圆柱形熔断电阻器

图 2-9　熔断电阻器

8．可变电阻器

可变电阻器一般有 3 个引脚，其中有两个定片引脚和一个动片引脚，设有一个调整口，可以通过改变动片，调节电阻值。可变电阻器外形如图 2-10 所示。

根据用途的不同，可变电阻器的电阻材料可以是金属丝、金属片、碳膜或导电液。对于一般大小的电流，常用金属型的可变电阻器，在电流很小的情况下，则使用碳膜型

图 2-10　可变电阻器

9．排电阻器

排电阻器（简称排阻）是一种将按一定规律排列的分立电阻器，集成在一起的组合型电阻器，也称集成电阻器或电阻器网络。适用于电子仪器设备及计算机电路，一般用 RN 表示。主板中的排电阻器主要有 8 脚和 10 脚两种，其中 8 脚的用的较多。在主板中，一般使用标注为“220”、“330”、“472” 等的排电阻器，如图 2-11 所示。

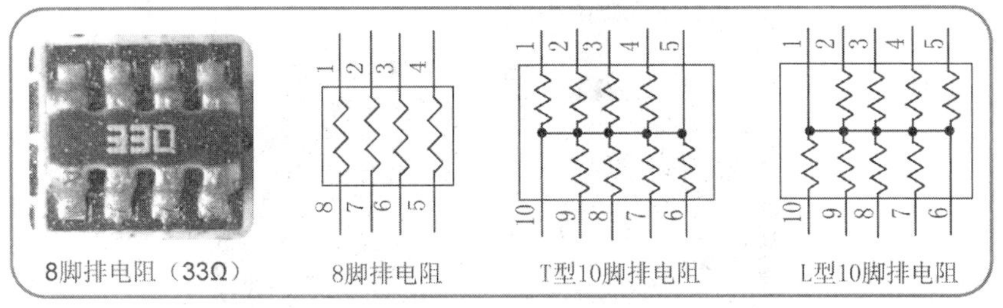

（a）贴片排电阻器及其内部结构图

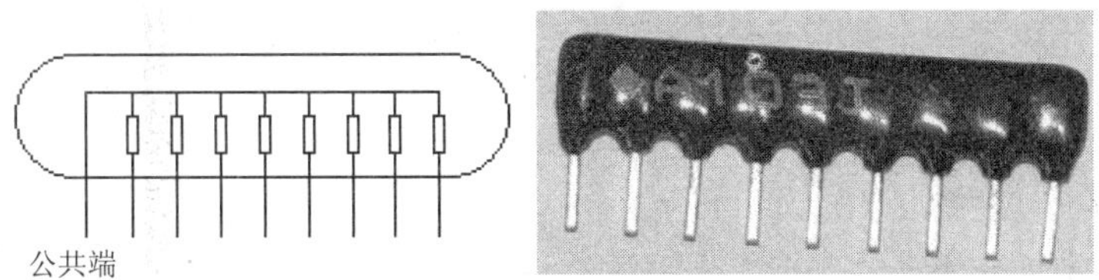

（b）直插式排电阻器及其内部结构

图 2-11　排电阻器

10．贴片电阻器

贴片电阻器是金属玻璃铀电阻器中的一种，它是将金属粉和玻璃铀粉混合，采用丝网印刷法印在基板上制成的电阻器，如图 2-12 所示。，广泛应用于计算机、手机、电子辞典、医疗电子产品、摄像机、电子电度表及 VCD 机等。

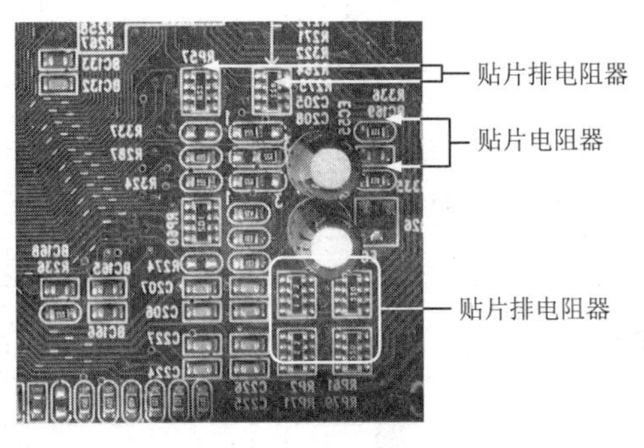

330
330
贴片电阻耐潮湿、耐高温、耐温度系数小。贴片元件具有体积小、重量轻、安装密度高、抗震性强、抗干扰能力强、高频特性好等优点

图 2-12　贴片电阻器

11．压敏电阻器

压敏电阻器是指对电压敏感的电阻器，是一种半导体器件，其制作材料主要是氧化锌。压敏电阻器的最大特点是当加在它上面的电压低于其阈值 UN 时，流过的电流极小，相当于一只关死的阀门，当电压超过 UN 时，流过它的电流激增，相当于阀门打开。利用这一功能，可以抑制电路中经常出现的异常过电压，保护电路免受过电压的损害。压敏电阻器外形如图 2-13 所示。

压敏电阻器主要用在电气设备交流输入端，用做过压保护。当输入电压过高时，它的阻值将减小，使串联在输入电路中的保险管熔断，切断输入，从而保护电气设备

图 2-13　压敏电阻器

2.2 电阻器的命名、主要参数及标注方法解读

2.2.1 电阻器的命名

1．固定电阻器命名

国产电阻器型号命名一般由四个部分构成。依次分别代表名称、材料、分类和序号，如图 2-14 所示。

第一部分为名称，电阻器用 R 表示。

第二部分为导体材料，Y 表示碳化膜。

第三部分为分类，7 表示精密电阻。

第四部分为序号，表示同类产品的不同品种。

则 RY74 为第四类精密碳化膜电阻。

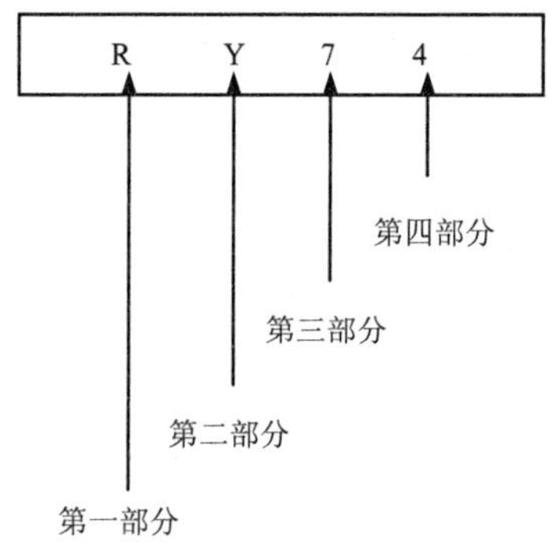

图 2-14　固定电阻器命名

下面通过表 2-1 和表 2-2 分别列出“电阻器材料、符号意义对照表”和“电阻器类型、符号意义对照表”。

表 2-1　电阻器材料、符号意义对照表

符　号	意　义	符　号	意　义
G	沉积膜	S	有机实心
H	合成碳膜	T	碳膜
I	玻璃釉	X	线绕
J	金属膜	Y	碳化膜
N	无机实心	—	—

表 2-2　电阻器类型、符号意义对照表

符　号	意　义	符　号	意　义
1	普通	8	高压
2	普通或阻燃	9	特殊
3	超高频	C	防潮
4	高阻	G	高功率
5	高温	T	可调
7	精密	X	小型

2．敏感电阻器命名

国产敏感电阻器型号命名一般由三个部分构成，依次分别代表名称、用途、序号，如图 2-15 所示。

第一部分为名称，MQ 为气敏电阻。

第二部分为电阻器用途，5 表示该电阻主要用于测量温度。

第三部分为产品的序号，表示同类产品的不同品种。

则 MQ51 表示 1 号测温用气敏电阻。

为了方便读者查阅我们通过表 2-3 和表 2-4 所示分别列出了“敏感电阻器名称、符号意义对照表”和“敏感电阻器用途、符号意义对照表”。

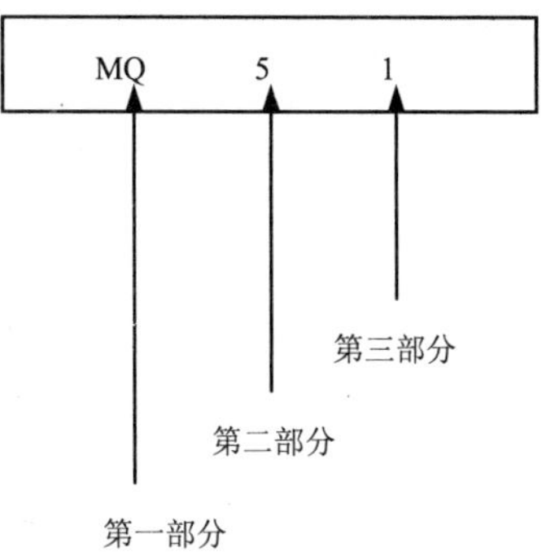

图 2-15　敏感电阻命名示意图

表 2-3　敏感电阻器名称、符号意义对照表

符　号	意　义	符　号	意　义
MC	磁敏电阻	MQ	气敏电阻
MF	负温度系数热敏电阻	MS	湿敏电阻
MG	光敏电阻	MY	压敏电阻
ML	力敏电阻	MZ	正温度系数热敏电阻

表 2-4　敏感电阻器用途、符号意义对照表

符　号	意　义	符　号	意　义
0	特殊用	5	测温用
1	普通用	6	控温用
2	限流或稳压用	7	消磁或抑制浪涌用
3	微波测量用	8	线性用
4	延迟或旁热式	9	恒温用

2.2.2 电阻器的主要参数

电阻器的主要参数有：标称阻值、精度误差和额定功率。

1．电阻器的标称阻值

电器阻上标注的电阻值被称为标称阻值。电阻值基本单位是欧姆，用字母“Ω”表示，此外还有千欧（kΩ）和兆欧（MΩ）。它们之间的换算关系为 1 MΩ= 10^3kΩ=10^6Ω。

2．精度误差

电阻器实际阻值与标注阻值之间存在的差值称为电阻器的偏差。根据电阻器的精度范围，常把电阻器分为 5 个精度等级。表 2-5 所示列出了各等级的电阻的精度范围，供读者使用。

表 2-5　电阻器精度等级

允许偏差	±0.5%	±1%	±5%	±10%	±20%
级别	005	01	I	II	III

3．电阻器的额定功率

电阻器的额定功率是指电阻器在一定的气压和温度下长期连续工作而不改变其性能所允许

承受的最大功率。如果电阻器上所加电功率超过额定值，电阻器就可能被烧毁。电阻器额定功率单位为瓦，用字母“W”表示。功率与电流和电压的关系为 P=UI。

常用电阻器的额定功率一般为 1/8W、1/4W、1/2W、1W、2W 等，并且在电路中它们还有其特定的符号，图 2-16 分别给出了它们在电路图中的表示方法。其中 1/8W 和 1/4W 电阻器大多使用在收音机、电视机中，若在电源电路中就要用到 1W 以上的电阻器了。

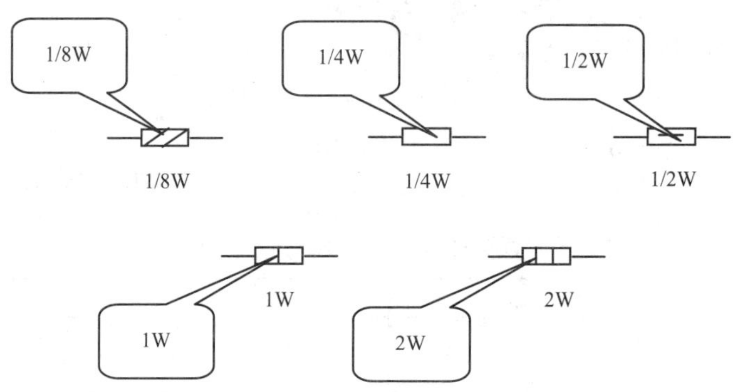

图 2-16　一些特定功率的电阻器在电路中的电路符号

2.2.3 电阻器标注方法解读

电阻器的参数标注方法主要有直标法和色标法两种。

1．直标法

直标法是指将电阻器的主要参数（标称电阻值、允许偏差及额定功率等）直接标注在电阻器的表面。如图 2-17 所示，这几组贴片电阻就是采用的直标法。

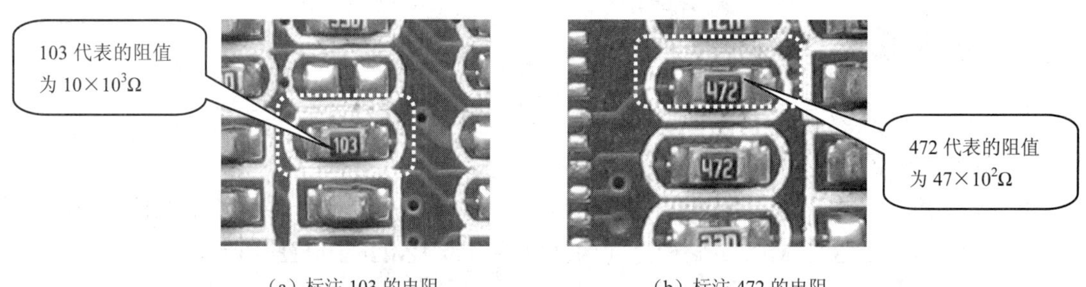

（a）标注 103 的电阻　　（b）标注 472 的电阻

图 2-17　电阻器直接标注法图示

在直标法中还有用字母和数字有规律组合的方法来表示阻值。其中，字母前面的表示整数部分，字母后面的表示小数部分。例如，8 Ω7 表示 8.7Ω，4k7 表示 4.7kΩ。

2．色标法

（1）电阻色标的识别。

色环表示法多用于小功率的电阻器，特别是 0.5W 以下的金属膜和碳膜电阻器较为普遍，可分为三环、四环和五环 3 种。三环表示法前两位表示有效数字，第三位表示成乘数。

四环表示法前两位表示有效数字，第三位表示成乘数，第四位表示精度误差。五环表示法前三位表示有效数字，第四位表示成乘数，第五位表示精度误差。以三环法和四环法为例，给出其示意图，如图 2-18 所示。

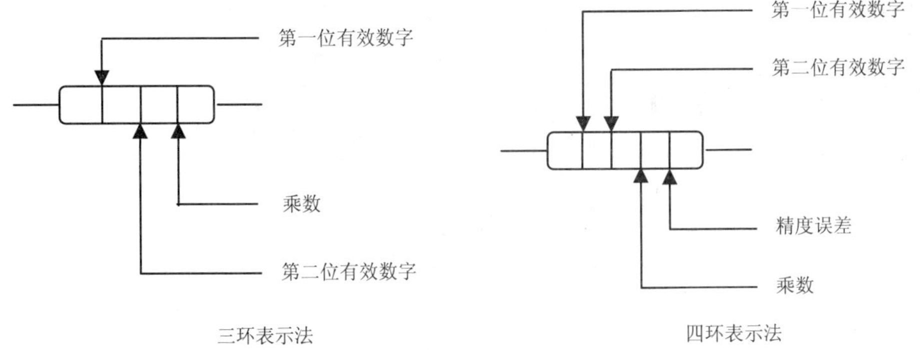

图 2-18　色环意义示意图

（2）首位色环识别。

下面我们将给介绍首字母辨认的方法，并通过表格列示出基本色码对照表供读者使用。

首色环判断方法大致有如下几种：

（1）首色环与第二色环之间的距离比末位色环与倒数第二色环之间的间隔要小。

（2）金、银色环常用做表示电阻误差范围的颜色，即金、银色环一般放在末位，则与之对立的即为首位。

（3）与末位色环位置相比首位色环更靠近引线端，因此可以利用色环与引线端的距离来判断哪个是首色环。

（4）如果电阻上没有金、银色环，并且无法判断哪个色环更靠近引线端，可以用万用表检测一下，根据测量值即可判断首位有效数字及位乘数，对应的顺序就全都知道了。

为了方便读者学习下面我们给出色标法中色环的基本色码对照表，如表 2-6 所示。

表 2-6　基本色码对照表

颜　色	有效数字	乘　数	阻值偏差
黑色	0	10^0	—
棕色	1	10^1	±1%
红色	2	10^2	±2%
橙色	3	10^3	—
黄色	4	10^4	—
绿色	5	10^5	±0.5%
蓝色	6	10^6	±0.25%
紫色	7	10^7	±0.1%
灰色	8	10^8	—
白色	9	10^9	—
金色	−1	10^{-1}	±5%
银色	−2	10^{-2}	±10%
无色	—	—	±20%

2.3 电阻器的特性与作用

电阻顾名思义就是对电流通过的阻力，有限流的作用。在串联电路中电阻起到分压的作用；在并联电路中电阻起到分流的作用。

2.3.1 电阻器的分流作用

当流过一只元件的电流太大时，可以用一只电阻与其并联，起到分流作用。如图 2-19 所示。

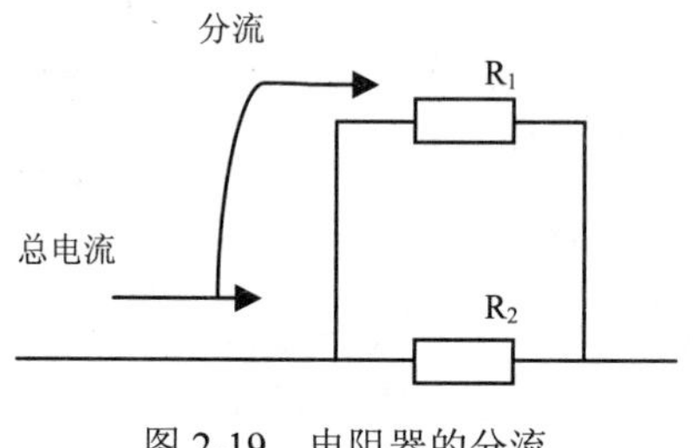

图 2-19　电阻器的分流

2.3.2 电阻器的分压作用

当用电器额定电压小于电源电路输出电压时，可以通过串联一合适的电阻分担一部分电压。如图 2-20 所示的电路中，当接入合适的电阻后，额定电压 10V 的电灯便可以在输出电压为 15V 的电路中工作了。这种电阻称为分压电阻。

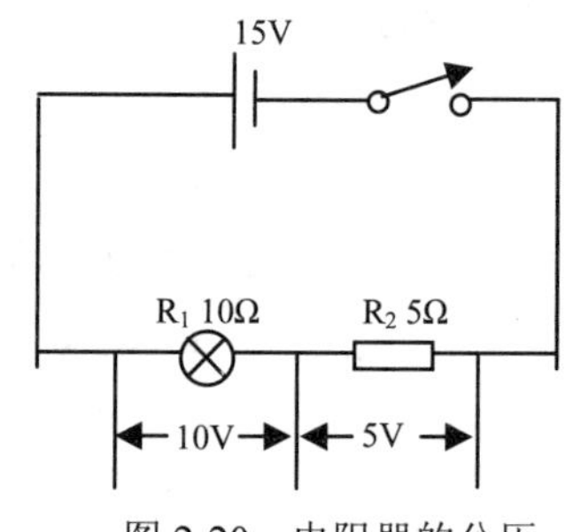

图 2-20　电阻器的分压

2.3.3 将电流转换成电压

当电流流过电阻时就在电阻两端产生了电压。集电极负载电阻就是这一作用。如图 2-21 所示，当电流流过该电阻时转化成了该电阻两端的电压。

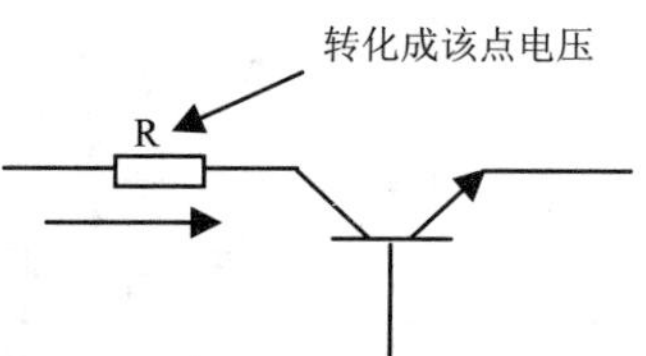

图 2-21　当电流流过集电极负载电阻时转化成了该电阻两端的电压

2.3.4 普通电阻的基本特性

电阻会消耗电能，当有电流流过它时会发热，如果当流过它的电流太大时会因过热而烧毁。

在交流或直流电路中电阻器对电流所起的阻碍作用是一样的，这种特性大大方便了电阻电路的分析。

交流电路中，同一个电阻器对不同频率的信号所呈现的阻值相同，不会因为交流电的频率不同而出现电阻值的变化。电阻器不仅在正弦波交流电的电路中阻值不变，对于脉冲信号、三角波信号处理和放大电路中所呈现的电阻也一样。了解这一特性后，分析交流电路中电阻器的工作原理时，就可以不必考虑电流的频率以及波形对其的影响。

2.4 电阻器的串联、并联与混联

串联电路和并联电路是构成形形色色复杂电路的基本电路，而纯电阻串联和并联的电路是各种串并联的基础。下面我们将对纯电阻串联和并联的电路进行讲解，以便读者进一步学习。

2.4.1 电阻器的串联

两只电阻器首尾连接后与电源连接，也可以是更多个电阻器的串联，如图 2-22 所示。

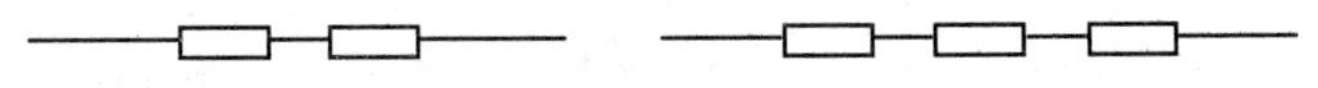

图 2-22　电阻器的串联

电阻器串联后的特性：

（1）电阻器愈串联阻值愈大，总电阻 $R=R_1+R_2+R_3+\cdots$。

（2）流过每只电阻器的电流相等，即串联电路电流处处相等。

（3）各串联电阻器上的电压之和等于串联电阻两端电压之和。

（4）流过电阻器的电流可以是直流也可以是交流，阻值不会发生改变。

（5）阻值相对较大的电阻器是电阻电路分析中的主要对象，串联电阻电路分析时就得抓住这一主要特征。

了解这些在实际应用中会带来很大方便。例如，当发现串联电路中的其中一个电阻器没有电流流过时就可以确定该电路的其他元件也没有工作电流。

2.4.2 电阻器的并联

两只电阻器头与头连接尾与尾连接后接入电源连接，也可以是更多只电阻器的并联，如图 2-23 所示。

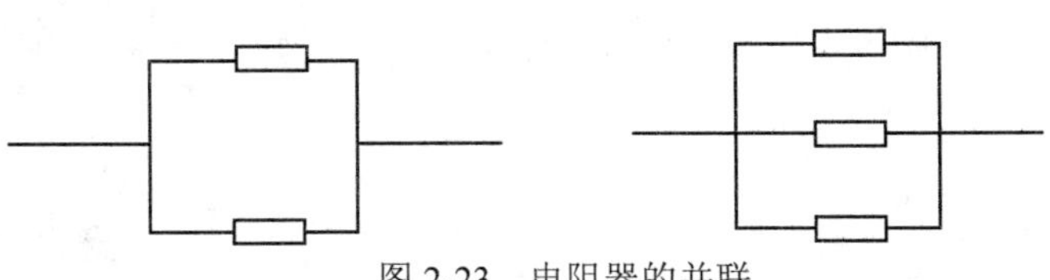

图 2-23　电阻器的并联

电阻器并联后的特性：

（1）电阻器愈并联阻值愈小，并联相当于增加了电阻的横截面积。总电阻 R 的倒数等于各并联电阻的倒数之和，即 $1/R=1/R_1+1/R_2+\cdots$。

（2）各并联电路两端电压相等。

（3）各并联电路电流之和等于回路中的电流，即总电流 $I=I_1+I_2+\cdots$。

（4）阻值相对较小的电阻器是并联电路分析的主要对象，在对并联电阻电路分析时需抓住这一主要现象。

2.4.3 电阻器的混联

电阻器的混联电路是由电阻器的串联与并联混联在一起形成的，如图 2-24 所示。

在分析混联电阻器的电路时，可以先把并联电路中的各个电阻器等效成一个电阻器，然后用等效电阻与另一电阻进行串联分析。

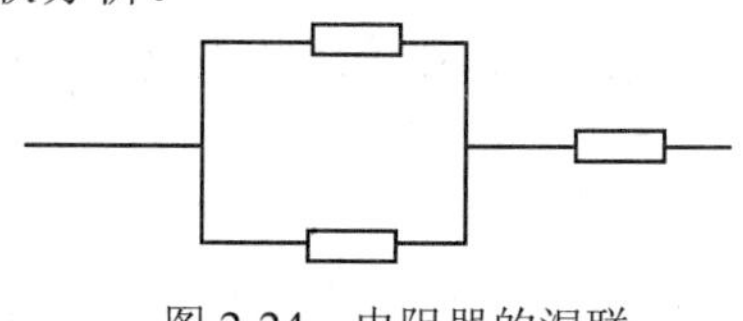

图 2-24　电阻器的混联

2.5 电阻器应用电路分析

2.5.1 限流保护电阻电路分析

如图 2-25 所示，是一组常见的发光二极管限流保护电阻电路。VD 是一个发光二极管，该二极管随着电流强度的增大而增大亮度，但如果流经二极管的电流太大将烧毁二极管。为了保护二极管的安全串联电阻，通过改变电阻的大小可以起到限流保护的作用。

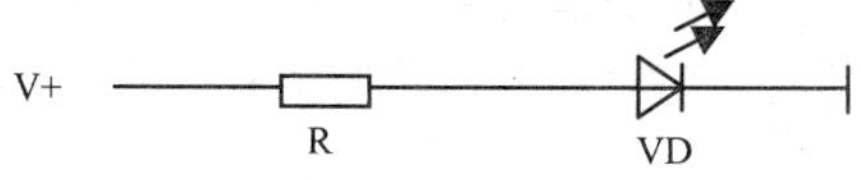

图 2-25　二极管限流保护电阻

再如可调光照明灯的电路，为了控制灯泡的亮度，在电路中接一个限流电阻通过改变电阻的阻值大小调节电流的大小进而调节灯泡的亮度。

2.5.2 基准电压电阻分级电路分析

如图 2-26 所示，是基准电压电阻分级电路。电路中，R_1、R_2、R_3 构成一个变形的分压电路，基准电压加到此电压上。

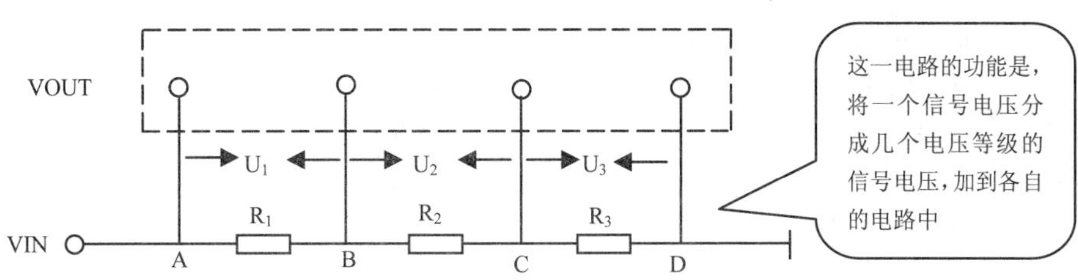

图 2-26　基准电压电阻分级电路

其中，输入电压等于输出电压之和，即 $U=U_1+U_2+U_3$。

电阻值比等于其两端的电压之比，即 $R_1:R_2:R_3=U_1:U_2:U_3$。

2.6 电阻电路常见故障判断

2.6.1 如何判定电阻断路

断路又叫开路（但也有区别，开路是电源没有接通；断路是不知道哪个地方没有接通）。断路是指因为电路中某一处因断开而使电流无法正常通过，导致电路中的电流为零。中断点两端电压为电源电压；断路一般对电路无损害。

断路后电阻两端阻值呈无穷大，可以通过对阻值的检测判断电阻是否断路。断路后电阻两端不会有电流流过，电阻两端不再有电压，因此可以用万用表检测电阻两端是否有电压来判断电阻已经断路。如图 2-27 所示，通过测量电阻两端的电压来判断电阻是否断路。

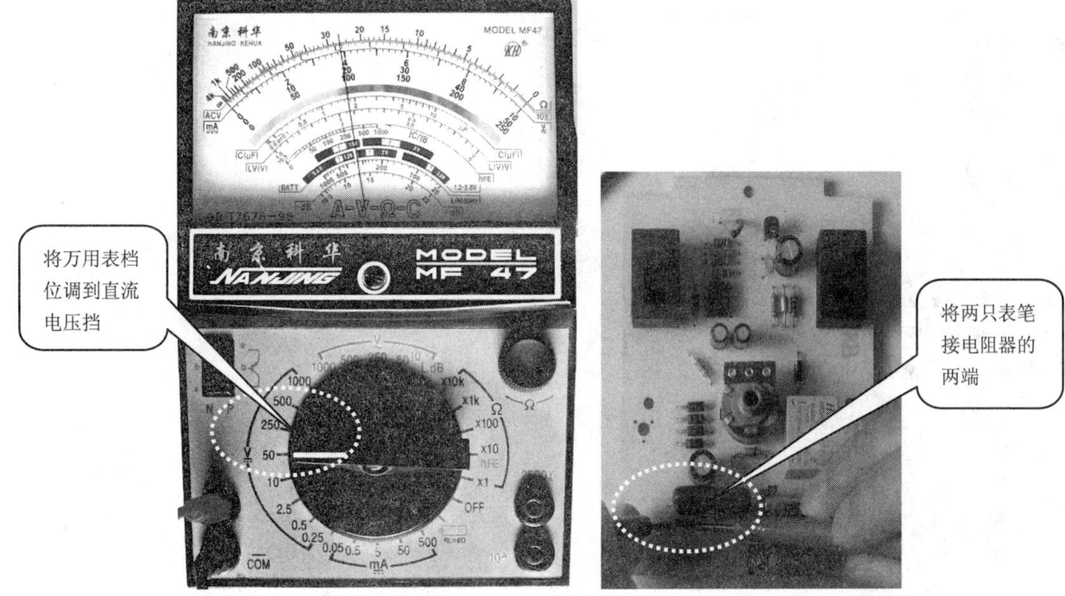

图 2-27　电阻两端电压的检测

由图 2-27 所示测得电阻两端有电压，证明该电阻未发生断路。

2.6.2 如何判断阻值减小

在串联电路中如果电阻减小的话，那么该电阻分得的电压将明显减小，而其他电阻分的电压将明显增大。如果该串联电路为一基准电压电阻分级电路，那么该电阻阻值的减小将会给若干个电路造成不良的影响。

在并联电路中，因为各支路电压相等阻值减小只会使自身所在的支路电流增大。电流增大有烧毁该支路元器件的危险。

2.7 电阻器的检测方法

2.7.1 固定电阻的检测方法

电阻的检测相对于其他元器件的检测来说要相对简便，将万用表调至欧姆挡，两表笔分别与电阻的两引脚相接即可测出实际电阻值，如图 2-28 所示。测量时没有极性限制，表笔可以接在电阻的任意一端。为了使测量的结果更加精准，应根据被测电阻标称阻值来选择万用表量程。这是由于欧姆挡刻度的非线性关系，在万用表量程的中间一段分度更为精细，因此测量时应尽可能使指针指示值落到刻度的中段位置。

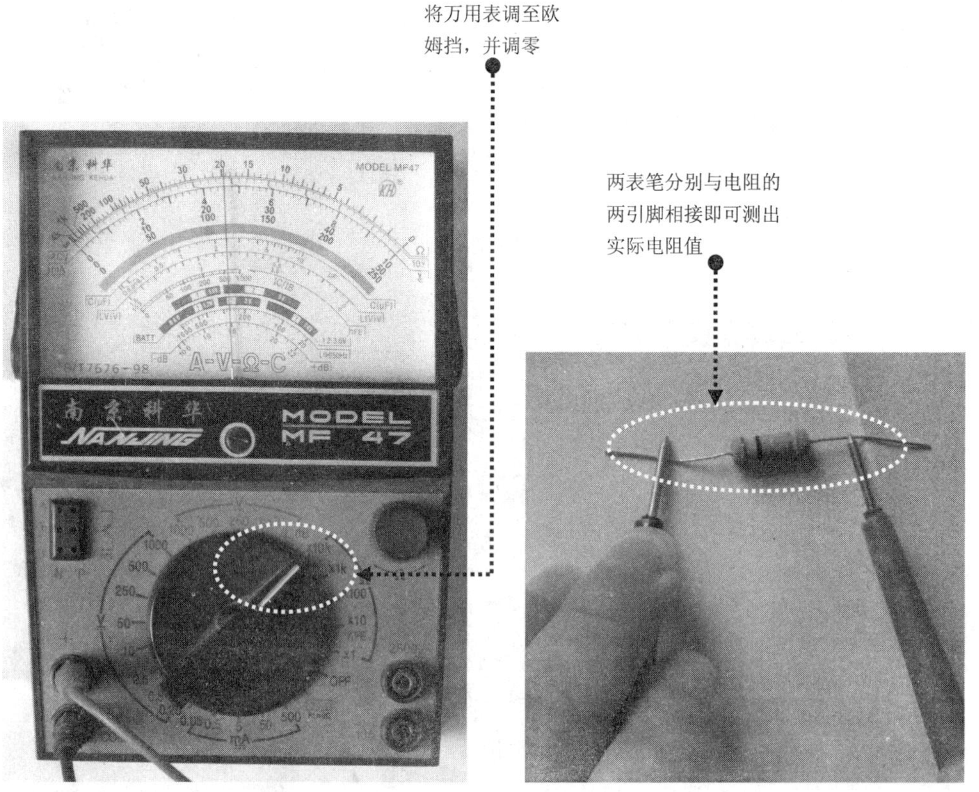
将万用表调至欧姆挡，并调零
两表笔分别与电阻的两引脚相接即可测出实际电阻值
MODEL MF47
南京科华
NANJING
MODEL MF 47
A-V-Ω-C

图 2-28 固定电阻的检测

根据电阻误差等级不同，算出误差范围，若实测值已超出标称值说明该电阻已经不能继续使用了，若仍在误差范围内电阻仍可继续可用。

在测试时尤其是在测量阻值较大的电阻时，两手不要触及表笔或电阻的导体部分，以免人体对测量结果的干扰；如果在被检测不能确定测量的准确性，可以将其从电路中焊下来，或者焊开其中一只引脚，进行开路测量避免电路中其他元件对测试造成的影响。

2.7.2 熔断电阻器的检测方法

在电路中，多数熔断电阻的开路可根据观察作出判断。例如若发现熔断电阻器表面烧焦或发黑（也可能会伴有焦味），可断定熔断电阻器已被烧毁。

如果其表面无任何痕迹而开路，则说明流过的电流刚好等于或稍大于其额定熔断值。对于这样熔断电阻器的检测，可借助指针万用表“R×1”挡来测量，如图 2-29 所示。若测得的阻值为无穷大，则说明此熔断电阻器已经开路。若测得的阻值与 0 接近说明该熔断电阻基本正常，如果测得的阻值较大则需要开路进行进一步测量。

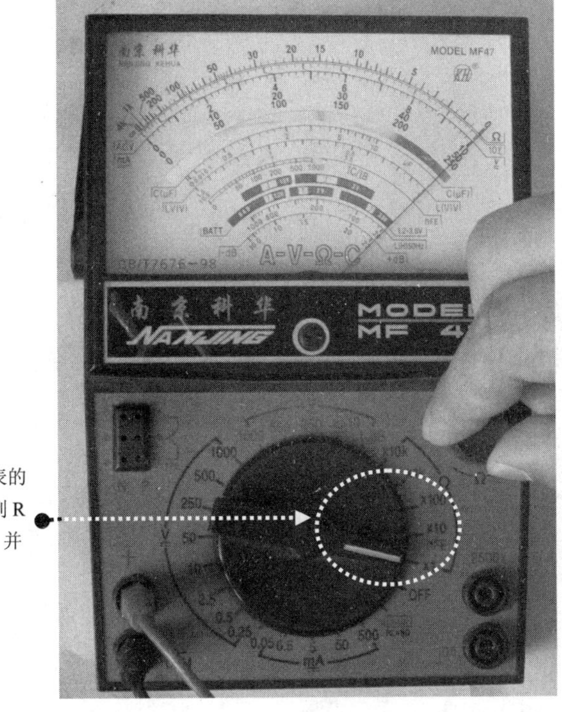
将万用表的
档位调到 R
×1 挡，并
调零
MODEL MF47
A-V-Ω-C

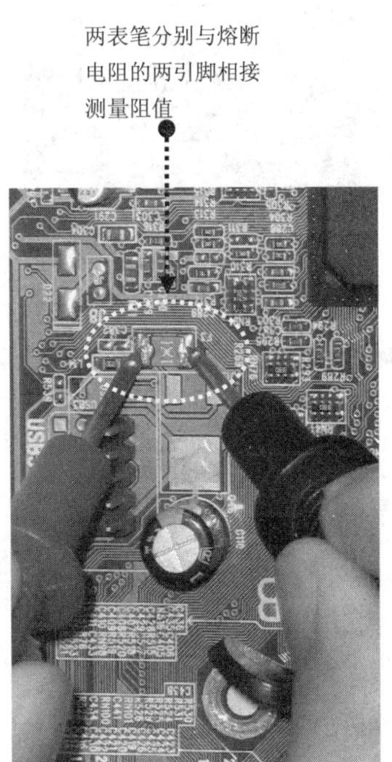
两表笔分别与熔断
电阻的两引脚相接
测量阻值

图 2-29　熔断电阻器的检测

2.7.3 贴片式普通电阻的检测方法

图 2-30 所示为一个待测的普通贴片电阻，标称阻值为 101 即标称阻值为 100Ω，因此选用万用表的“R×1”挡或数字万用表的 200 挡进行检测。

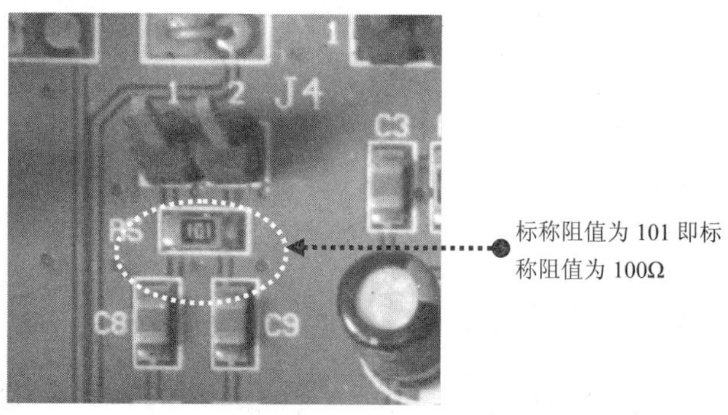

图 2-30　普通贴片电阻

如图 2-31 所示，将万用表的红黑表笔分别接在待测的电阻器两端。通过万用表测出阻值，观察阻值是否在标称阻值基本一致。如果实际值与标称阻值相距甚远，证明该电阻已经出现问题。

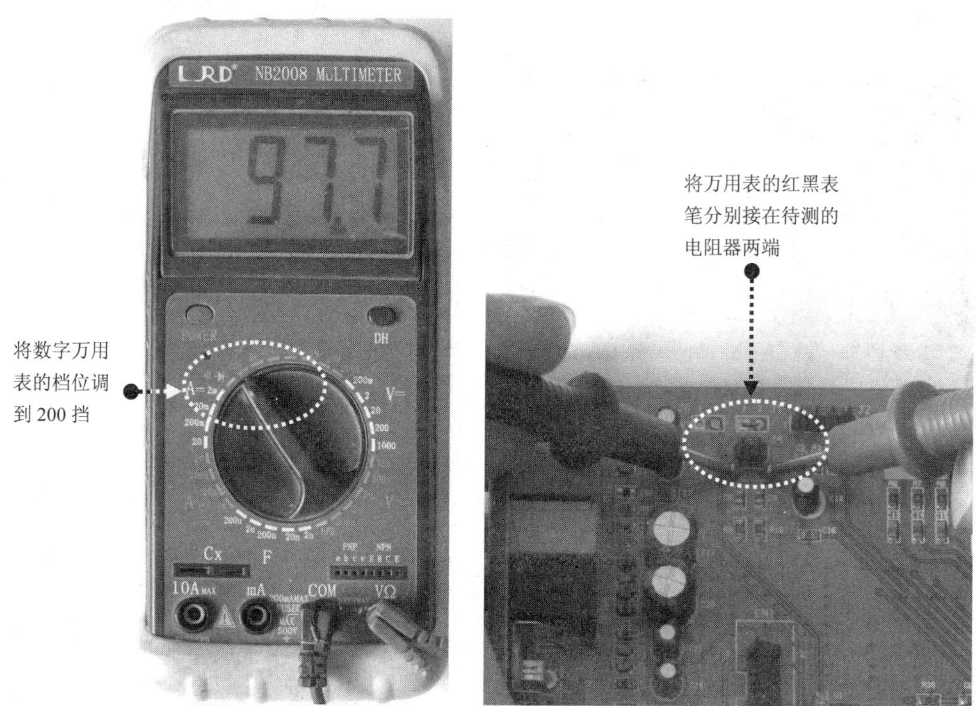

图 2-31　贴片电阻标称阻值的测量

经测量电阻值接近标称数值基本正常。

2.7.4 贴片式排电阻的检测方法

在检测贴片电阻时需注意其内部结构，图 2-32 所示为一贴片的电阻，标称阻值为 103，即阻值为 $10\times10^3\Omega$。检测时应把红黑表笔接在电阻器对称的两端，并分别测量 4 组对称的引脚，贴片排电阻的检测方法如图 2-33 所示。检测到的四组数据均应与标称阻值接近，若有一组检测到的结果与标称阻值相差甚远则说明该排阻已损坏。

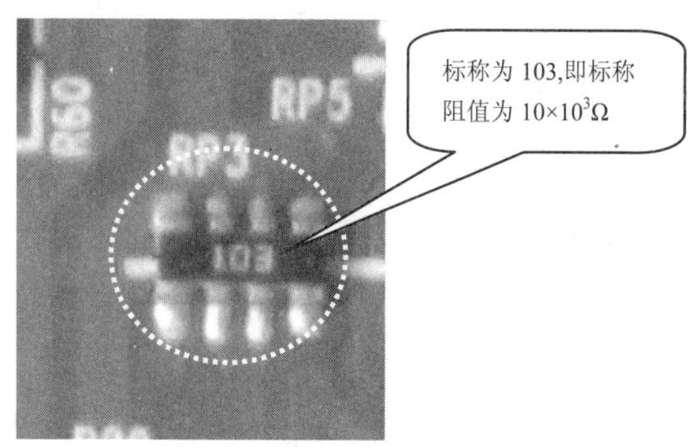

图 2-32　贴片排电阻

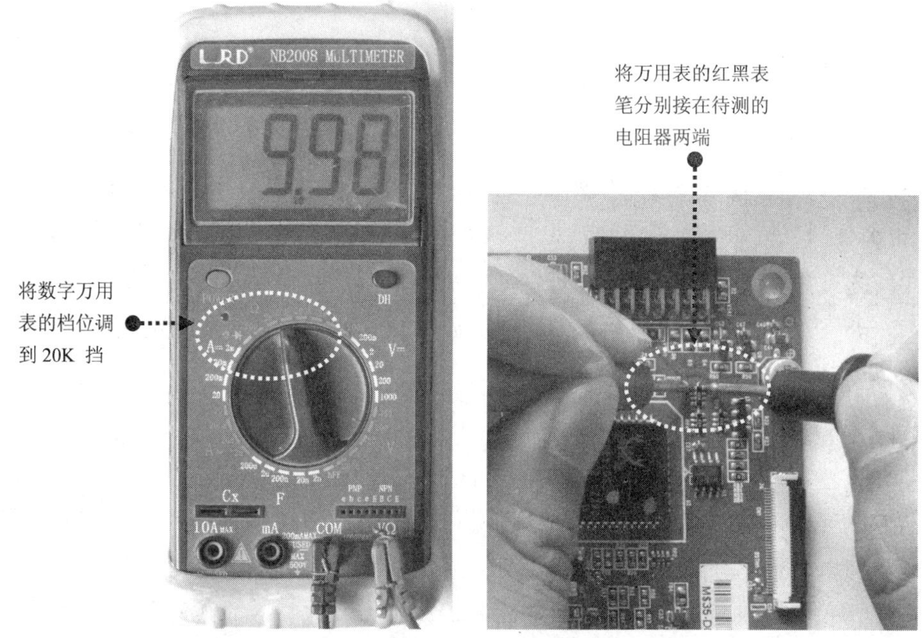

图 2-33　贴片排电阻的检测

2.7.5 压敏电阻的检测方法

（1）压敏电阻绝缘性检测。

选用万用表的 R×1k 或 R×10k 挡，将两表笔分别接在压敏电阻两端测出压敏电阻的阻值，交换两表笔再测一次。若两次测得的阻值均为无穷大，说明被测压敏电阻质量合格，否则证明其漏电严重而不可使用。

（2）压敏电阻标称工作电压的检测。

以测试标称电压为 60V 的压敏电阻为例，给压敏电阻配以 0～80V 的可调直流电源。正常情况下，逐渐加大电源电压，当电压值在 60V 以下时，电流表会毫无指示。当电压增加到 60V

时，电流表的指示会显著增加，如果是其他情况则说明压敏电阻性能欠佳；当电压值远低于 60V 时，电流就急剧增大，那么即使在正常工作时，也可能烧断保险管；如果当电压值远大于 60V 之后电流才急剧增大，那么造成的危害可能会更大，很可能因为过压保护能力低下而造成其他元器件的损毁。

2.8 电阻器的选配与代换方法

电阻器是电子电路中应用最普遍的一种电子元件，约占全部元件的 30%以上，也是经常会出现故障的一类元件。其主要故障现象是受外力作用而引脚折断或者是流经电流过大而烧坏。发生故障时电阻器的主要变化是阻值变大或开路引起电路无电流、无电压。有时也会因为引出线或内部接触不良而使家用电器出现噪声或断续工作。

2.8.1 固定电阻代换方法

（1）普通固定电阻器损坏后，可以用额定阻值、额定功率均相同的金属膜电阻器或碳膜电阻器代换。

（2）碳膜电阻器损坏后，可以用额定阻值及额定功率相同的金属膜电阻器代换。

（3）若手中没有同规格的电阻器更换，也可以用电阻器串联或并联的方法做应急处理。例如，当需要一个较大电阻时可以用较小电阻进行串联，如果需要较小电阻时也可以通过较大电阻的并联实现。需要注意的是，代换电阻必须比原电阻有更稳定的性质、更高的额定功率，但阻值只能在标称容量允许的误差范围内。

2.8.2 压敏电阻器的代换方法

压敏电阻器一般应用于过压保护电路。选用时，压敏电阻器的标称电压、最大连续工作时间及通流容量在内的所有参数都必须合乎要求。标称电压过高，压敏电阻将失去保护意义，而过低则容易被击穿。应更换与其型号相同的压敏电阻器或用与参数相同的其他型号压敏电阻器来代换。

2.8.3 光敏电阻的代换方法

光敏电阻的选用与代换方法，首先满足应用电路的所需的光谱特性，其次要求代换电阻的主要参数要相近，偏差不能超过允许范围。光谱特性不同的光敏电阻器，例如红外光光敏电阻器、可见光光敏电阻器、紫外光光敏电阻器，即使阻值范围相同，也不能相互代换。

2.8.4 熔断电阻的代换方法

熔断电阻是具有保护功能的电阻器，选用或代换时应根据应用电路的具体要求而定。损坏时应尽可能用原型号代换，以保证熔断电阻在超负荷时能快速熔断。

若无同型号的熔断电容器代换也可用其主要参数相同的其他型号的电阻进行代换，或用电阻器与熔断器串联的方式来代换，用电阻器与熔断器串联来代换熔断电阻器时，电阻器的阻值应和额定功率与损坏熔断电阻器的阻值和额定功率应相同。熔断器的额定 $I=0.6P/R$，式中 P 为原熔断电阻器的额定功率，R 为原熔断电阻器的电阻值。

对电阻值较小的熔断电阻器，也可以用熔断器直接代用。熔断器的额定电流值也可以根据上述计算公式计算。

为临时代用也可采用与原熔断电阻器阻值相同、功率相同的普通电阻器代换，采用这种方法代换时，必须在排除电路故障后进行。

2.9 电阻器检测维修实训

2.9.1 柱状固定电阻的检测实训

有些柱状固定电阻开路或阻值增大后其表面会有很明显的变化，比如裂痕、引脚断开或颜色变黑，此时通过直观检查法就可以确认其好坏。若所怀疑的电阻外观是正常的，则需要用万用表对其进行检测来判断其是否正常。而用万用表测量电阻分为在路检测和非在路检测两种方法，在路检测就是在电路板上直接测量所怀疑电阻的阻值，判断它是否与标称相符；非在路测量就是将电阻从电路板上取下或悬空一个引脚后对其进行测量。

1．在路检测柱状固定电阻实训

（1）先记下标称数值，如果是色环电阻先根据色环查出其阻值大小。这步的意义在于，如果不知道被测电阻的标称阻值，就算用万用表测出了该电阻的阻值也不知道它是不是符合该电路的要求。比如测出一个电阻的阻值是 100Ω，如果没有参考怎样判断其是合格还是不合格呢？阻值是比正常值大还是小呢？这就无法有一个明确的概念。本次检测的电阻是一个色环电阻，如图 2-34 所示。

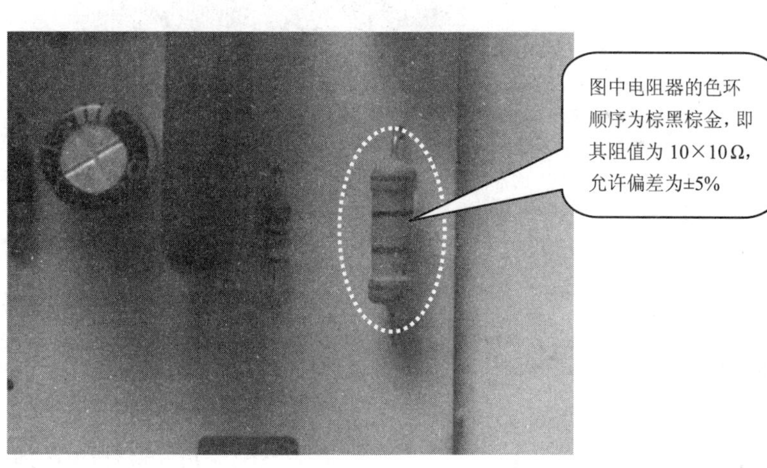
图中电阻器的色环
顺序为棕黑棕金，即
其阻值为 10×10Ω，
允许偏差为±5%

图 2-34　色环电阻

（2）清理电阻器引脚的灰尘，如果有锈渍最好拿细砂纸打磨一下，否则会影响到测量结果。如果表面看起来问题不大，拿纸巾轻轻擦拭如图 2-35 所示。切忌不可用力过猛以免折断电阻的引脚。

（3）清洁完毕后就可以开始测量了，根据电阻器的标称阻值调节万用表的量程。之前经过对色环的核查我们已经知道待测电阻阻值为 10×10Ω 允许偏差为±5%。数字万用表欧姆挡最小量程为 200Ω，刚好合适测量该电阻。如图 2-36 所示。

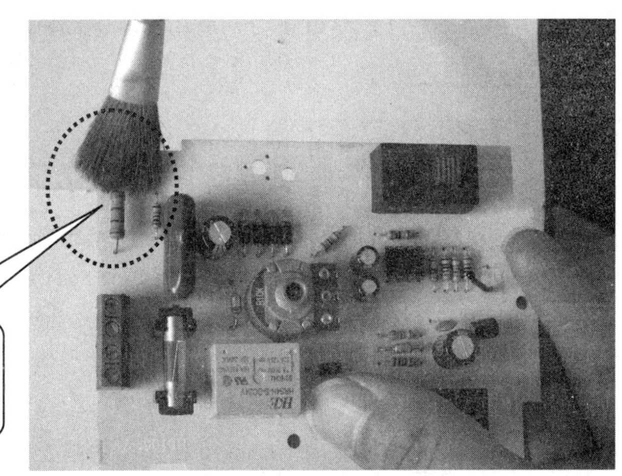

图 2-35　清洁待测电阻器两端的引脚

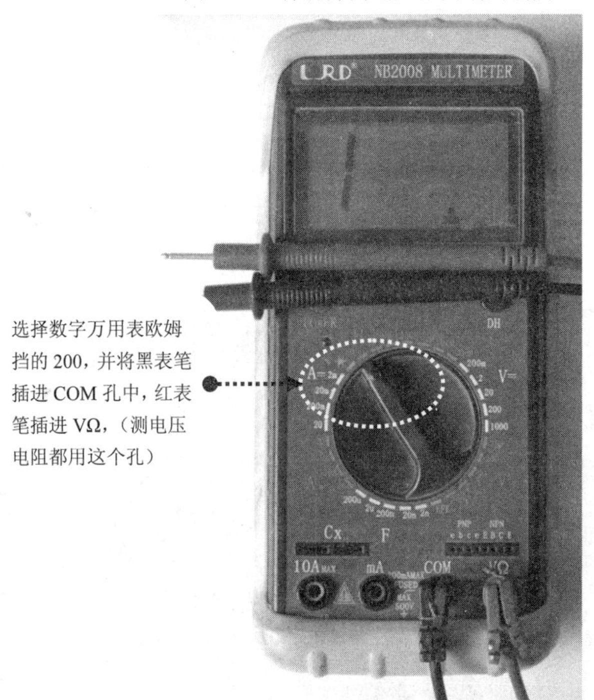

图 2-36　本次测量电阻使用的量程及插孔

提 示

万用表所设置的量程要尽量与电阻标称阻值近似，只有所选量程与待测电阻阻值尽可能相对应，才能保证测量的准确性。本次测量的电阻标称阻值为 100Ω，所以选择与其最接近的量程欧姆挡的 200。如果待测的电阻标称阻值为 1kΩ，则所选的量程就为 2k 了。

（4）打开数字万用表电源开关，将万用表的红、黑表笔分别搭在电阻器两端的引脚处不用考虑极性问题，观察万用表显示的数值并记录测量值；然后交换表笔再测一次，如图 2-37 所示。

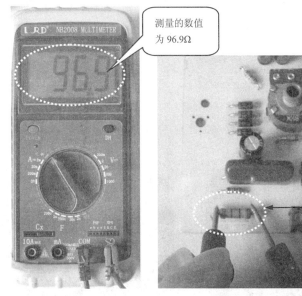

（a）正向阻值检测

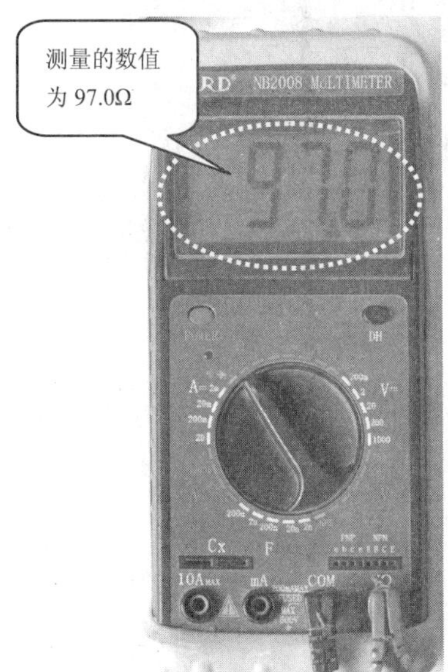

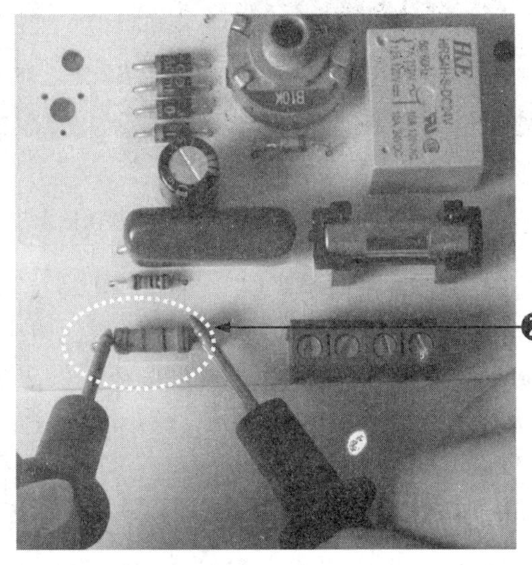

（b）负向阻值检测

图 2-37　使用数字万用表测量电阻

测量两次是为了缩短外电路中的元器件对待测电阻阻值的影响，取较大的数值作为参考，这里取“97Ω”。该值与标称阻值 100Ω 非常接近，因此可以断定该电阻基本正常。

提 示

如果测量的参考阻值大于标称阻值，则可以断定该电阻器损坏；如果测量出的值比标称范围小很多，此时并不能确定该电阻器已损坏，因为还有可能是电路中的其他元器件对测量的干扰造成的。这时就需要采用开路测量法进一步进行检测了。

如果使用的是指针式万用表，选择好量程后还需调零校正。将两表笔相接，此时所显示的阻值应为零。如果指针不在零刻线上，调整表盘下方的调零旋钮，使表针停在 0 刻度处，如图 2-38 所示。

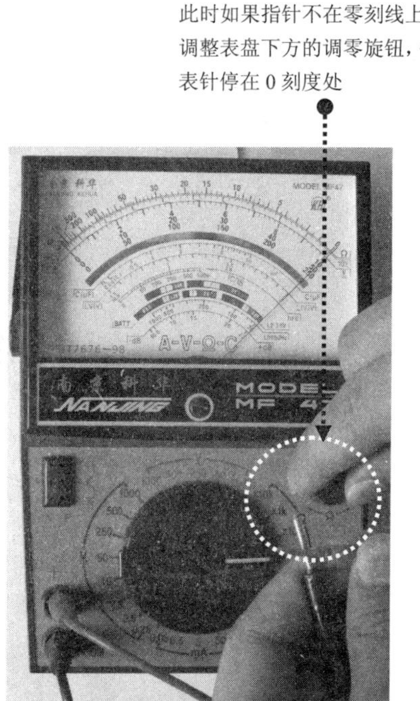

图 2-38 欧姆挡调零操作

2．开路检测柱状固定电阻的实训

（1）记录电阻的标称阻值，如果是直标法直接根据标注就可以知道电阻的标称阻值，而如果是色环电阻还需根据色环查出该电阻的标称阻值，本次开路测量的电阻采用的并不是直标法而是色环标注法。该电阻的色环顺序为红黑黄金，如图 2-39 所示，即该电阻的标称阻值为 200kΩ，允许偏差在±5%。

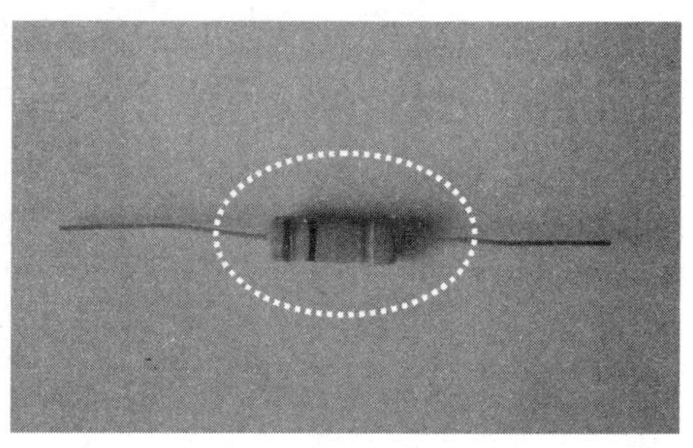

图 2-39 色环顺序为红黑黄金的色环电阻

（2）清理待测电阻器引脚的灰土，如果有锈渍可以拿细砂纸进行打磨一下，否则会影响到检测结果。如果问题不大，拿纸巾轻轻擦拭即可如图 2-40 所示。擦拭时不可太过用力以免将其引脚折断。

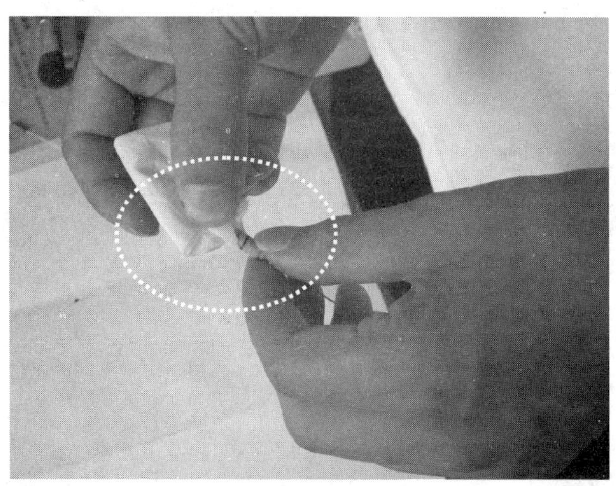

图 2-40　拿纸巾擦拭电阻的引脚

（3）清洁完毕后就可以开始测量了，根据电阻器的标称阻值调节万用表的量程。因为被测电阻为 200kΩ，允许偏差在±5%，测量结果可能比 200kΩ 大，所以应该选择 2M 的量程进行测量。测量时，将黑表笔插进 COM 孔中，红表笔插进 VΩ 孔，如图 2-41 所示。

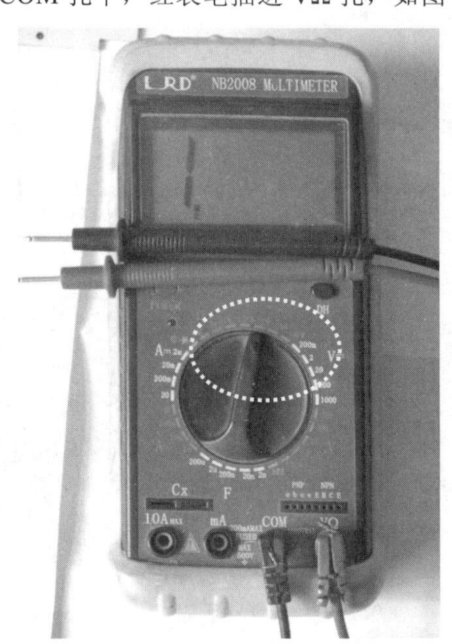

图 2-41　本次测量的量程及其插孔

（4）打开数字万用表电源开关，接着将万用表的红、黑表笔分别搭在电阻器两端的引脚处不用考虑极性问题，测量时人体一定不要同时接触两引脚以免因和电阻并联而影响测量结果。观察万用表显示的数值，然后记录测量值，交换表笔再测一次，如图 2-42 所示。

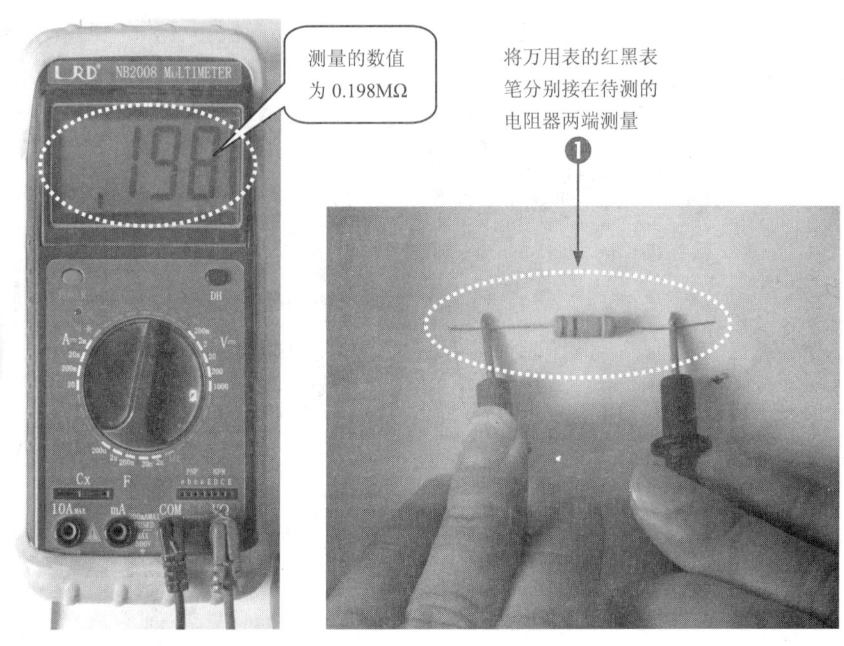
测量的数值
为 0.198MΩ
将万用表的红黑表
笔分别接在待测的
电阻器两端测量
❶
NB2008 MULTIMETER
.198

（a）正方向测量

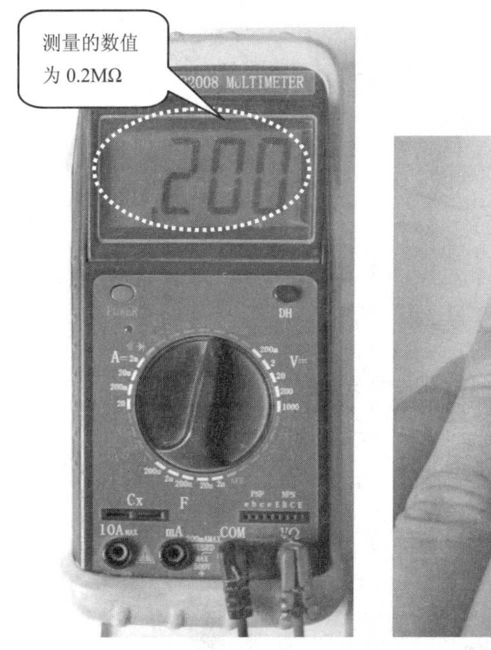
测量的数值
为 0.2MΩ
.200

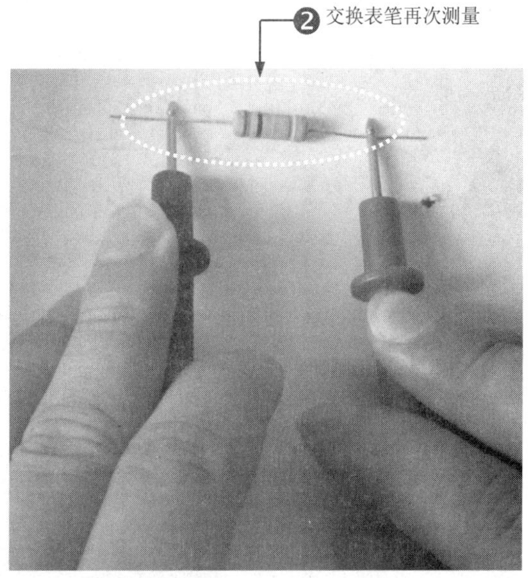
❷ 交换表笔再次测量

（b）反方向测量

图 2-42　色环电阻开路测量

取较大的数值作为参考，这里取“0.2M”，0.2MΩ=200kΩ。该值与标称阻值一致，因此可以断定该电阻可以正常使用。

2.9.2 贴片电阻器检测实训

贴片电阻器在检测时主要有两种方法，一种是在路检测，另一种是开路检测，这一点和柱形电阻器很像。实际操作时一般都是采用在路检测，只有在路检测无法判断其好坏时才采用开路检测。

1. 在路测量贴片电阻器实训

贴片电阻器的在路测量方法如下：

（1）在路检测贴片电阻器时首先要将电阻器所在电路板的供电电源断开，对贴片电阻器进行观察，如果有明显烧焦、虚焊等情况，基本可以锁定故障了。接着根据贴片电阻的标称电阻读出电阻器的阻值。如图 2-43 所示，

图 2-43　待测贴片电阻

（2）清理待测电阻器各引脚的灰土，如果有锈渍也可以拿细砂纸打磨一下，否则会影响到检测结果。如果问题不大，用清洁刷清扫一下即可，如图 2-44 所示。

图 2-44　清洁待测贴片电阻

（3）清洁完毕后就可以开始测量了，根据贴片电阻器的标称阻值调节万用表的量程。此次被测贴片电阻器标称阻值为 47 kΩ，根据需要将量程选择在 200kΩ。并将黑表笔插进 COM 孔中，红表笔插进 VΩ 孔，如图 2-46 所示。

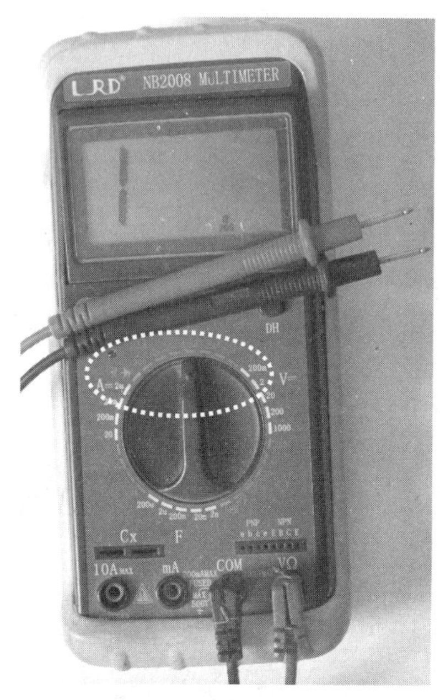

图 2-45　本次测量所使用的量程

（4）将万用表的红、黑表笔分别搭在贴片电阻器的两脚的焊点上，观察万用表显示的数值，记录测量值为 46.5，如图 2-46 所示，

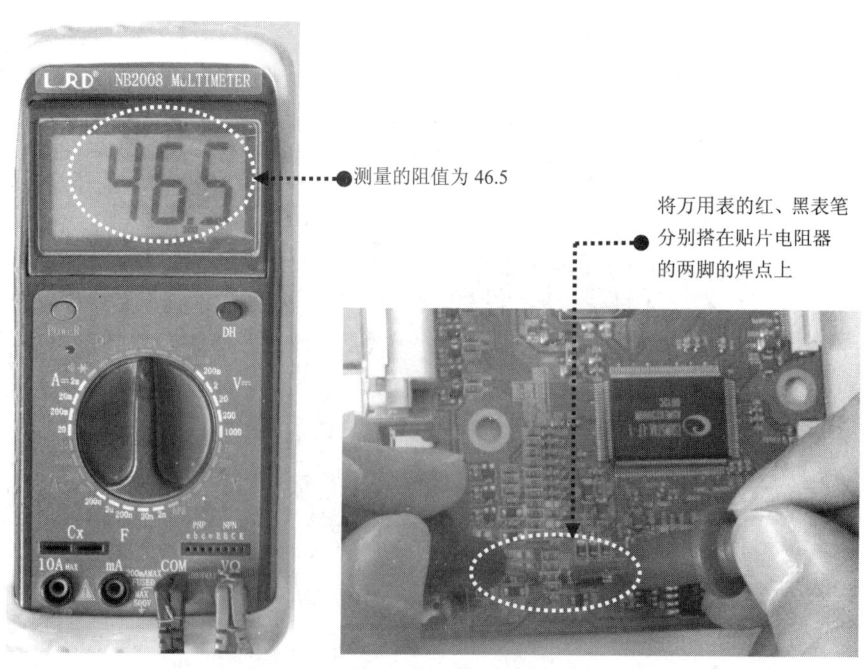

图 2-46　第一次测量

（5）接下来将红、黑表笔互换位置，再次测量，记录第 2 次测量的值为 47.1，如图 2-47 所示。

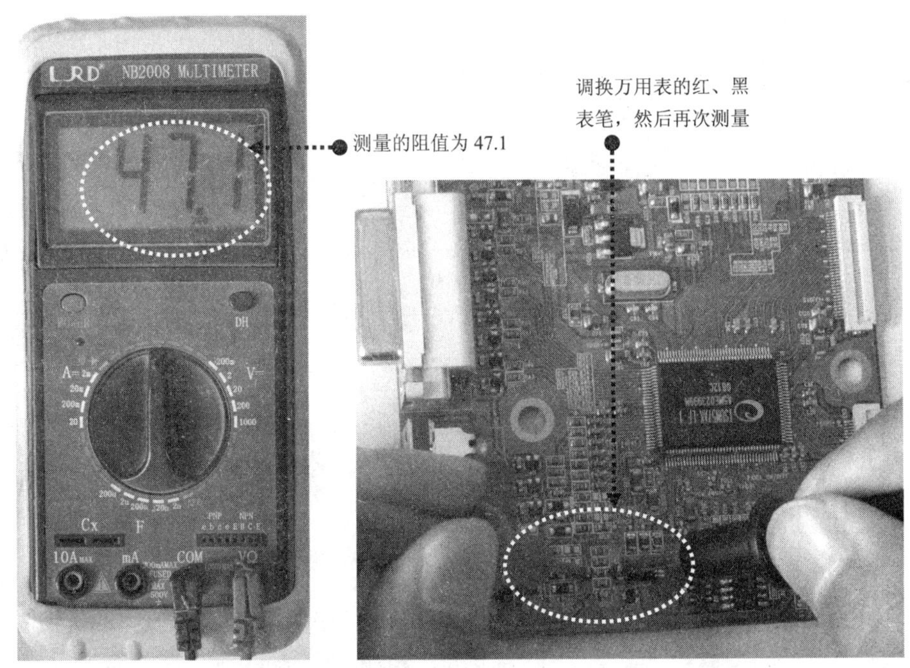
LRD NB2008 MULTIMETER
测量的阻值为 47.1
调换万用表的红、黑表笔，然后再次测量

图 2-47　第二次测量

（6）从两次测量中，取测量较大的一次的测量值作为参考阻值，即取 47.1 kΩ 作为参考阻值。

2．开路测量贴片电阻器实训

开路测量贴片电阻器的方法是首先将电阻器从电路板中取下来，然后进行测量的方法，开路测量贴片电阻器的方法与在路测量的操作方法基本相同，如图 2-48 所示。具体操作方法参考在路测量贴片电阻器的操作方法，这里不再赘述。

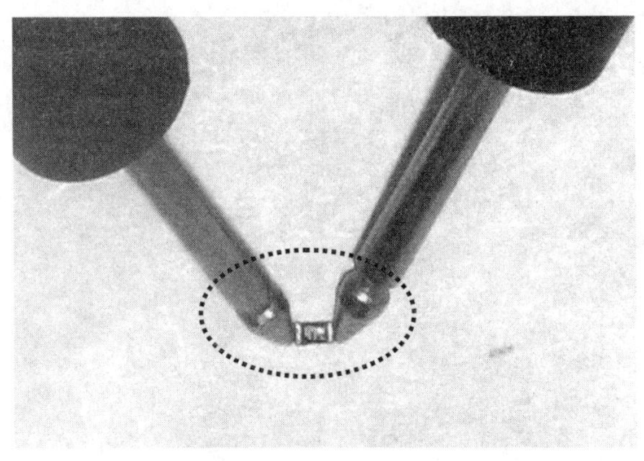

图 2-48　开路测量贴片电阻器

2.9.3 贴片排电阻器检测实训

贴片排电阻器的检测方法与贴片电阻器的检测方法相同，也是分为在路检测和开路检测两种，实际操作时一般都采用在路检测，只有在路检测无法判断其好坏时才采用开路检测。

1. 在路测量贴片排电阻器实训

贴片排电阻器的在路测量方法如下：

（1）在路检测贴片排电阻器时首先要将排电阻器所在的供电电源断开，如果测量主板CMOS电路中的排电阻器，还应把CMOS电池卸下。对排电阻器进行观察，如果有明显烧焦、虚焊等情况，基本可以判定存在故障了。如果待测排电阻器外观上没有明显问题，根据排电阻的标称电阻读出电阻器的阻值，如图2-49所示。

本次测量的排电阻标称为103，即它的阻值为10 kΩ，也就是说其4个电阻器的阻值都是10 kΩ
Q13
RP47
RP46
103
RJ38
LP7
CP8
CP7

图2-49 排电阻的标称阻值读取

（2）清理待测电阻器各引脚的灰土，如果有锈渍也可以拿细砂纸打磨一下，否则会影响到检测结果。如果问题不大，拿纸巾轻轻擦拭即可如图2-50所示。擦拭时不可太过用力以免将器件损坏。

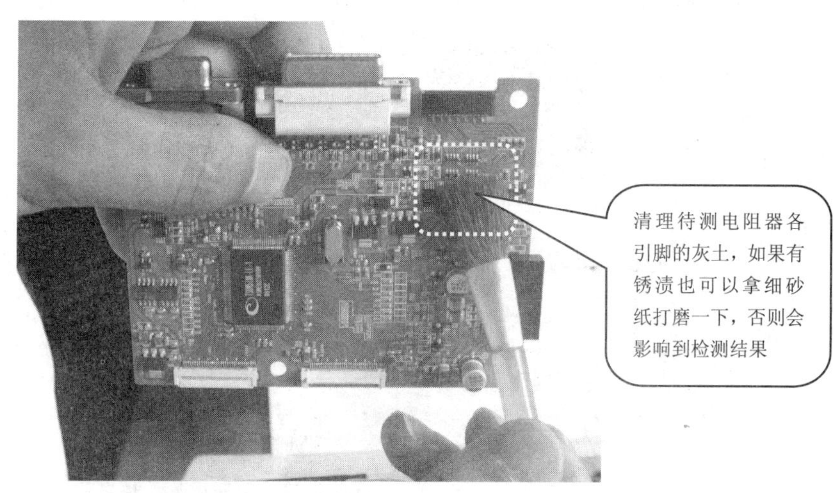
清理待测电阻器各引脚的灰土，如果有锈渍也可以拿细砂纸打磨一下，否则会影响到检测结果

图2-50 清洁待测贴片排电阻

（3）清洁完毕后就可以开始测量了，根据排电阻器的标称阻值调节万用表的量程。此次被测排电阻器标称阻值为 10 kΩ，根据需要将量程选择在 20 kΩ。并将黑表笔插进 COM 孔，红表笔插进 VΩ 孔，如图 2-51 所示。

（4）将万用表的红、黑表笔分别搭在排电阻器第一组（从左侧记为第一，然后顺次下去）对称的焊点上观察万用表显示的数值，记录测量值 9.94；接下来将红、黑表笔互换位置，再次测量，记录第 2 次测量的值 9.95，取较大值作为参考，如图 2-52 所示。

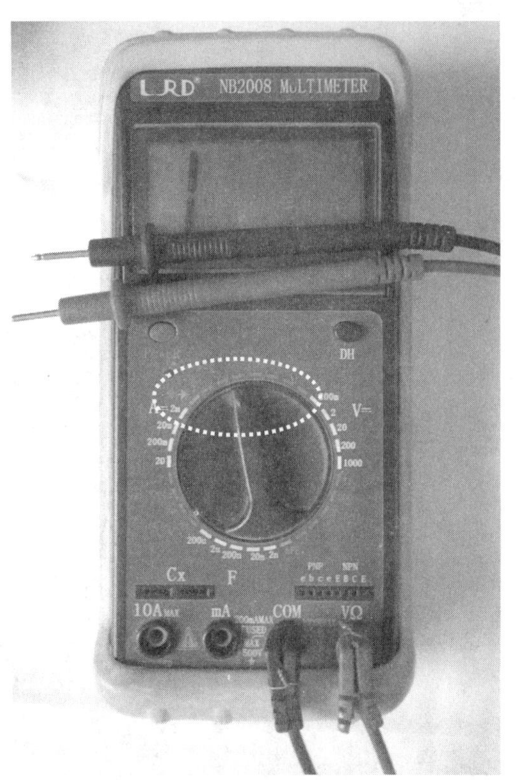

图 2-51　本次测量所使用的量程

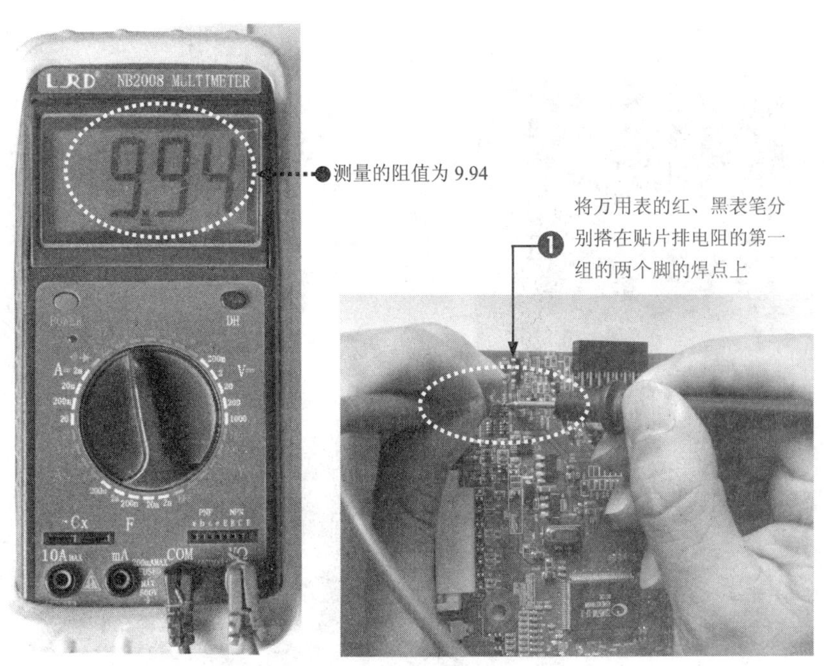

（a）第一组顺向电阻测量

图 2-52　排电阻第一组电阻的测量

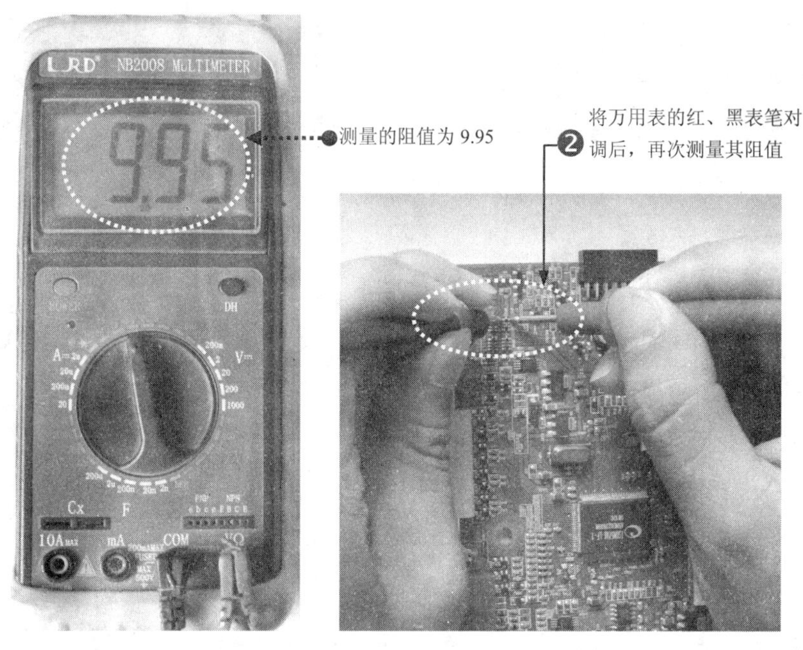
NB2008 MULTIMETER
9.95
测量的阻值为 9.95
将万用表的红、黑表笔对调后，再次测量其阻值

（b）第一组顺向电阻测量

图 2-52　排电阻第一组电阻的测量（续）

（5）用上述方法对排阻的第二组对称的引脚进行测量，如图 2-53 所示。

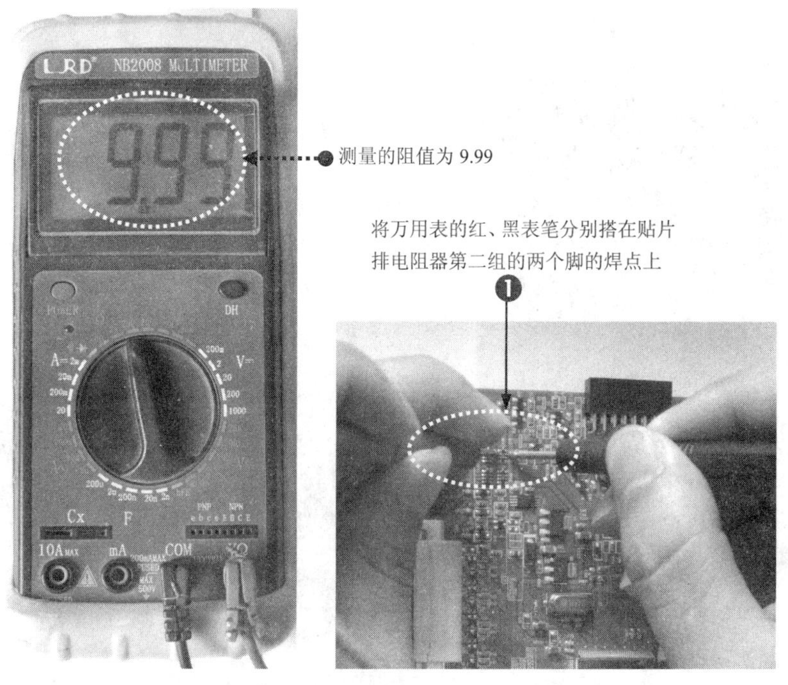
NB2008 MULTIMETER
9.99
测量的阻值为 9.99
将万用表的红、黑表笔分别搭在贴片排电阻器第二组的两个脚的焊点上

（a）第二组顺向电阻测量

图 2-53　排电阻第二组电阻的测量

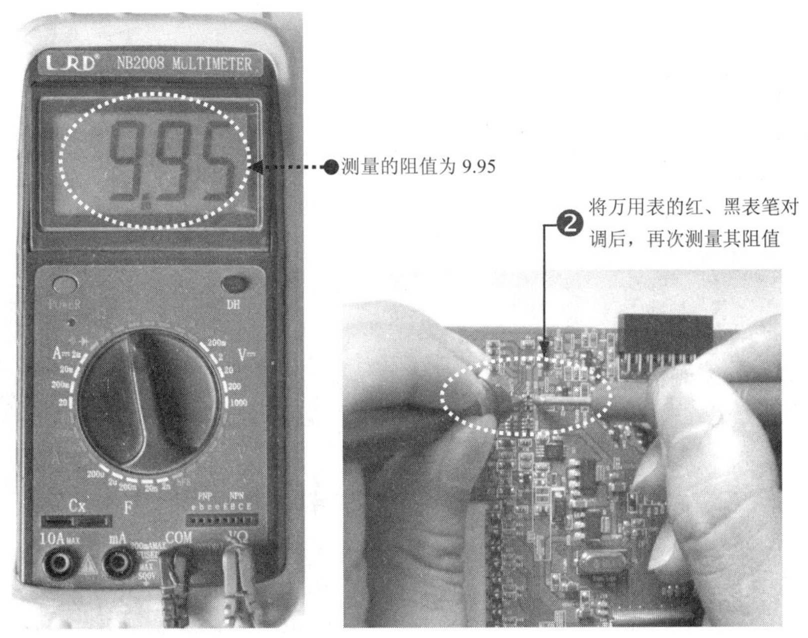
LRD NB2008 MULTIMETER
9.95
测量的阻值为 9.95
将万用表的红、黑表笔对调后，再次测量其阻值

（b）第二组逆向电阻测量

图 2-53　排电阻第二组电阻的测量（续）

（6）用上述方法对排阻的第三组对称的引脚进行测量，如图 2-54 所示。

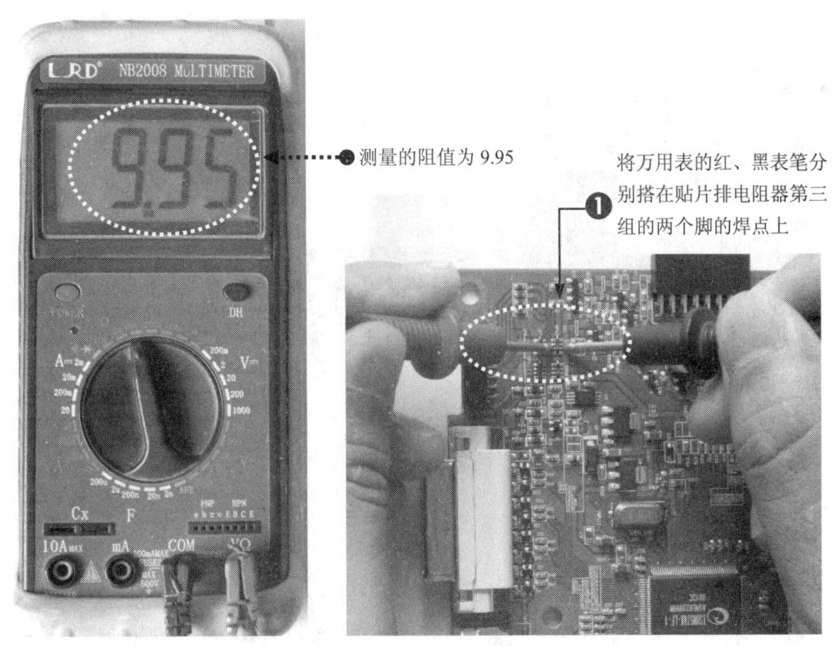
LRD NB2008 MULTIMETER
9.95
测量的阻值为 9.95
将万用表的红、黑表笔分别搭在贴片排电阻器第三组的两个脚的焊点上

（a）第三组顺向电阻测量

图 2-54　排电阻第三组电阻的测量

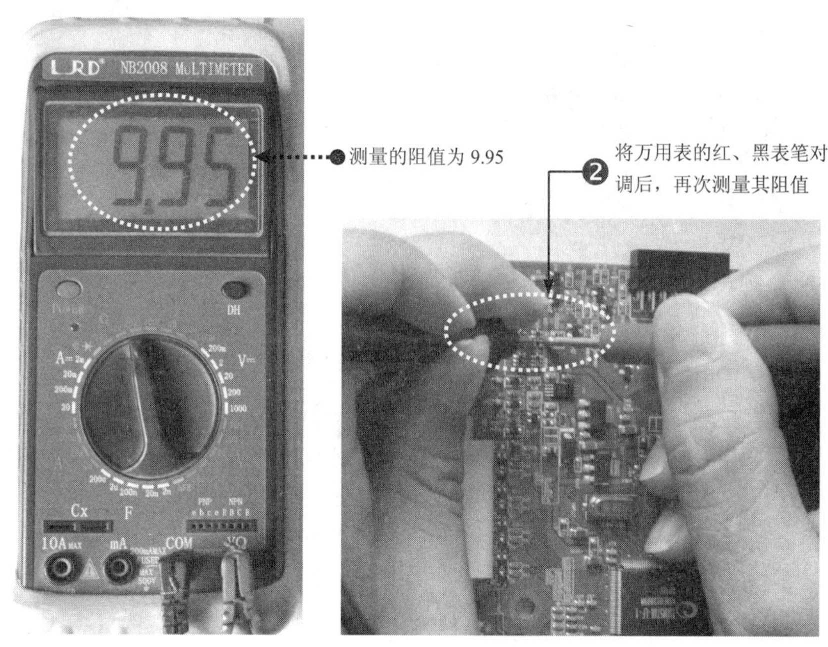

LRD NB2008 MULTIMETER
9.95
测量的阻值为 9.95
将万用表的红、黑表笔对调后，再次测量其阻值

（b）第三组逆向电阻测量

图 2-54　排电阻第三组电阻的测量（续）

（7）用上述方法对排阻的第四组对称的引脚进行测量，如图 2-55 所示。

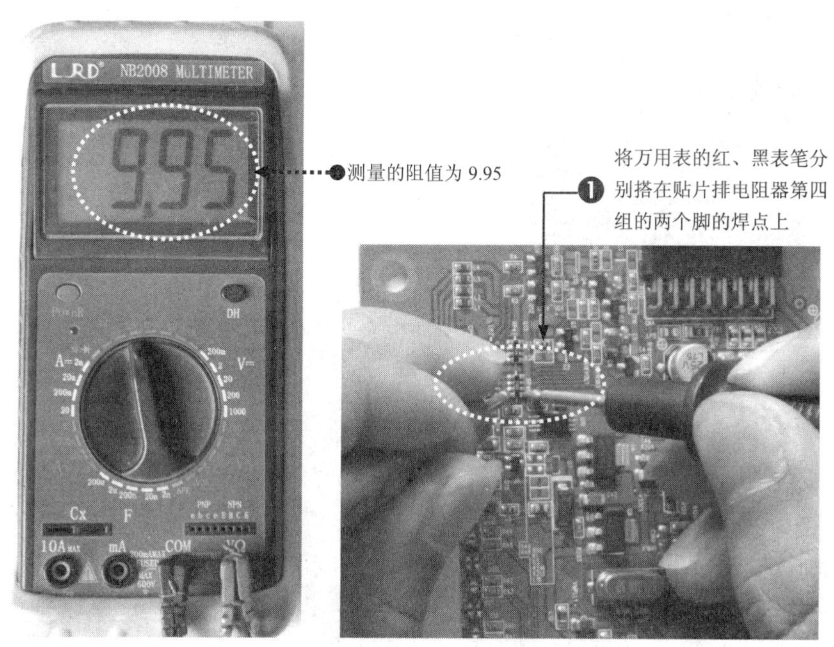

LRD NB2008 MULTIMETER
9.95
测量的阻值为 9.95
将万用表的红、黑表笔分别搭在贴片排电阻器第四组的两个脚的焊点上

（a）第四组顺向电阻测量

图 2-55　排电阻第四组电阻的测量

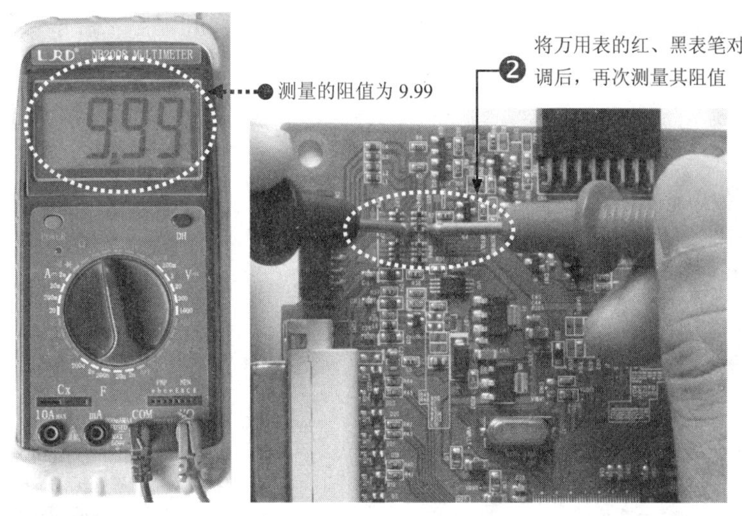
测量的阻值为 9.99
❷ 将万用表的红、黑表笔对调后，再次测量其阻值

（b）第四组逆向电阻测量

图 2-55　排电阻第四组电阻的测量（续）

这 4 次测量的阻值分别为 9.95 kΩ、9.99 kΩ、9.95 kΩ、9.99 kΩ 与标称阻值 10 kΩ 相比相差不大，因此该排阻可以正常使用。

103

图 2-56　标称阻值为 103 的贴片排电阻

2. 贴片排电阻器开路测量实训

（1）记下贴片排电阻的标称阻值，如图 2-56 所示。本次测量的贴片排电阻的标称阻值为 103。即该电阻的标称阻值为 10 kΩ。

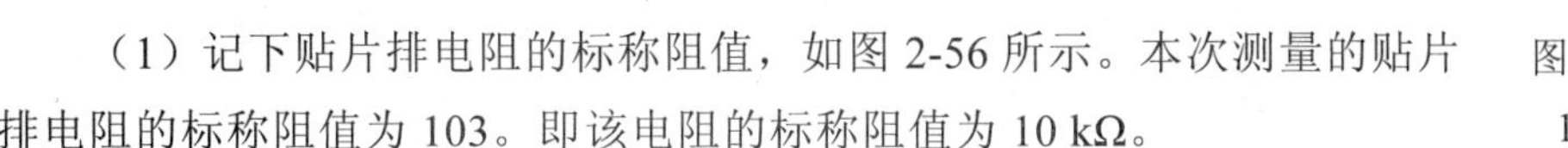

（2）清理待测贴片排电阻的灰土，尤其将各引脚端清理干净，如果有锈渍也可以拿细砂纸打磨一下，否则会影响到检测结果。如果问题不大，拿纸巾轻轻擦拭也可。

（3）根据排电阻器的标称阻值调节万用表的量程。此次被测排电阻器标称阻值为 103，根据需要将量程选择在 20 kΩ。并将黑表笔插进 COM 孔，红表笔插进 VΩ 孔，如图 2-57 所示。

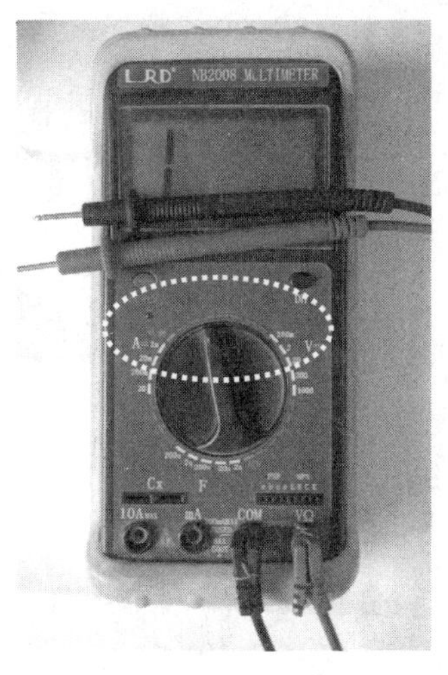

图 2-57　本次测量所使用的量程

（4）将万用表的红、黑表笔分别搭在排电阻器第一组对称的焊点上观察万用表显示的数值，记录测量值 9.96；接下来交换两表笔，再次测量，记录第二次测量的值 9.95，取较大值 9.96 作为参考阻值，如图 2-58 所示。

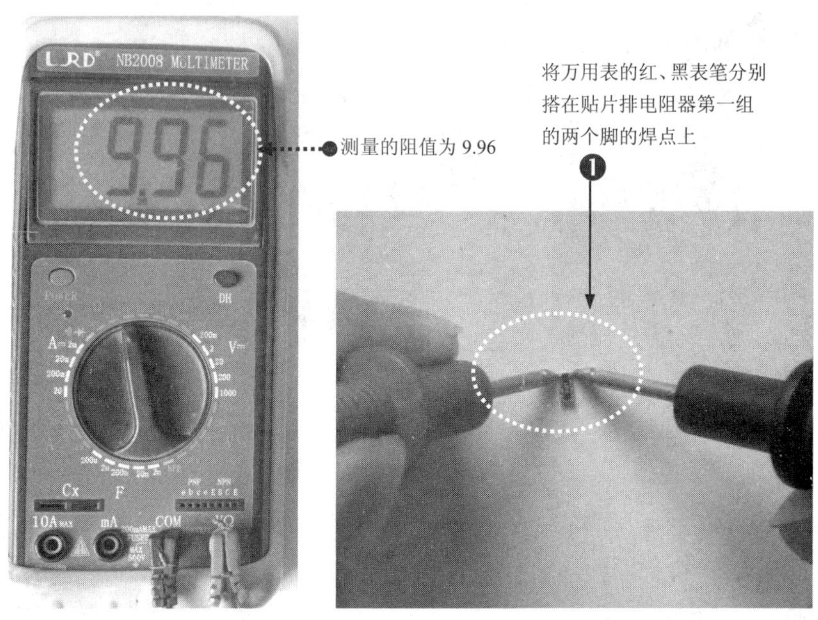
NB2008 MULTIMETER
9.96
测量的阻值为 9.96
将万用表的红、黑表笔分别搭在贴片排电阻器第一组的两个脚的焊点上
❶

（a）第一组顺向电阻测量

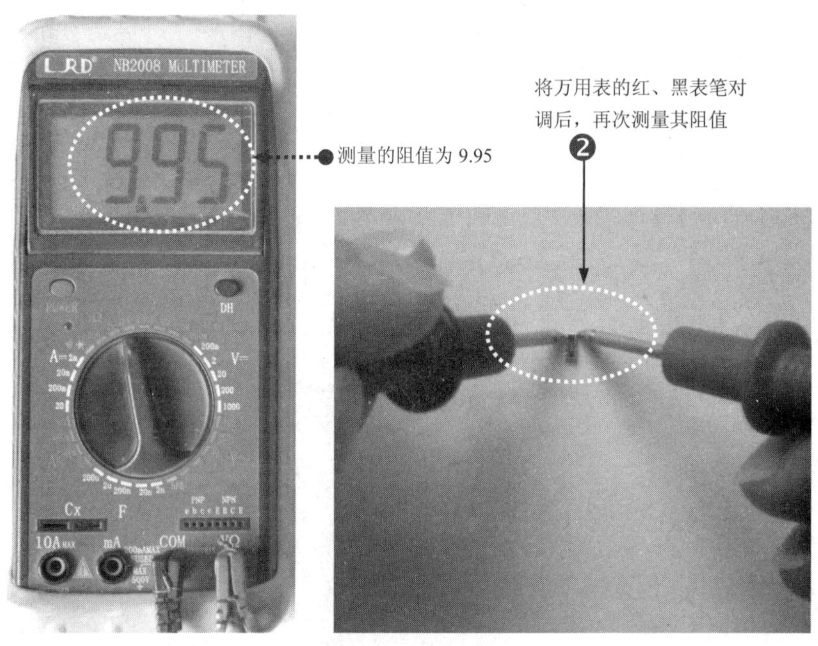
NB2008 MULTIMETER
9.95
测量的阻值为 9.95
将万用表的红、黑表笔对调后，再次测量其阻值
❷

（b）第一组逆向电阻测量

图 2-58　排电阻第一组电阻的测量

（5）用上述方法对排阻的第二组对称的引脚进行测量，如图 2-59 所示。

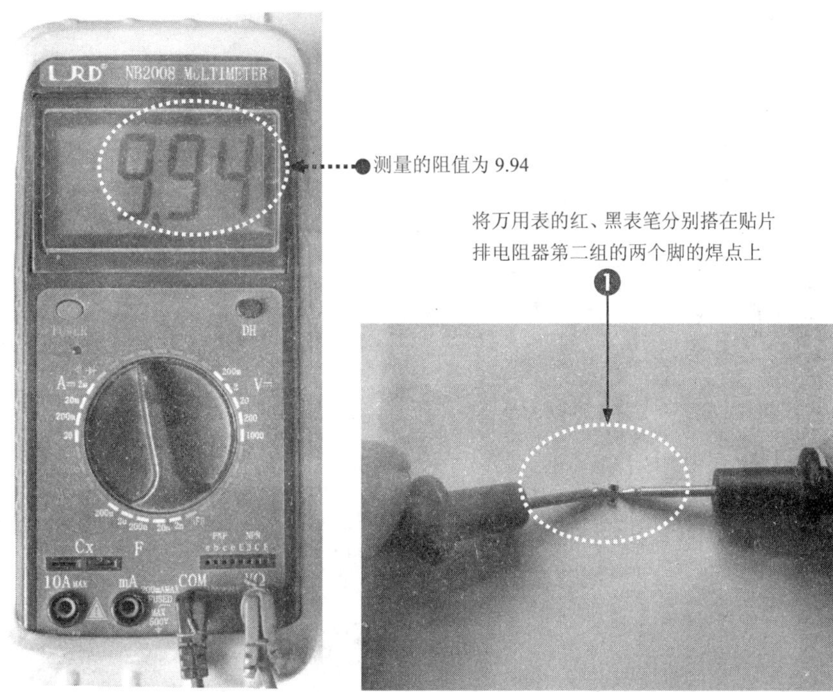
LRD NB2008 MULTIMETER
9.94
测量的阻值为 9.94
将万用表的红、黑表笔分别搭在贴片
排电阻器第二组的两个脚的焊点上
1

（a）第二组顺向电阻测量

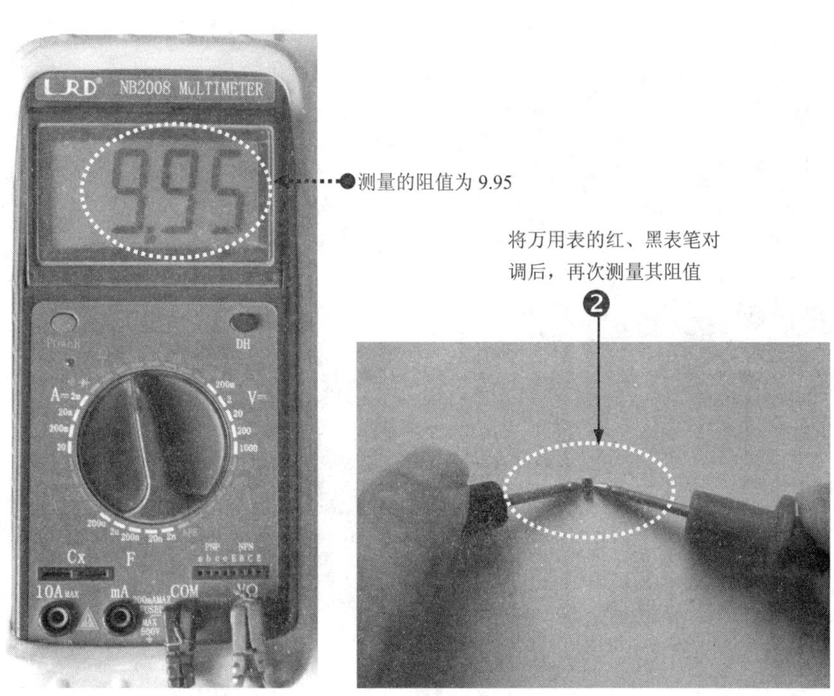
LRD NB2008 MULTIMETER
9.95
测量的阻值为 9.95
将万用表的红、黑表笔对
调后，再次测量其阻值
2

（b）第二组逆向电阻测量

图 2-59　排电阻第二组电阻的测量

（6）用上述方法对排阻的第三组对称的引脚进行测量，如图 2-60 所示。

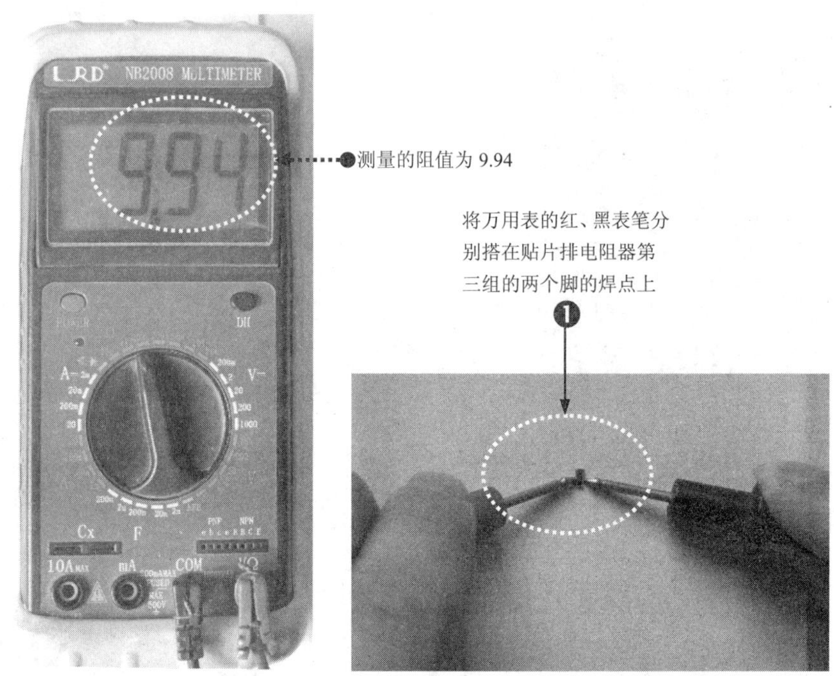

（a）第三组顺向电阻测量

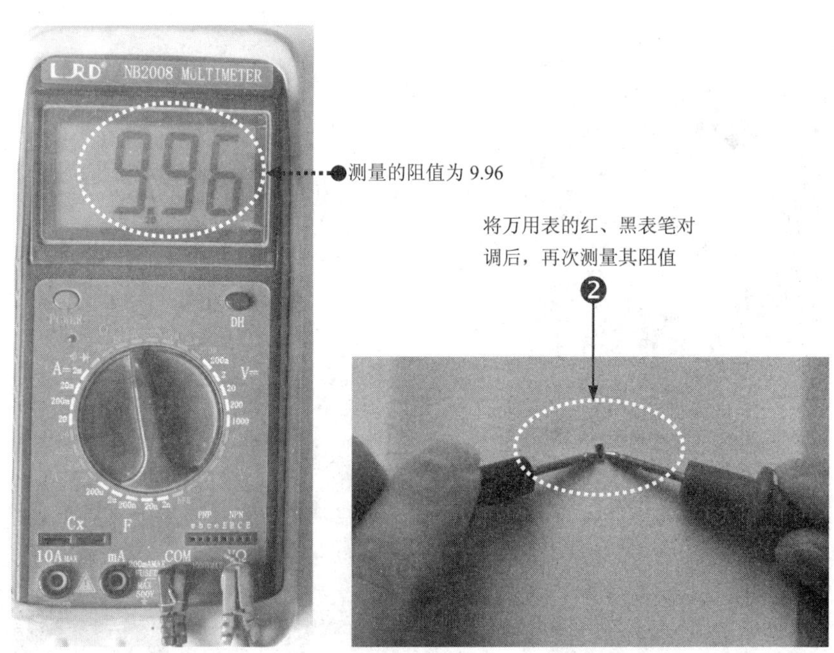

（b）第三组逆向电阻测量

图 2-60　排电阻第三组电阻的测量

（7）用上述方法对排阻的第四组对称的引脚进行测量，如图 2-61 所示。

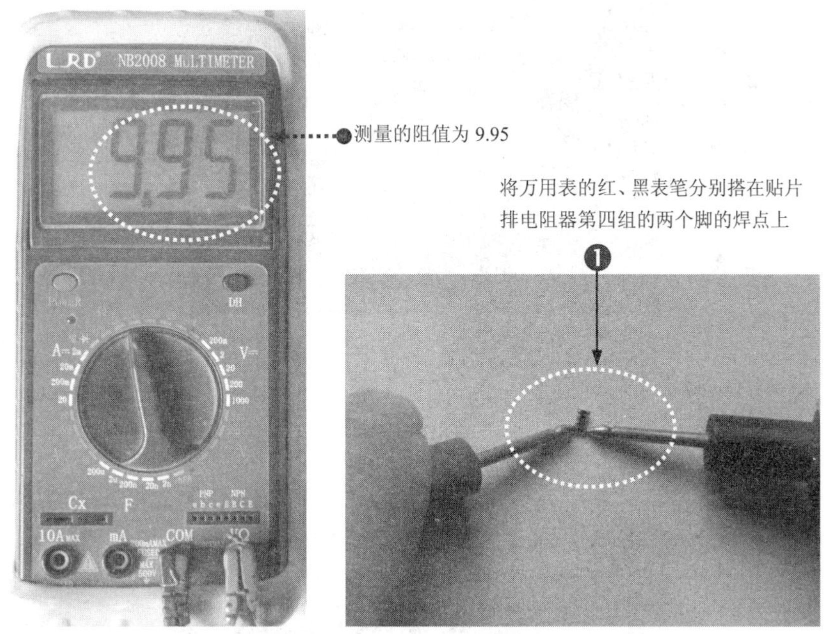
LRD NB2008 MULTIMETER
9.95
测量的阻值为 9.95
将万用表的红、黑表笔分别搭在贴片
排电阻器第四组的两个脚的焊点上

（a）第四组顺向电阻测量

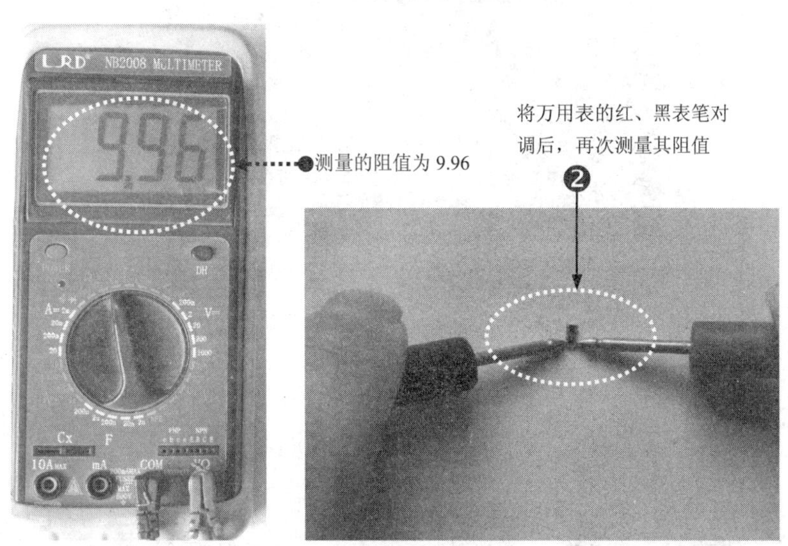
LRD NB2008 MULTIMETER
9.96
测量的阻值为 9.96
将万用表的红、黑表笔对
调后，再次测量其阻值

（b）第四组逆向电阻测量

图 2-61　排电阻第四组电阻的测量

这 4 次测量的阻值分别为 9.96 kΩ、9.95 kΩ、9.96 kΩ、9.96 kΩ 与标称阻值 10 kΩ 非常接近，该排阻基本正常。

2.9.4 熔断电阻的检测实训

电路中的熔断电阻器主要包括两种，一种是绿色贴片熔断电阻器，另一种是灰色直插式熔断电阻器。一般都是通过在路检测它们的质量，只有很少的时候需要开路测试。我们以绿色贴片熔断电阻器的在路检测为例进行讲解。图 2-62 所示为一电路板上绿色贴片熔断电阻器。

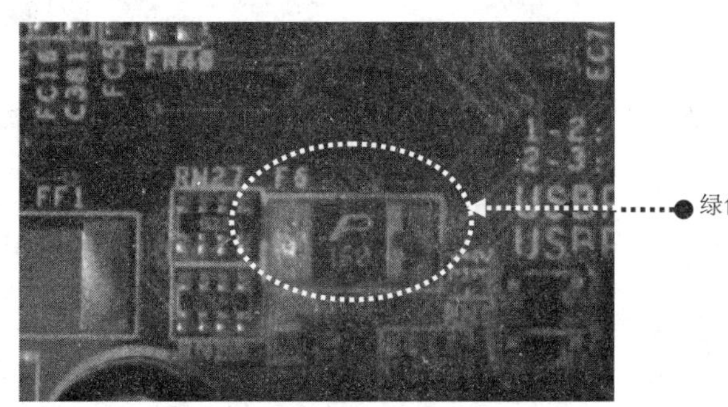

图 2-62　绿色贴片熔断电阻器

熔断电阻的检测步骤如下：

（1）断开电路板的供电电源，对熔断电阻器进行观察，看待测熔断电阻器是否损坏，有无烧焦、虚焊等情况，如果有，则熔断电阻器已经出现损坏。

（2）如果熔断电阻器并没有什么明显的外观上的问题，将熔断电阻两端焊点及其周围清除干净，去除灰尘和氧化层，准备测量，如图 2-63 所示。

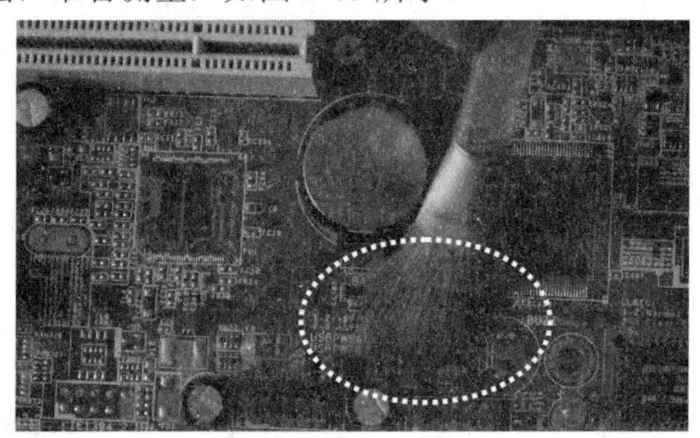
图 2-63　清洁电阻器的两端焊点及其周围灰尘和氧化层

（3）一般熔断电阻的阻值都不会太大，选择数字万用表的 200 量程即可。将万用表的红、黑表笔分别搭在保险电阻器两端焊点处，观察万用表显示的数值，交换两表笔再测一次，如图 2-64 所示。

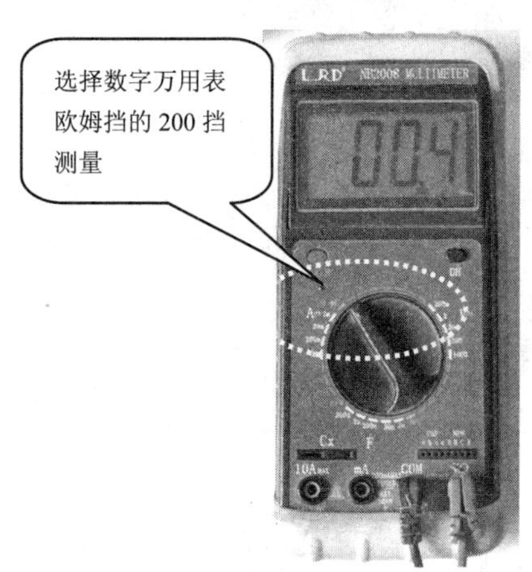

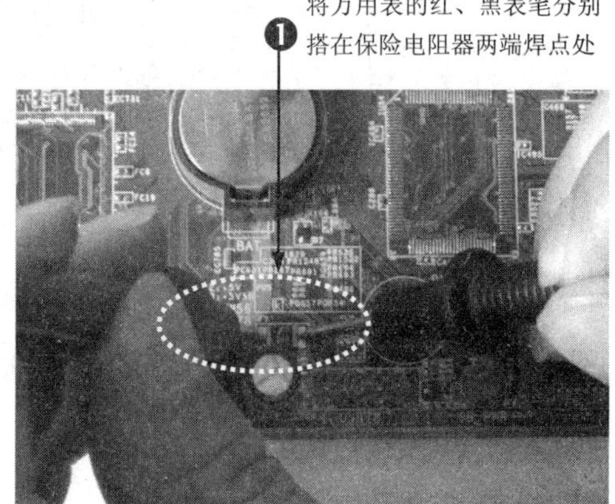

（a）熔断电阻顺向电阻的检测

图 2-64　熔断电阻的检测

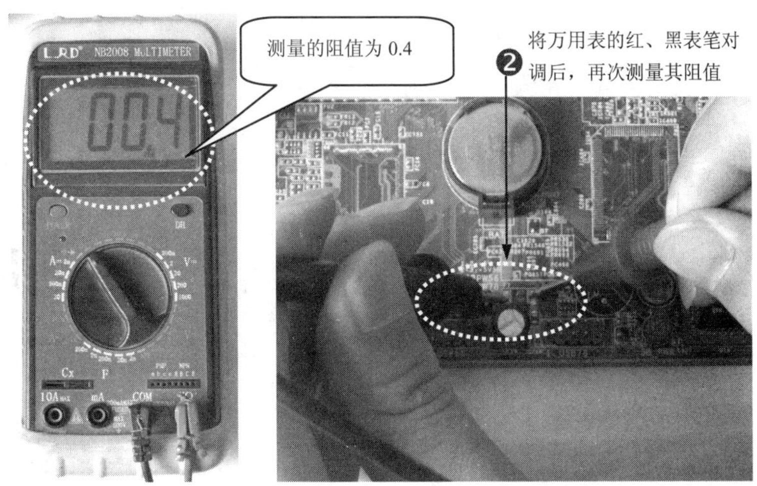

（b）第二次熔断电阻顺向电阻的检测

图 2-64　熔断电阻的检测（续）

取两次测量结果均为 0.4Ω 与标称值 0Ω 进行比较。由于 0.4Ω 非常接近于 0Ω，因此该熔断电阻基本正常。

如果两次测量的结果熔断电阻的阻值均为无穷大，则保险电阻器已损坏；如果测量熔断电阻器的阻值较大，则需要采用开路测量进一步检测熔断电阻的质量。开路测量的方法与柱状固定电阻器和贴片排电阻器的测量方法基本相同，就不再赘述了。

第3章 电位器实用知识、常用电路、故障判断与检测代换

通常我们在收音机、音箱、功放及一些控制设备中会看到调节音量等的旋钮，这些旋钮连接的就是电位器。要掌握电位器的维修检测方法，首先要掌握各种电位器的构造、特性、参数、标注规则等基本知识，然后还需掌握电位器在电路中的应用特点，电位器好坏检测、代换方法等内容，本章将一一进行讲解。

3.1 电位器的基本知识

3.1.1 电位器构造及功能

电位器实际上是一个可变电阻器，其结构适用于阻值经常调整且要求阻值稳定可靠的场合，电位器用字母 RP 表示。通常电位器由电阻、滑动臂、外壳、转柄、电刷和焊片等组成。图 3-1 和图 3-2 所示为电位器原理图和实物图。

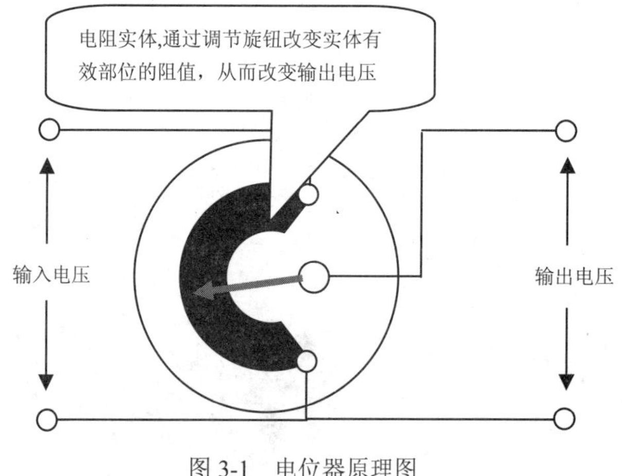

图 3-1　电位器原理图

图中黑色部分为电阻实体，通过调节旋钮改变实体有效部位的阻值，从而改变输出电压。

电位器的主要用途是在电路中用做分压器或变阻器，用来调节电压（含直流电压与交流电压）和电流的大小

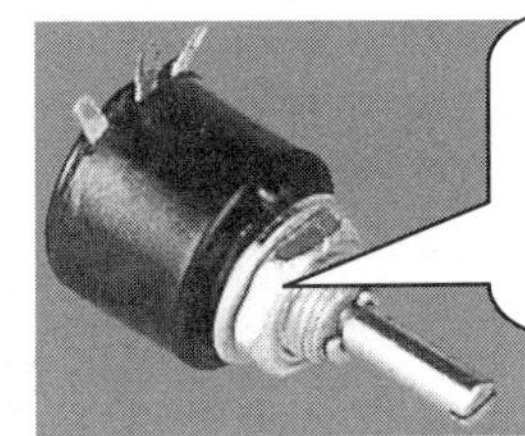

在收音机中用做音量、音调控制，在电视机中用做音量、亮度、对比度控制等

图 3-2　常见的电位器实物图

3.1.2 电位器的表示符号

电位器是电子电路中最常用的电子元件之一，一般用字母“R”或“RP”表示。在电路图中每个电子元器件还有其电路图形符号，电位器的电路图形符号如图 3-3 所示。

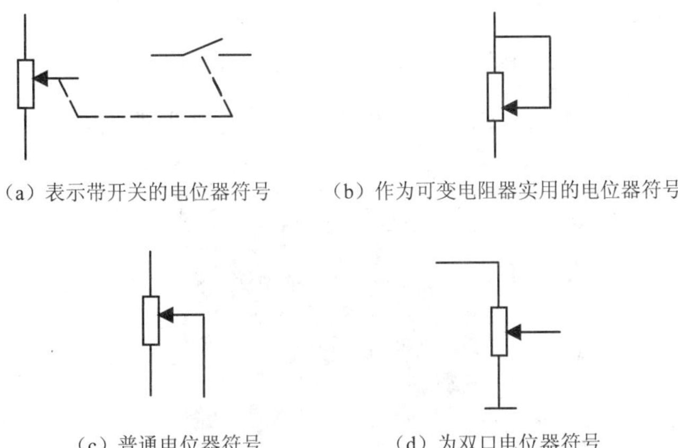

（a）表示带开关的电位器符号　（b）作为可变电阻器实用的电位器符号

（c）普通电位器符号　（d）为双口电位器符号

图 3-3　电位器图形符号

3.1.3 电位器的分类

1. 直滑式电位器

直滑式电位器是一种采用直接滑动方式改变阻值大小的电位器，一般用于对音量的控制。图 3-4 所示为直滑式电位器。

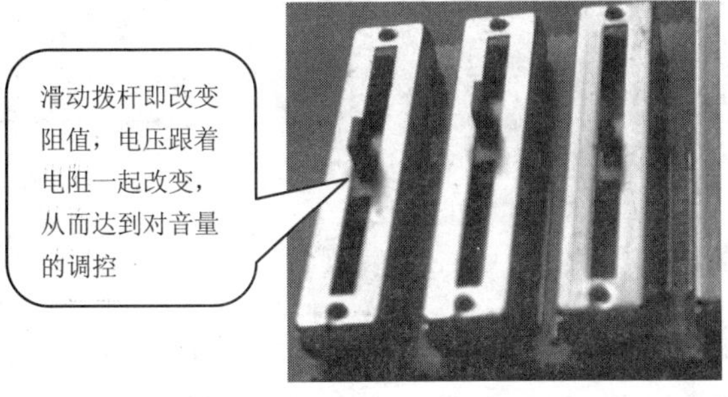

滑动拨杆即改变阻值，电压跟着电阻一起改变，从而达到对音量的调控

图 3-4　直滑式电位器

2. 线绕电位器

线绕电位器是用康铜丝和镍铬合金丝绕在一个环状支架上制成的，图 3-5 所示为线绕电位器。

线绕电位器用途广泛，可制成普通型、精密型和微调型电位器，且额定功率做得比较大，电阻的温度系数小、噪声低、耐高压、稳定性好

图 3-5　线绕电位器

3. 合成碳膜电位器

合成碳膜电位器是目前使用最多的一种电位器，其电阻体是用炭黑、石墨、石英粉、有机黏合剂等配制的悬浮液，涂在胶纸板或纤维板上制成的。外形如图 3-6 所示。

合成碳膜电位器阻值变化范围大、分辨率高、使用寿命长、价格低廉，但对温度和湿度的适应性差、滑动噪声大，比较常见的有片状可调点位器和小型精密合成碳膜电位器

图 3-6　合成碳膜电位器

4. 实芯电位器

实芯电位器中比较常见的是有机实芯电位器，它是用石英粉、用炭黑、石墨、有机黏合剂等材料混合加热后压在塑料基体上，再经加热聚合制成的。外形如图 3-7 所示。

有机实心电位器可靠性高、体积小、阻值范围宽、耐磨耐热能力强；但是耐压低、噪声大、温度系数高

图 3-7　实芯电位器

5. 金属膜电位器

金属膜电位器的电阻体采用真空技术沉积技术，将合金膜、金属复合膜、金属氧化膜、氧化钽膜材料沉淀在陶瓷基体上制成。图 3-8 所示为常见金属膜电位器。

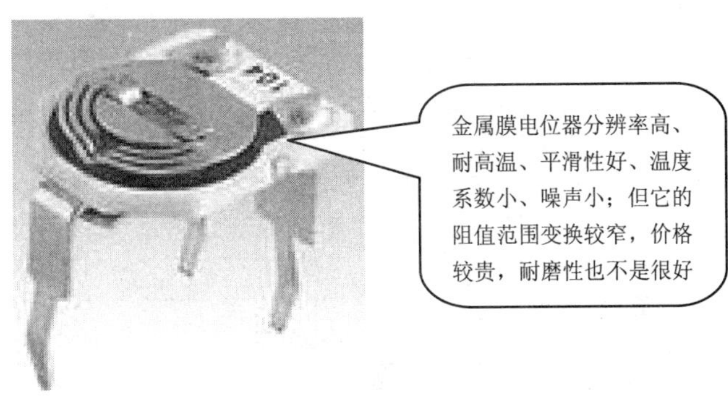

金属膜电位器分辨率高、耐高温、平滑性好、温度系数小、噪声小；但它的阻值范围变换较窄，价格较贵，耐磨性也不是很好

图 3-8　金属膜电位器

6．单联电位器与双联电位器

单联电位器由一个独立的转轴控制一组电位器，如图 3-9 所示。双联电位器通常是将两个规格相同的电位器装在同一转轴上，调节转轴时，两个电位器的滑动触点同步转动，也有部分双联电位器为异步异轴。如图 3-10 所示。

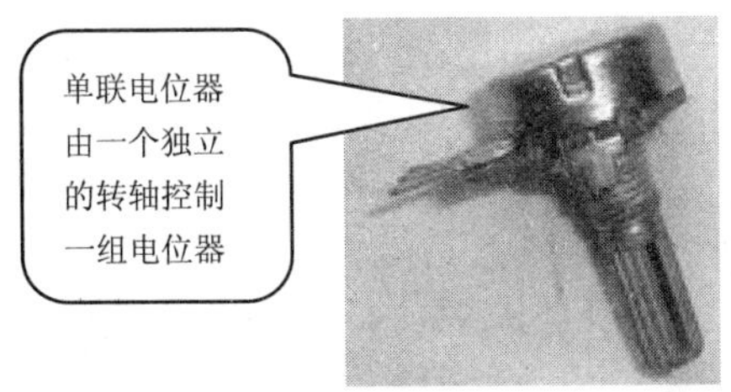

图 3-9　单联电位器

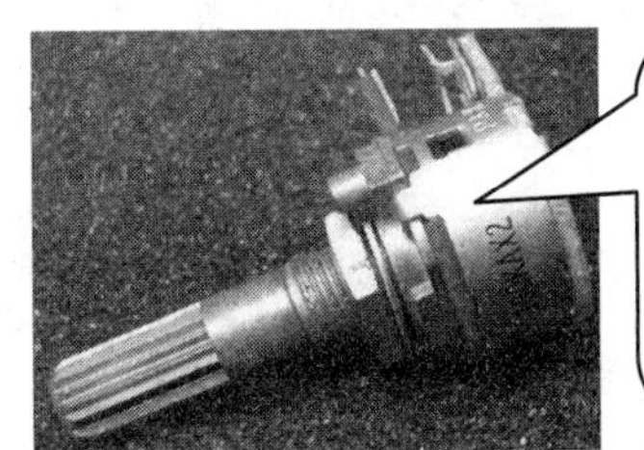

双联电位器一般用于高级收音机、电视机、录音机中的音量控制电位器

图 3-10　双联电位器

3.2 电位器的主要参数及标注方法解读

3.2.1 电位器的命名

国产电位器型号命名一般由四个部分构成，依次分别代表名称、材料、分类和序号，如图 3-11 所示。

第一部分为名称，电位器用 W 表示。

第二部分为电阻体材料，S 表示有机实芯。

第三部分为分类，z 表示直滑式低功率。

第四部分为序号，2 表示同类产品的序列号。

可见 WSZ2 为第 2 类直滑式低功率有机实芯电位器。

为了方便读者查阅，表 3-1、表 3-2 所示分别列出了电阻体材料符号意义对照表和电位器类别符号意义对照表。

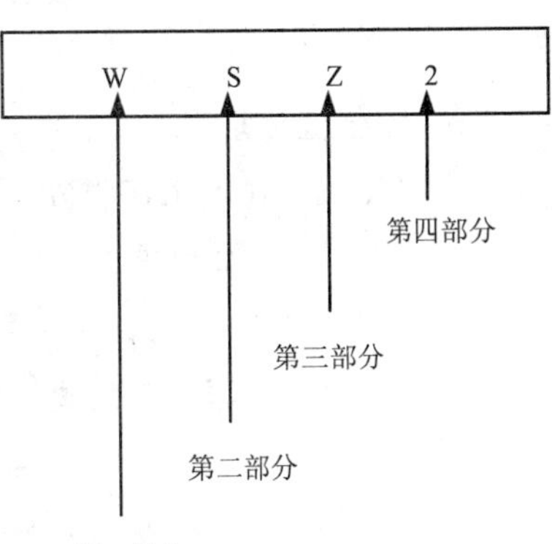

图 3-11　电位器命名示意图

表 3-1 电阻体材料符号意义对照表

符 号	材 料	符 号	材 料
D	导电材料	N	无机实芯
F	复合膜	S	无机实芯
H	合成碳膜	X	线绕
I	玻璃轴膜	Y	氧化膜
J	金属膜	—	—

表 3-2 电位器类别符号意义对照表

符 号	类 别	符 号	类 别
B	片式类	P	旋转功率类
D	多圈旋转精密类	T	特殊类
H	组合类	W	螺杆驱动预调类
G	高压类	X	旋转低功率类
J	单圈旋转精密类	Y	旋转预调类
M	直滑式	Z	直滑式低功率类

3.2.2 电位器的主要参数

电位器在工作电路中起着十分重要的作用，了解电位器的性质将有助于人们更好地解决与电位器相关的故障。电位器的主要参数有：标称阻值、额定功率、阻值变化规律、额定工作电压和动噪声。

1. 标称阻值

标称阻值通常是指电位器上标注的电阻值，它等于电阻体两个固定端之间的电阻值。电阻值的基本单位是欧姆，用“Ω”表示。在实际应用中，还常用千欧（kΩ）和兆欧（MΩ）来表示。

2. 额定功率

电位器的额定功率是指在标准大气压和一定的环境温度下，在交流电路或直流电路中电位器连续正常工作不改变其性能所允许的最大功率。功率用 P 表示，单位为瓦特（W）。

3. 阻值变化规律

阻值变化规律是指作为分压器使用时，输出电压与电位器的旋转角度对应关系。电路中常见电位器的阻值变化规律有线性变化型、指数变化型和对数变化型。

（1）线性变化型电位器是导体介质分布均匀的一种电阻值，其阻值与电阻体长度成正比，多用于电路中的分压。此种电位器常用字母 A 表示。

（2）指数变化型电位器是导体介质分布并不均匀的一种电阻体。起初转动时阻值的变化会比较小，随着角度的增大，阻值的变化也会比较大，与电位器的旋转角度呈现出指数对应关系，多用于对音量的调节。此种电位器常用 B 表示。

（3）对数变化型电位器同样是对电阻体材料分布进行特别处理制成的，在刚开始旋转对数变化型电位器的旋钮时，阻值的变化很大，而当转动角度继续增大时，阻值的变化却较小，与电位器的旋转角度呈对数关系。此种电位器常用 C 表示。

4．额定工作电压

电位器的额定电压是指在标准大气压和一定的环境温度下，电位器能长期可靠地进行工作所能承受的最大工作电压。工作电路中的实际电压应不高于电位器额定电压，以免事故的发生。

5．动噪声

动噪声是指电位器在外加电压作用下，其动触点在电阻体上滑动时产生的电噪声。噪声的大小与接触点和电阻体之间的接触状态、旋钮旋转速度、电阻体电阻率的不均匀变化以及外加的电压的稳定性等有关。

3.2.3 电位器的标注方法

电位器的标注一般都采取直标法，用字母和数字直接标注在电位器上，一般标注的内容有电位器的型号、标称阻值和额定功率等。有时电位器还将电位器的输出特性的代号（其中，Z表示指数、D表示对数、X表示线性）标注出来。如图3-12所示，该电位器采用直标法分别标出了电位器的型号和标称阻值。

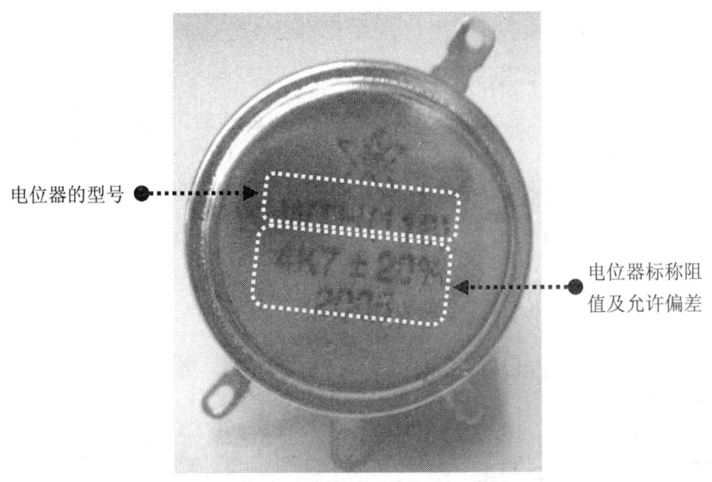

图3-12 电位器的直标法

3.3 电位器的作用

3.3.1 电位器的调压作用

电位器的本质是一个阻值连续可调的电阻器，当调节电位器的调节旋钮或滑柄时，动触点在电阻体上滑动。此时电位器的输出电压因电阻体的有效阻值发生改变而改变。也就是说通过对电位器内部有效阻值的调节，可起到对输出电压的调节作用。

例如，电视机、录音机中的音量控制电位器，吊扇的转速控制电位，都是对电位器的调压作用的实际应用。

3.3.2 电位器用作变阻器

电位器的本质是一个阻值连续可调的电阻器，只是在用作变阻器时，接入上要稍做改变，应把它接成两端器件（一端接电阻体，另一端接旋钮或滑柄连接的输出端），这样在电位器的行程范围内，便可获得一个平滑连续变化的电阻值。

3.3.3 电位器用作电流控制器

当电位器作为电流控制器使用时，其中一个选定的电流输出端必须是滑动触点引出端。方法同用作变阻器时的接法。本质上说，电位器用作电流控制器就是利用电位器可用做变阻器的延伸。

3.4 电位器应用电路分析

3.4.1 双声道音量控制电位器电路分析

图 3-13 所示为双声道音量控制电路，RP_1 和 RP_2 分别是左右声道的音量控制电位器，且同轴。当转柄转动时左右声道音量同步改变，且量相等。双声道中要求左右放大器工作状态要始终保持一致，所以这种同轴电位器就是最佳的选择。

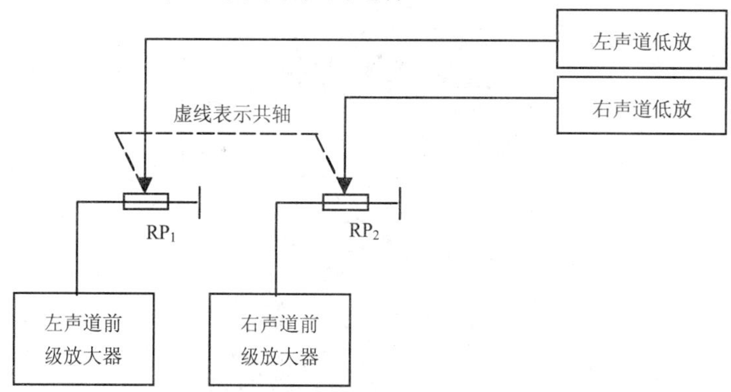

图 3-13　双声道音量控制电路

3.4.2 台灯光线控制电位器电路分析

图 3-14 所示为台灯光线控制电位器电路，RP 为该电路的控制电位器。当旋转电位器的旋钮时输出电压随着电阻体的改变而改变，进而改变输出电流，以达到调控光线的作用。

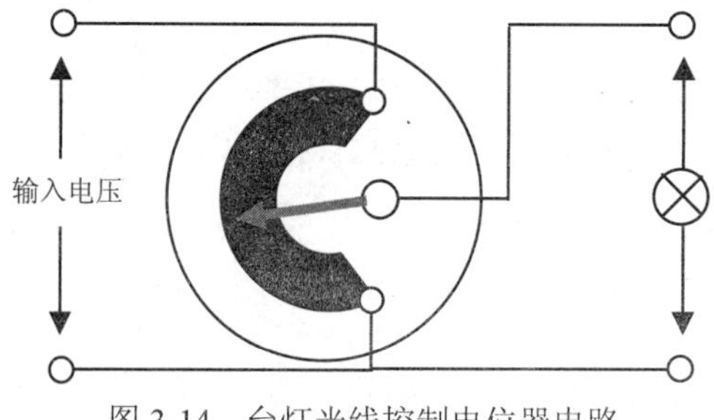

图 3-14　台灯光线控制电位器电路

3.5 电位器电路常见故障详解

电位器常见的故障有转动噪声大、引脚内部断路、电阻体磨损、烧坏、开关损坏等。

3.5.1 电位器转动噪声大故障原因分析

一般音量电位器或音调电位器使用一段时间后，或多或少都会出现转动噪声大的故障，转动噪声大的主要原因是由于电阻体碳膜的磨损。碳膜磨损后使动片触点与电阻体之间接触不良，电阻值忽小忽大，输出电压跟着受到影响，从而产生“呲呲”的声响。在用万用表对电位器进行检测时，会发现指针有跳跃现象。

3.5.2 电位器内部开路故障维修

当电位器内部引脚断路时，电位器将不再起任何作用，旋转转轴或推动滑柄时电路的电流电压不会有任何变化。当用万用表检测两固定引脚之间或固定引脚与滑动触点引脚之间的阻值时，其阻值为无穷大或接近无穷大。对于音量电位器控制的声道而言，电位器内部引脚开路可能会出现无声的故障。

碳膜电阻体会因过流烧毁而开路，此时两引脚之间或固定引脚与滑动触点引脚之间的阻值时会呈无穷大。对于音量电位器控制的声道而言，碳膜烧毁开路会出现无声故障。

引脚内部断路或电阻体烧坏而造成开路的电位器，一般很难修理，可采用直接更换的方法解决故障问题。

3.6 电位器的检测方法

3.6.1 普通电位器的检测方法

测量时，根据标称阻值的大小选用万用表适合的电阻挡，将两表笔分别接在电位器的两个固定引脚焊片之上（没有极性要求），测量电位器的总阻值是否与标称阻值相同或在标称阻值允许的偏差范围内，如图 3-15 所示。如果测出电位器的阻值为无穷大或远大于、远小于标称阻值，说明电位器存在开路或变值已不适合再度使用。

测量完标称阻值之后要对电位器的稳定性进行检测，将其中一支表笔与电位器中心头相接，另一支表笔接在固定端中的任一端（无论接哪一端都不会对检测造成影响）。慢慢旋转电位器旋钮，使旋钮从其中一端旋转到另一端，观察万用表指针变化。

正常情况下，万用表的指针应按照一定规律发生改变，或是线性变化型，或是指数变化型，以及对数变化型。需要结合电位器给定的线性变化规律作出判断。直滑式电位器的检测方法与此相同。

3.6.2 带开关电位器的检测方法

对于带开关的电位器，首先用检测普通电位器的方法对电位器主体进行监测，经过以上检测后还应对开关进行检测。选用万用表的 R×1 挡，将两支表笔分别接在电位器开关的两个外接焊片上。接通开关，此时万用表显示的阻值应由无穷大变为零。断开开关后阻值会由零变回无穷大。若非如此，则说明电位器的开关已损坏。

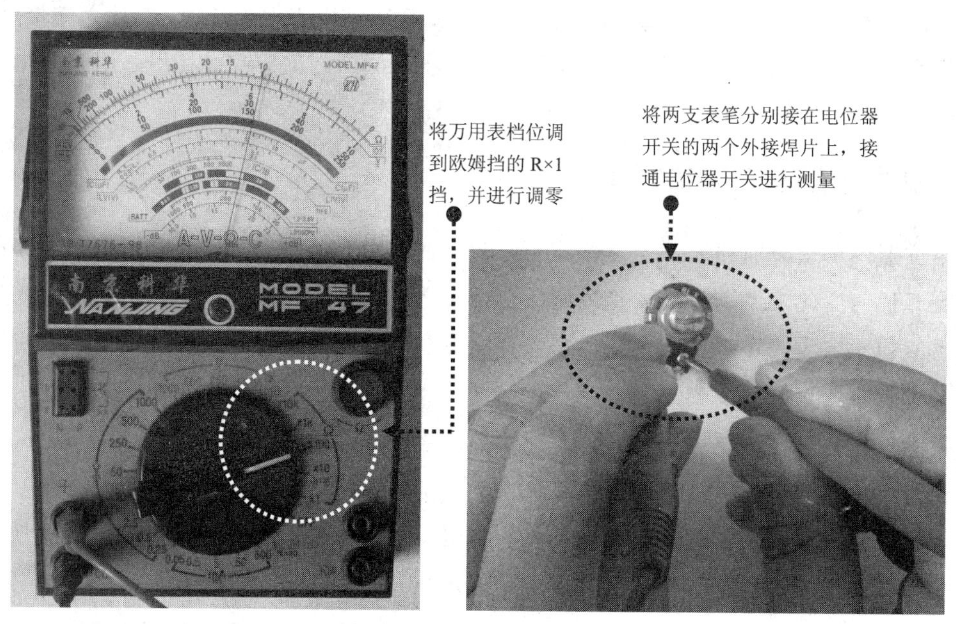
将万用表档位调
到欧姆挡的 R×1
挡，并进行调零
将两支表笔分别接在电位器
开关的两个外接焊片上，接
通电位器开关进行测量
MODEL
MF 47
NANJING

图 3-15　普通电位器的检测

此外，还要对开关的灵活性进行检测，接通或断开开关时应有清脆的喀哒声，且旋动或按压阻力应恒定，不应有松动。

3.6.3 双连同轴电位器的检测方法

用普通电位器的检测方法分别检测两电位器，查看其阻值是否和标称阻值一致，且做好旋动角度与阻值变化的记录。作为双连同轴电位器，它们的标称阻值应相同，且旋转相同的角度阻值变化应相同；否则说明该双连同轴电位器性能不佳，不宜使用。

3.7 电位器的选配代换方法

3.7.1 根据使用要求选用电位器

电位器损坏严重时，要更换新品，可根据应用电路的具体要求来选择电位器的电阻体材料、结构、类型、规格、调节方式。

比如，计算机中的电位器一般选用贴片式多圈电位器或单圈电位器。而音响系统的音调控制多采用直滑式电位器。

3.7.2 合理选择电位器的电参数

根据电路要求和设备要求选好电位器的规格和类型后，还要根据实际情况合理选用电参数，使额定功率、标称阻值、允许偏差、分辨率、最高工作电压、动噪声等必须完全符合要求。

3.7.3 根据阻值变化规律选用电位器

电位器阻值的变化规律有线性变化型、指数变化型和对数变化型，应选择和原电位器拥有相同的线性变化规律的新品。

3.8 电位器检测维修实训

3.8.1 视听法检测电位器实训

在功放或收音机中，电位器主要用来调节声音，对于这种类型的电位器，通常可对其采用视听法进行检测。

视听法检测电位器的方法如下：

（1）检查电位器的外观，看其是否有焦黑、虚焊、引脚断裂等明显损坏，如图 3-16 所示。如果有损坏，则电位器已不能再正常使用。

图 3-16　功放中的电位器

（2）如果从外观上看电位器基本正常，接着采用视听法进一步进行检测。先给功放加电，使功放处于工作状态。将功放接上音箱，并匀速地旋转电位器的旋钮使动片在两个定片之间滑动，同时仔细听扬声器发出的声音，如图 3-17 所示。

VOLUME
将功放接上音箱，并匀速地旋转电位器的旋钮使动片在两个定片之间滑动

图 3-17　调节电位器的旋钮

如果转动过程中无任何噪声，且扬声器发声正常，则说明电位器基本良好；如果此时转动噪声很大，说明该电位器出现了磨损；如果音量电位器放在最小音量位置时，扬声器中仍然有很大声音，则说明电位器内部发生短路。

3.8.2 开路法检测电位器实训（指针万用表）

开路法检测电位器是指将电位器从电路板中拆下，然后进行检测的方法。该方法的优点是可以排除电路板上其他元器件对测量造成的影响，只是操作起来比较麻烦。

开路法检测电位器的具体方法如下：

（1）观察电位器的外观，看其是否有焦黑、虚焊、引脚断裂等明显损坏。如果有，则电位器可能已经损坏。本次检测的电位器如图 3-18 所示，其外观基本正常。

（2）对电位器的各引脚进行清洁，以保证测量的准确性。拿纸巾对各引脚轻轻擦拭即可，如图 3-19 所示。

图 3-18　电位器的外观观察

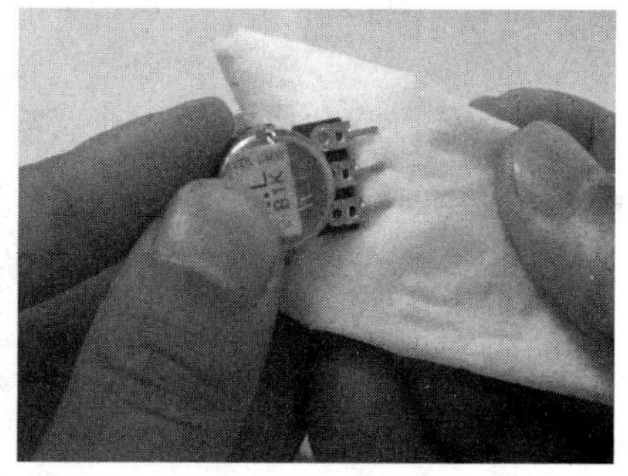

图 3-19　清洁电位器引脚

（3）根据电位器的标称阻值，选择适当的挡位。本次测量的电位器标称阻值为 1 kΩ，为了让指针尽可能地落在中部选择指针式万用表的 “R×100” 挡。短接指针万用表的两表笔，观察表指针是否指到 0 刻度的位置，如图 3-20 所示；如果不是需要利用调零旋钮进行校准，如图 3-21 所示。

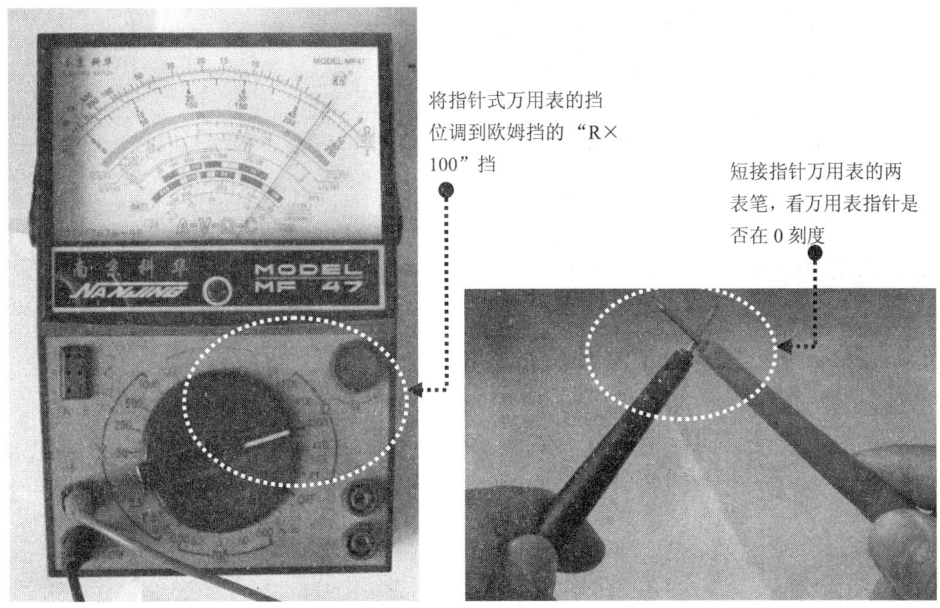

将指针式万用表的挡位调到欧姆挡的“R×100”挡
短接指针万用表的两表笔，看万用表指针是否在 0 刻度
MODEL MF 47
NANJING

图 3-20　欧姆挡调零（短接两表笔看读数是否为零）

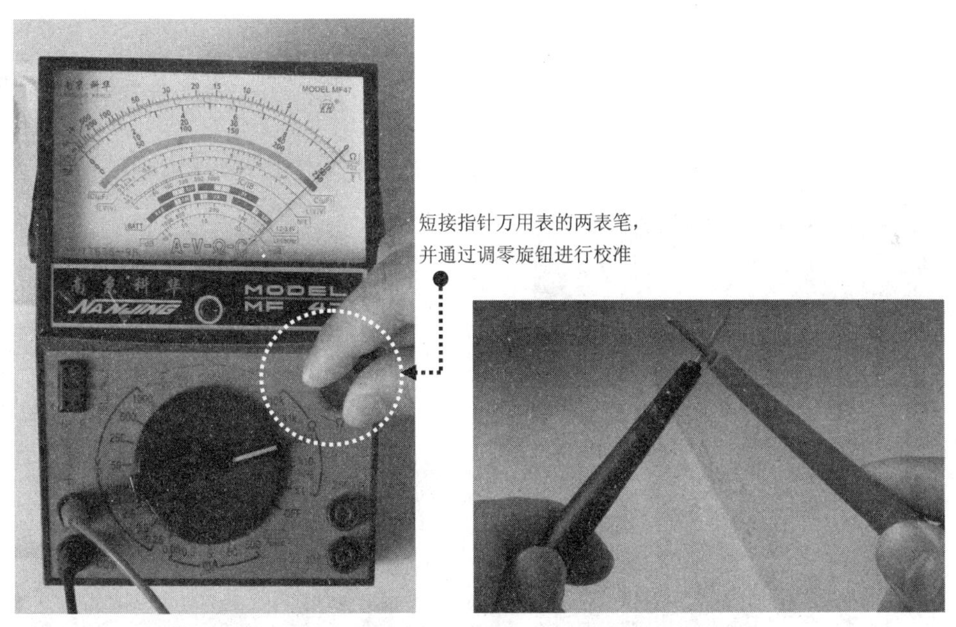

短接指针万用表的两表笔，并通过调零旋钮进行校准
MODEL
NANJING

图 3-21　欧姆挡调零（调节调零旋钮将指针调到零刻线）

（4）将万用表的红、黑表笔分别搭在电位器两个定片的引脚上（无极性限制），测得阻值为“9.8×100Ω”，如图 3-22 所示，与最大标称阻值基本接近。但此时，还并不能说明该电位器真的就没有问题，还需要进一步进行测量。

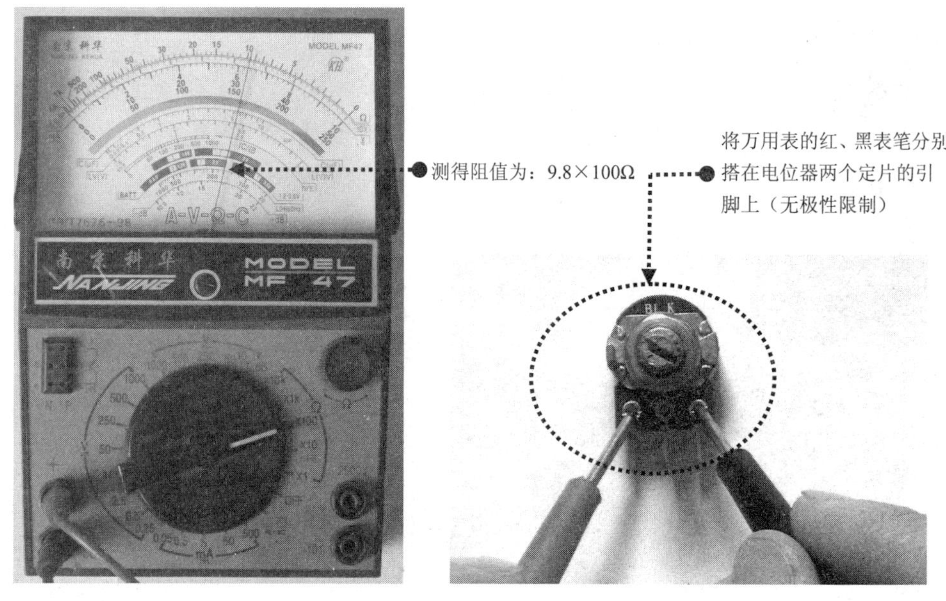

图 3-22　测量电位器两个定片的阻值

如果此时测得的阻值与标称阻值相差较大，则说明该电位器已经出现故障。

（5）将电位器上的转柄转向其中一端直至不能转动为止，此时测量定片与动片之间的阻值或为 9.98×100Ω 或为 0Ω。如图 3-23 所示，将黑表笔接在电位器的任意一个定片引脚上，将红表笔接在电位器的动片引脚上（中间的引脚），测得此时的阻值为 9.98×100Ω。

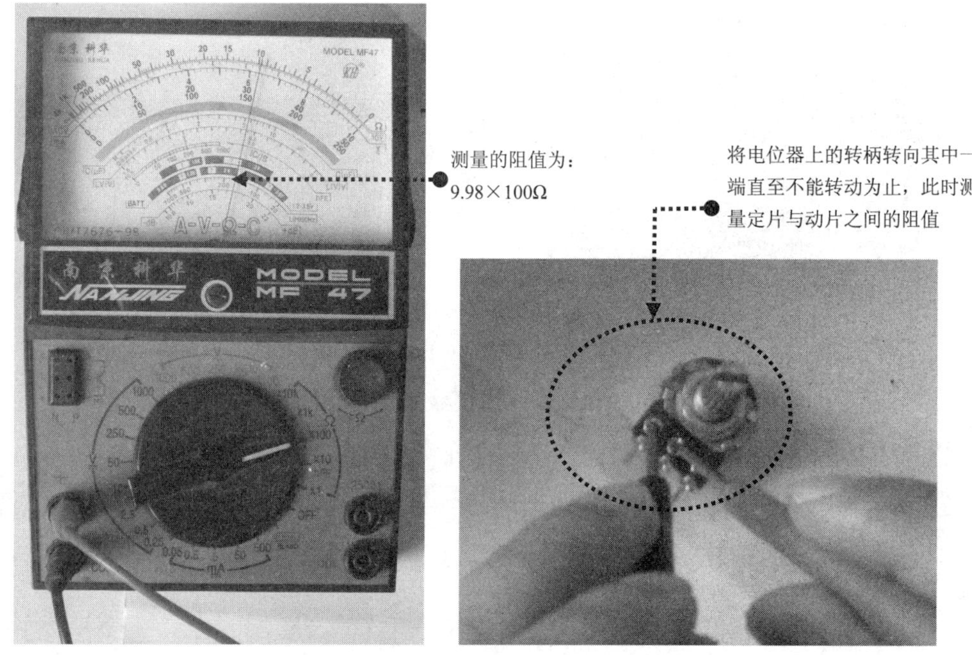

图 3-23　测量电位器定片与动片间的阻值

（6）向另一端旋转旋钮，发现此时阻值在逐渐减小，如图 3-24 所示。直到旋钮转到另一端阻值减小为零，如图 3-25 所示。

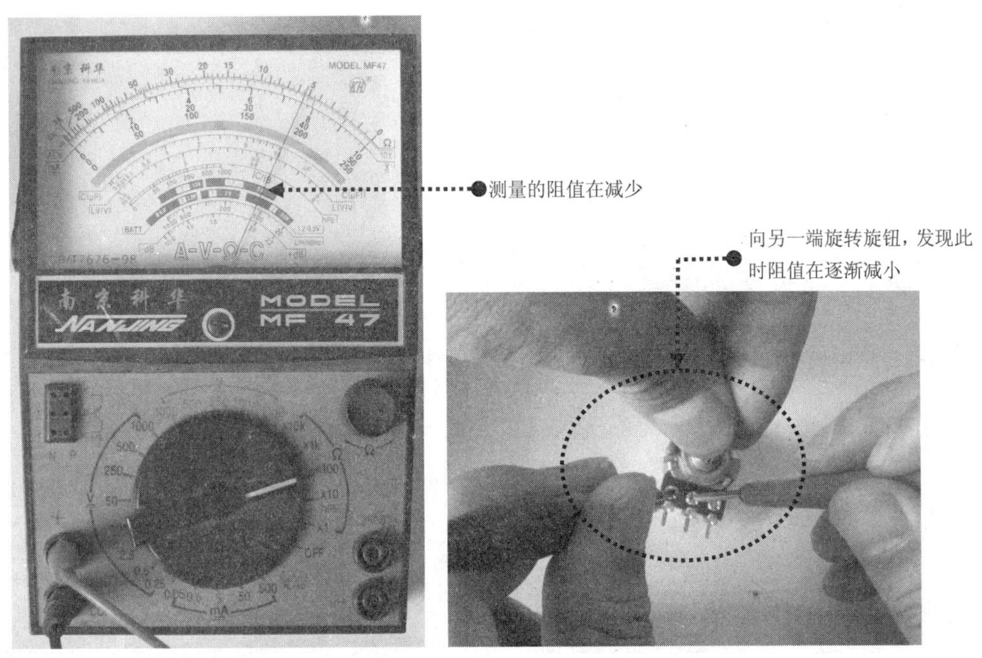

图 3-24　旋转旋钮阻值改变（第 1 次检测）

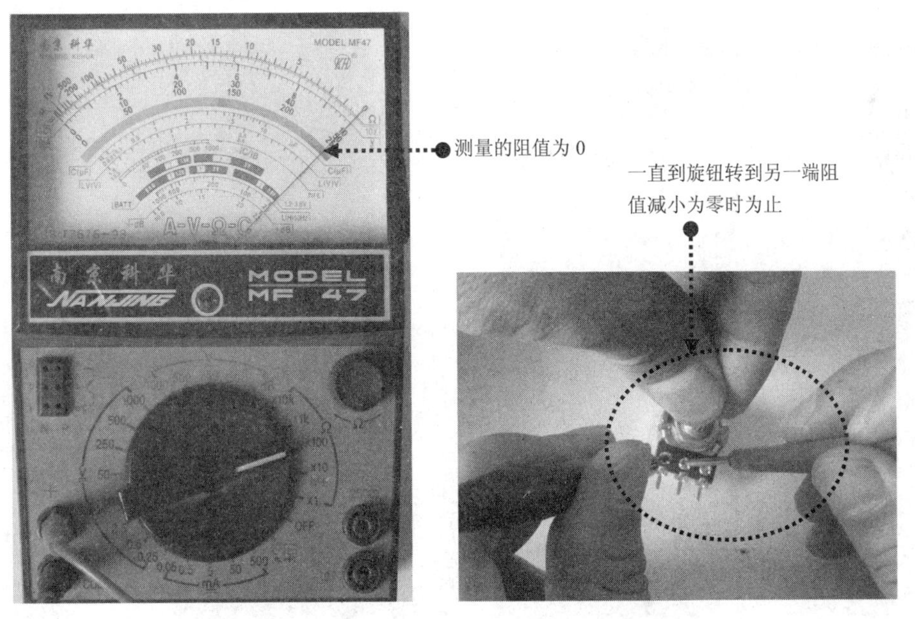

图 3-25　旋转旋钮阻值改变（第 2 次检测）

（7）接着按相反方向旋动转柄直至无法转动，此时万用表显示的阻值又由“0”增加到“9.98×100Ω”，如图 3-26 所示。由于电位器动片与定片间的最大阻值“0.98kΩ”与电位器的额定阻值十分接近，动片与定片间的最小阻值为 0，且旋动转轴时阻值呈一定规律变动，因此判断此电位器工作基本正常。

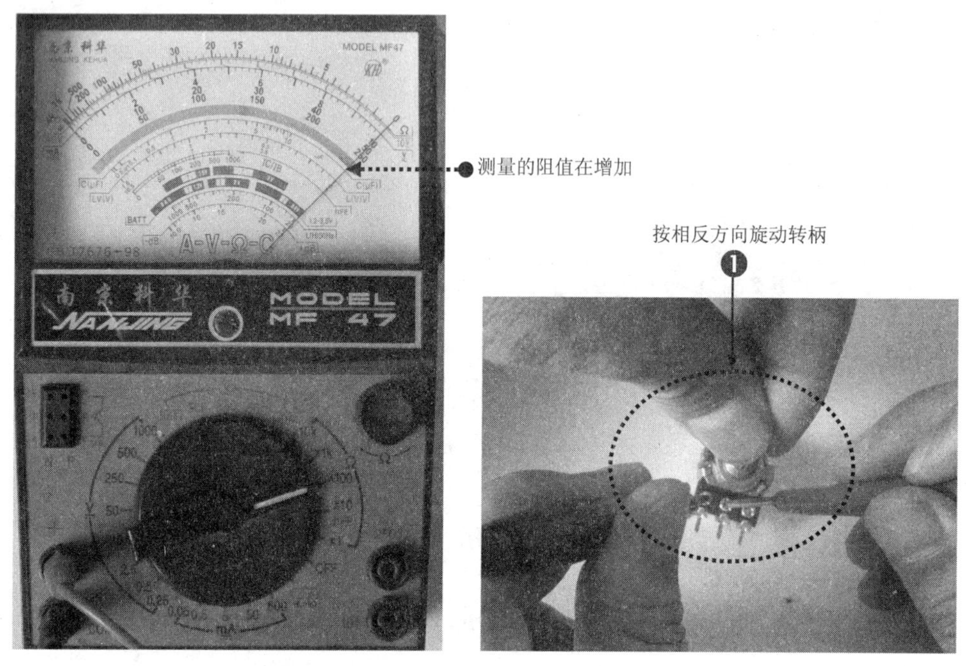

（a）第 1 次测量

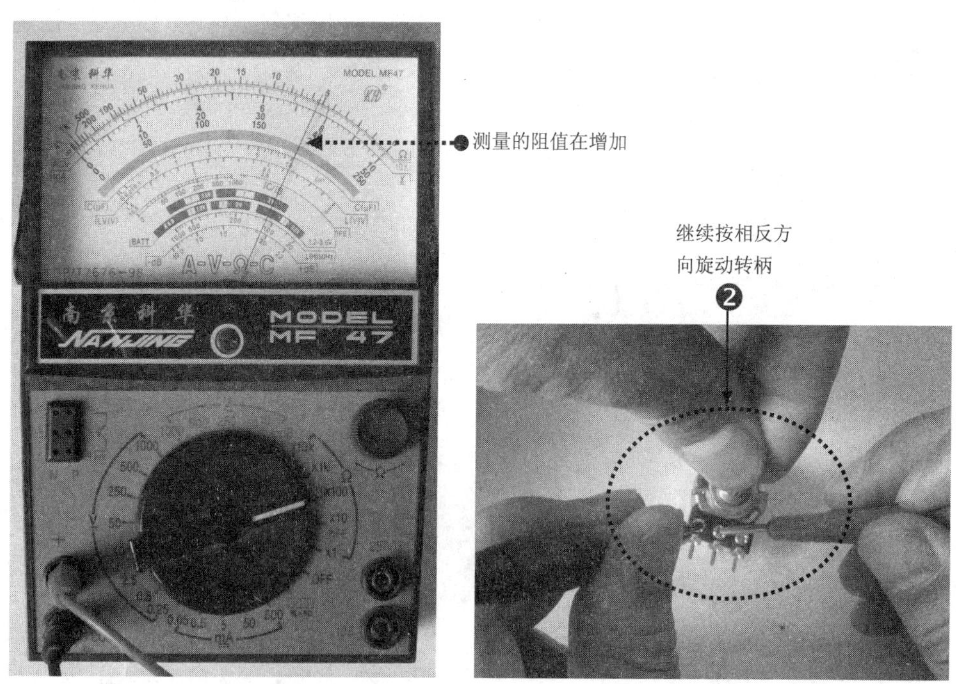

（b）第 2 次测量

图 3-26　旋转电位器旋钮阻值改变

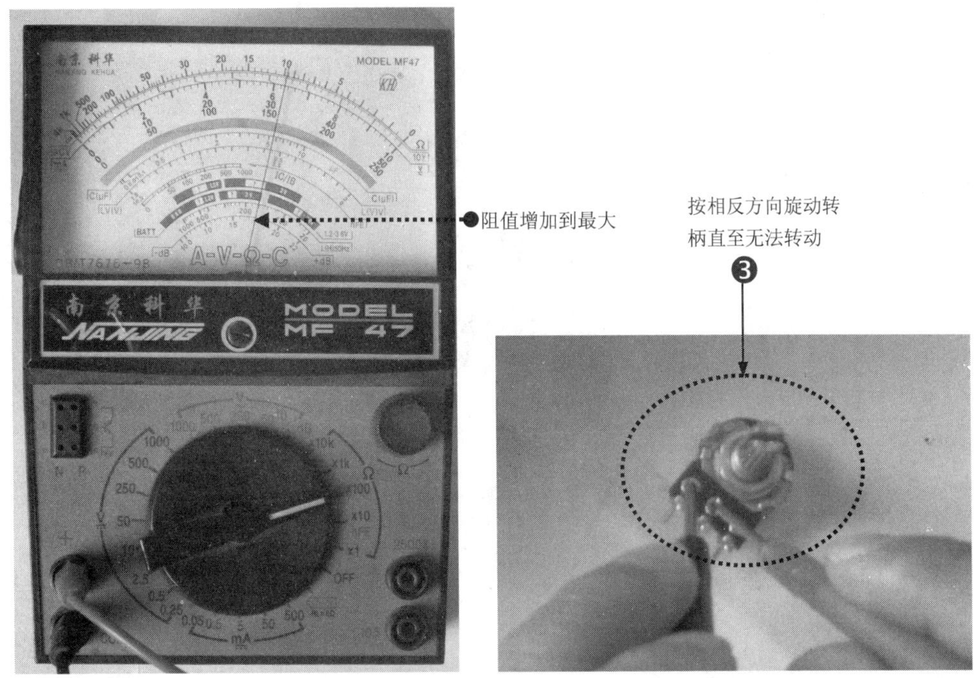

（c）第 3 次测量

图 3-26　旋转电位器旋钮阻值改变（续）

在转动转柄时，还应注意阻值是否会随转柄的转动而灵敏地变化，如果阻值的变化需要往复多次才能实现，则说明电位器的动片与定片之间存在接触不良的情况。

3.8.3 开路法检测电位器实训（数字万用表）

使用数字万用表进行检测步骤如下：

（1）观察电位器的外观，看其是否有焦黑、虚焊、引脚断裂等明显损坏。如果有，则电位器可能已经损坏。

（2）对电位器的各引脚进行清洁，以保证测量的准确性。拿纸巾对各引脚轻轻擦拭即可。

（3）根据电位器的标称阻值，选择适当的挡位。本次测量的电位器标称阻值为 1 kΩ，因此选择数字万用表的 2 k 挡，并将红表笔插进 VΩ 孔，黑表笔插进 COM 孔，如图 3-27 所示。

（4）将万用表的红、黑表笔分别搭在电位器两个定片的引脚上（无极性限制），测得阻值为“950Ω”，如图 3-28 所示，与最大标称阻值基本接近。但此时，还并不能说明该电位器真的就没有问题，还需要进一步进行测量。

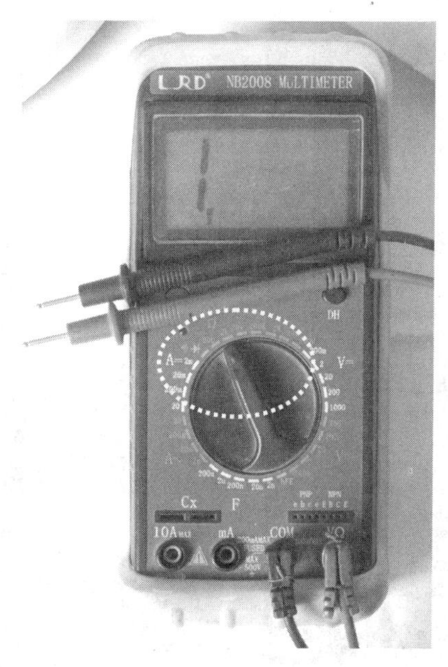

图 3-27　本次测量选择的量程及表笔插孔

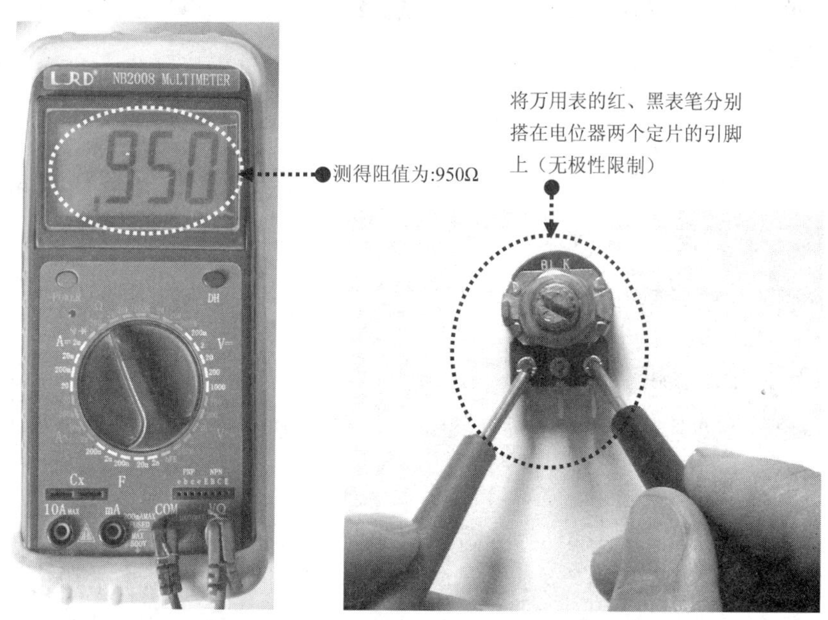

图 3-28　测量电位器两个定片的阻值

如果此时测得的阻值与标称阻值相差较大，则说明该电位器已经出现故障了。

（5）将电位器上的转柄转向其中一端直至不能转动为止。此时测量定片与动片之间的阻值或为 9.50×100Ω 或为 0Ω。如图 3-29 所示，将黑表笔接在电位器的任意一个定片引脚上，将红表笔接在电位器的动片引脚上（中间的引脚），测得此时的阻值为 3Ω。理论上此次测量的阻值应为 0，但是没有绝对精确的测量下，3Ω 和 950Ω 来讲已经很接近于 0 了。因此此次测量结果基本可靠。

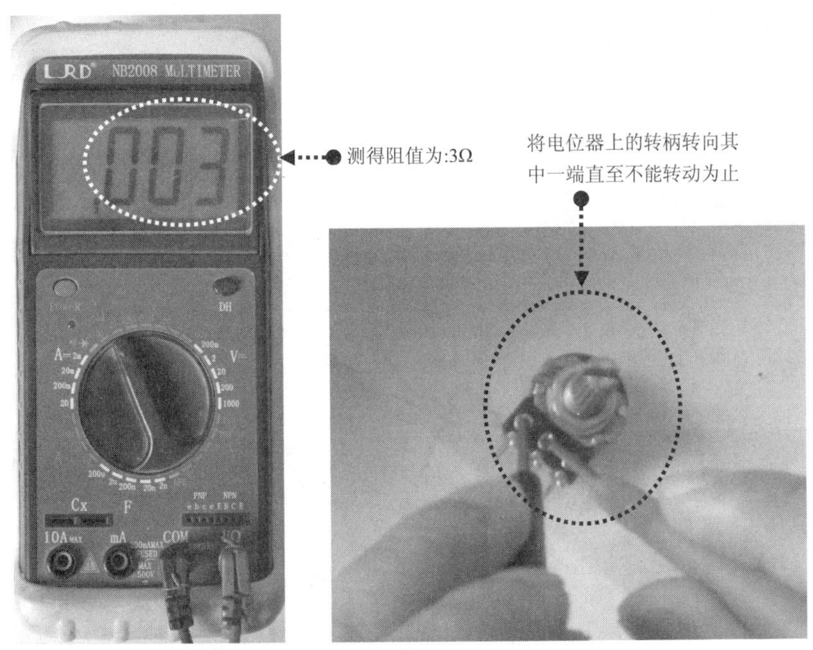

图 3-29　测量电位器定片与动片间的阻值

（6）向另一端旋转旋钮发现此时阻值在逐渐增大，如图 3-30 所示，直到旋钮转到另一端阻值增大到 950Ω，如图 3-31 所示。

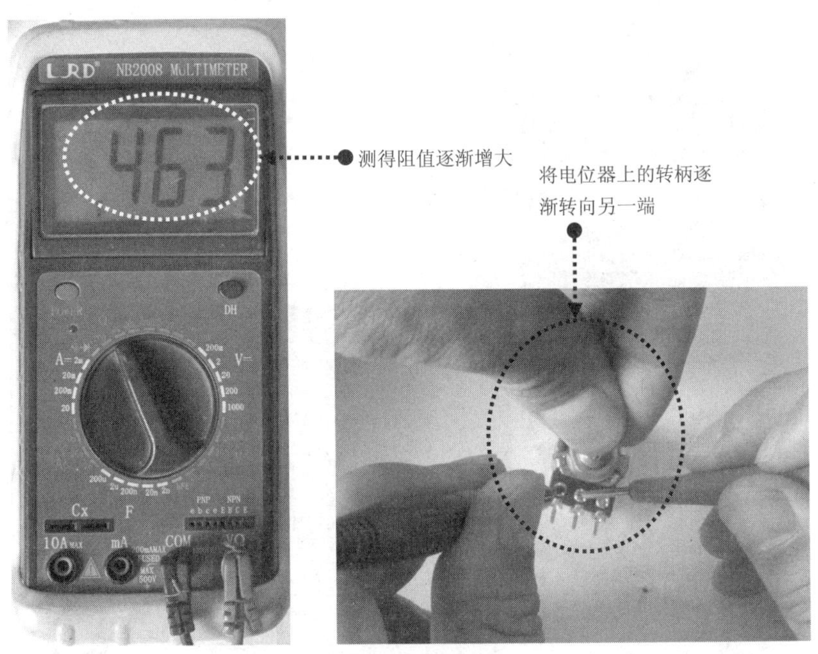

图 3-30　旋转旋钮值改变（第一次测量）

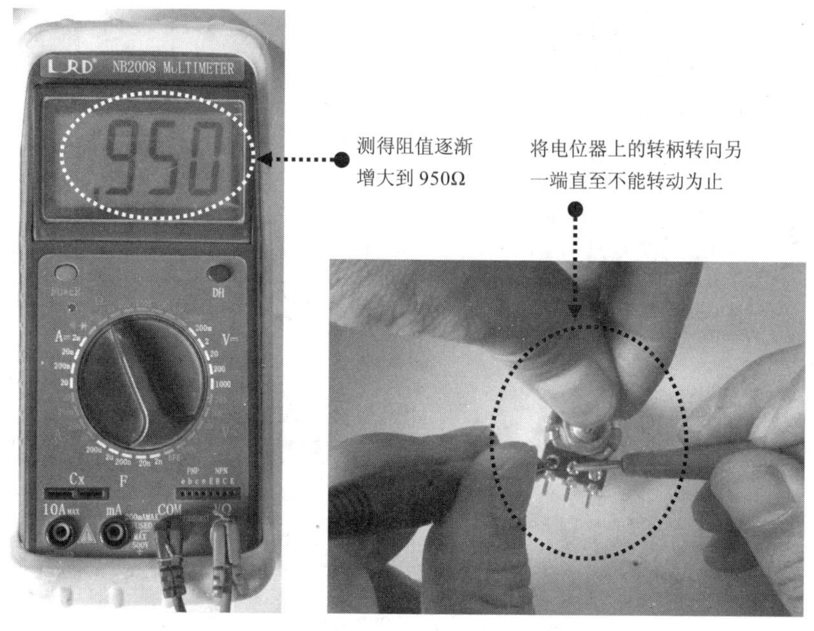
NB2008 MULTIMETER
950
测得阻值逐渐
增大到950Ω
将电位器上的转柄转向另
一端直至不能转动为止

图 3-31　旋转旋钮阻值改变（第二次测量）

（7）按相反方向旋动转柄直至无法转动，此时万用表显示的阻值又由“950Ω”减小到“3Ω”，如图 3-32 所示。由于电位器动片与定片间的最大阻值“0.95kΩ”与电位器的额定阻值十分接近，动片与定片间的最小阻值为 3Ω 接近于 0，且旋动转轴时阻值呈一定规律变动，因此判断此电位器基本正常。

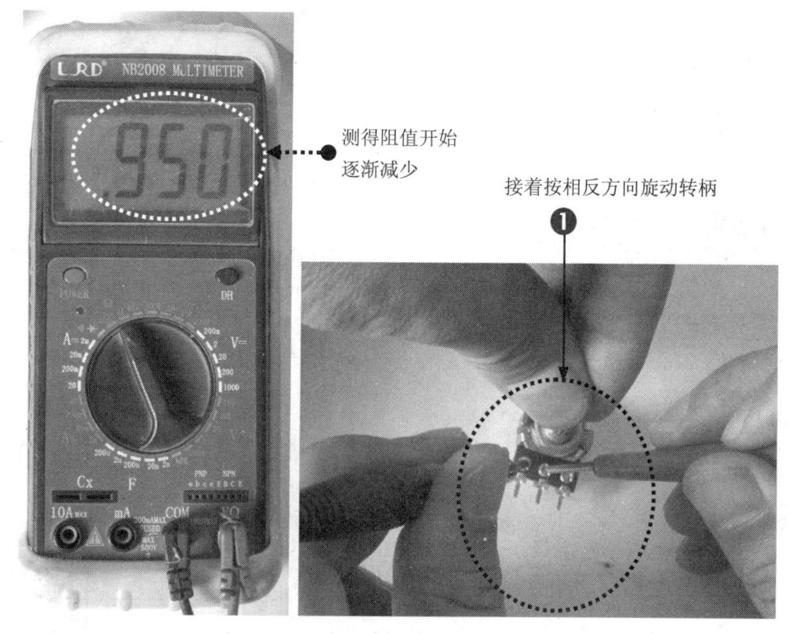
NB2008 MULTIMETER
950
测得阻值开始
逐渐减少
接着按相反方向旋动转柄
❶

（a）第一次测量

图 3-32　旋转电位器旋钮阻值改变

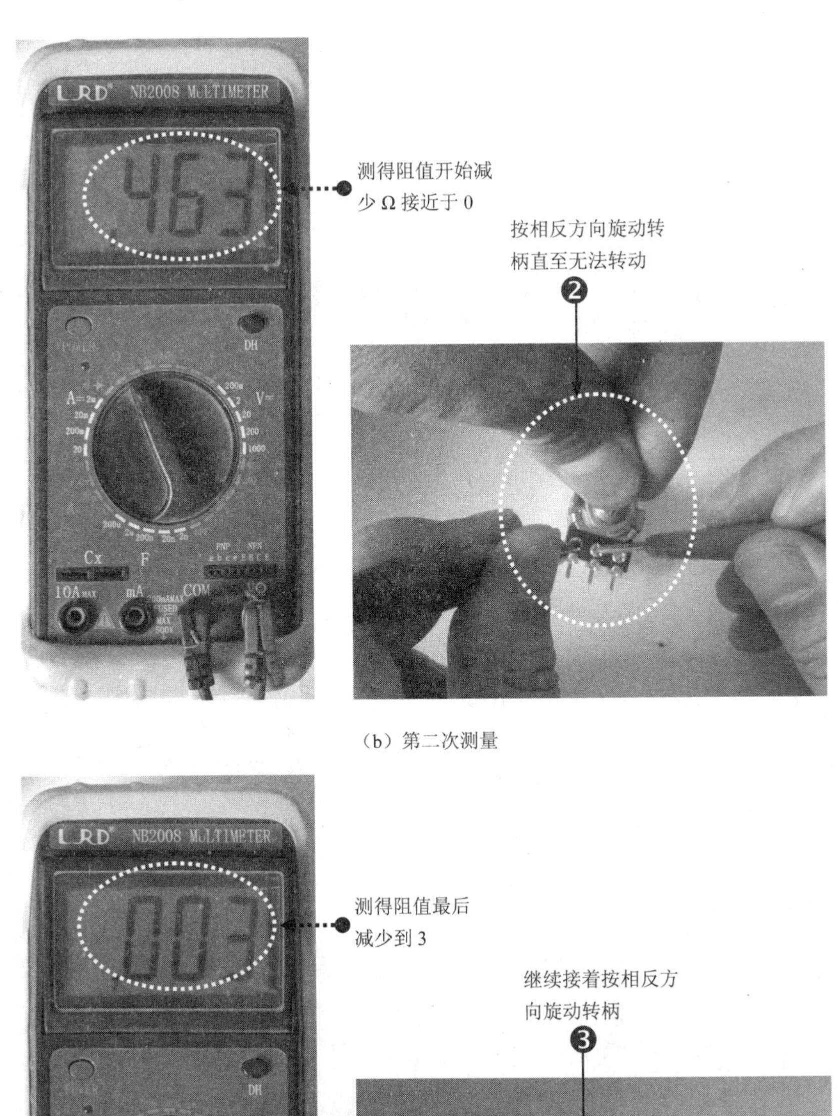

（b）第二次测量

（c）第三次测量

图 3-32　旋转电位器旋钮阻值改变（续）

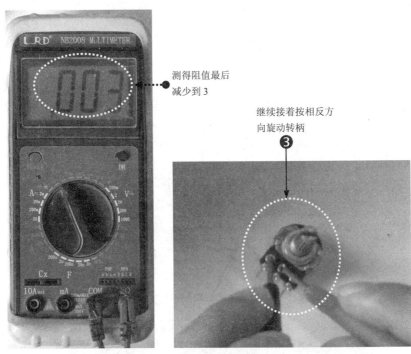

在转动转柄时，还应注意阻值是否会随转柄的转动而灵敏地变化，如果阻值的变化需要往复多次才能实现，则说明电位器的动片与定片之间存在接触不良的情况。

第 4 章　电容器实用知识、常用电路、故障判断与检测代换

电容器是在电路中引用最广泛的元器件之一，打开一块电路板即可以看到大大小小、各形各样的电解电容器、贴片电容器等各式电容器。电容器同时也是易发故障的元件之一，要掌握电容器的维修检测方法，首先要掌握各种电容器的构造、特性、参数、标注规则等基本知识，然后还需掌握电容器在电路中的应用特点、电容器好坏检测、代换方法等内容，接下来本章将重点讲解。

4.1 电容器的功能、符号及分类

4.1.1 电容器简介

电容器又称电容，是电子电路中必不可少的基本元器件之一。它由两个相互靠近的导体极板中间夹一层绝缘介质构成。在电容器两端加上一个电压电容器就可以进行能量的储存，电容器是一种重要的储能元件。图 4-1 所示为主板中常见的电容器。

图 4-1　主板中常见的电容器

4.1.2 电容器的表示符号

电容器是电子电路中最常用的电子元件之一，一般用“C”、“BC”、“TC”或“EC”等文字符号进行表示。在电路图中每个电子元器件还有其电路图形符号，电容器的电路图形符号如图 4-2 所示。

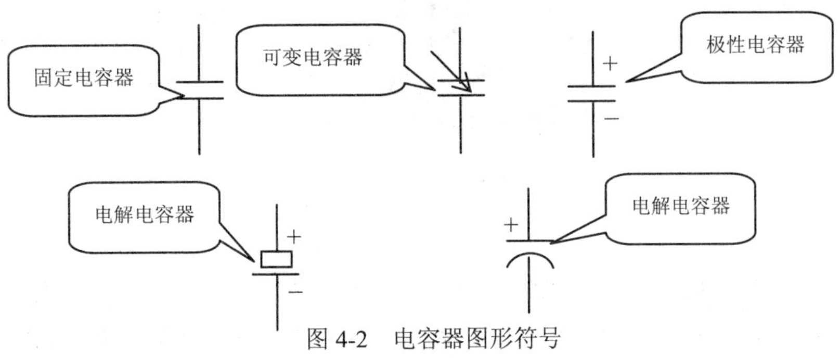

图 4-2　电容器图形符号

4.1.3 电容器的分类

电容器种类繁多，分类方式也不同。

按照结构可划分为三大类：固定电容器、可变电容器和微调电容器。

按电解质种类可分为：有机介质电容器、无机介质电容器、电解电容器和空气介质电容器等。

按用途可分为：高频耦合、低频耦合、高频旁路、低频旁路、滤波、调谐、小型电容器。

按极性可分为：电容器也可分为有极性电容器和无极性电容器两类。

按制造材料的不同可分为：瓷介电容、涤纶电容、电解电容、钽电容，还有先进的聚丙烯电容等。

下面介绍电路中常见的电容器。

1．纸介电容器

纸介电容器属于无极性固定电容器，外形如图 4-3 所示。纸介电容器的价格低、体积大、损耗大且稳定性差，并存在较大的固有电感，因而不宜在频率较高的场合使用。

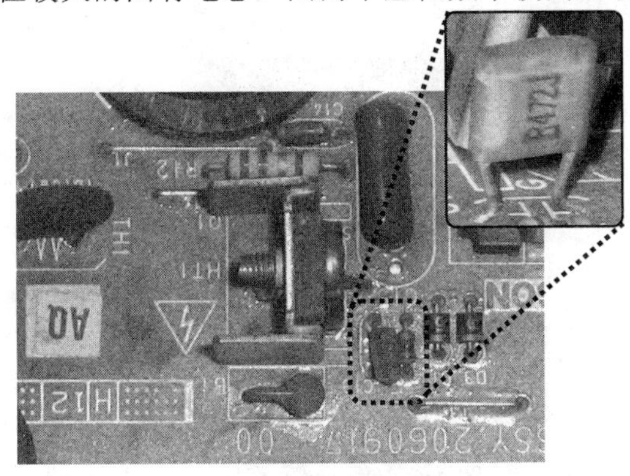

图 4-3　纸介电容器

2．云母电容器

云母电容器是用金属箔或者在云母片上做的电极板，极板和云母一层一层叠合后，再压铸在胶木粉或封固在环氧树脂中制成。常见的云母电容器如图 4-4 所示。

云母电容器的特点是介质损耗小，绝缘电阻大、温度系数小，适宜用于高频电路

图 4-4　云母电容器

3．瓷介电容

瓷介电容器又称陶瓷电容器，它以陶瓷为介质，涂敷金属薄膜经高温烧结而制成的电极，再在电极上焊上引出线，外表涂以保护磁漆，或用环氧树脂及酚醛树脂包封制成的。常见的瓷介电容器如图 4-5 所示。

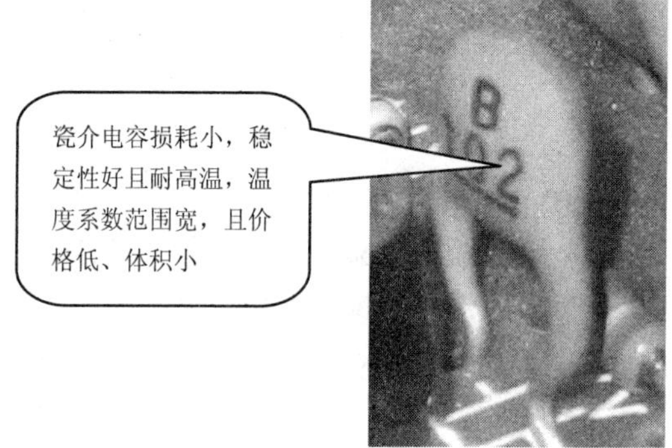

瓷介电容损耗小，稳定性好且耐高温，温度系数范围宽，且价格低、体积小

图 4-5　瓷介电容器

4．铝电解电容

铝电解电容器是由铝圆筒做负极，里面装有液体电解质，插入一片弯曲的铝带做正极而制成的，如图 4-6 所示。

铝电解电容器的特点是容量大、漏电大、稳定性差，适用于低频或滤波电路，有极性限制，使用时不可接反

图 4-6　铝电解电容器

补充：电解电容的两极一般是由金属箔构成的，为了减小电容的体积通常将金属箔卷起来。我们知道将导体卷起来就会出现电感，电容量越大的电容器金属箔就会越长，卷得就会越多，这样等效电感也就会越大。理论上电容器在高频下工作，容抗应该更小，但由于频率增高的同时感抗也在加大，会大到不可小视的地步，所以说电解电容是一种低频电容，容量越大的电解电容其高频特性越差。

5．涤纶电容器

涤纶电容器由两片金属箔做电极，夹在极薄的涤纶介质中，卷成圆柱形或者扁柱形芯子构成的，如图 4-7 所示。

6．玻璃釉电容器

玻璃釉电容器，是一种常用电容器件，如图 4-8 所示。介质是玻璃釉粉加压制成的薄片，通过调整釉粉的比例，可以得到不同特性的电容。

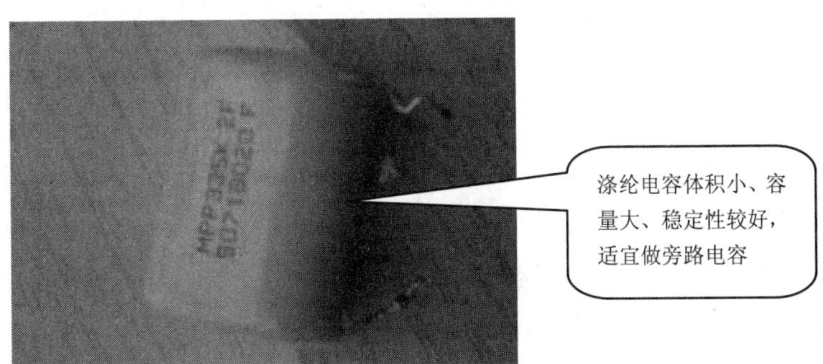

涤纶电容体积小、容量大、稳定性较好，适宜做旁路电容

图 4-7　涤纶电容器

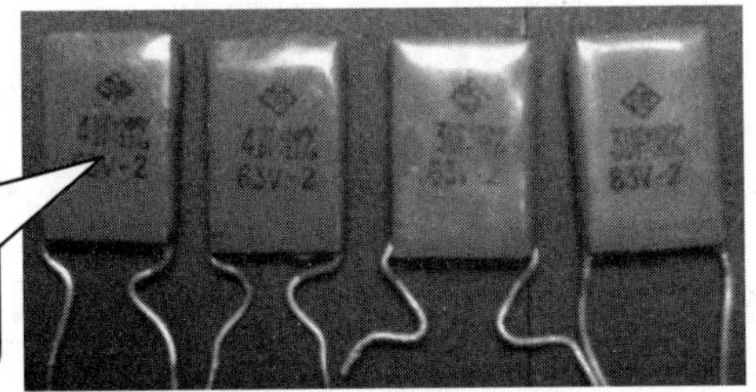

玻璃釉电容主要用于半导体电路和小型电子仪器中的交、直流电路或脉冲电路

图 4-8　玻璃釉电容器

7．微调电容器

微调电容器电容量可在某一小范围内将其容量进行调整，并可在调整后固定于某个值上，常见的微调电容器如图 4-9 所示。

图 4-9　微调电容器

8．聚苯乙烯电容

聚苯乙烯电容是以非极性的聚苯乙烯薄膜为介质制成的电容器。其电性能优良，绝缘电阻高，可以在高频下使用，并可部分地代替云母电容器。图 4-10 所示为一聚苯乙烯电容。

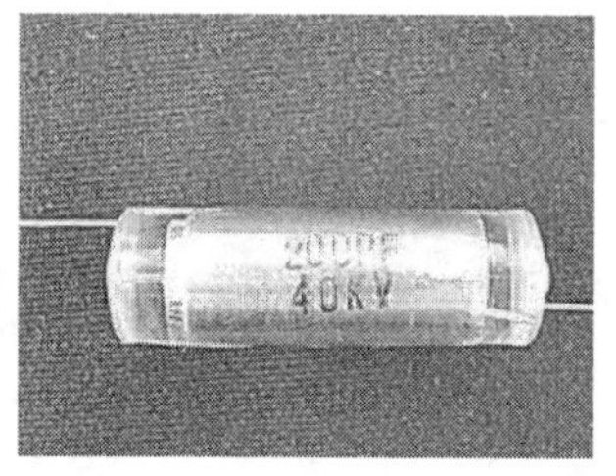

图 4-10　聚苯乙烯电容器

4.2 电容器的命名、重要参数及标注方法解读

4.2.1 电容器的命名

国产电容器型号命名一般由四个部分构成（不适用于压敏、可变、真空电容器），依次分别代表名称、材料、分类和序号，如图 4-11 所示。

第一部分为名称，电容器用 C。

第二部分为制作材料，D 为铝电解质。

第三部分为分类，一般用数字表示，也有用字母表示的，Y 表示高压型。

第四部分为序号，用数字表示。表示同类产品的不同品种。

可见 CDY6 就是第 6 号高压型铝电解电容。

为了方便读者学习，我们通过表 4-1 和表 4-2 所示分别列出了电容器材料、符号意义对照表和电容器类型、符号意义对照表。

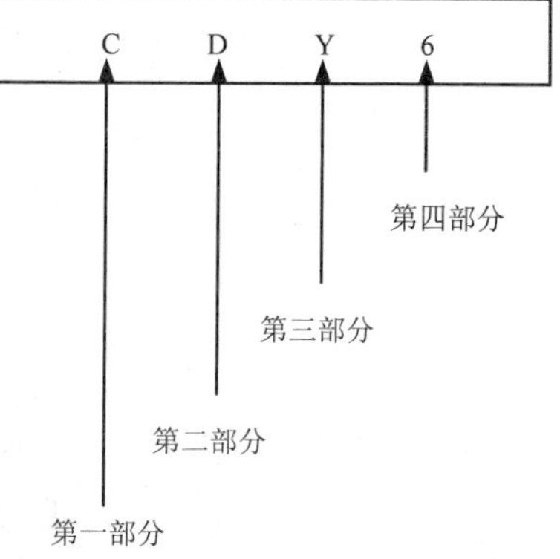

图 4-11　电容器命名示意图

表 4-1　电容器材料、符号意义对照表

符　号	材　料	符　号	材　料
A	钽电解	J	金属化纸介
B	聚苯乙烯等非极性有机薄膜	L	聚酯等极性有机薄膜
C	高频陶瓷	N	铌电解
D	铝电解	O	玻璃膜
E	其它材料电解	Q	漆膜
G	合金电解	T	低频陶瓷
H	纸膜复合	V	云母纸
I	玻璃釉	Y	云母

表 4-2　电容器类型、符号意义对照表

符　号	类　型
G	高功率型

续表

符　号	类　　型			
J	金属化型			
Y	高压型			
W	微调型			
	瓷介电容	云母电容	有机电容	电解电容
1	圆形	非封闭	非封闭	箔式
2	管型	非封闭	非封闭	箔式
3	叠片	封闭	封闭	烧结粉 非固体
4	独石	封闭	封闭	烧结粉 固体
5	穿心		穿心	
6	支柱等			
7				无极性
8	高压	高压	高压	
9			特殊	特殊

4.2.2 电容器的主要参数

电容器的主要参数有：标称容量、允许的偏差、额定工作电压、温度系数、漏电电流、绝缘电阻、损耗正切值和频率特性。

1. 电容器的标称容量

电容器上的标注的电容量被称为标称容量。电容基本单位是法拉，用字母“F”表示，此外还有毫法（mF）、微法（μF）、纳法（nF）和皮法（pF）。它们之间的关系为：$1F=10^3\ mF=10^6\ \mu F=10^9\ nF=10^{12}\ pF$。

2. 电容器允许的偏差

电容器实际容量与标注容量之间存在的差值被称为电容器的偏差。一般常用的电容器分为Ⅰ、Ⅱ、Ⅲ三个等级，它允许的偏差分别为±10%、±15%、±20%。

3. 电容器的额定工作电压

额定工作电压是指电容器在正常工作状态下，能够持续加在其两端的最大的直流电电压或交流电电压的有效值。通常情况下，电容器上都标有其额定电压，如图 4-12 所示。

图 4-12　电容器的上标有的额定电压

额定电压是一个非常重要的参数，通常电容器都是工作在额定电压下，如果工作电压大于额定电压，那么电容器将有被击穿的危险。

4. 电容器的温度系数

温度系数是指在一定环境温度范围内，单位温度的变化对电容器容量变化的影响。温度系数分正的温度系数和负的温度系数。其中，具有正的温度系数的电容器随着温度的增加电容量增加，反之具有负的温度系数的电容器随着温度的增加电容量则减少。温度系数越低，电容器就越是稳定。

相关小知识：在电容器电路中往往有很多电容器进行并联。并联电容器往往有这样的规律，几个电容器有正的温度系数而另外几个电容器有负的温度系数。这样做的原因在于：在工作电路中的电容器自身温度会随着工作时间的增加而增加，致使一些温度系数不稳定的电容器的电容发生改变而影响正常工作，而正负温度系数的电容器混并后一部分电容器随着工作温度的增高而电容量增高，而另一部分电容器随着温度的增高而电容却减少。这样总的电容量则更容易被控制在某一范围内。

5. 电容器的漏电电流

理论上电容器有通交阻直的作用，但在有些时候，例如高温高压等情况下，当给电容器两端加上直流电压后仍有微弱电流流过，这与绝缘介质的材料密切相关。这一微弱的电流被称做漏电电流，通常电解电容器的漏电电流较大，云母或陶瓷电容的漏电电流相对较小。漏电电流越小，电容的质量就越好。

6. 电容器的绝缘电阻

电容器两极间的阻值即为电容器的绝缘电阻。绝缘电阻等于加在电容器两端的直流电压与漏电电流的比值。一般，电解电容器的漏电电阻相对于其他电容器的绝缘电阻要小。

电容器的绝缘电阻与电容器本身的材料性质密切相关。

7. 电容器损耗正切值

损耗正切值又被称为损耗因数，用来表示电容器在电场作用下消耗能量的多少。在某一频率的电压下，电容器有效损耗功率和电容器的无功损耗功率的比值，即为电容器的损耗正切值。损耗正切值越大，电容器的损耗越大，损耗较大的电容器不适于在高频电压下工作。

8. 电容器的频率特性

频率特性是指在一定外界环境温度下，电容器在不同的频率的交流电源下，所表现出电容器的各种参数随着外界施加的交流电的频率不同而表现出不同的性能的特性。对于不同介质的电容器，其最适的工作频率也不同。例如，电解电容器只能在低频电路中工作，而高频电路只能用容量较小的云母电容器等。

4.2.3 电容器参数表示方法解读

电容器的参数标注方法主要有直标法、色标法和文字符号法三种。

1. 直标法

直标法是指将电容器的主要参数（标称电容量、允许偏差及额定电压等）直接标注在电容器上，一般用于体积较大的电容器。直标法在电容中应用最为广泛。图 4-13 所示的某电容器上标有“600pF±15%”、“200V”、“CL14”的字样，CL 表示这一电容器是纸介电容器，标称容量为 600pF 允许偏差为±15%，额定电压为 200V。

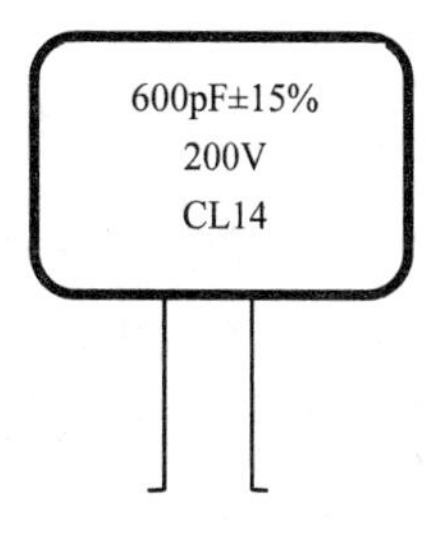

图 4-13　电容器的直标法

2. 文字符号法

三位数字表示法：该方法是指用 3 位数字表示电容器的容量。其中，前两位数字为有效值数字，第三位数字为倍乘数（即表示 10 的 n 次方），单位为 pF。例如 102 表示 10×10^2pF。

四位数字表示法：用 4 位整数来表示标称电容量，此时单位仍为 pF，例如 1 800 表示 1 800 pF。或者是用四位小数表示，此时单位为 μF ，例如 1.234 表示 1.234μF。

对于小容量和体积较小的电容器，也常用数字加字母标注的方法进行标示。数字表示有效数字，字母有 P、N、M 三种。其中 P 表示 pF，N 表示 10^3pF，M 表示 10^6pF。如 3P3 表示 3.3pF，3N3 表示 3.3×10^3pF，3M3 表示 3.3×10^6pF。

3. 色标法

采用色标法的电容器又称色标电容器，用色码表示电容器的标称容量。色码表示法与三位数字表示法相同，只不过是用色码表示数字。图 4-14（a）所示表示该电容器的容量为 10×10^4pF，图 4-14（b）所示表示该电容器的容量为 20×10^3pF。

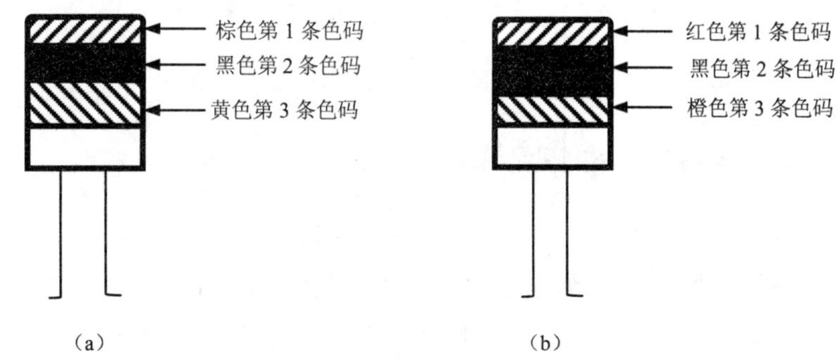

图 4-14　电容器的色标法

为了方便读者查询，我们通过表 4-3 所示列出了色码含义对照表。

表 4-3　色码的含义表

色码颜色	黑色	棕色	红色	橙色	黄色	绿色	蓝色	紫色	灰色	白色
表示数字	0	1	2	3	4	5	6	7	8	9

4.3 电容器特性与作用

电容器的特性要比电阻复杂得多，在电路分析中电容器作用分析也比对电阻作用的分析要难得多。掌握电容器的基本特性将是分析电容器电路基础中的基础。

4.3.1 特性 1：电容器的隔直流作用

电容器阻止直流“通过”，是电容器的一项重要特性，叫做电容器的隔直特性。前面已经讲过电容器的结构，电容器是由两个相互靠近的导体极板中间夹一层绝缘介质构成的。电容器的隔直特性与其结构密切。图 4-15 所示为电容器直流供电电路图。

当开关 S 未闭合时，电容上不会有电荷，也不会有电压，电路中也没有电流流过。

当开关 S 闭合时，电源会对电容进行充电，此时电容器两端会分布着相应的电荷。电路中会形成充电电流，当电容器两端电压与电源两端电压相同时充电结束，此时电路中就不再有电流流动。这就是电容器的隔直流作用。

电容器的隔直作用是指直流电源对电容器充完电之后，由于电容与电源间的电压相等，电荷不再发生定向移动，也就没有了电流，但直流刚加到电容器上时电路中是有电流的，只是充电过程很快结束，具体时间长短与时间常数 R 和 C 之积有关。

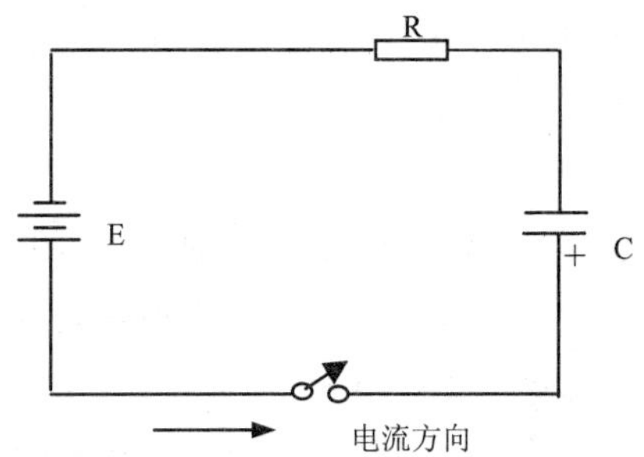

图 4-15　电容器直流供电电路图

4.3.2 特性 2：电容器的通交流作用

电容器具有让交流电“通过”的特性，这被称为电容器的通交作用。

假设交流电压正半周电压致使电容器 A 面布满正电荷，B 面布满负电荷，如图 4-16（a）所示；而交流电负半周时交流电将逐渐中和电容器 A 面正电荷和 B 面负电荷，如图 4-16（b）所示。一周期完成后电容器上电量为零，如此周而复始，电路中便形成了电流。

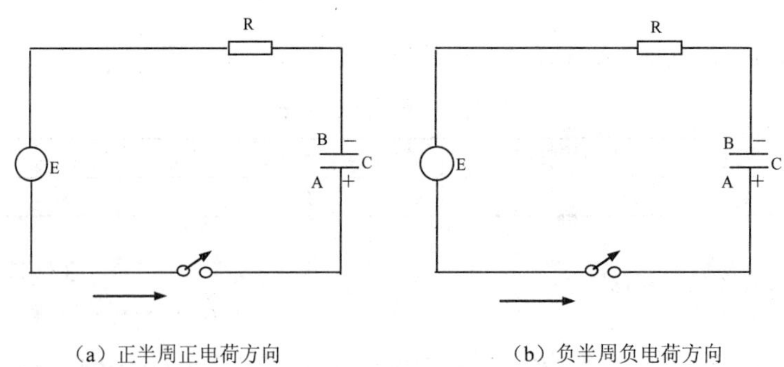

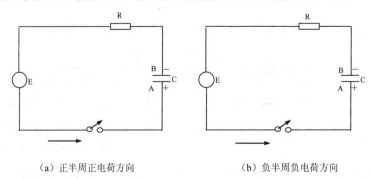

（a）正半周正电荷方向　　（b）负半周负电荷方向

图 4-16　电容器交流供电电路图

4.4 电容器的串联、并联与混联

4.4.1 电容器串联电路的等效理解与特性

电容器的串联与电阻串联形式是一样的，两只电容器连接后再与电源连接。当然也可以是更多只电容的串联，如图 4-17 所示。

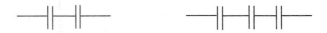

图 4-17　电容器的串联示意图

电容器串联的一些基本特性与电阻电路相似，但由于电容器的某些特殊功能，电容器电路也有自己一些独特的特性。

（1）串联后电容器电路基本特性仍未改变，仍具有隔直流通交流的作用。

（2）流过各串联电容的电流相等。

（3）电容器容量越大两端电压越小。

（4）电容越串联电容量越小（相当于增加了两极板间距，同时 U=Q/C）。

电容器串联的意义：由于电容器制作工艺的难易程度不同，所以并不是每种电容量的电容器都直接投入生产。比如常见的电容器有 22 nF、33 nF、10 nF（1F=1 000 mF，1mF=1 000 μF，1μF=1 000 nF，1 nF=1 000 pF），但是却很少见 11 nF。比如想要调试一个振荡电路，正好需要 11 nF，就可通过两个 22nF 的电容器进行串联。这和电阻的并联使用是一个道理。

关于极性电容器的串联：两个有极性的电容正极或负极接在一起相串联时（一般为同耐压、同容量的电容），可作为无极电容使用。其容量为单只电容的 1/2，耐压为单只电容的耐压值。

4.4.2 电容器并联电路的等效理解与特性

电容器的并联也与电阻的并联方式一样，两个以上电容器采用并接的方式与电源连接构成一并联电路，如图 4-18 所示。

电容的并联同样与电阻的并联在某方面很相似。同样由于电容器本身的特性，电容器并联电路也有其本身的特性。

（1）由于电容器的隔直作用，所有参与电容并联的电路分路均不能通过直流电流，也就是相当于对直流形同开路。

（2）电容器并联电路中的各电容器两端的电压相等，这是绝大多数并联电路的公共特性。

（3）随着并联电容器数量的增加，电容量会越来越大。并联电路的电容量等于各电容器电容量之和。

（4）在并联电路中，电容量大的电容器往往起关键作用。因为电容量大的电容器容抗小，当一个电容的容抗远大于另一个电容器时，相当于开路。

（5）并联分流，主线路上的电流等于各支路电流之和。

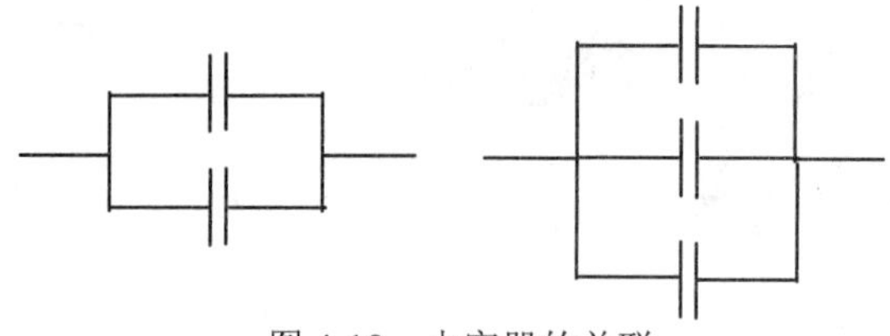

图 4-18　电容器的并联

电容器并联的意义：并联电容器又称移相电容器，主要用于补偿电力系统感性负荷的无功功率，以提高功率因数，改善电压质量，降低线路损耗，也有稳定工作电路的作用。电容器并联后总容量等于它们相加，但是效果比使用一个电容好。电容器内部通常是金属一圈一圈缠绕的，电容量越大金属圈越多，这样等效电感也就越大。而用多个小容量的电容并联方式获得的等效的大电容则可以有效地减少电感的分布。

4.4.3 电容器混联电路的等效理解与特性

电容器的混联电路是由电容器的串联与并联混联在一起形成的，如图 4-19 所示。

在分析混联电容器的电路时，可以先把并联电路中的各个电容器等效成一个电容器，然后用等效电容与另一电容进行串联分析。

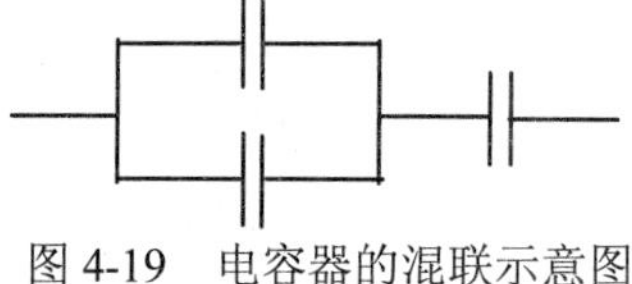

图 4-19　电容器的混联示意图

4.5 电容器应用电路分析

4.5.1 高频阻容耦合电路分析

耦合电路的作用之一是让交流信号毫无损耗地通过，然后作用到后一级电路中。高频耦合电路是耦合电路中非常常见的一种，图 4-20 所示是一个高频阻容耦合电路图。在该电路中，其前级放大器和后极放大器都是高频放大器。C 是高频耦合电容，R 是后级放大器输入电阻（后级放大器内部），R、C 构成了我们所要介绍的阻容耦合电路。

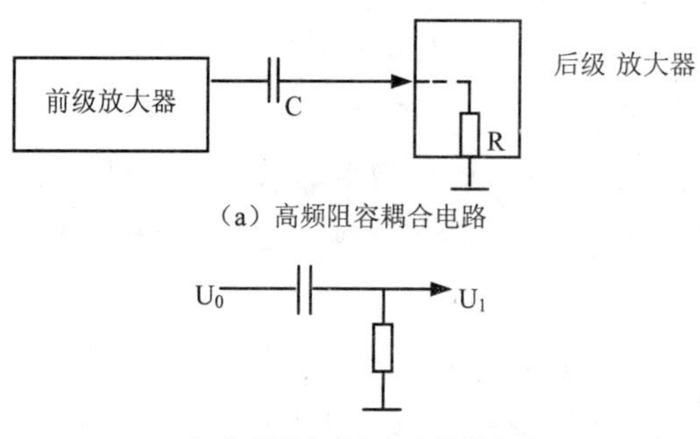

（a）高频阻容耦合电路

（b）高频阻容耦合电路等效电路

图 4-20　高频阻容耦合电路与其等效电路

由等效电路可以看出，电容 C 和电阻 R 构成一个典型的分压电路。加到这一分压电路中的输入信号 U_0 是前级放大器的输出信号，分压电路输出的是 U_1。U_1 越大，说明耦合电路对信号的损耗就越小，耦合电路的性能就越好。

根据分压电路特性可知，当放大器输入电阻 R 一定时，耦合电容容量越大，其容抗越小，其输出信号 U_0 就越大，也就是信号损耗就越小。所以，一般要求耦合电容的容量要足够大。

4.5.2 旁路和退耦电容电路分析

对于同一个电路来说，旁路电容是把输入信号中的高频噪声作为滤除对象，将混有高频电流和低频电流的交流电中的高频成分旁路掉的电容。该电路称为旁路电路，退耦电容是把输出信号的干扰作为滤除对象。图 4-21 所示为一旁路和退耦电容电路。

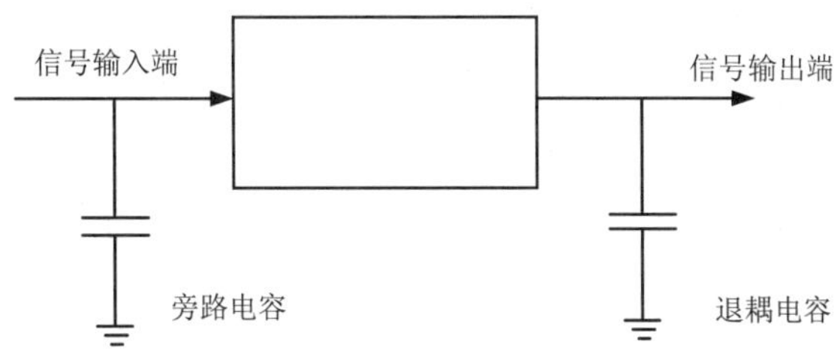

图 4-21　旁路和退耦电容电路

旁路电路和退耦电路的核心工作理论：

当混有低频和高频的交流信号经过放大器被放大时，要求通过某一级时只允许低频信号输入到下一级，而不需要高频信号进入，则在该级的输入端加一个适当容量的接地电容，使较高频信号很容易通过此电容被旁路掉（频率越高阻抗越低）；而低频信号由于电容对它的阻抗较大而被输送到下一级进行放大。

退耦电路的工作理论同上，同样是利用一适当规格的电容对干扰信号进行滤除。

4.5.3 滤波电路分析

滤波电路是利用电容对特定频率的等效容抗小、近似短路来实现的，对特定频率信号率除外。在要求较高的电器设备中，如自动控制、仪表等，必须想办法削弱交流成分，而滤波装置就可以帮助改善脉动成分。简易滤波电路示意图，如图 4-22 所示。

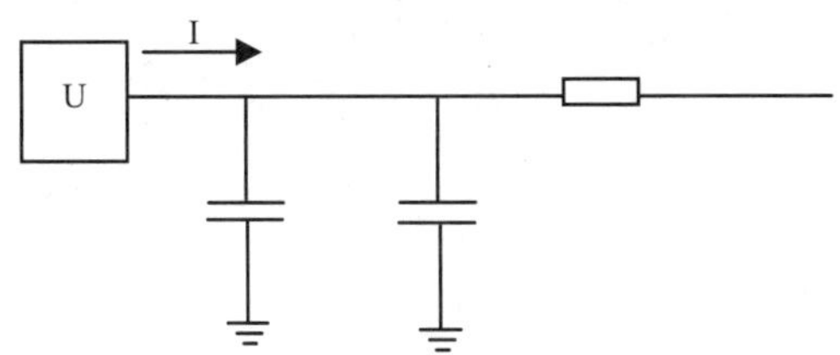

图 4-22　滤波电路示意图

滤波电容的等效理解：给电路并联一小电阻（如 2Ω）接地，那么输入直流成分将直接经该电阻流向地，后级工作电路将收不到前级发出的直流信号；同理经电源并电容（XC=1/2πfC），当噪声频率跟电容配合使 XC 足够小（比如也是个位数），则噪声交流信号将直接通过此电容流量接地而不会干扰到后级电路。

4.5.4 电容分压电路分析

我们可以用电阻器构成不同的分压电路，其实电容器也可以构成分压电路。图 4-23 所示为由 C_1 和 C_2 构成的分压电路。

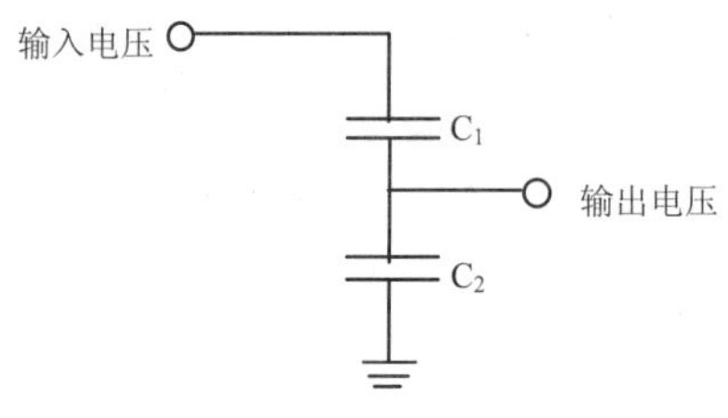

图 4-23　电容分压电路

采用电容器构成的分压电路的优势是可以减小分压电路对交流信号的损耗，这样可以更有效地利用交流信号。对某一频率的交流信号，电容器 C_1 和 C_2 会有不同的容抗，这两个容抗就构成了对输入信号的分压衰减，这就是电容分压的本质。

4.6 电容器常见故障判断

4.6.1 电容容量变小故障判断分析

电解电容长时间使用，其中的电容容量会减少，主要原因是电解质发生变质、干涸（电容只会出现容量变小的故障，不会出现容量变大的故障）。

电容变小对低频信号影响更明显。当滤波电容容量变小后，由于容抗变大，滤波能力降低，交流声音将变大。电容容量变小往往与漏电密切相关，所以电容容量减小时，同时也可能出现漏电现象。

4.6.2 电容器开路故障判断分析

电容开路后，交流信号将不能通过电路，交流信号受到影响。不同电路，电容开路所造成的影响是不同的。比如滤波电容断开后可能会发生较大噪声。由于电容器本身就具有隔直作用，所以开路并不会给直流信号造成直接影响，通过测量电路中有关测试点的直流电压并不能检测出电容器是否开路。

4.6.3 电容器的短路与漏电故障判断分析

电容器击穿和漏电性质是相同的，漏电严重时就等同于击穿。所以两种故障对电容电路的影响也是相似的。

电容击穿后对直流形成开路，造成直流电路工作不正常。换句话说，当电容击穿时通过测量电路中有关测试点的直流电压大小，可以发现电容是否击穿或漏电。电容击穿后只对该电容局部电路产生影响。因为在其他电路中仍有电容对直流有隔绝作用。根据这一原理可以缩短检修范围。

电容短路与漏电发生在不同电路，影响也不同，比如耦合电路短路后直流电流将直接流往下一级，这种不该有的电流就是噪声，而滤波电容击穿时则可能会熔断保险丝。

4.7 电容器的检测方法

业余条件下，主要是通过观察判断和利用万用表的方式来进行对电容器好坏的判定。观察法主要是指根据电容器是否有漏液、爆裂或烧毁等情况进行判定。如果出现上述情况，说明该电容器已经损坏。

4.7.1 固定电容器检测方法

1. 0.01μF 以下小容量电容器的检测方法

对于 0.01μF 以下的固定电容器，因为其容量太小，用万用表测量时，只能定性地检查出电容器是否有漏电，以及内部是否短路或击穿情况，并不能定性判断其质量。测量时为保证测量的准确性，应先用一小电阻给其放电，然后选用万用表的 R×10k 挡，用两表笔分别任意接触电容的两个引脚，然后观察万用表指针有无偏转，交换表笔再测一次。

观察表针变化，正常情况下表针均应有一个向右的摆动，然后缓慢移到无穷大。若测出阻值较小或为零，则说明电容已漏电损坏或存在内部击穿；若指针从始至终均未发生摆动，说明该电容器内部已发生断路。

对于 0.01μF 以下固定电容器的检测，还可以使用附加电路的方法，利用复合三极管放大作用进行检测，选两只 β 均为 100 以上的穿透电流小的三极管组成复合电路，如图 4-24 所示。由于复合三极管的放大作用，被测电容的充放电过程将被予以放大，使万用表指针摆幅加大，从而便于观察。首先检测电容器是否有充电现象，进而判断其好坏。选用万用表 R×10k 挡。然后将万用表的红表笔和黑表笔分别与复合管的发射极和集电极相接，观察表针偏转后是否能够回到无穷大。接着交换表笔再测一次，若两次中有一次不能回到无穷大则证明电容器已经损坏。

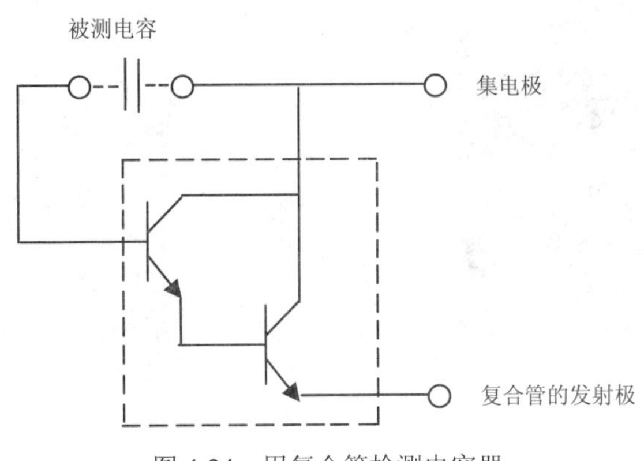

图 4-24　用复合管检测电容器

当两表笔分别接触容器的两根引线时，表针首先朝顺时针方向（向右）摆动（此过程为电容器的充电过程），然后又慢慢地向左回归。当表针静止时所指的电阻值就是该电容器的漏电电阻（R）。在测量中如表针距无穷大较远，表明电容器漏电严重，不能使用。有的电容器在测量漏电电阻时，表针退回到无穷大位置时，又顺时针摆动，这表明电容器漏电更加严重。

2．0.01μF 以上的固定电容器检测方法

对于 0.01μF 以上的固定电容器，可直接用万用表的“R×10k”挡测试电容器有无充电过程以及有无内部短路或漏电。具体测量步骤如图 4-25、图 4-26 所示。

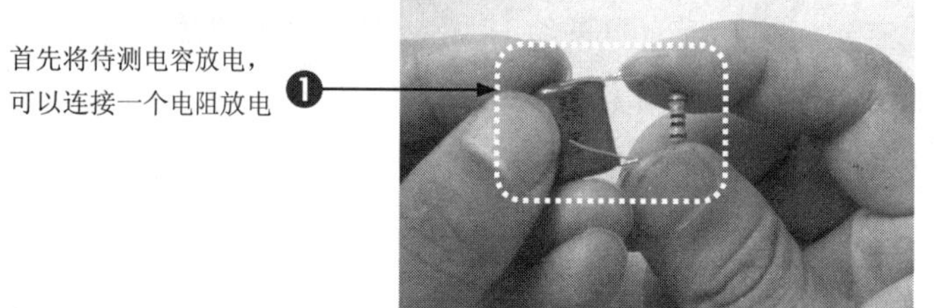
首先将待测电容放电，
可以连接一个电阻放电
❶

（a）待测电容的放电

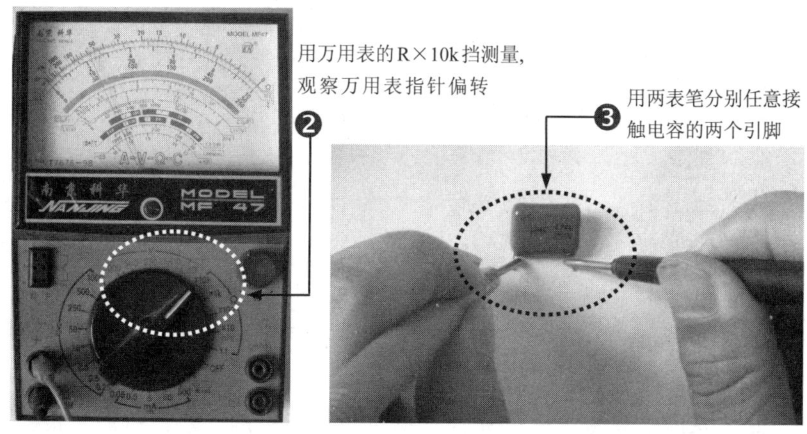
用万用表的R×10k挡测量，
观察万用表指针偏转
❷
用两表笔分别任意接
触电容的两个引脚
❸
MODEL
MF 47

（b）万用表指针有一个明显的向右偏转

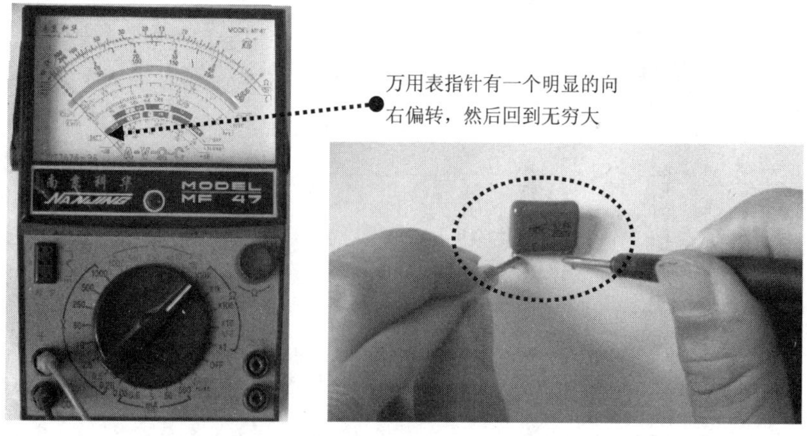
万用表指针有一个明显的向
右偏转，然后回到无穷大
MODEL
MF 47

（c）静止后指针回到无穷大

图 4-25　电容放电及第一次测电容两极间阻值变化

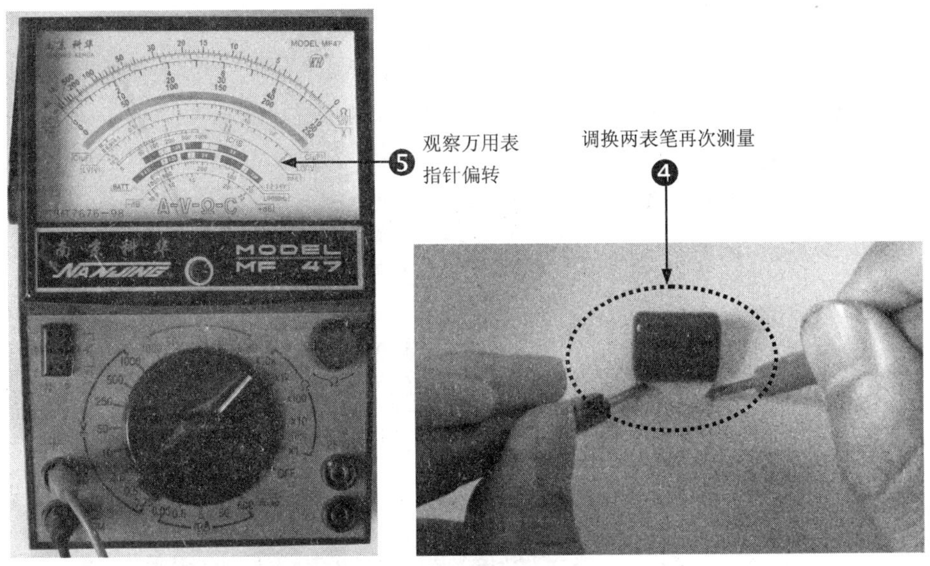

观察万用表
指针偏转
调换两表笔再次测量
MODEL
MF 47

（a）万用表指针有一个明显的向右偏转

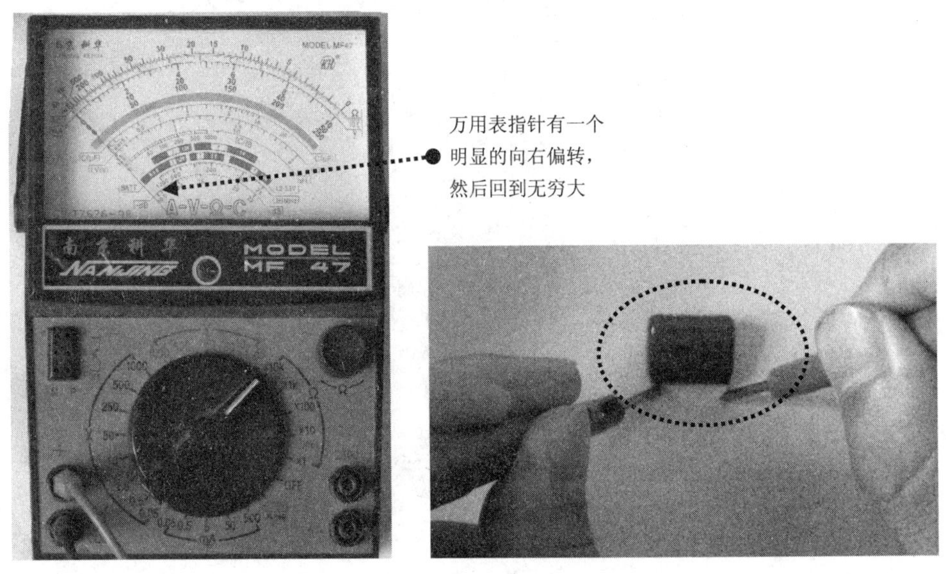

万用表指针有一个
明显的向右偏转，
然后回到无穷大
MODEL
MF 47

（b）静止后指针回到无穷大

图 4-26　第二次测电容两极间阻值变化（续）

观察表针变化，正常情况下两次测量表针均应首先朝顺时针方向（向右）摆动（此过程为电容器的充电过程），然后又慢慢地向左回归到无穷大。若测出阻值较小或为零，则说明电容已漏电损坏或存在内部击穿；若指针从始至终未发生摆动，说明电容两极之间已发生断路。经上述推论该电容基本工作正常。

4.7.2 电解电容器的检测方法

电解电容常出现的问题有击穿、漏电、容量减小或消失等。通常可通过在开路状态下检测电解电容器的阻值来判断其性能的好坏。

电解电容器开路测量的步骤如下：

（1）用电烙铁将待测电容取下，如图 4-27 所示，并对电容器的两引脚进行清洁，如图 4-28 所示。

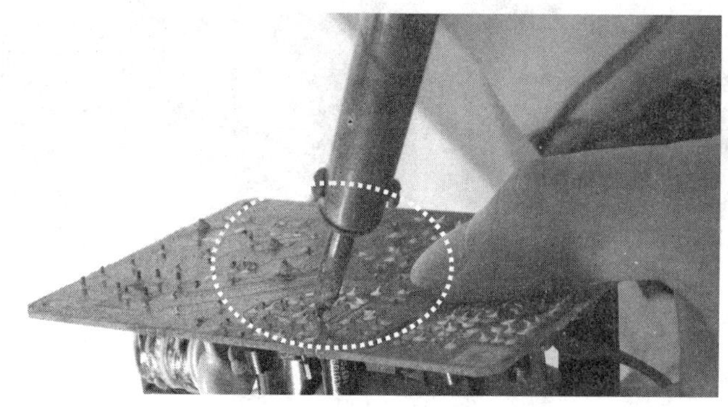

图 4-27　用电烙铁将待测电容取下

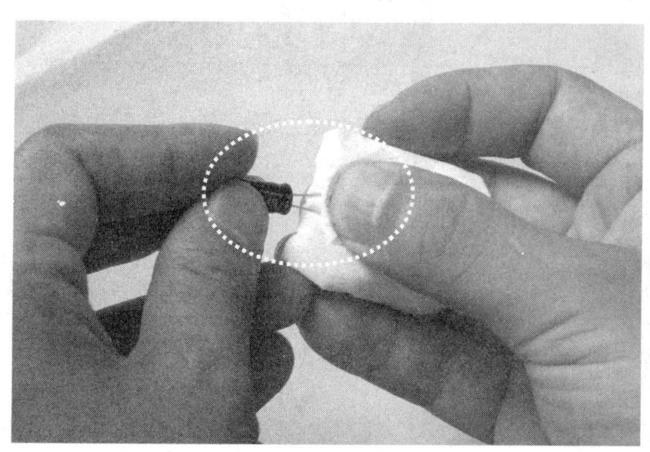

图 4-28　清洁电容器的两引脚

（2）检查电容器的外观是否完好，如果出现漏液、引脚折断的情况，则该电容器已损坏。

（3）通过引脚的长短及电容侧面标志判断电容极性，如图 4-29 所示，电容器的正极引脚通常比较长，而负极侧则标有“-”（负号）。

（4）测量前需对电容器进行放电，可以采用将一阻值较小的电阻的两引脚与电解电容的两引脚相接的方法，如图 4-30 所示。

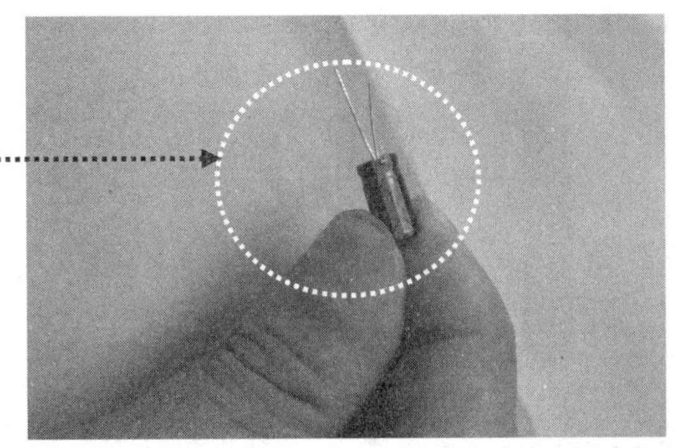
电容器的正极引脚通常比较长，而负极侧则标有“-”（负号）

图 4-29　电解电容的标志及引脚长度

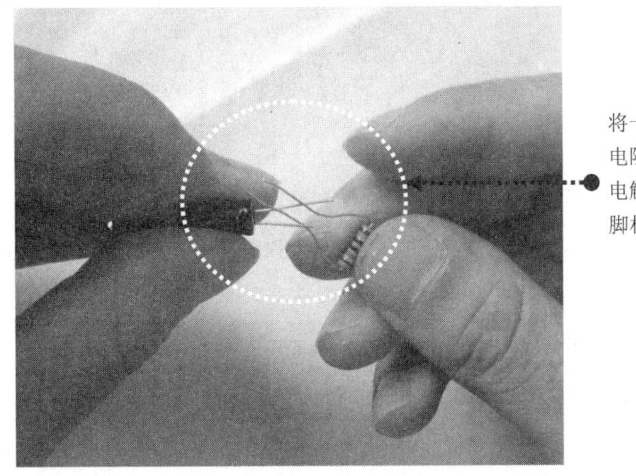
将一阻值较小的电阻的两引脚与电解电容的两引脚相接进行放电

图 4-30　用电阻对电解电容进行放电

（5）将万用表调到欧姆挡的“R×1k”挡，并进行调零校正，如图 4-32 所示。

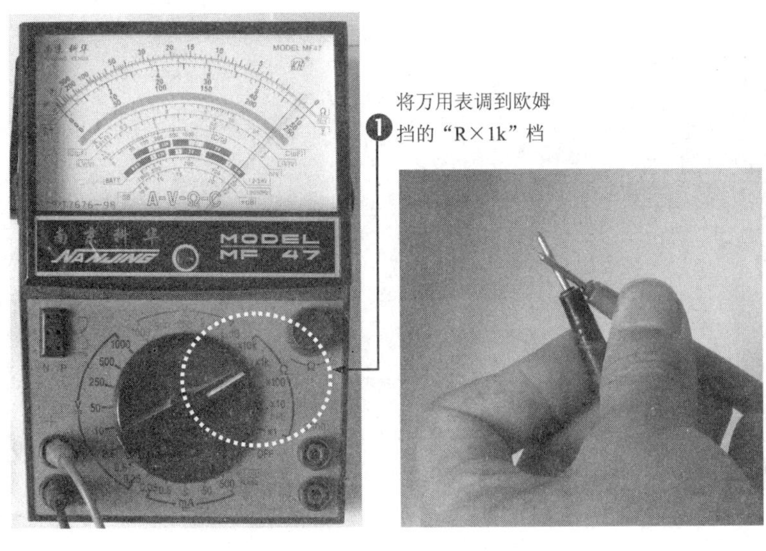
将万用表调到欧姆挡的“R×1k”档
MODEL MF 47
NANJING
A-V-Ω-C

（a）短接两表笔观察读数

图 4-31　选择万用表的“R×1k”挡并调零校正

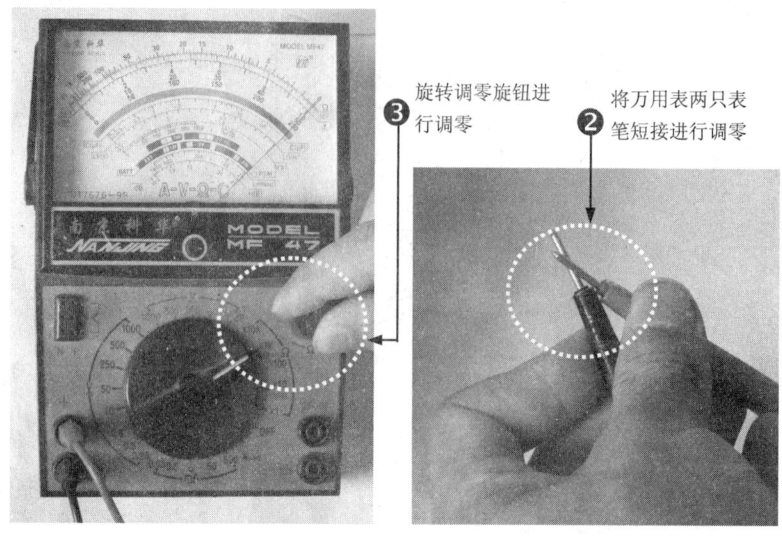

（b）通过调零旋钮将短接阻值调为 0

图 4-31　选择万用表的“R×1k”挡并调零校正（续）

（6）将红表笔接电容器的负极引脚，黑表笔接电容器正极的引脚，观察万用表读数变化，如图 4-32 所示。

如图 4-32 所示，表针首先朝顺时针方向（向右）摆动（此过程为电容器的充电过程），然后又慢慢地向左回归到无穷大，因此待测电解电容基本正常。如果此时表针摆动一定角度后随即仅向回调了一点儿，即所测阻值较小，则说明该电容漏电严重已不能再使用。如果此时表针根本未发生摆动，说明该电解电容的电解质已干涸，已经没有电容了。如果阻值为零，说明电容已发生击穿。

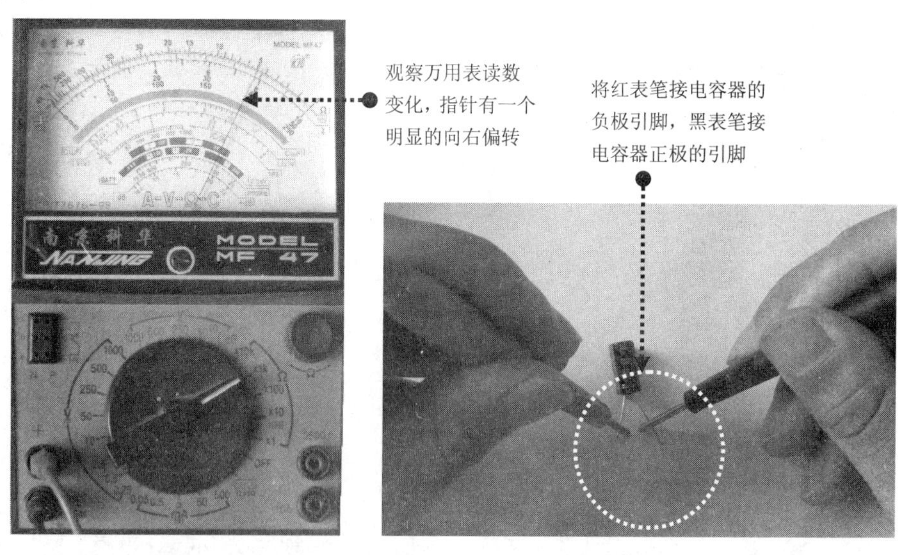

（a）万用表指针有一个明显的向右偏转

图 4-32　电解电容器的检测

指针静止后指针回到无穷大

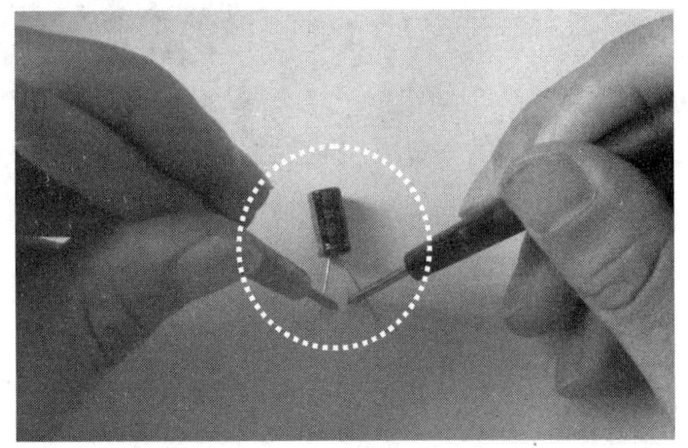

（b）静止后指针回到无穷大

图 4-32　电解电容器的检测（续）

通过测量结果的对比还可以判断电解电容器的极性。如果不知道电解电容器的极性可以对两引脚进行测量记录阻值，交换两表笔再测一次，比较两次测量的阻值大小。通常电解电容器的正向电阻要比反向电阻大很多，测得电阻较大的一次黑表笔所接的是电解电容器的正极（数字万用表测试测得电阻较大的一次时红表笔所接的是正极）。

4.7.3 可变电容器的检测方法

用手缓缓旋动转轴，转轴转动应该十分平滑，不应有时紧时松甚至卡滞的现象。将载轴向各个方向推动时，不应该有松动现象。

用一只手旋动转轴，速度要慢，用另一只手轻触动片组外缘，检查是否有松脱。若转轴与动片之间已经接触不良，就不能再继续使用了。

将万用表调到“R×10k”挡，其中一只手将两个表笔分别接到可变电容定片和动片的引出端，另一只手将转轴缓缓旋动，万用表指针始终应趋于无穷大。若在旋动转轴的过程中，指针有时出现指向零的情况，证明动片和定片之间存在短路点；如果旋转到某一位置时，万用表读数不是无穷大而是出现一定阻值，说明可变电容器动片与定片之间已经发生漏电。

4.7.4 贴片电容的检测方法

对于万用表而言，即使是有电容测量功能的数字万用表也无法对引脚比较短的贴片电容器的容量进行检测，因此使用万用表的欧姆挡对其进行粗略测量。即使如此，测量的结果仍具有一定的说服力。

具体检测步骤如图 4-33、图 4-34、图 4-35、图 4-36、图 4-37 所示。

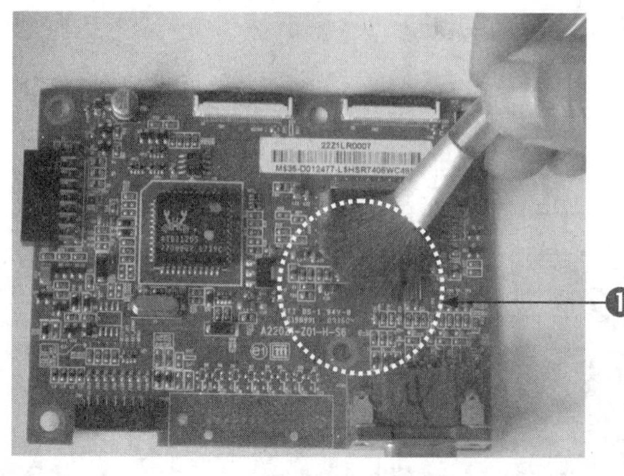

图 4-33　用毛刷清净贴片电容

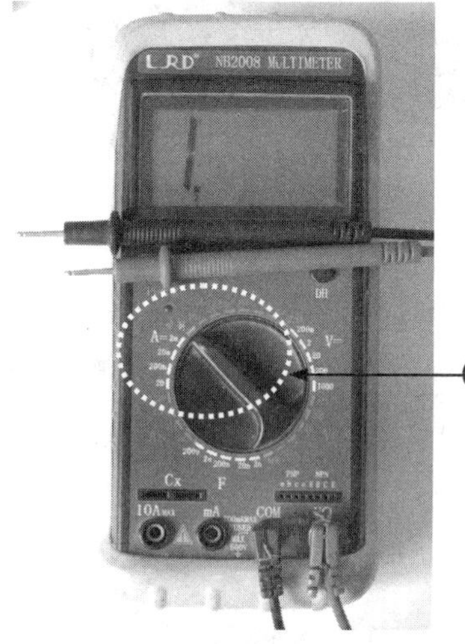

❷ 选择数字万用表的二极管挡，并将红表笔插在万用表的 VΩ 孔，黑表笔插在万用表的 COM 孔

图 4-34　数字万用表挡位及插孔的选择

❸ 为提高检测的精确度，用一个镊子夹住待测电容器的两极进行放电

图 4-35　用镊子夹住待测电容器的两极进行放电

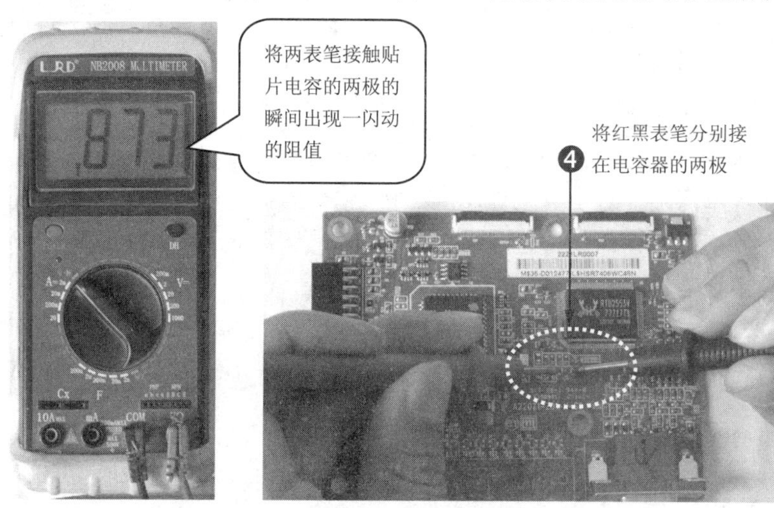

（a）将两表笔接触贴片电容的两极的瞬间出现一闪动的阻值

图 4-36　第一次测量万用表读数

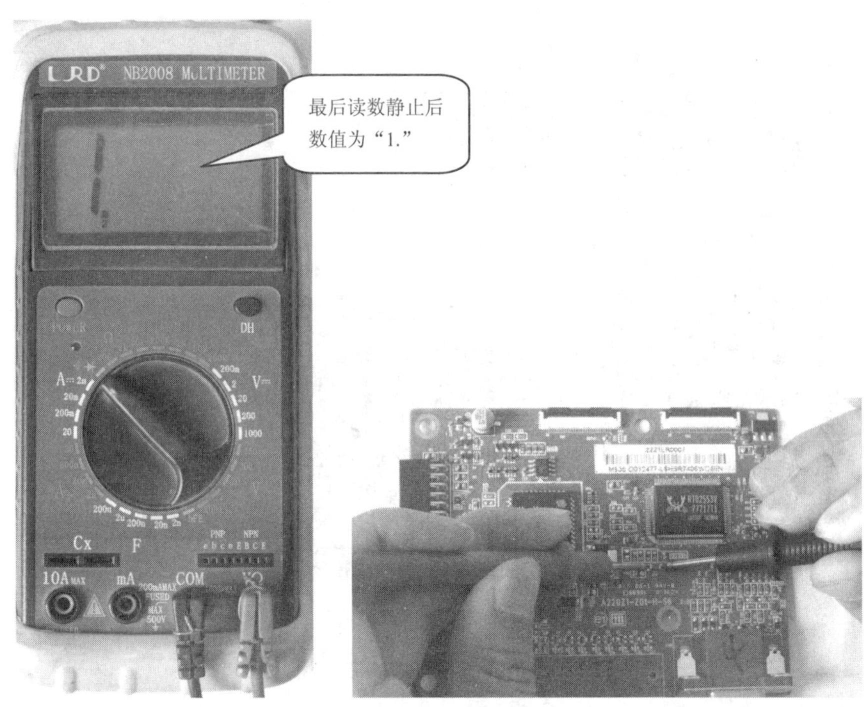

（b）读数静止后数值为“1.”

图 4-36　第一次测量万用表读数（续）

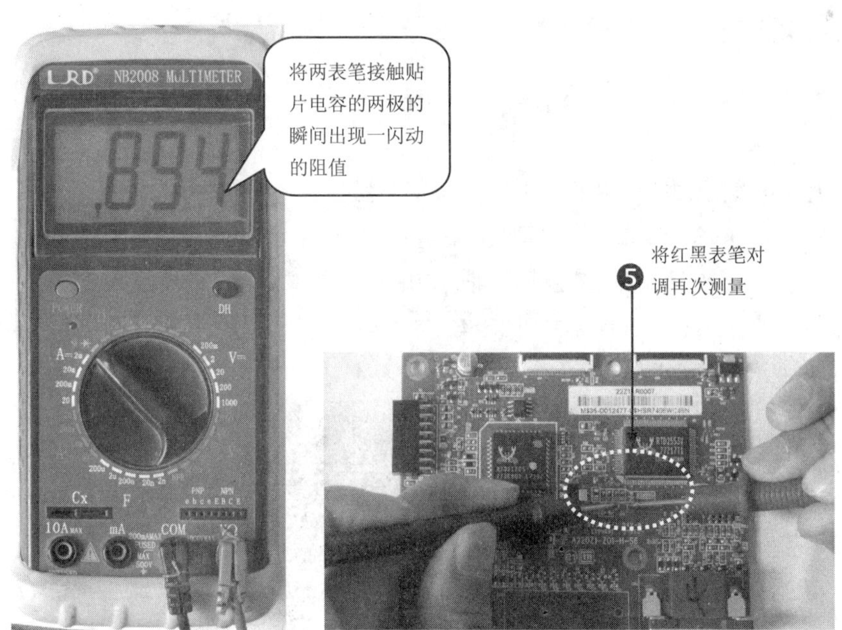

（a）将两表笔接触贴片电容的两极的瞬间出现一闪动的阻值

图 4-37　第二次测量万用表读数

最后读数静止后
数值为“1.”

（b）读数静止后数值为“1.”

图 4-37　第二次测量万用表读数（续）

在两次测量的过程中，数字表均先有一个闪动的数值，而后变为“1.”，即阻值为无穷大，因此该电容器基本正常。如果用上述方法检测，万用表始终显示一个固定的阻值，说明电容器存在漏电现象；如果万用表始终显示“000”，说明电容器内部发生短路；如果始终显示“1.”（不存在闪动数值，直接为“1.”），电容器内部极间已发生断路。

4.7.5 贴片排电容的检测方法

首先我们先了解贴片排电容内部的结构，如图 4-38 所示，即贴片排电容是由多个孤立的贴片电容构成的。

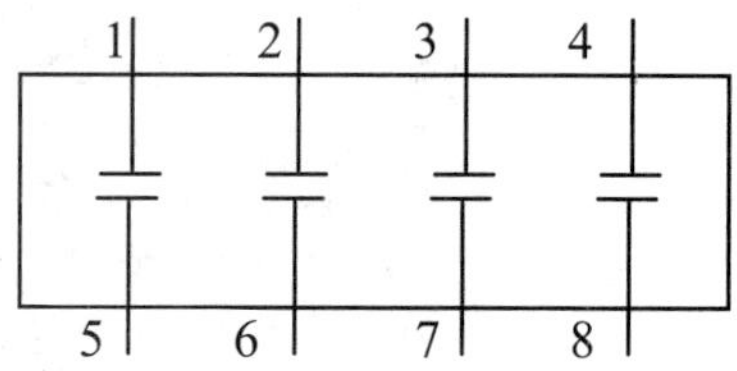
1
2
3
4
5
6
7
8

图 4-38　贴片排电容的内部结构

了解了贴片排电容的结构后，我们就知道应该如何对其进行检测了。对贴片排电容的要求是，如果贴片排电容一对引脚间出现了问题，则整个贴片排电容就无法继续使用了。

贴片排电容的检测步骤如下图 4-39、图 4-40、图 4-41、图 4-42、图 4-43 所示。

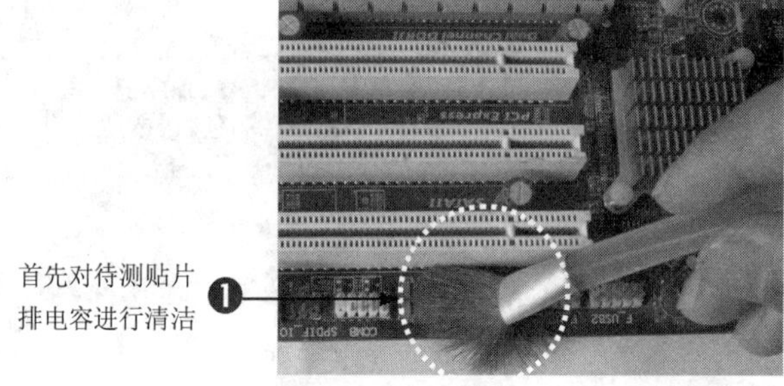
首先对待测贴片
排电容进行清洁

图 4-39　测贴片排电容的清洁

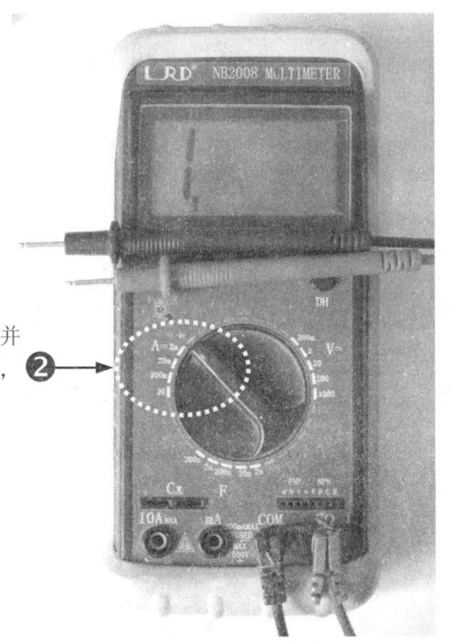

图 4-40　数字万用表挡位及插孔的选择

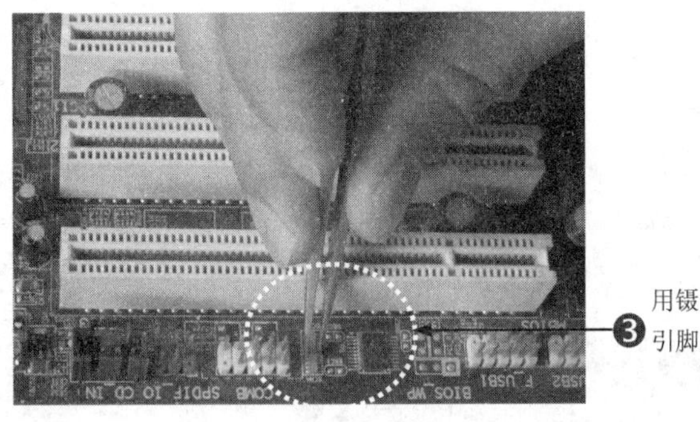

图 4-41　用镊子分别夹住贴片排电容的四对引脚对其进行放电

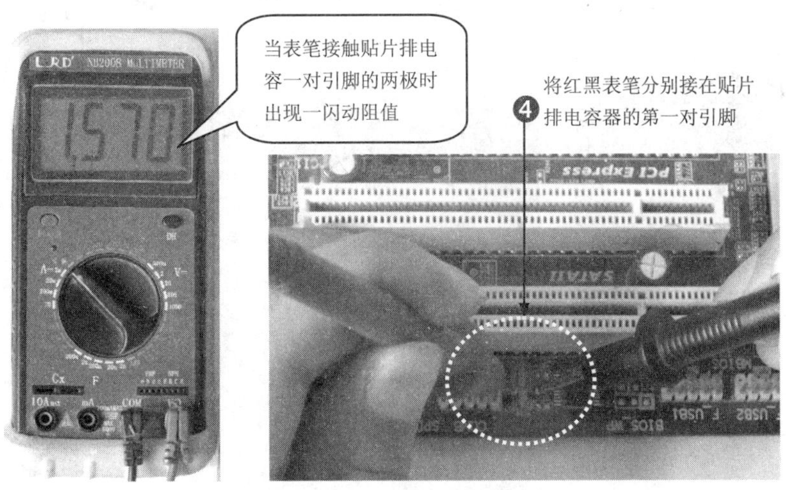

当表笔接触贴片排电容一对引脚的两极时出现一闪动阻值
将红黑表笔分别接在贴片排电容器的第一对引脚
❹
1.570
NB2008 MULTIMETER
PCI Express

（a）当表笔接触贴片排电容一对引脚的两极时出现一闪动阻值

图 4-42　贴片排电容的检测

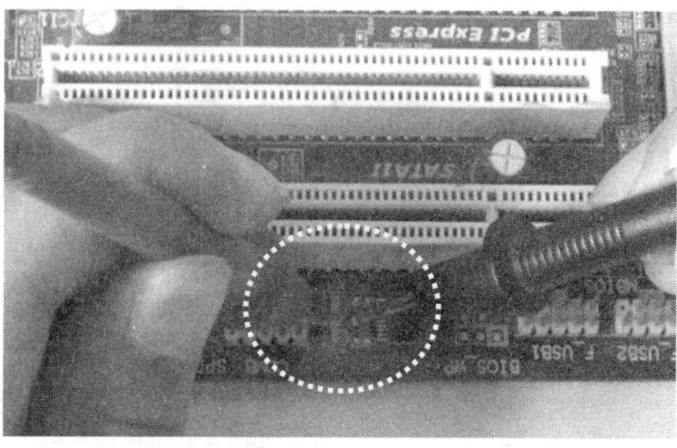

（b）读数静止后为无穷大

图 4-42　贴片排电容的检测（续）

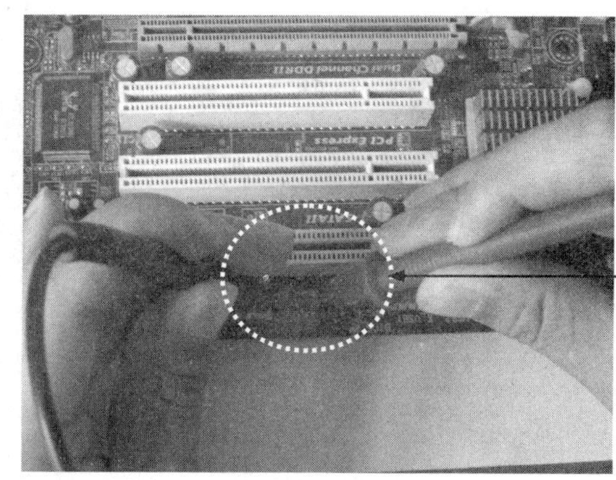

（a）当表笔接触贴片排电容第一对引脚的两极时出现一闪动阻值

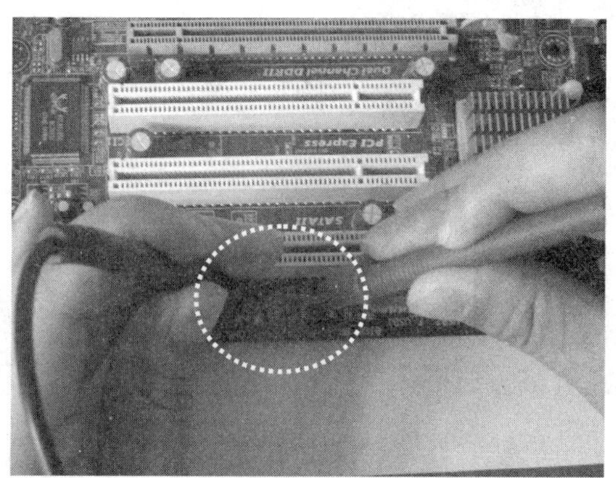

（b）读数静止后为无穷大

图 4-43　贴片排电容负检测

正常情况下，在两次测量的过程中，数字表均应先有一个闪动的数值，而后变为“1.”即无穷大。如果用上述方法检测，万用表始终显示一个固定的阻值，说明电容器存在漏电现象；如果万用表始终显示“000”，说明电容器内部发生短路；如果始终显示“1.”（不存在闪动数值，直接为“1.”），电容器内部极间已断路。用此方法对剩下的三对引脚进行测量，看其是否正常，如果都正常，则说明该排电阻器基本工作正常。

4.8 电容器的选配与代换方法

电容器损坏形式多种多样，比如击穿、漏液、烧焦、引脚折断等。大多数情况下，电容器损坏后都不能修复，只有电容器引脚折断可以通过重新焊接继续使用。电容器配件相当丰富，选配也比较方便，原则上应使用与其类型相同、主要参数相同、外形尺寸相近的电容器来更换，若找不到原配件或同类型电容器，也可用其他类型的电容器进行代换。

4.8.1 普通电容器的代换方法

普通电容器在选用与代换时，其标称容量、允许偏差、额定工作电压、绝缘电阻、外形尺寸等都要符合应用电路的要求。玻璃釉与云母电容一般用于高频和超高频电路；涤纶电容一般用于中、低频电路；聚苯乙烯电容一般用于音响电路和高压脉冲电路；聚丙烯电容一般用于直流电路、高频脉冲电路；Ⅱ类瓷介电容常用于中、低频电路，而Ⅲ类瓷介电容只能用于低频电路。

4.8.2 电解电容器的代换方法

电解电容器中的非固体钽电解电容器一般用于通信设备及高精密电子设备电路；铝电解电容器一般用于电源电路、中频电路、低频电路；无极性电解电容器一般用于音箱分频电路、电视机的帧校正电路、电动机启动电路。对于一般电解电容器，可以用耐压值较高的电容器代换容量相同但耐压值低的电容器。用于信号耦合、旁路的铝电解电容器损坏后，可用与其主要参数相同的但性能更优的钽电解电容器代换。电源滤波电容器和退耦电容器损坏后，可以用相对其容量略大、耐压值与其相同（或高于原电容器耐压值）的同类型电容器更换。

4.8.3 可变电容器的代换方法

可变电容器主要用于调谐电路，在代换时，其相关参数都要符合应用电路的要求；否则都将会影响原电路的正常工作。

4.8.4 电容器选配代换时的注意事项

电容器在选配代换时的注意事项如下：

（1）起定时作用的电容要尽量用原值代替。

（2）不能用有极性电容代替无极性电容。

（3）代用电容器在耐压和温度系数方面不能低于原电容器。

（4）各种电容器都有它们各自的个性，一般情况下只要容量和耐压等符合要求，它们之间就可以进行代换。但是有些情况代换效果会不太好，例如用低频电容代替高频电容后高频损耗会比较大，严重时电容将不能起到相应的功能，但是高频电容却可以代替低频电容。

（5）操作时一般先拆下原损坏电容，然后再焊接上新的电容器。容量比较小的电容一般不分极性，但是对于极性电容一定不要接反。

4.9 电容器检测维修实训

4.9.1 直插式普通电容器的检测实训

1. 用数字万用表检测直插式普通电容器实训

用数字万用表测量直插式普通电容器的步骤如图 4-44～图 4-47 所示。

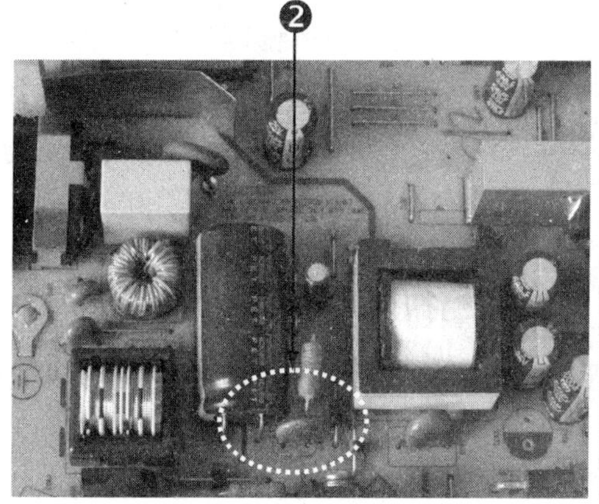
有无破裂、引脚折断、焦黑等问题；如有，则为故障电容器
2

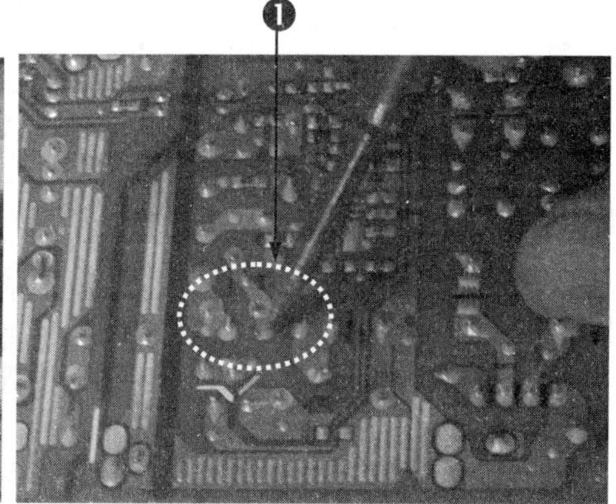
用电烙铁将待测电容器从电路板上焊下
1

图 4-44　用电烙铁焊下直插电容

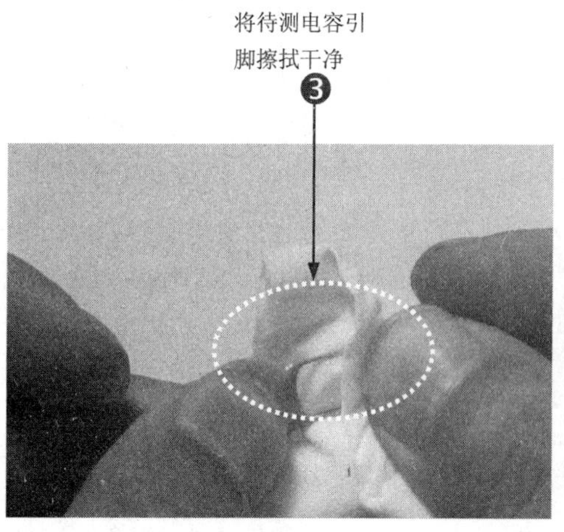
将待测电容引脚擦拭干净
3

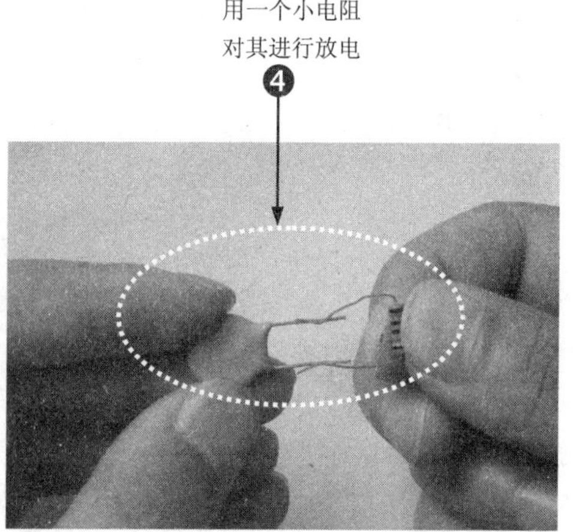
用一个小电阻对其进行放电
4

图 4-45　将待测电容器擦拭干净并进行放电

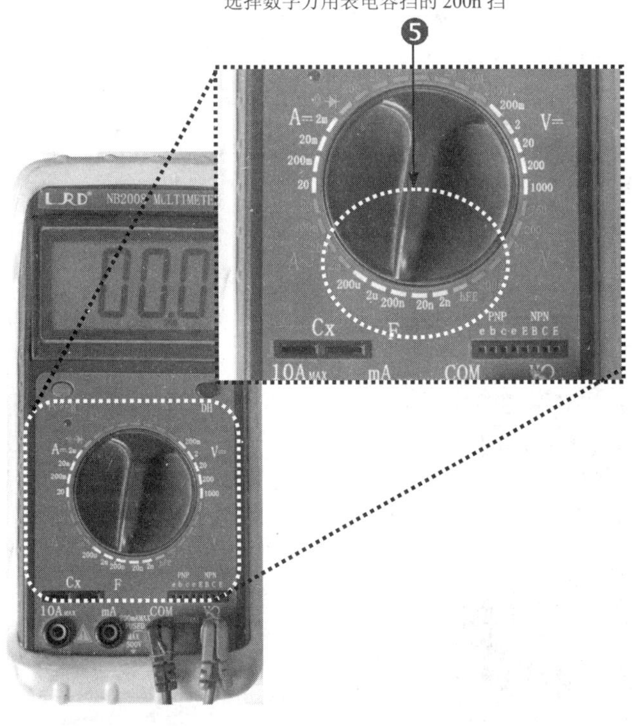

经查阅本次待测电容的标称容量为 22nF，
选择数字万用表电容挡的 200n 挡
5

图 4-46　选择数字万用表二极管挡的 200n 挡

将两引脚分别插入电容插孔，待数字万用表读数稳定后所测得的是电容器的容量，如图 4-48 所示。可以交换两引脚再测一次，两次检测的结果都应与标称容量相符（在标称容量的一定范围内），如果相差太多则证明该电容已经损坏了。

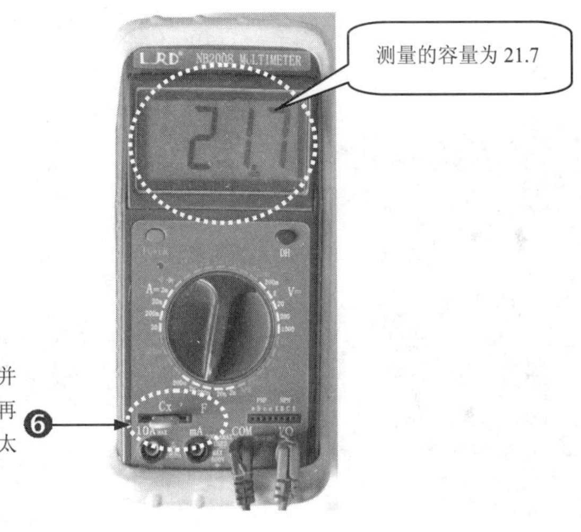

图 4-47　测得该直插式电容器的容量为 21.7 nF

经检测该直插式电容器的容量为 21.7nF 与标称容量 22nF 非常接近，所以该电容器基本正常。

2. 用指针式万用表检测直插式普通电容器实训

用指针式万用表测量直插式普通电容器的步骤如下图 4-48。

注：本次待测电容的标称容量为 22nF。取下电容器、观察待测电容器、擦拭放电与数字万用表测量的步骤相同，不再赘述。

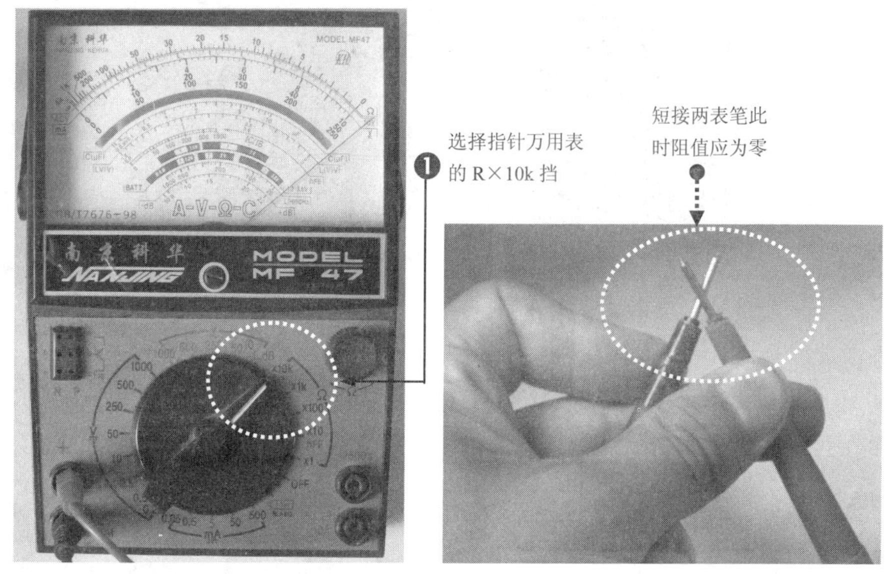

（a）短接两表笔观察读数

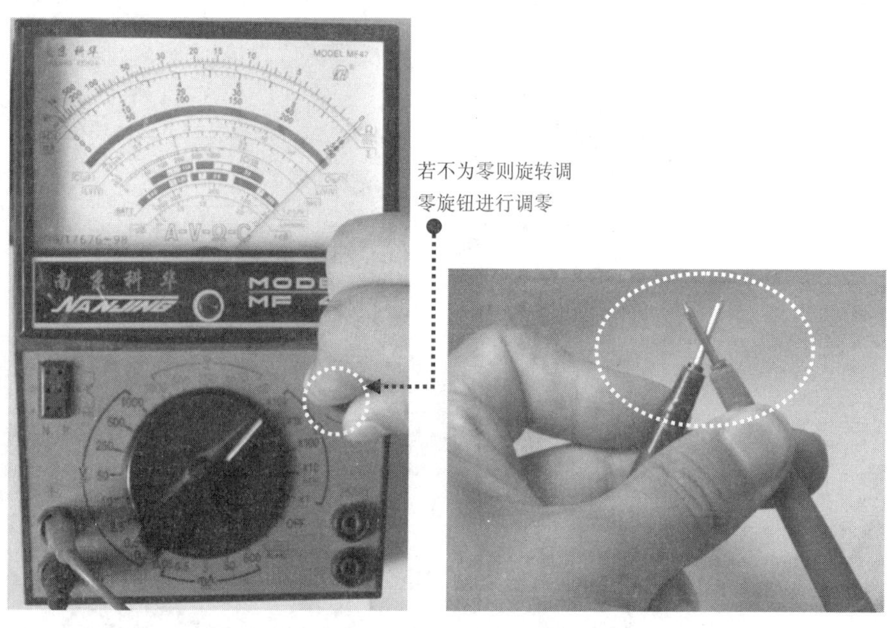

（b）调节调零旋钮将短接读数变为 0

图 4-48　指针万用表的挡位选择及校正

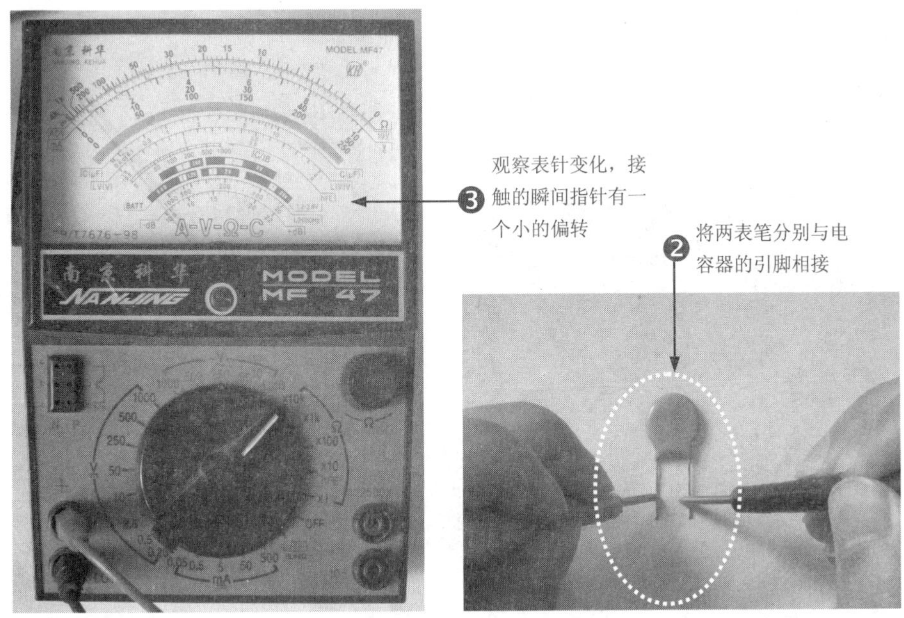

（a）接触的瞬间指针有一个小的偏转

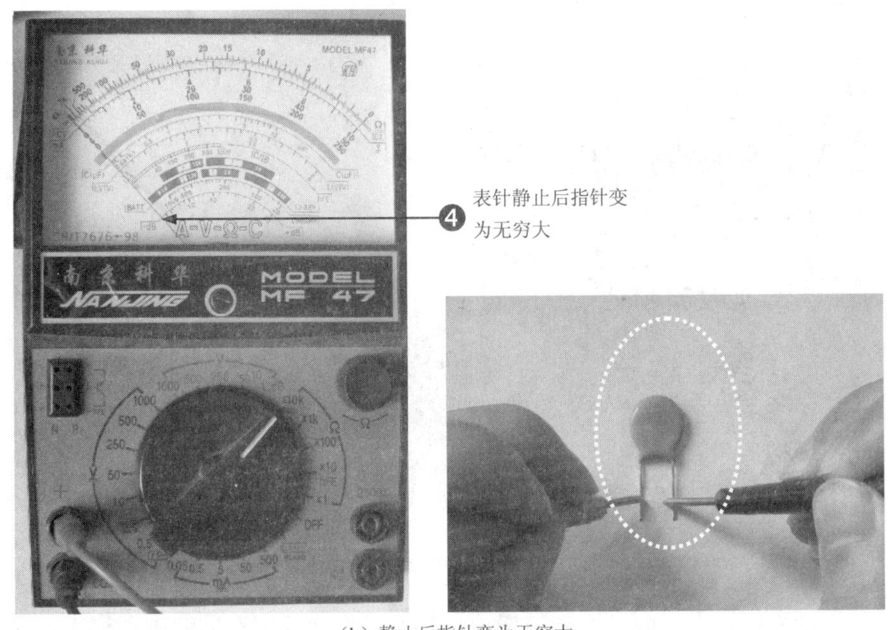

（b）静止后指针变为无穷大

图 4-49　用指针式万用表测直插式电容的示意图

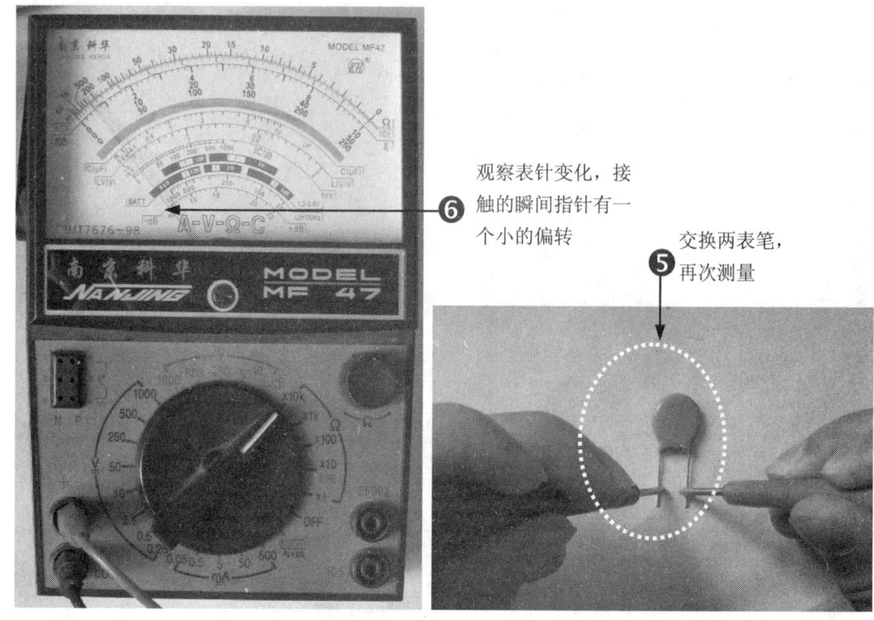

观察表针变化，接触的瞬间指针有一个小的偏转
交换两表笔，再次测量
MODEL MF 47

（a）接触的瞬间指针有一个小的偏转

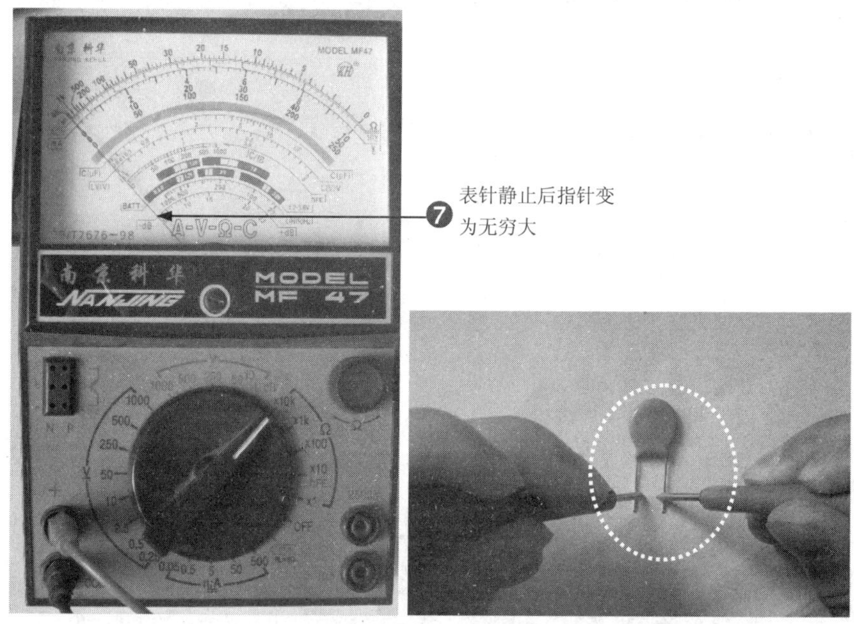

表针静止后指针变为无穷大
MODEL MF 47

（b）静止后指针变为无穷大

图 4-50　用指针式万用表测直插式电容的示意图

经观察，两次表针均先朝顺时针方向摆动，然后又慢慢地向左回归到无穷大，因此该电容器功能基本正常。若测出阻值较小或为零，则说明电容已漏电损坏或存在内部击穿；若指针从始至终未发生摆动，则说明电容两极之间已发生断路。

4.9.2 电解电容器的检测方法

1．检测电解电容（数字万用表）

用数字万用表测量电解电容的步骤如图 4-51～图 4-54 所示。

用电烙铁将待测电容器从电路板上焊下 ❶

图 4-51　将待测电解电容从电路板上焊下

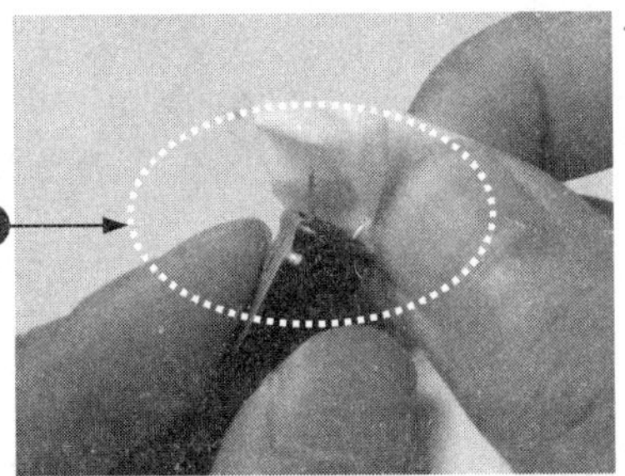

观察待测电解电容有无损坏，并将其擦拭干净 ❷

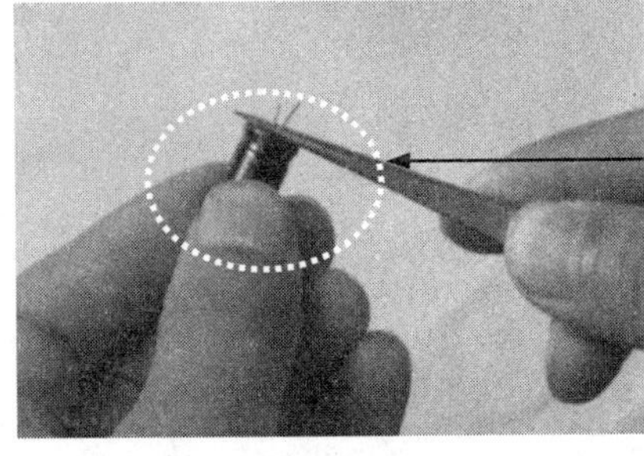

图 4-52　将待测电解电容的引脚擦拭干净并进行放电

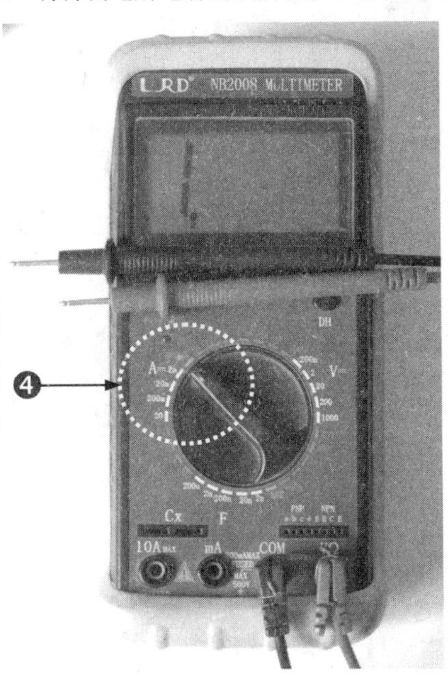

图 4-53　万用表的二极管挡

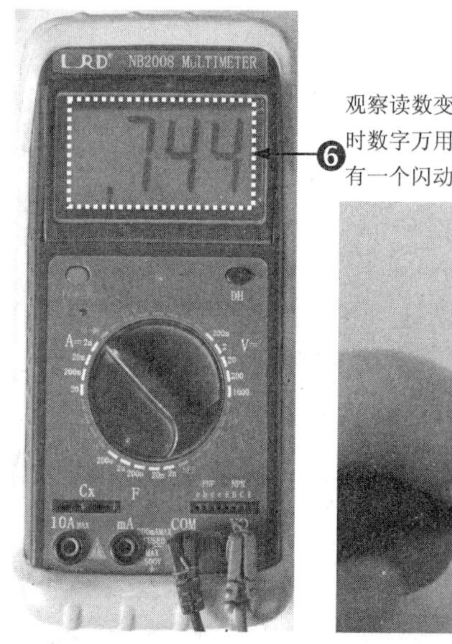
NB2008 MULTIMETER
.744

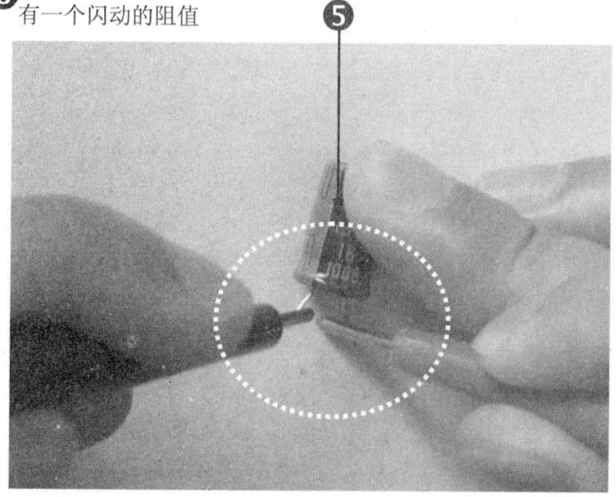
观察读数变化，测量时数字万用表首先有一个闪动的阻值
将红表笔接待测电解电容的正极，黑表笔接待测电解电容的负极

（a）测量时数字万用表首先有一个闪动的阻值

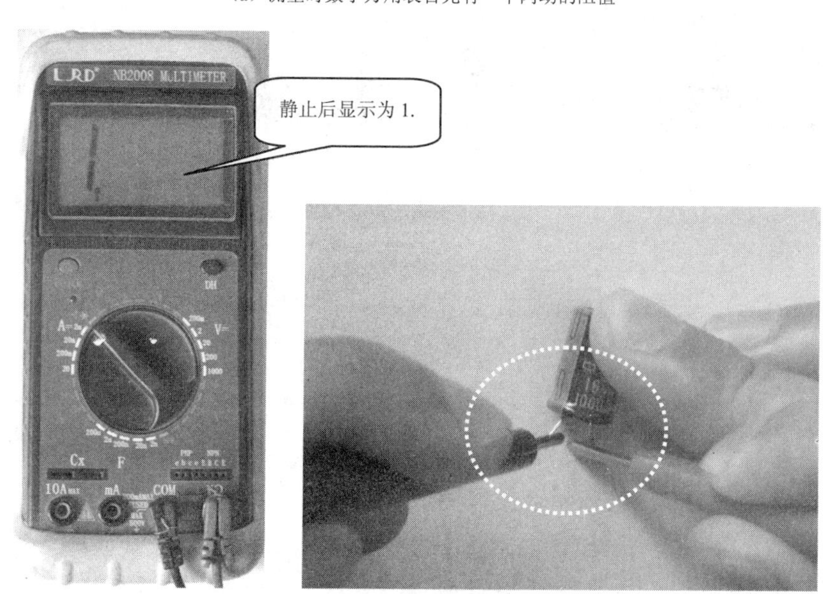
NB2008 MULTIMETER
静止后显示为 1.

（b）静止后显示为 1.

图 4-54　用数字万用表检测电解电容

经检测，表盘显示某一数值后，最后溢出符号为“1.”，电容器基本正常；如果万用表始终显示“000”，则说明电容器内部短路；如果始终显示“1.”（溢出符号），则可能电容器内部极之间断路。

2．检测电解电容（指针万用表）

用指针万用表测量电解电容的步骤如图 4-55～图 4-

注：取下待测电解电容、观察、擦拭、放电步骤与用数字万用表测量相同，不再赘述。

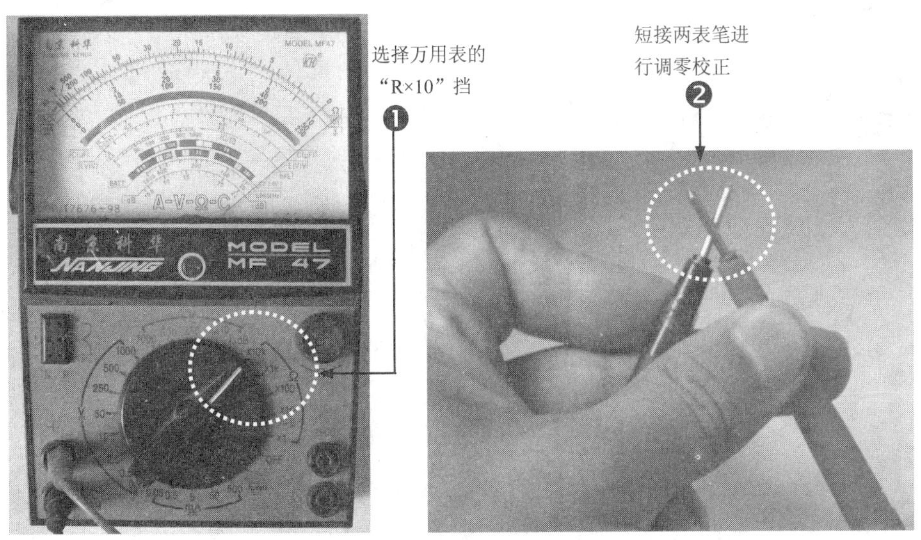
选择万用表的
“R×10”挡
短接两表笔进
行调零校正
MODEL
MF 47
NANJING

（a）短接两表笔观察读数

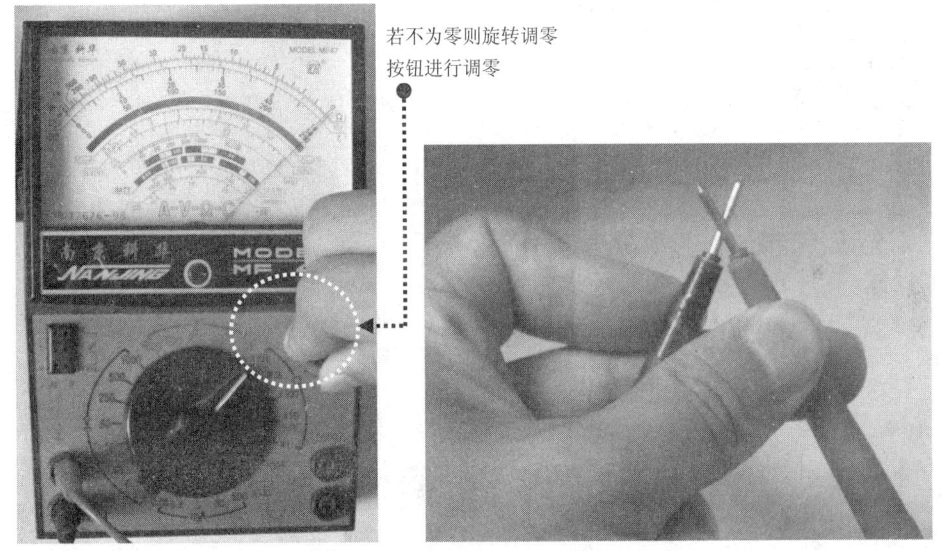
若不为零则旋转调零
按钮进行调零

（b）调节调零旋钮将短接读数变为 0

图 4-55　指针万用表的挡位选择及校正

经检测，当表笔接触电容的两极后表针先向右迅速偏转，然后再向左摆到底（无穷大），说明电容器基本正常；如果表针回转后所指示的阻值很小，说明电容器已击穿；如果表针无偏转，说明电容器已发生开路。

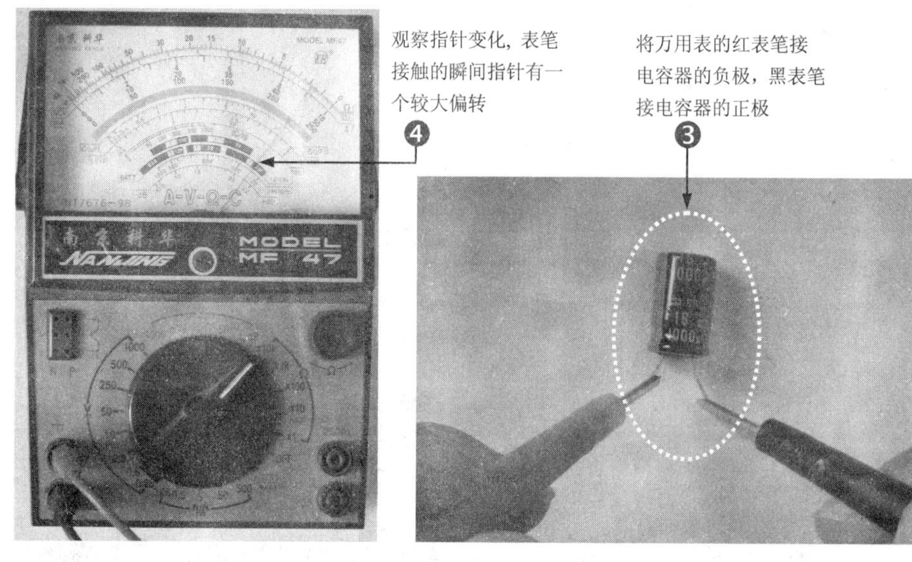

观察指针变化，表笔接触的瞬间指针有一个较大偏转
4
将万用表的红表笔接电容器的负极，黑表笔接电容器的正极
3
MODEL MF 47
NANJING

（a）接触的瞬间指针有一个较大偏转

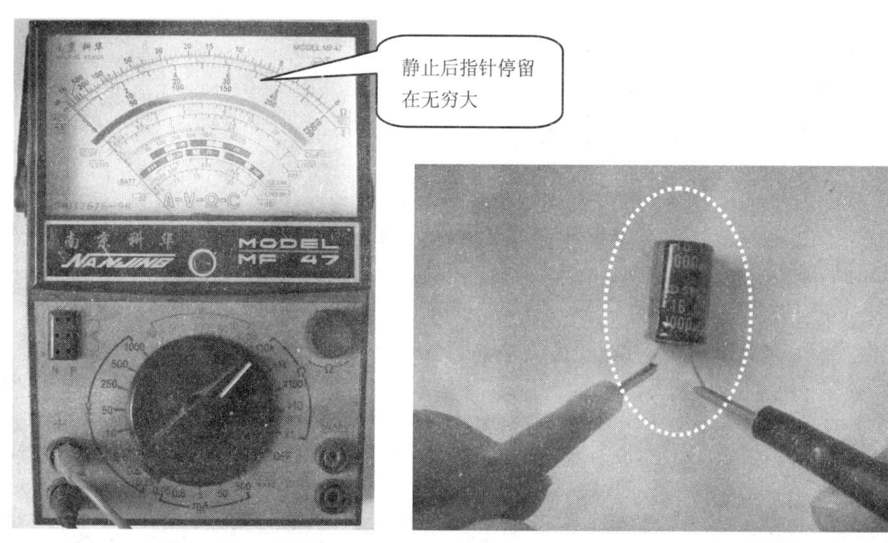

（b）静止后指针停留在无穷大

图 4-56　用指针万用表测电解电容

4.9.3 贴片电容的检测方法

1．检测贴片电容器（数字万用表）

用数字万用表检测贴片电容器的方法如下：

数字万用表一般都有专门用来测量电容的插孔，但贴片电容并没有一对可以插进去的合适引脚。因此只能使用万用表的欧姆挡对其进行粗略的测量。即便如此，测量的结果仍具有一定的说服力。

（1）观察电容器有无明显的物理损坏。如果有损坏则说明电容器已发生损坏。如果没有，则还需要进一步进行测量。

（2）用毛刷将待测贴片电容器的两极擦拭干净，如图 4-57 所示，避免残留在两极的污垢影响测量结果。

（3）为了测量的精确性，可用镊子对其进行放电，如图 4-58 所示。

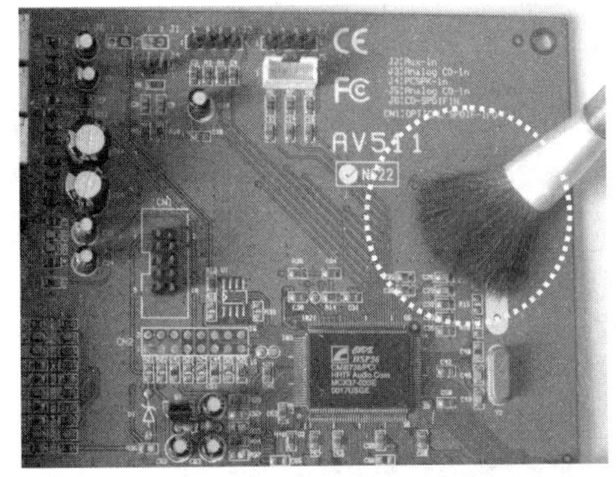

图 4-57　用毛刷擦拭贴片电容器的两极

图 4-58　用镊子对贴片电容放电

（4）选择数字万用表的二极管挡，并将红表笔插在万用表的 VΩ 孔，黑表笔插在万用 COM 孔，如图 4-59 所示。

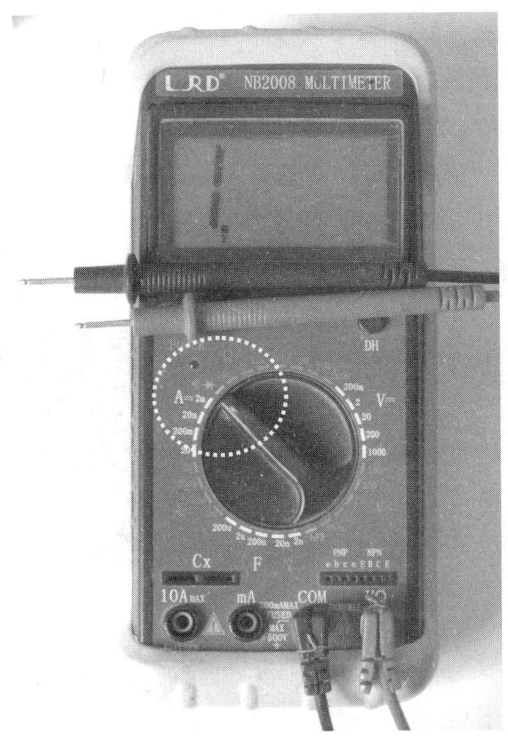

图 4-59　万用表的二极管挡

（5）将红黑表笔分别接在贴片电容器的两极并观察表盘读数变化，具体步骤如图 4-60 所示。

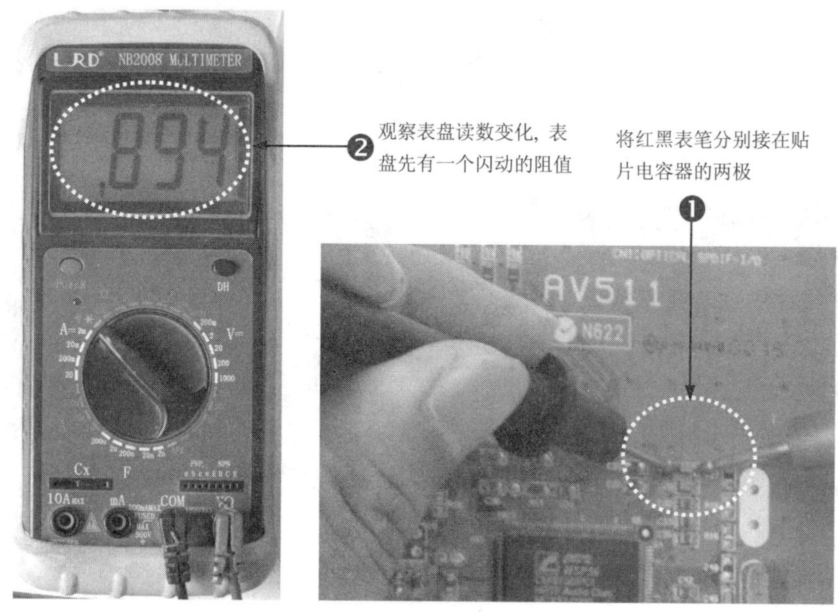

❷ 观察表盘读数变化，表盘先有一个闪动的阻值
将红黑表笔分别接在贴片电容器的两极
❶

（a）表盘先有一个闪动的阻值

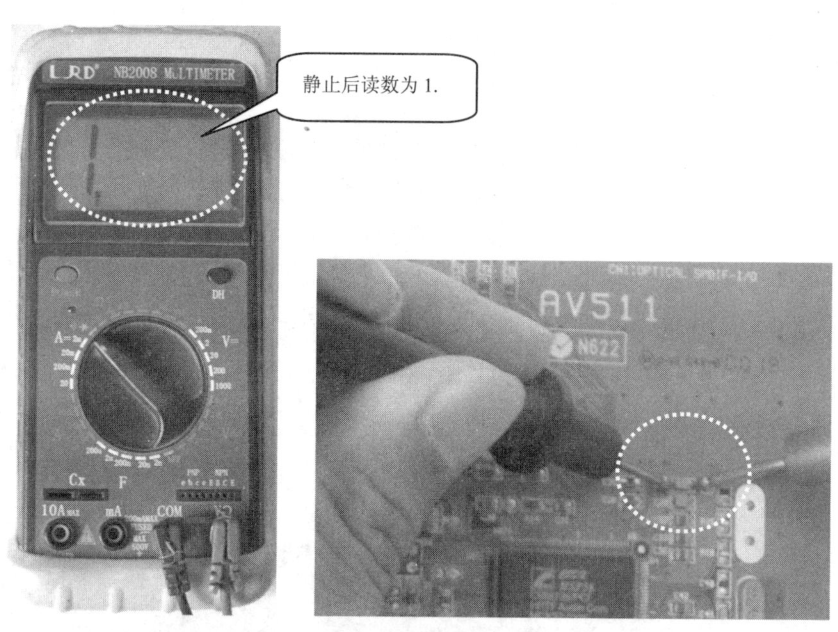

（b）静止后读数为 1.

图 4-60　贴片电容的检测

（6）交换两表笔再测一次，注意观察表盘读数变化，具体操作如图 4-61 所示。

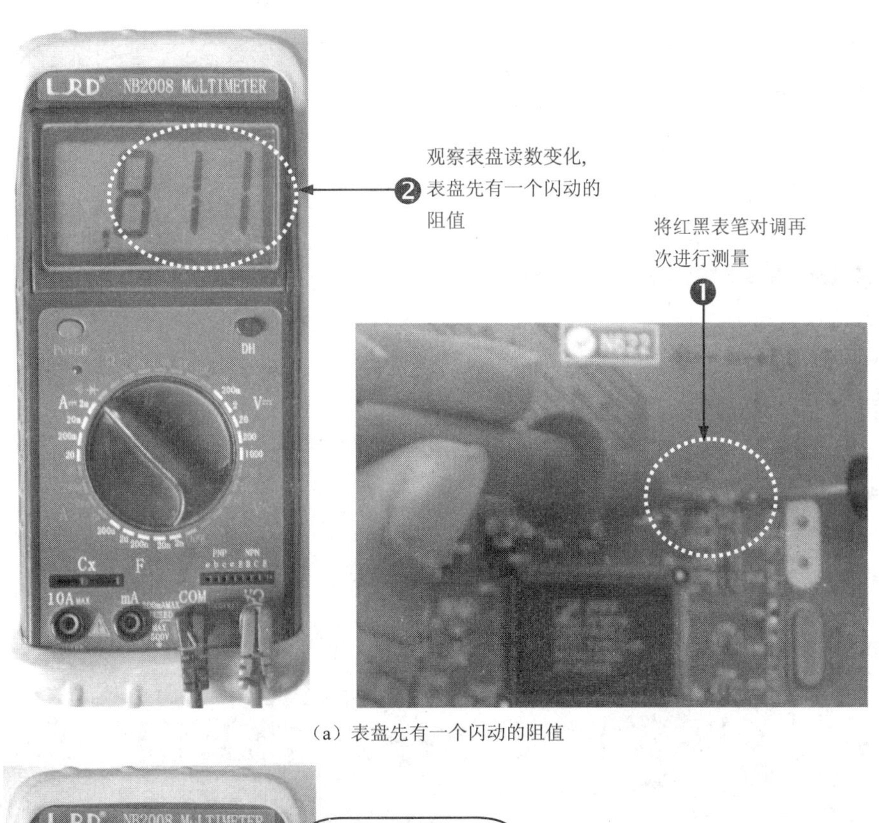

（a）表盘先有一个闪动的阻值

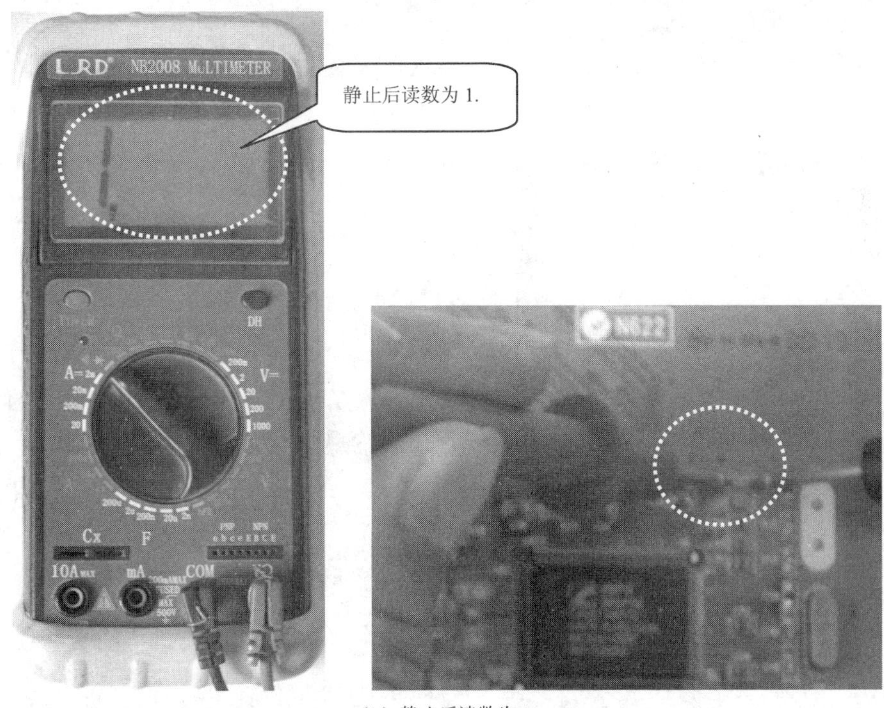

（b）静止后读数为 1.

图 4-61　贴片电容的检测

两次测量数字表均先有一个闪动的数值，而后变为“1.”即阻值为无穷大，所以该电容器基本正常。如果用上述方法检测，万用表始终显示一个固定的阻值，说明电容器存在漏电现象；

如果万用表始终显示“000”，说明电容器内部发生短路；如果始终显示“1.”（不存在闪动数值，直接为“1.”），电容器内部极间已发生断路。

2．检测贴片电容器（指针万用表）

用指针万用表检测贴片电容器的方法如图 4-62～图 4-64

注：观察电容器有无物理损坏、擦拭并放电等步骤不再赘述。

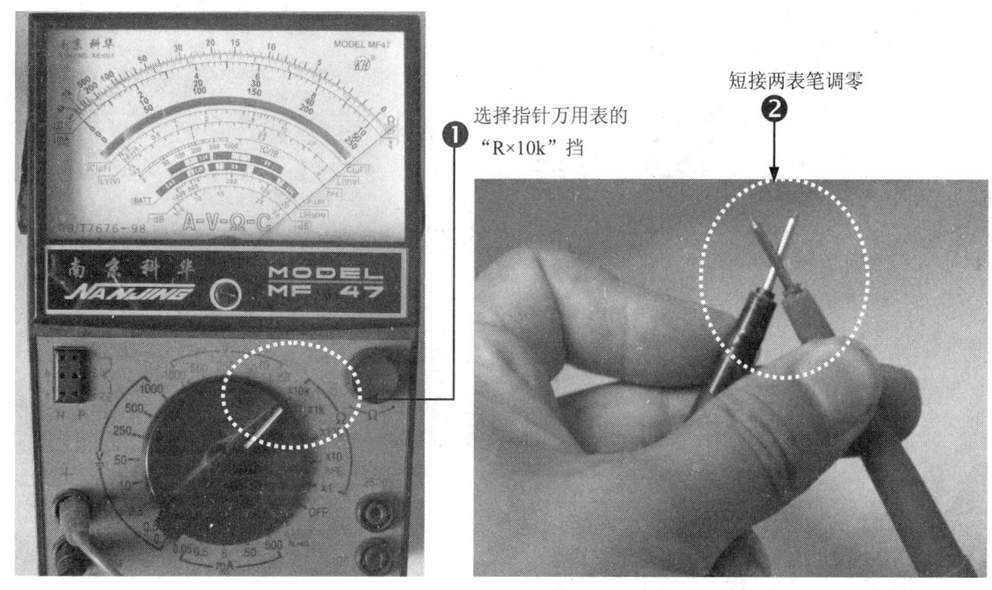

（a）短接两表笔观察读数

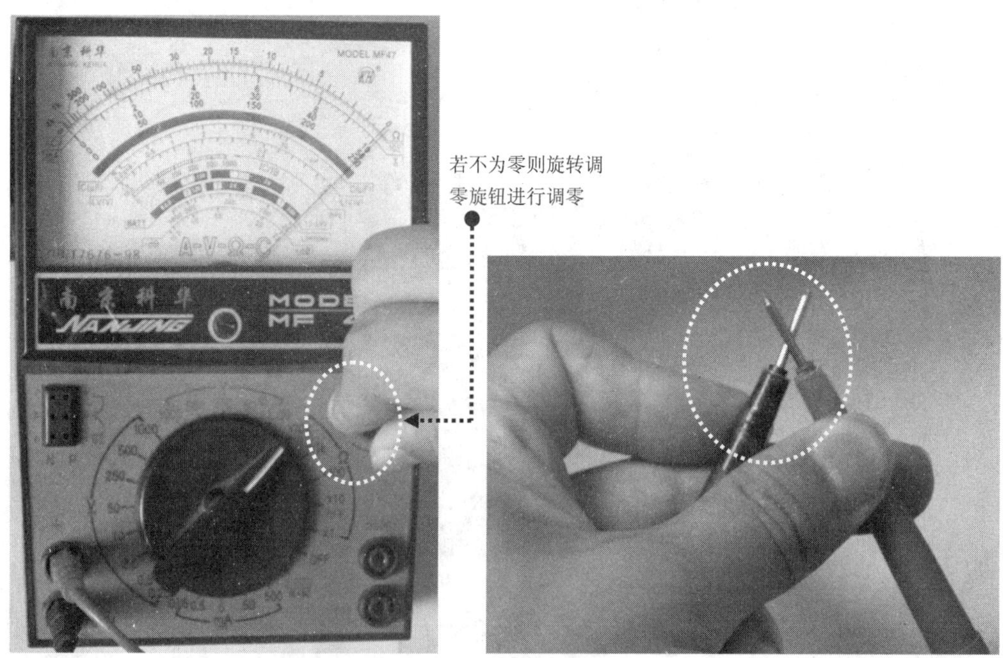

（b）调解调零旋钮将短接读数变为 0

图 4-62　指针万用表的挡位选择及校正

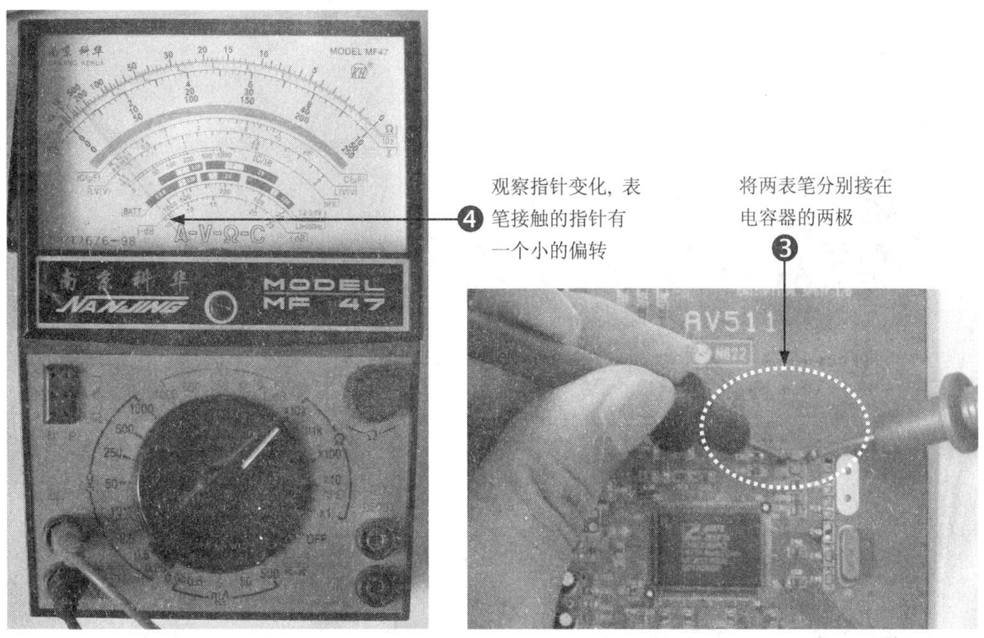

观察指针变化，表笔接触的指针有一个小的偏转
将两表笔分别接在电容器的两极
MODEL MF47
MODEL MF 47
NANJING
RV511

（a）表笔接触的指针有一个小的偏转

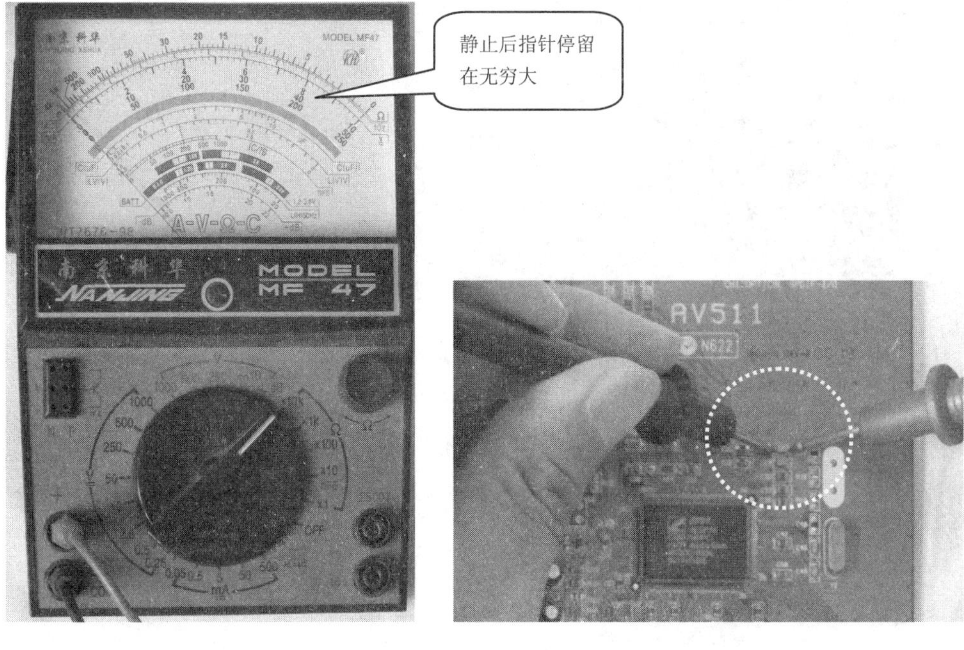

（b）静止后指针停留在无穷大的位置

图 4-63　贴片电容的检测

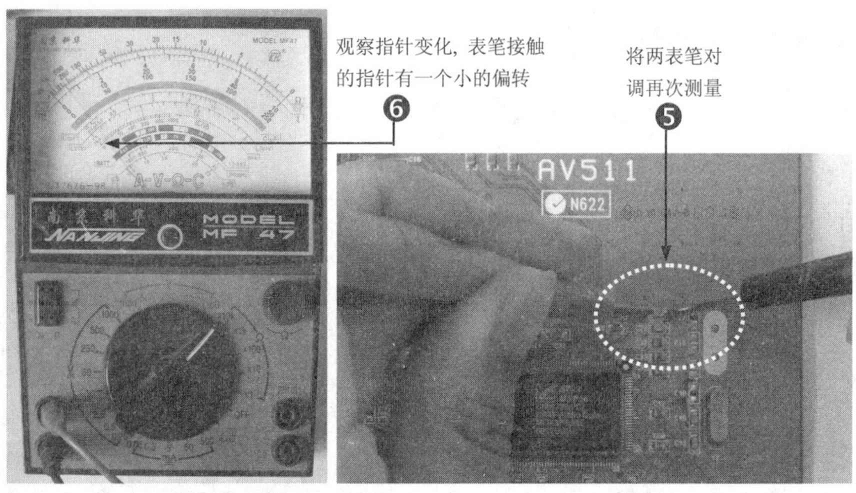

（a）表笔接触的瞬间指针有一个小的偏转

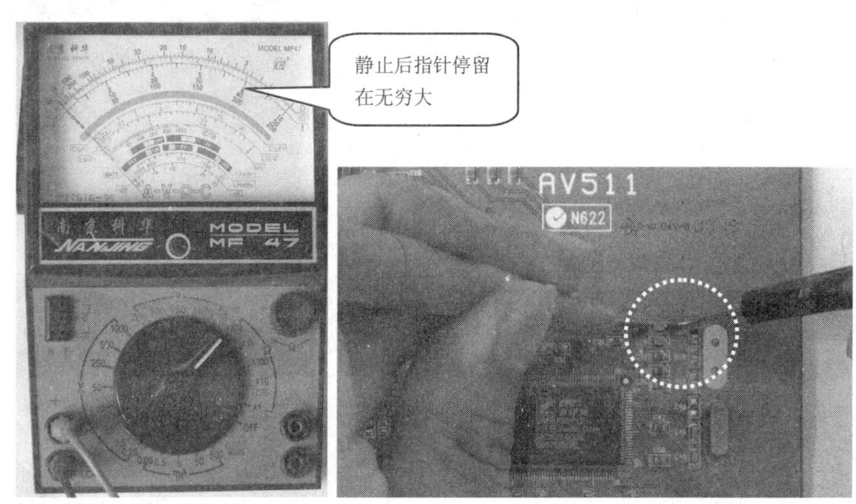

（b）静止后指针停留在无穷大的位置

图 4-64　贴片电容的检测

经检测，两次测量均是表针先向右迅速偏转，然后再向左摆到底（无穷大），说明该电容器基本正常；如果表针回转后所指示的阻值很小，说明电容器已击穿；如果表针无偏转，说明电容器已发生开路。

4.9.4 贴片排电容的检测方法

1. 检测贴片排电容器（数字万用表）

用数字万用表检测贴片排电容器的方法如下：

数字万用表一般都有专门用来测量电容的插孔，但是贴片排电容的引脚无法插入电容插孔。因此只能使用万用表的欧姆挡对其进行粗略的测量。即便如此，测量的结果仍具有一定的说服力。

（1）观察电容器有无明显的物理损坏。如果有损坏则说明电容器已发生损坏。如果没有，则还需要进一步进行测量。

（2）用毛刷将待测贴片排电容器的清理干净，如图 4-65 所示，避免残留在两极的污垢影响测量结果。

图 4-65　清理待测贴片排电容器

（3）选择数字万用表的二极管挡，并将红表笔插在万用表的 VΩ 孔，黑表笔插在万用表的 COM 孔，如图 4-66 所示。

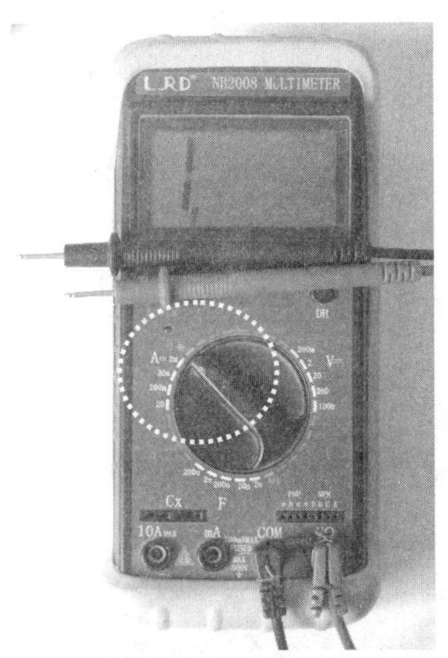

图 4-66　万用表的二极管挡

（4）为使测量结果更加精确，可用一个小镊子分别对待测排电容的几对引脚进行放电，如图 4-67 所示。

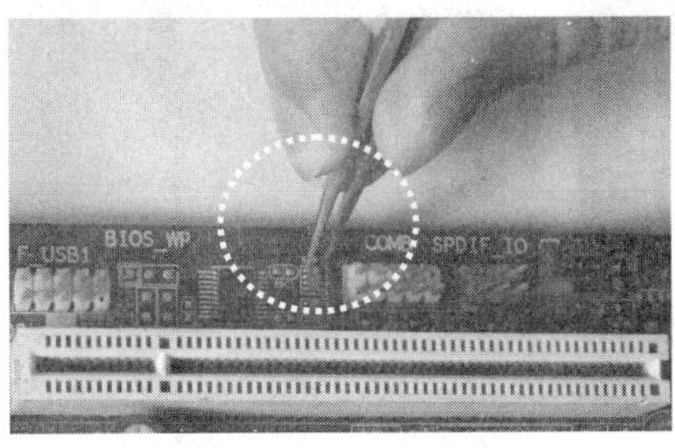

图 4-67　用一小镊子分别对待测排电容的几对引脚进行放电

（5）将红黑表笔分别接在贴片排电容器的第一对引脚，并观察表盘读数变化，具体操作步骤如图 4-68 所示。

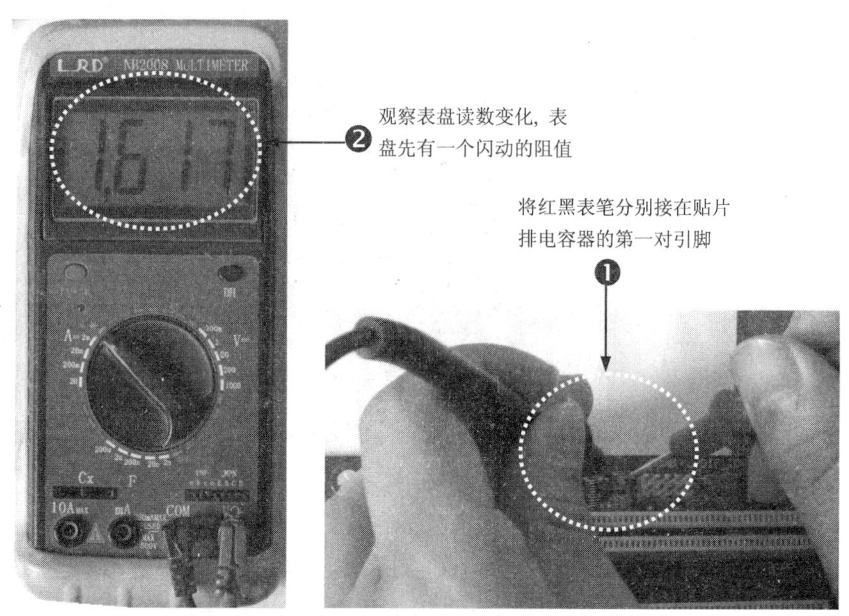
观察表盘读数变化，表盘先有一个闪动的阻值
将红黑表笔分别接在贴片排电容器的第一对引脚
NB2008 MULTIMETER
1.617

（a）表盘先有一个闪动的阻值

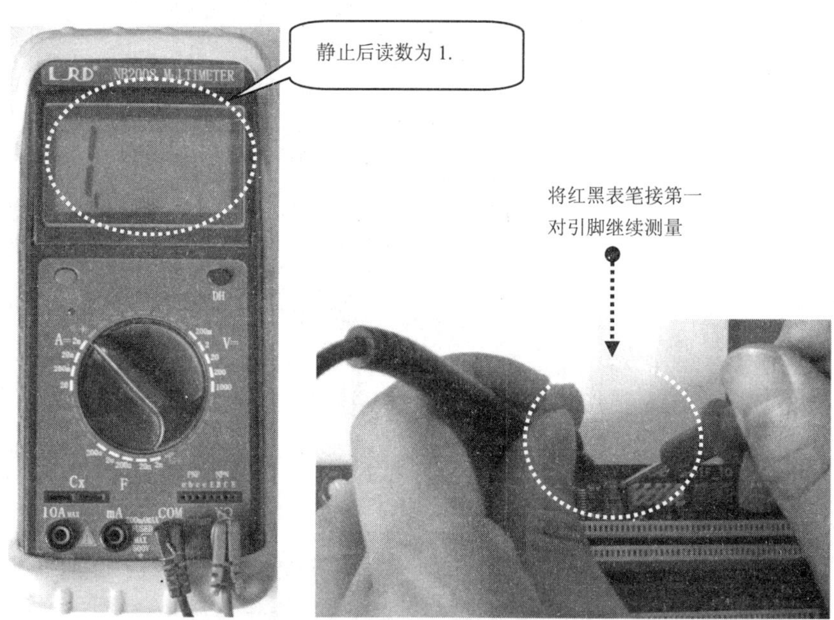
静止后读数为 1.
将红黑表笔接第一对引脚继续测量
NB2008 MULTIMETER
1.

（b）静止后读数为 1.

图 4-68　贴片排电容第一对引脚的检测

交换表笔再测一次并观察表盘的读数，具体操作步骤如图 4-69 所示

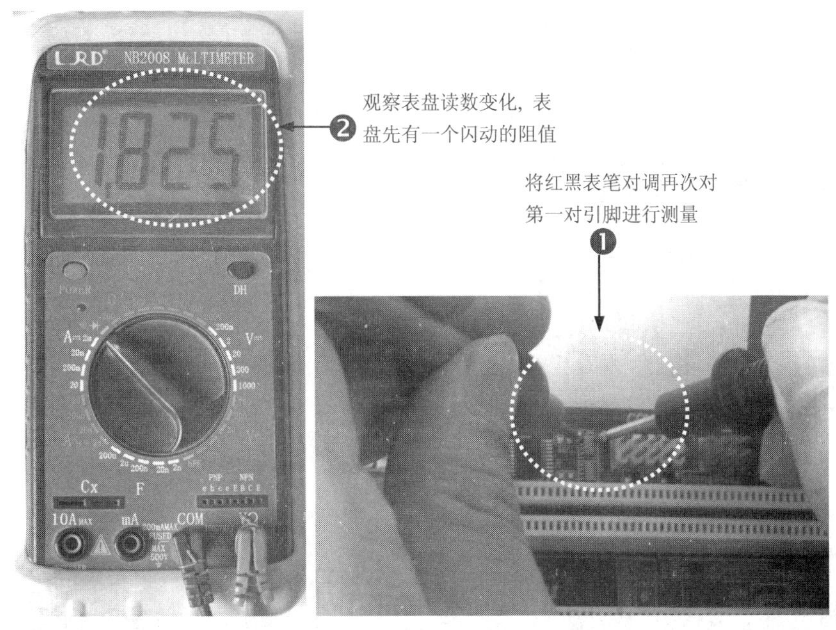

（a）表盘先有一个闪动的阻值

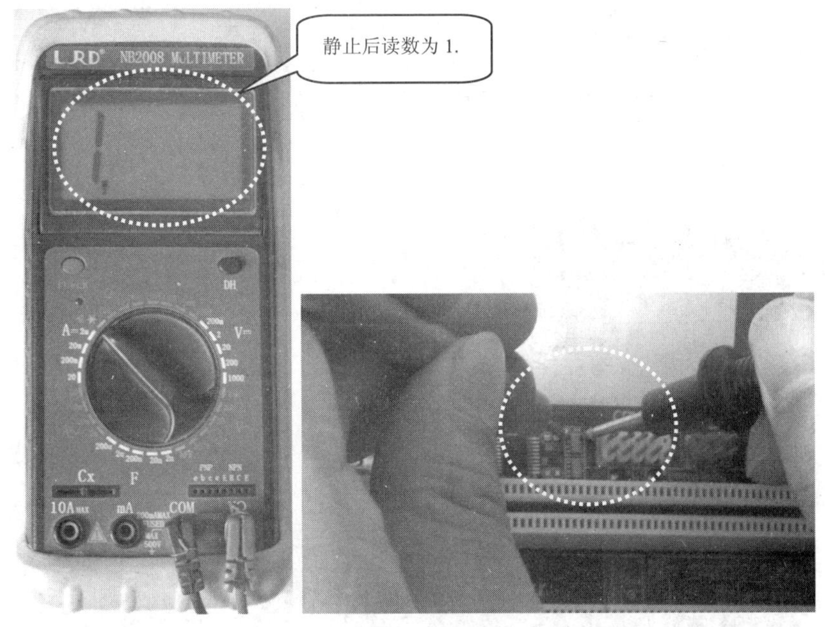

（b）静止后读数为 1.

图 4-69　贴片排电容第一对引脚的检测

在上述测量的过程中，如果数字表均先有一个闪动的数值，而后变为“1.”即阻值为无穷大，则该排电容器基本正常。如果万用表始终显示一个固定的阻值，说明这对引脚间存在漏电现象；如果万用表始终显示“000”，说明该对引脚间内部发生短路；如果始终显示“1.”（不存在闪动数值，直接为“1.”），则说明这对引脚间已发生内部极间断路。

（6）使用同样的检测方法依次对第二、三、四对引脚进行检测，结果如图 4-70～图 4-72 所示。

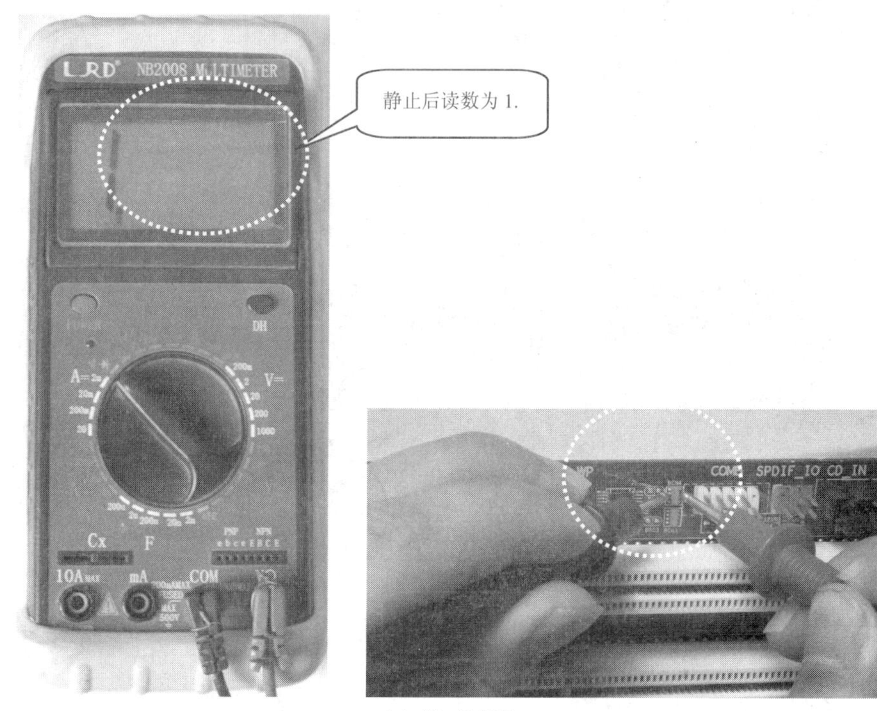

（a）第一次测量

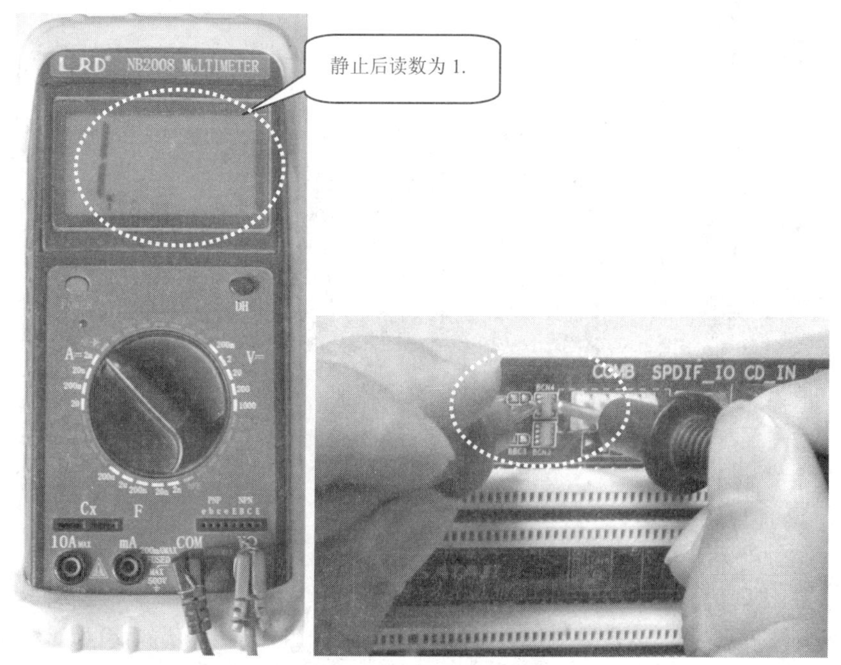

（b）对调表笔后第二次测量

图 4-70　第二对引脚的检测

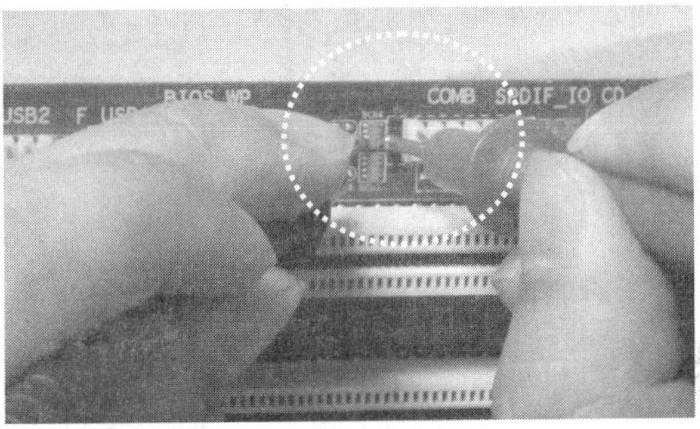

（a）第一次测量

（b）对调表笔后第二次测量

图 4-71　第三对引脚的检测

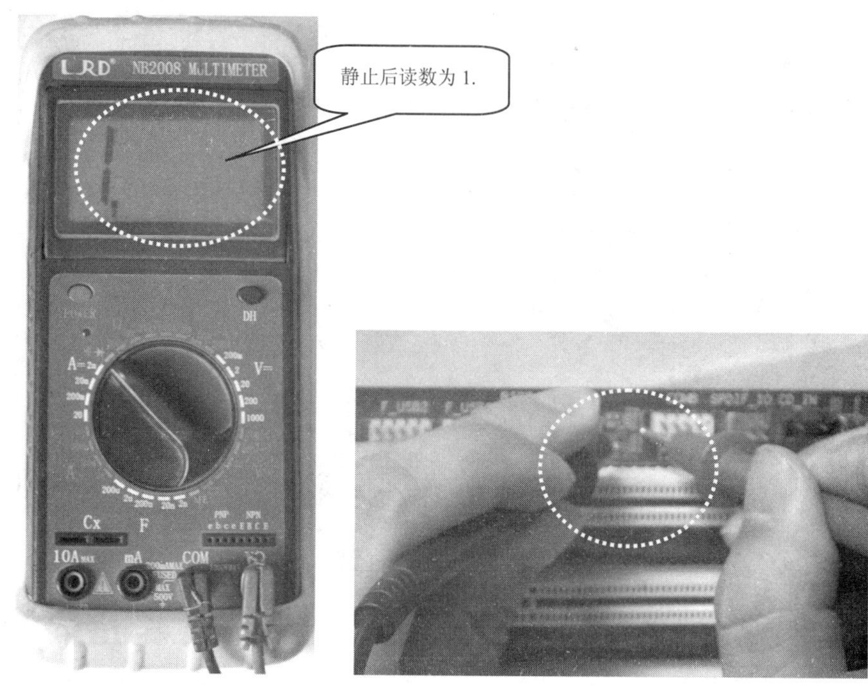

（a）第一次测量

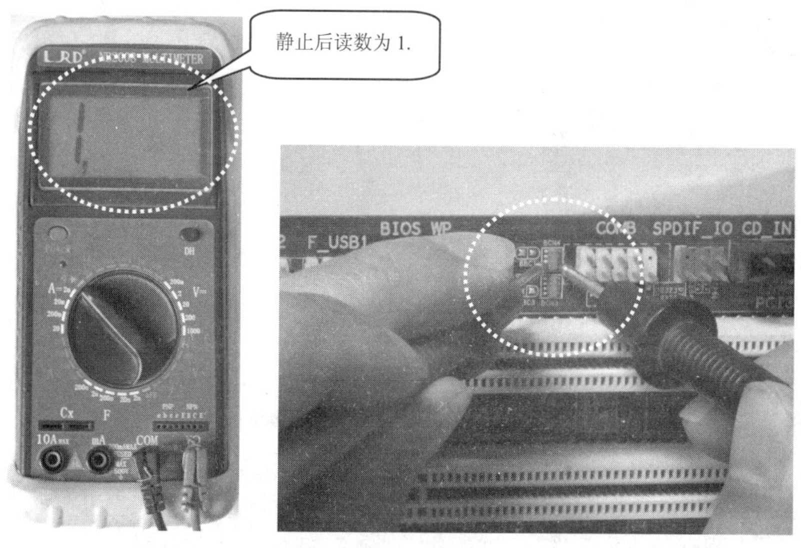

（b）对调表笔后第二次测量

图 4-72　第四对引脚的检测

经检测，排电容的几对引脚间的阻值均正常，所以待测排电容功能正常，可以继续使用。需要说明一点，只要排电容的一对引脚发生故障则该排电容就无法继续使用了。

2. 检测贴片排电容器（指针万用表）

用指针万用表检测贴片排电容器的方法如下：

注：观察电容器有无物理损坏、擦拭及放电不再赘述。

（1）选择指针万用表的“R×10k”挡，短接两表笔对其欧姆挡进行调零，具体步骤如图 4-73 所示。

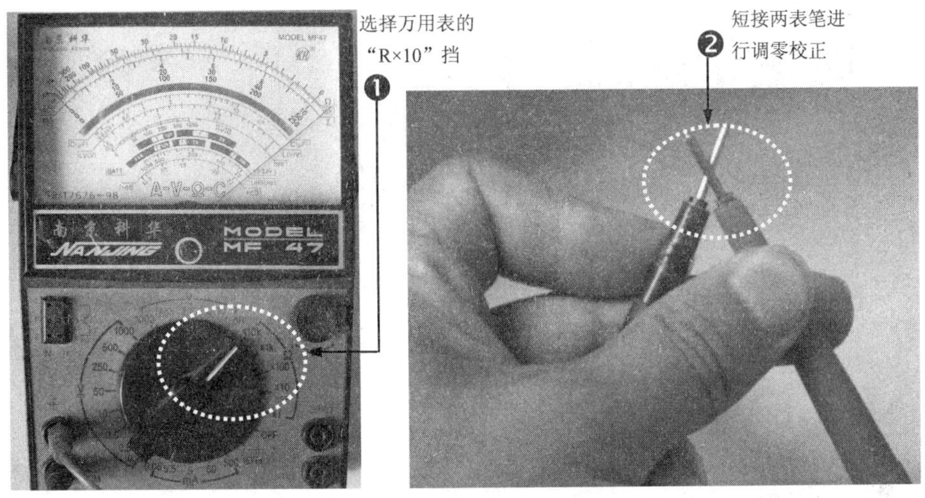
选择万用表的
“R×10”挡
短接两表笔进
行调零校正
MODEL
MF 47

（a）短接两表笔观察读数

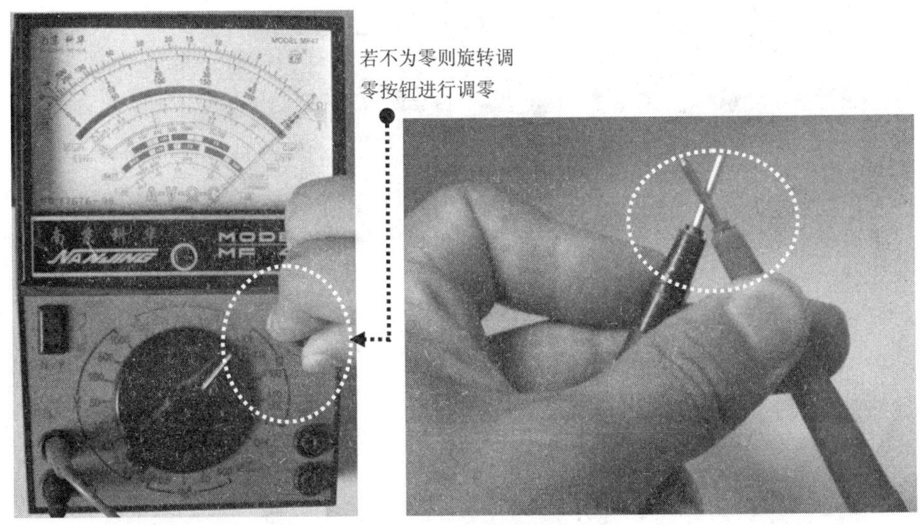
若不为零则旋转调
零按钮进行调零

（b）调解调零旋钮将短接读数变为 0

图 4-73　指针万用表的挡位选择及校正

（2）将红黑表笔分别接在贴片排电容器的第一对引脚，具体步骤如图 4-74 所示。

（3）交换表笔再测一次，并观察其指针变化，具体步骤如图 4-75 所示。

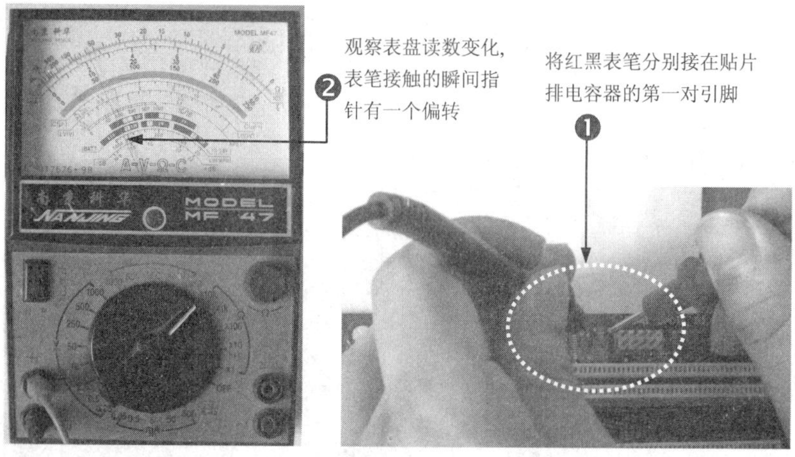
观察表盘读数变化，表笔接触的瞬间指针有一个偏转
将红黑表笔分别接在贴片排电容器的第一对引脚
MODEL MF 47

（a）接触的瞬间指针有一个偏转

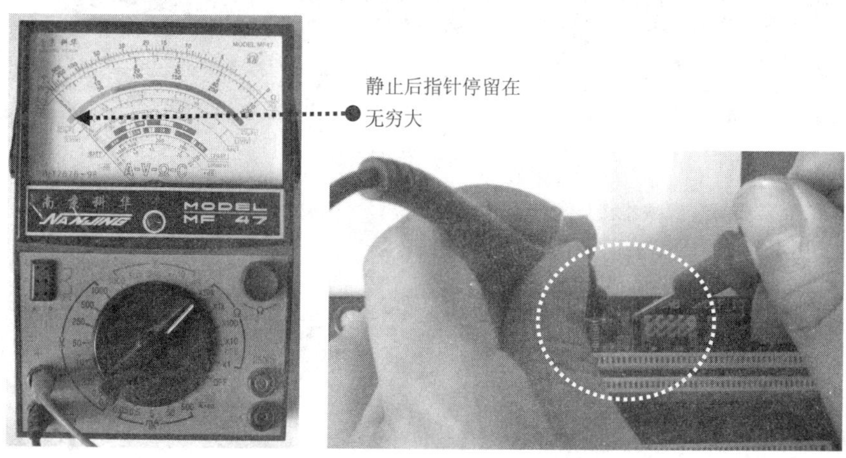
静止后指针停留在无穷大
MODEL MF 47

（b）静止后指针停留在无穷大

图 4-74　贴片排电容第一对引脚的检测

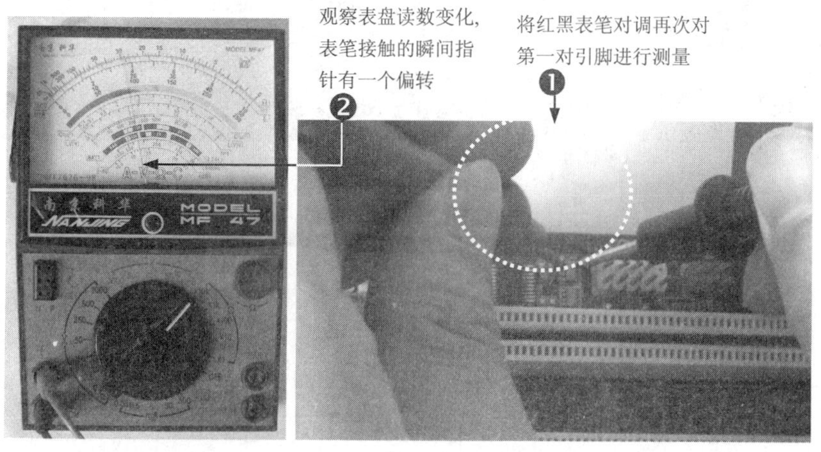
观察表盘读数变化，表笔接触的瞬间指针有一个偏转
将红黑表笔对调再次对第一对引脚进行测量
MODEL MF 47

（a）接触的瞬间指针有一个偏转

图 4-75　贴片排电容第一对引脚的检测

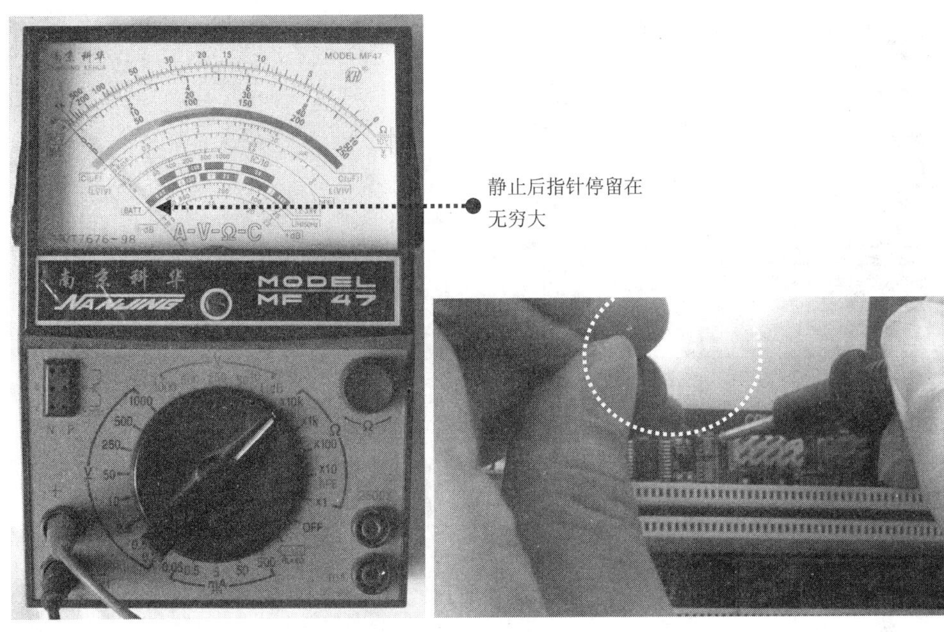

（b）静止后指针停留在无穷大

图 4-75　贴片排电容第一对引脚的检测（续）

如果两次测量均是表针先向右迅速偏转，然后再向左摆到底，说明电容器正常；如果表针回转后所指示的阻值很小，说明电容器已击穿；如果表针无偏转，说明电容器已发生开路。

（4）使用相同挡位和同样的检测方法依次对第二、三、四对引脚进行检测，测量结果如图 4-76～4-78 所示。

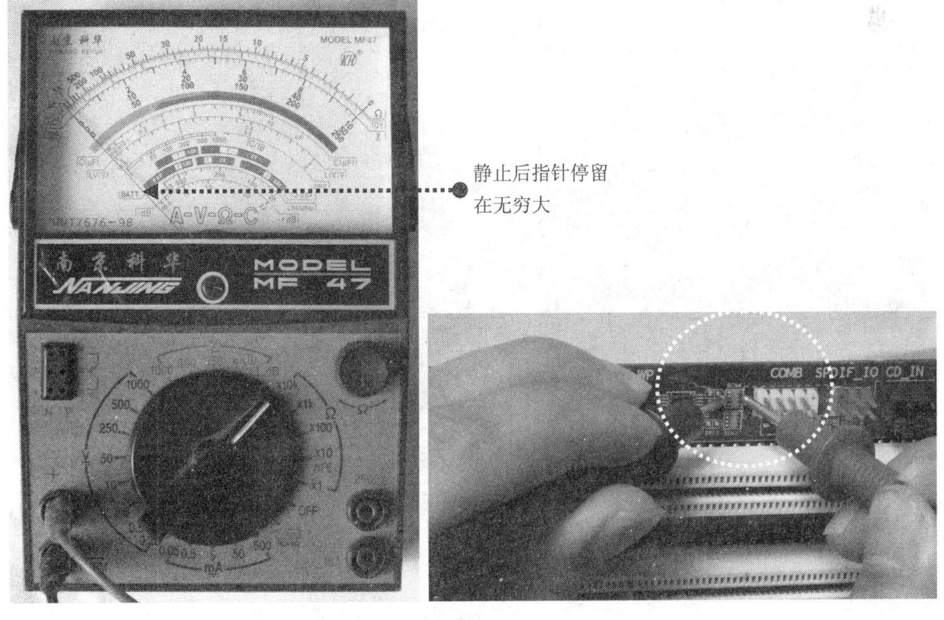

（a）第一次测量

图 4-76　第二对引脚的检测

（b）对调表笔后第二次测量

图 4-76 第二对引脚的检测（续）

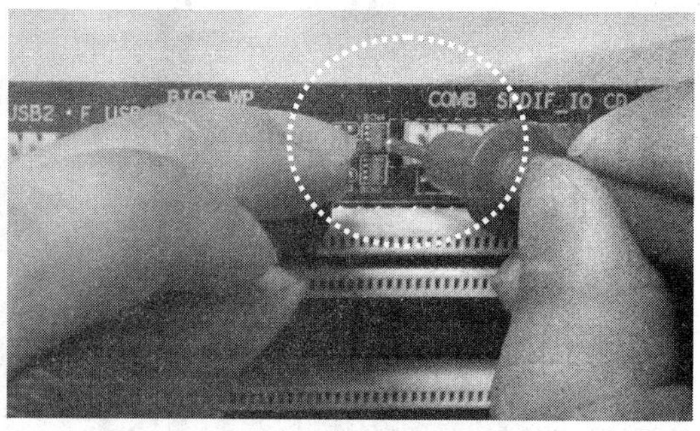

（a）第一次测量

图 4-77 第三对引脚的检测

静止后指针停
留在无穷大

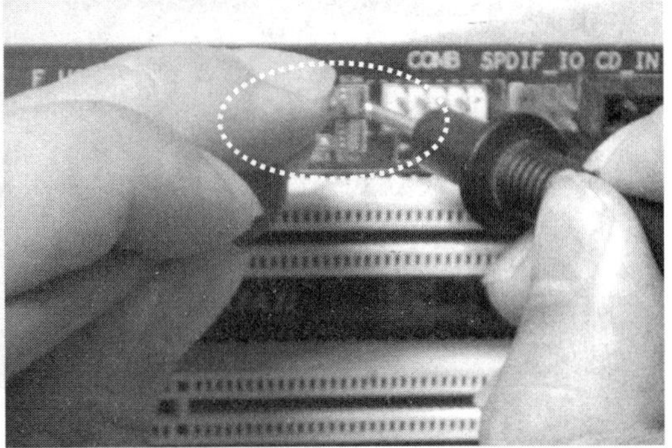

（b）对调表笔后第二次测量

图 4-77　第三对引脚的检测（续）

静止后指针停
留在无穷大

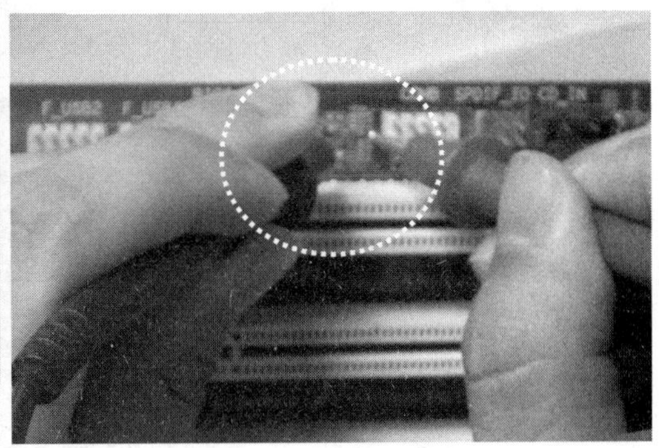

（a）第一次测量

图 4-78　第四对引脚的检测

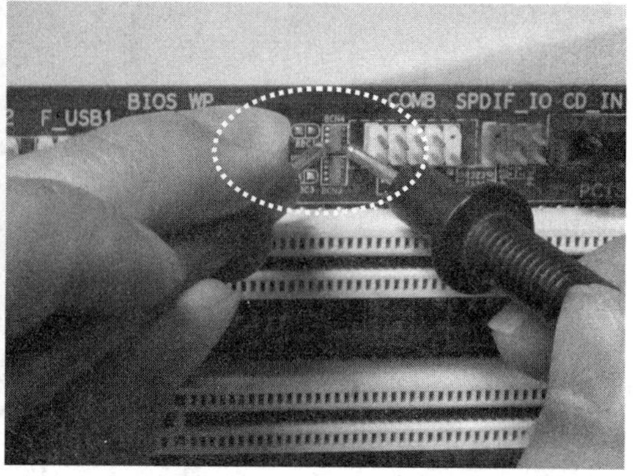

（b）对调表笔后第二次测量

图 4-78　第四对引脚的检测（续）

经检测，排电容的几对引脚间的阻值均正常，所以待测排电容功能正常，可以继续使用。如果测量时，表针回转后所指示的阻值很小则说明电容器已击穿；如果表针无偏转说明电容器已发生开路。排电容任意一对引脚间阻值不正常则排电容均无法继续使用。

第5章 电感器实用知识、常用电路、故障判断与检测代换

在一些滤波电路、振荡电路等电路中经常会看到电感器的身影，特别是在电源电路中，通常电感器也是电路故障检测的重点元器件之一。要掌握电感器的维修检测方法，首先要掌握各种电感器的构造、特性、参数、标注规则等基本知识，然后还需掌握电感器在电路中的应用特点，电感器好坏检测、代换方法等内容，下面重点讲解。

5.1 电感器的功能、符号及分类

5.1.1 电感器的功能

电感器是一种能够把电能转化为磁能并储存起来的元器件，它主要的功能是阻止电流的变化。当电流从小到大变化时，电感阻止电流的增大。当电流从大到小变化时，电感阻止电流减小；电感器常与电容器配合在一起工作，在电路中主要用于滤波（阻止交流干扰）、振荡（与电容器组成谐振电路）、波形变换等。图 5-1 所示为电路中常见电感器。

电感器的结构类似于变压器，但只有一个绕组。

图 5-1　电路中常见电感器图片

5.1.2 电感器的表示符号

电感器是电子电路中最常用的电子元件之一，用字母“L”表示。在电路图中每个电子元器件还有其电路图形符号，电感器的电路图形符号如图 5-2 所示。

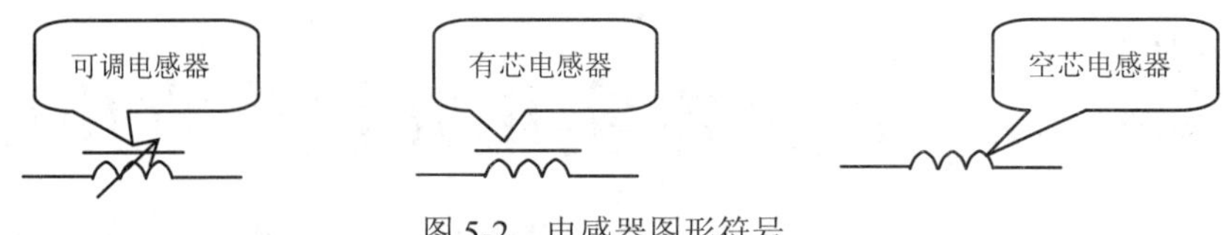

图 5-2 电感器图形符号

除了上述一些比较规范化的表示外，有时为了表示更加形象，厂商常用以下一些图形符号来表示电感，如图 5-3 所示。

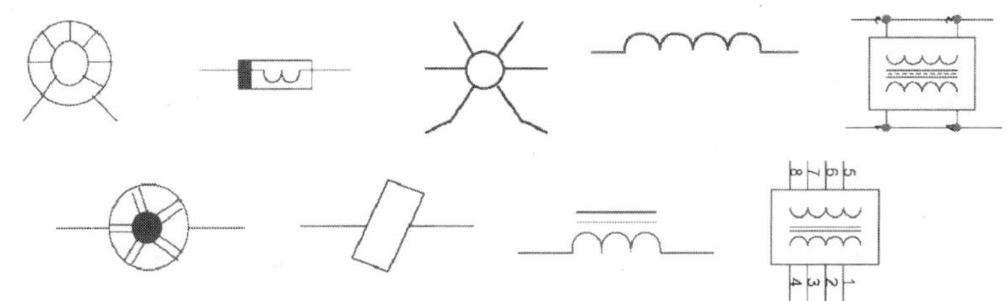

图 5-3 厂商常用的一些电感的表示符号

5.1.3 电感器的分类

电感器的种类繁多分类方式不一。

按结构的不同，可将电感器分为线绕式电感器和非线绕式电感器，还可将其分为固定电感器和可调电感器。

按工作频率的高低，可分为电感器高频电感器、中频电感器和低频电感器。

按用途分，电感器还可分为振荡电感器、阻流电感器、隔离电感器、显像管偏转电感器、校正电感器、滤波电感器、被偿电感器等。

下面介绍电路中几种常见的电感。

1. 空芯电感

空芯电感中间没有磁芯，如图 5-4 所示。通常电感量与线圈的匝数成正比，即线圈匝数越多电感量越大，线圈匝数越少电感量越小。在需要微调空芯线圈的电感量时，可以通过调整线圈之间的间隙得到自己需要的数值。但此处需要注意的是通常对空芯线圈进行调整后要用石蜡加以密封固定，这样可以使电感器的电感量更加稳定而且还可以防止潮损。

图 5-4 空芯电感器

2. 贴片电感

贴片电感又被称为功率电感、大电流电感。贴片电感具有小型化、高品质、高能量储存和低电阻的特性，一般是由在陶瓷或微晶玻璃基片上沉淀金属导片而制成。图 5-5 所示为电路板中常见的贴片电感。

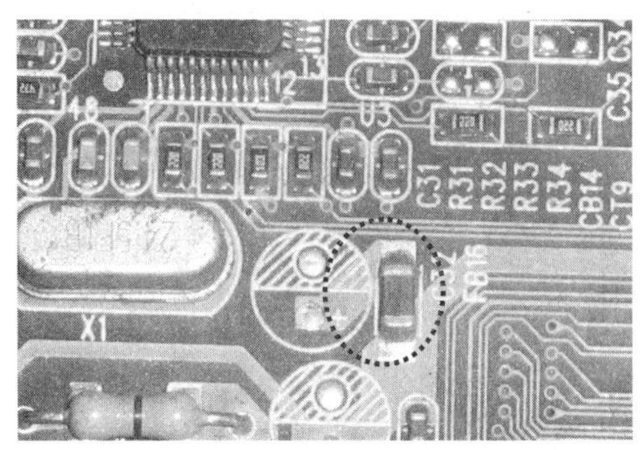

图 5-5　电路板中常见的贴片电感

3．磁棒电感

磁棒电感的基本结构是在线圈中安插一个磁棒制成的，磁棒可以在线圈内移动，用以调整电感的大小。通常将线圈做好调整后要用石蜡固封在磁棒上，以防止磁棒的滑动而影响电感。磁棒电感的结构如图 5-6 所示。

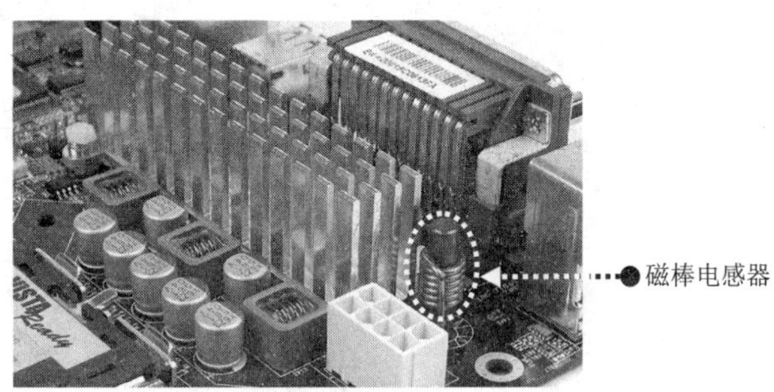

图 5-6　磁棒电感

4．磁环电感

磁环电感的基本结构是在磁环上绕制线圈制成的，如图 5-7 所示。磁环的存在大大提高了线圈电感的稳定性，磁环的大小以及线圈的缠绕方式都会对电感造成很大的影响。

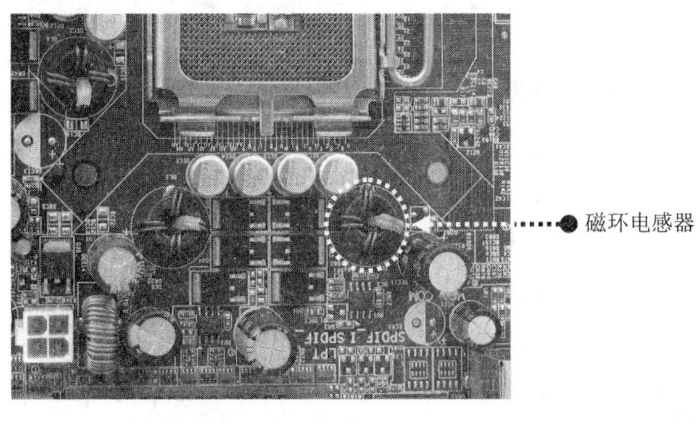

图 5-7　磁环电感

5．封闭式电感

封闭式电感是一种将线圈完全密封在一绝缘盒中制成的。这种电感减少了外界对其自身的影响，性能更加稳定。电路板中常见的封闭式电感如图 5-8 所示。

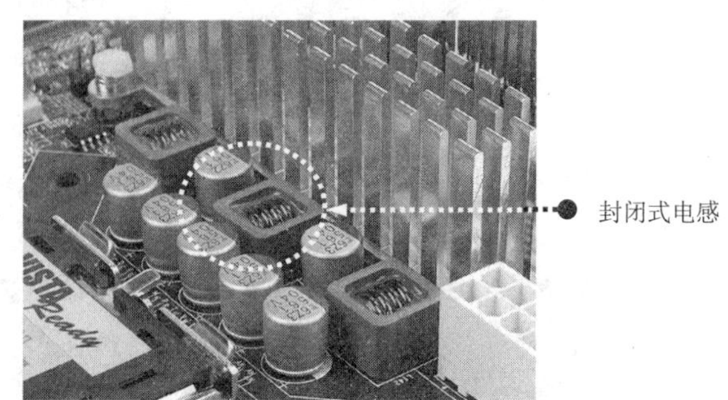

图 5-8　封闭式电感

6．互感滤波器

互感滤波器，又名电磁干扰电源滤波器，是由电感、电容构成的无源双向多端口网络滤波设备。其主要作用是为了消除外交流电中的高频干扰信号，进入开关电源电路，同时也防止开关电源的脉冲信号不会对其他电子设备造成干扰。互感滤波电感由 4 组线圈对称绕制而成，如图 5-9 所示。

图 5-9　互感滤波器

5.2 电感器的命名、重要参数及标注方法解读

5.2.1 电感器的命名

国产电感器型号命名一般由三个部分构成，依次为名称、电感量和电感器允许偏，如图 5-10 所示。

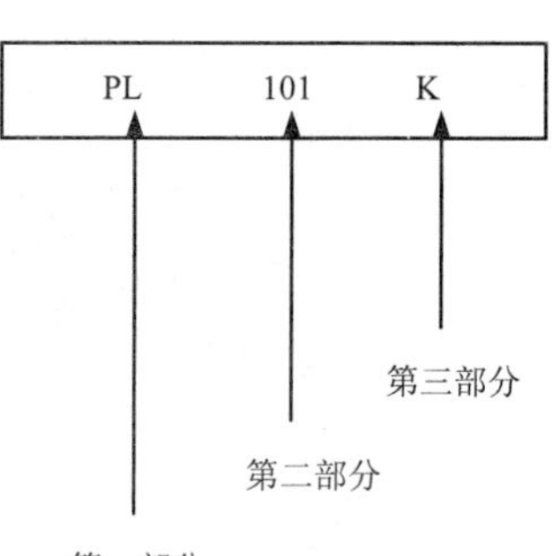

图 5-10　命名示意图

第一部分为名称，电感器用字母 L（或 PL）表示。

第二部分为电感量，101，表示 100μH。

第三部分为电感器允许偏差，K 表示±10%。

可见 PL101K，表示标称为 100μH 允许偏差为±10%的电感器。

为了方便读者查阅，通过表 5-1 和表 5-2 所示分别列出了电感量符号和意义对照表和电感器允许误差范围字母和意义对照表。

表 5-1　电感器电感量符号和意义

数字与字母符号	数　字　符　号	意　　　　义
2R2	2.2	2.2μH
100	10	10μH
101	100	100μH
102	1000	1mH
103	10000	10mH

表 5-2　电感器允许误差范围字母和意义

字　　　　母	意　　　　义
J	±5%
K	±10%
M	±20%

5.2.2 电感器的参数

电感器的参数主要包括电感量、允许偏差品质因数、固有电容及额定电流等。

1. 电感量

电感量是电感器的一个重要参数，电感量的大小主要取决于线圈的直径、匝数、绕制方式，有无磁芯及磁芯的材料等。通常，线圈圈数越多、绕制的线圈越密集，电感量就越大。有磁芯的线圈比无磁芯的线圈电感量大；磁芯导磁率越大的线圈，电感量也越大。电感器的用途不同所需的电感量也就不同。

电感量 L 是线圈本身的固有特性，电感量的基本单位是亨利（简称亨），用字母“H”表示。常用的单位还有毫亨（mH）和微亨（μH），它们之间的关系是：$1H=10^3mH$ ，$1mH=10^3\mu H$ 。

2. 允许偏差

允许偏差是指电感器上的标称电感量与实际电感量的允许误差值。

一般用于振荡电路或滤波电路中的电感器精度要求比较高，允许偏差为±0.2%～±0.5%；而用于耦合电路或高频阻流电路的电感量精度要求不是太高，允许偏差在±10%～15%。

3. 品质因数

品质因数也称 Q 值或优值，是衡量电感器品质的主要参数。它是指在某一频率的交流电压下，电感器工作时所呈现的感抗与其等效损耗电阻之间的比值。电感器的品质因数越高，效率就越高。电感器品质因数受到一些因素的限制，如线圈导线的直流电阻、线圈骨架的介质损耗、铁心和屏蔽引起的损耗以及高频工作时的集肤效应等。因此线圈的 Q 值不可能做得很高。

4. 固有电容

固有电容是指线圈绕组的匝与匝之间、多层绕组层与层之间分布的电容。电感器分布的固有电容越小就越稳定。这些电容可以等效成一个与线圈并联的电容 C_0。即由 L、R 和 C_0 组成的并联谐振电路，其谐振频率（f_0）又称为线圈的固有频率。通常在使用时应使工作频率远低于电感器的固有频率，这就需要减小线圈的固有电容。减少线圈骨架的直径，用细导线绕制线圈或采用间绕法都可以有效地减少线圈的固有电容。

5．额定电流

额定电流是指电感器在正常工作时所允许通过的最大电流值。若工作电流超过额定电流，电感器就会因发热而使性能参数发生改变，甚至还会因过流而烧毁。

5.2.3 电感器的标注方法

1．直标法

直标法是指在小型固定电感器的外壳上直接用文字标出电感器的主要参数，如电感量、误差值、最大直流工作电流等。其中，最大工作电流常用字母进行标注，最大电流和字母之间的对应关系如表 5-3 所示。

表 5-3　最大电流和字母之间的对应关系对照表

字母	A	B	C	D	E
最大工作电流（mA）	50	150	300	700	1600

例如：电感器外壳上标有 4.8mH、A、J 等字样，则表示其电感量为 4.8mH，误差为±5%，最大工作电流为 A 挡（50mA）。

2．色标法

在电感器的外壳上，用色环表示电感量的方法称为色标法。电感的色标法同电阻的色标法。即第一个色环表示第一位有效数字，第二个色环表示第二位有效数字，第三个色环表示倍乘数，第四个色环表示允许误差。

在色环标称法中，色环的基本色码意义可对照表 5-4 所示。

表 5-4　基本色码对照表

颜　　色	有 效 数 字	乘　　数	阻 值 偏 差
黑色	0	10^0	
棕色	1	10^1	±1%
红色	2	10^2	±2%
橙色	3	10^3	—
黄色	4	10^4	—
绿色	5	10^5	±0.5%
蓝色	6	10^6	±0.25%
紫色	7	10^7	±0.1%
灰色	8	10^8	—
白色	9	10^9	—
金色	-1	10^{-1}	±5%
银色	-2	10^{-2}	±10%
无色	—	—	±20%

比如：当电感器的色标分别为“红黑橙银”时，对照色码表可知，其电感量为 $20\times10^3\mu H$，允许误差为±10%。

5.3 电感器的特性与作用

1. 通电线圈的磁场

电感器的特性之一就是通电线圈会产生磁场，且磁场大小与电流的特性息息相关。磁场的方向符合右手定则，也就是说用右手握住线圈让四指指向电流流动的方向，大拇指所指的方向便是磁场的北极方向。通电线圈的磁场方向与电流方向之间的关系如图 5-11 所示。

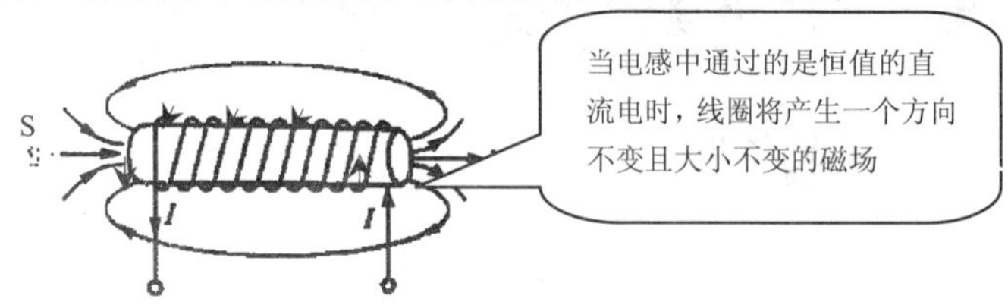

图 5-11　通电线圈的磁场方向与电流方向的关系

当电感中通过的是恒值的直流电时，线圈将产生一个方向不变且大小不变的磁场。磁场的大小与直流电的大小成正比。直流电流越大，磁场越强。

当电感中通过的是交流电流时，由于交流电流自身的方向在不断改变，所以交流电产生的磁场也在不断变化。磁场强度仍与交流电流的大小成正比。

2. 电感器的通直阻交特性

通直作用是指，电感对直流电而言呈通路，如果不记线圈自身的电阻那么直流可以畅通无阻地通过电感。一般而言，线圈本身的直流电阻是很小的，为简化电感电路的分析而常常忽略不计。

当交流电通过电感器时电感器对交流电有阻碍作用，阻碍交流电的是电感线圈产生的感抗，它同电容的容抗类似。电感器的感抗大小与两个因素有关，电感器的电感量和交流电的频率。感抗用 X_L 表示，计算公式为 $X_L=2\pi fL$（f 为交流电的频率，L 为电感器的电感量）。由此可知，在流过电感的交流电频率一定时，感抗与电感器的电感量成正比；当电感器的电感量一定时，感抗与通过的交流电的频率成正比。

3. 电感器阻碍电流变化的实证

感抗的存在可以用以下一实验来证明（图中虚线表示感应电流的方向，实线表示电源电流方向，D 表示小灯泡；L 为电感器，E 为电源）。实验原理图如图 5-12 所示。

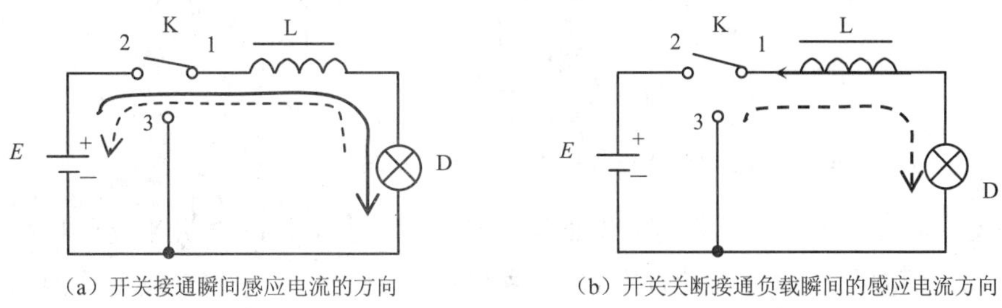

（a）开关接通瞬间感应电流的方向　（b）开关关断接通负载瞬间的感应电流方向

图 5-12　感抗的存在的实验原理图

在图 5-12（a）中 K_{1-2} 未接通时，电灯处于熄灭状态；当开关 K_{1-2} 闭合后，小灯泡会逐渐变亮，而不是瞬间达到最亮程度。这说明电流在通过电感时有一个缓慢增大的过程。将开关 K_{1-2} 断开立即转到 K_{1-3}，小灯泡先是变得更亮，然后才慢慢熄灭。这说明电流在电感中有一个缓慢减小的过程。这一现象可以用楞次定律来解释，当线圈中电流突变时，电感线圈就产生感应电流阻碍原来电流的变化。

5.4 电感器的串联和并联

5.4.1 电感器的串联

电感器的串联与电阻串联形式是一样的，两只电感器连接然后与电源连接。当然也可以是更多只电感器的串联，如图 5-13 所示。

图 5-13　电感器的串联

电感器串联后的总电感量为各串联电感量之和即 $L=L_1+L_2+\cdots$。

5.4.2 电感器的并联

电感器的并联也与电阻的并联方式是一样的，两个或两个以上电感器采用并接的方式与电源连接构成电路称为电感器的并联电路，如图 5-14 所示。

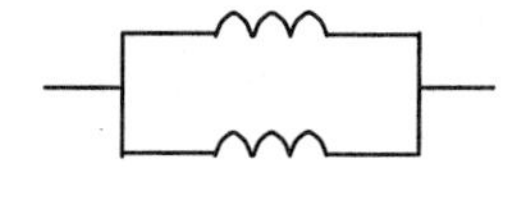

图 5-14　电感器的并联

电感器并联后的总电感量为各并联电感器电感量的倒数之和，即 $1/L=1/L_1+1/L_2+\cdots$。

5.5 电感器应用电路分析

5.5.1 电感滤波电路分析

电感滤波电路是用电感器构成的一种滤波电路，其滤波效果相当好，只是要求滤波电感的电感量较大，电路中常使用的是 π 型 LC 滤波电路，如图 5-15 所示。

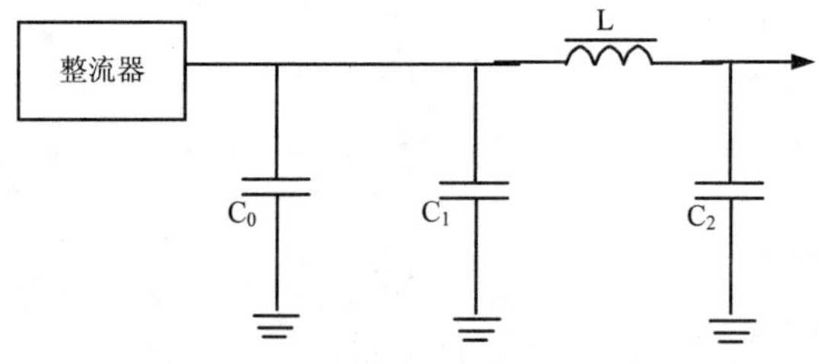

图 5-15　电感滤波电路图

电路中 C_0、C_2 是滤波电容，C_1 是高频滤波电容。由于电感对直流电几乎没有阻碍作用，而电容对直流电的阻碍作用无穷大，因此直流电会顺着电感的方向输出；而当交流电通过时，电感会对交流电有很大的阻碍作用，我们知道电容对交流则形同开路，因此交流电流会直接经电容接地。

5.5.2 抗高频干扰电路分析

图 5-16 所示为高频抗干扰电感电路，L_1、L_2 是电感器，L_3 为变压器。由于电感器的高频干扰作用比较强，所以在经过 L_1、L_2 时，高频电压大部分会被消耗，从而得到更纯的低频电压。

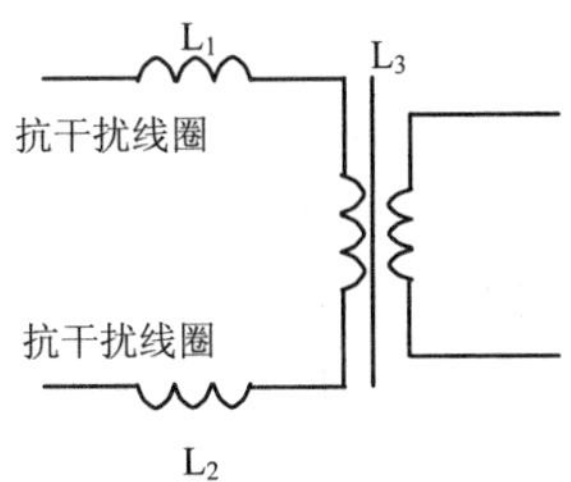

图 5-16　抗高频干扰电路

5.5.3 电感分频电路分析

电感器可以用于分频电路以区分高低频信号。图 5-17 所示为复式收音机中高频阻流圈电路，线圈 L 对高频信号感抗很强而电容对高频信号容抗很小，因此高频信号只能通过电容进入检波电路。检波后的音频信号经过 VT 放大就可以通过 L 到达耳机了。

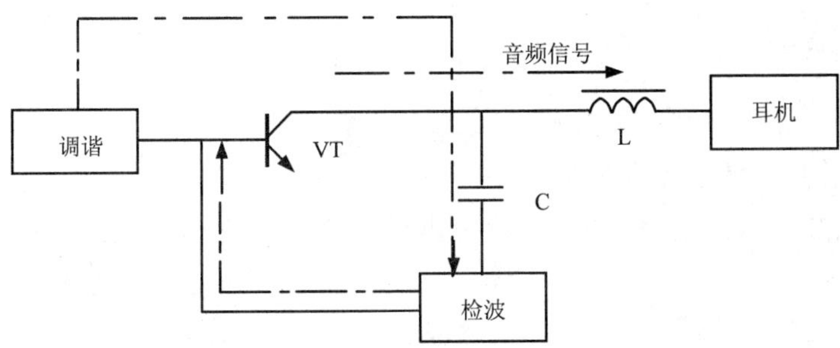

图 5-17　复式收音机中高频阻流圈电路

5.5.4 LC 谐振电路分析

图 5-18 所示为收音机高放电路，这是由电感器与电容器组成的谐振选频电路。可变电感器 L 与电容器 C1 组成调谐回路，通过调节 L 即可改变谐振频率，从而达到选台的作用。

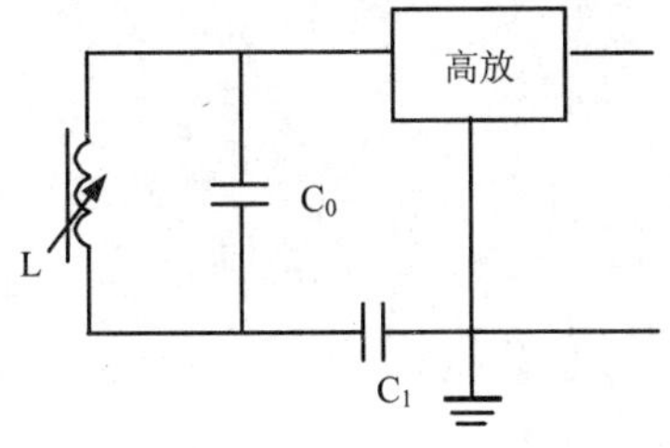

图 5-18　LC 谐振电路

5.6 电感器电路常见故障判断

5.6.1 电感器断路故障判断

电感器断路后，无论直流电或交流电都将无法通过。但很多电路都是利用电感阻止交流电的，交流电在一部分装有电感的电路中是不起作用的，也就是说电感断路更多的是对直流工作电路的影响。

如果电感断路发生在电源的滤波电路，那么整个用电器都将不能使用。如果电感断路发生在音频电路那么将发生无声故障。如果电感断路发生在变压器那么将不再有输出电压。

5.6.2 电感量不足故障判断

电感器一般不会短路，但会出现电感量不足的故障。这种现象发生在 LC 谐振回路中会比较麻烦。电感量的大小决定了谐振频率的高低，如果谐振回路不能正常作用，将减小输出信号，严重时将没有输出信号。而在电源电路中，电感器出现电感量变小却不会有太大影响。

5.7 电感器的检测方法

5.7.1 普通电感器的检测方法

1. 检测普通电感器（数字万用表）

用数字万用表检测普通电感器的方法如下：

（1）首先断开电路板的电源，接着对待侧电感器进行观察，看待测电感器是否发生损坏，有无烧焦、虚焊等情况。如果有，则电感器损坏。好的电感器线圈绕线应排列有序，不松散、不会变形，不应有松动。图 5-19 所示为一电路板上的普通电感器。

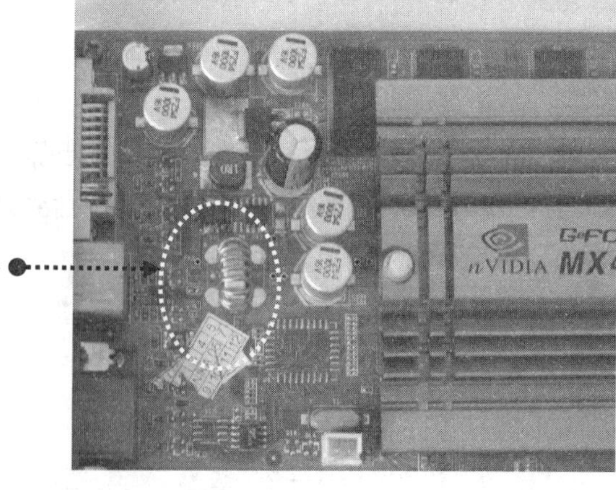

图 5-19　电路板上的普通磁环电感器

（2）如果待测电感没有明显的物理损坏，用小毛刷将待测电感的引脚、磁环线圈进行清洁，如图 5-20 所示。

图 5-20　对待测电感器的引脚、磁环线圈进行清洁

（3）将数字万用表的挡位调到电阻挡的“200”挡。把两表笔分别与电感器的两引脚相接，如图 5-21 所示。表盘显示数值应接近于“00.0”，如果表盘数值没有任何变化，说明该电感器内部已经发生断路；如果表盘数值来回跳跃，说明电感器内部出现接触不良。

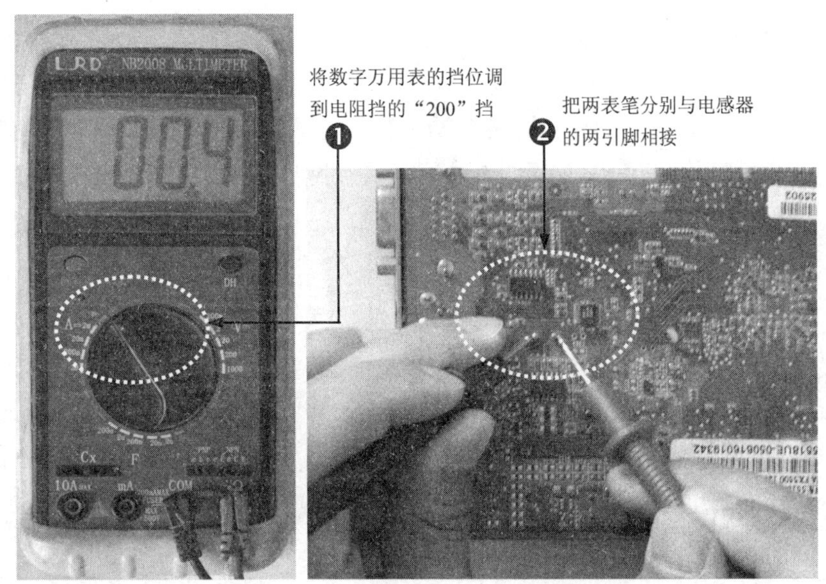

图 5-21　电感器两引脚间阻值的测量

经检测，两引脚的阻值为 0.4Ω 且读数稳定不跳动，符合电感器的使用要求。

（4）将数字万用表的挡位调到“200M”挡，检测电感器的绝缘情况，线圈引线与线圈骨架之间的阻值，应为无穷大；否则该电感器绝缘性不好。图 5-22 所示为用万用表检测线圈引线与铁心间的绝缘性的方法。

经检测该电感器绝缘性良好，因此该电感器功能良好，可以继续使用。

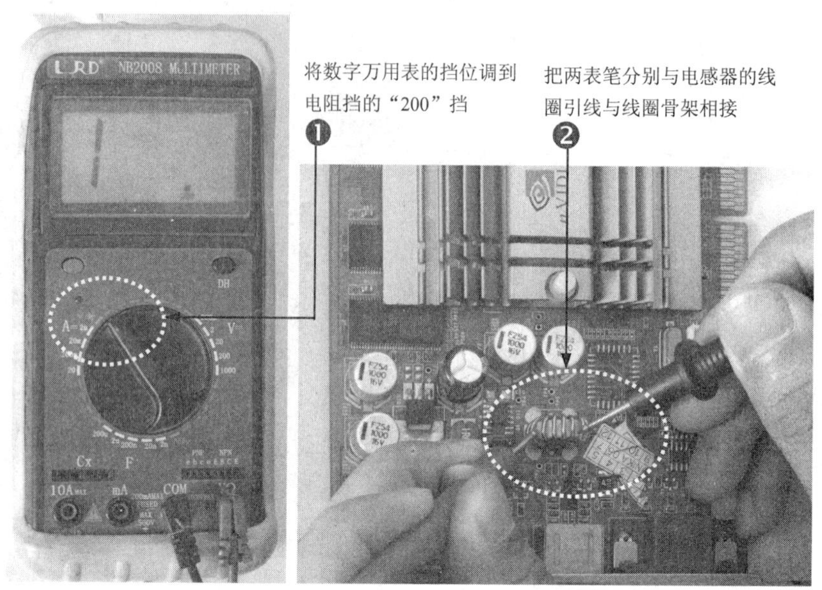

图 5-22　电感器绝缘电阻的测量

2. 检测普通电感器（指针万用表）

用指针万用表检测普通电感器的方法如下：

注：断开电源、观察待测电感和清洁步骤不再赘述。

（1）将指针万用表的挡位调到“R×1”挡，并调零。接着把两表笔分别与电感器的两引脚相接，如图 5-23 所示。表盘的指针应指在“0Ω”刻度线左右，如果万用表指针没有任何变化，说明该电感器内部已经发生断路，如果指针来回摆动，说明电感器内部已出现接触不良现象。

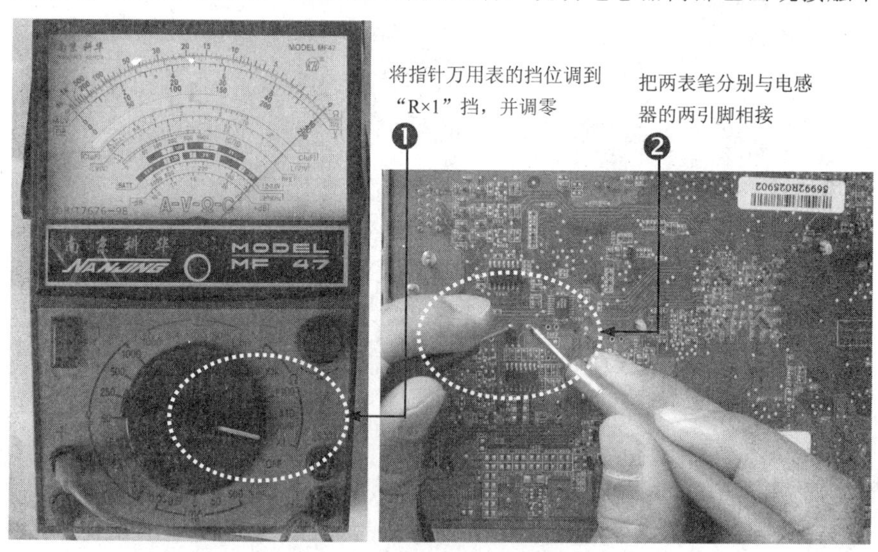

图 5-23　电感器两引脚间阻值的测量

经检测，两引脚间的阻值非常接近于 0Ω 且指针停滞后非常稳定，符合使用要求。

（2）将指针万用表的挡位调到“R×10k”挡（并进行调零），检测电感器的绝缘情况，线圈引线与线圈骨架之间的阻值，应为无穷大，否则该电感器绝缘性不好。图 5-24 所示为用万用表检测线圈引线与铁芯间的绝缘性的方法。

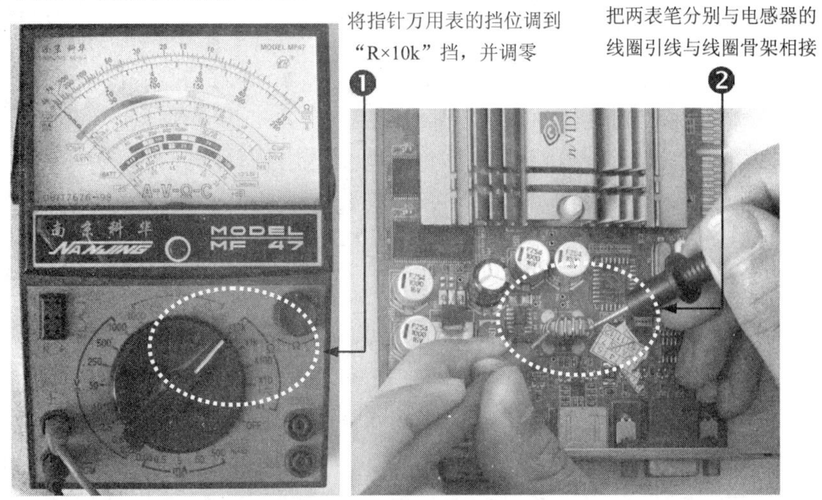
将指针万用表的挡位调到
“R×10k”挡，并调零
把两表笔分别与电感器的
线圈引线与线圈骨架相接
MODEL
MF 47
A-V-Ω-C

图 5-24　电感器绝缘电阻的测量

经检测，该电感器绝缘性良好，因此该电感器功能良好，可以继续使用。

5.7.2 贴片电感的检测方法

1. 检测贴片电感器（数字万用表）

用数字万用表检测普通电感器的方法如下：

注：断开电源、观察待测电感及清洁步骤不再赘述。

将数字万用表的挡位调到电阻挡的“200”挡。把两表笔分别与贴片电感器的两引脚相接，如图 5-25 所示。表盘显示数值应接近于“00.0”，如果表盘数值没有任何变化，说明该电感器内部已经发生断路，如果表盘数值来回摆动，说明电感器内部出现接触不良现象。

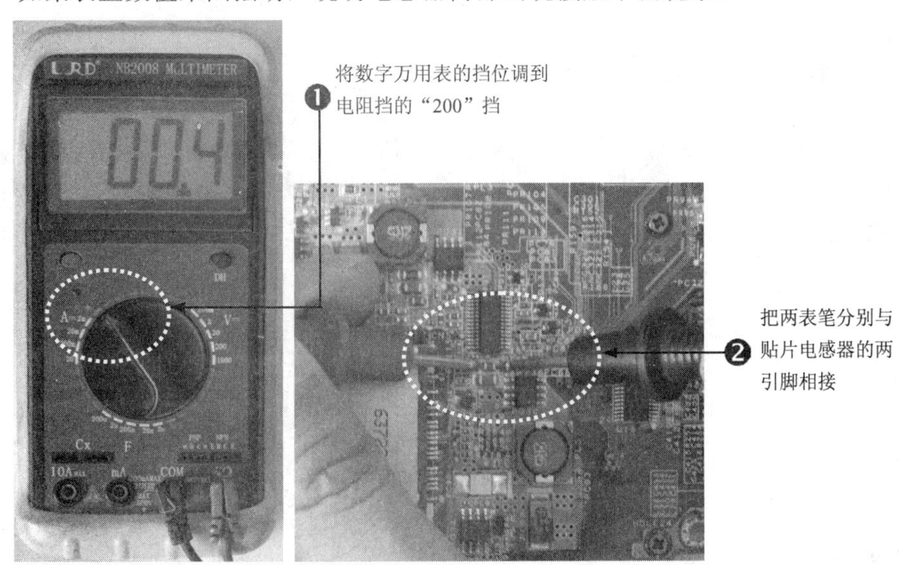
将数字万用表的挡位调到
电阻挡的“200”挡
把两表笔分别与
贴片电感器的两
引脚相接
NB2008 MULTIMETER
00.4
COM

图 5-25　电感器两引脚间阻值的测量

经检测，两引脚的阻值为 00.4Ω，接近于 00.0，且读数稳定不跳动，符合电感器的使用要求。

2．检测贴片电感器（指针万用表）

用指针万用表检测普通电感器的方法如下：

注：断开电源、观察待测电感及清洁步骤不再赘述。

将指针万用表的挡位调到电阻挡的“R×1”挡（并进行调零），接着把两表笔分别与贴片电感器的两引脚相接，如图 5-26 所示。表盘的指针应指在“0Ω”刻度线左右，如果表盘指针没有任何变化，说明该电感器内部已经发生断路，如果表盘指针来回摆动，说明电感器内部出现接触不良。

经检测，电感器两引脚的阻值为 0.4Ω，接近于 0，且指针稳定不摆动，符合电感器的使用要求。

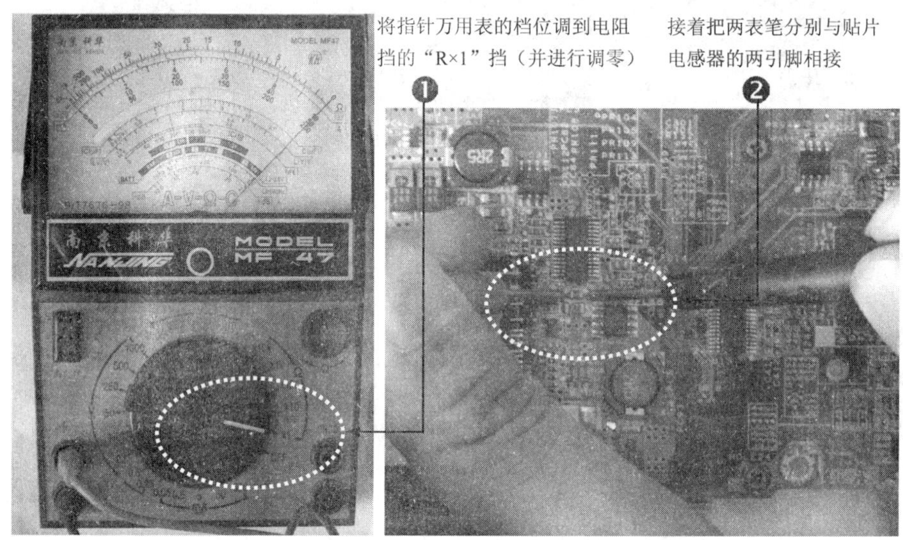

图 5-26　电感器两引脚间阻值的测量

5.8 电感器的选配与代换方法

电感器损坏严重时，要更换新品。更换时最好选用原类型、同型号、同参数的电感器，还应注意电感器的形状须与电路板间的配合。如果实在找不到原型号、同参数的电感器，又急需使用时，可用与原参数和型号相似的电感器进行代换。代换电感器额定电流的大小一般不要小于原电感器额定电流的大小、外形和阻值范围应同原电位器相近。

在电感器的选配时，主要考虑其性能参数（例如电感量，品质因数，额定电流等）及外形尺寸。只要这些满足要求基本上都可以进行代换。

通常小型的固定电感器与色码电感器，固定电感器与色环电感器之间，只要外形尺寸相近，电感量、额定电流相同时，便可以直接代换作用。

半导体收音机中的振荡线圈，只要其电感量、品质因数及频率范围相同，即使型号不同，也可以相互代换。例如，振荡线圈 LTF-1-1 可以与 LTF-3 或 LTF-4 之间直接代换。

为了不影响其安装及电路的工作状态，电视机中的行振荡线圈的选择应尽可能为同型号、同规格的产品。

偏转线圈通常与显像管及行、场扫描电路进行配套使用。但如果其规格、性能参数相近，即使型号不同，也可以相互代换。

5.9 电感器检测维修实训

5.9.1 磁棒/磁环电感器检测实训

电路板中的磁棒/磁环电感器主要用在各种供电电路中。磁棒/磁环电感器可以使用数字万用表测量，也可以使用指针式万用表进行检测，为了测量准确，可对电感器采用开路测量。

1．用数字万用表开路检测电路板中的磁棒/磁环电感器实训

用数字万用表检测电路板中磁棒电感器的方法如下（磁环检测方法相同）：

（1）首先断开电路板的电源，接着对待测磁棒电感器进行观察，看待测电感器是否发生损坏，有无烧焦、虚焊、线圈有无变形等情况；如果有，说明电感器已发生损坏。图 5-27 所示为待测磁棒电感器。

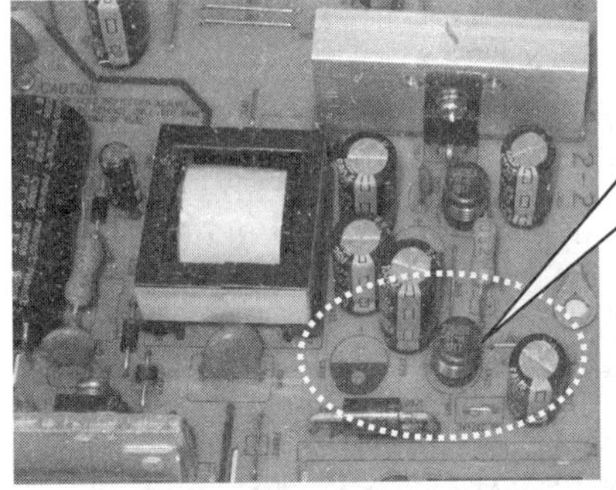

图 5-27　待测磁棒电感器

（2）如果待测磁棒电感器外观没有明显损坏，用电烙铁将待测磁环电感器从电路板上焊下，并清洁磁环电感器两端的引脚，去除两端引脚上存留的污物，确保测量时的准确性。磁棒电感器的拆焊方法如图 5-28 所示。

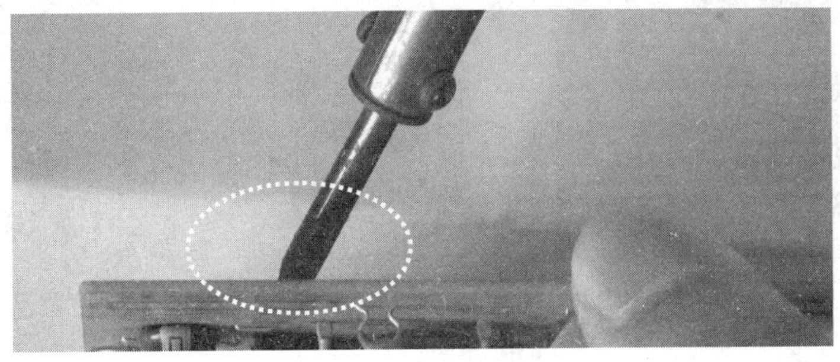

图 5-28　磁棒电感器的拆焊方法

（3）将数字万用表旋至欧姆挡的“200”挡，如图 5-29 所示。

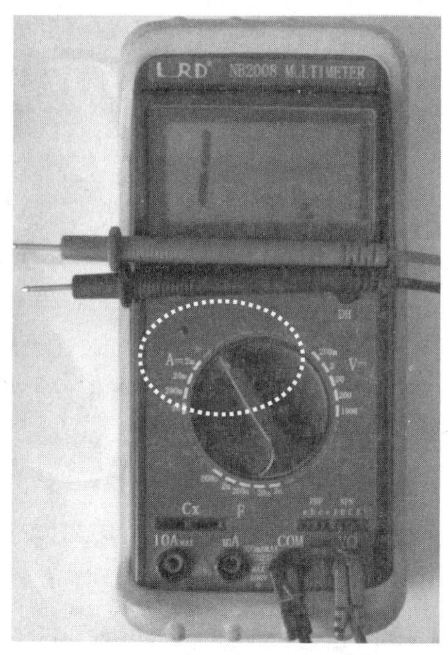

图 5-29　万用表挡位的选择

（4）将万用表的红、黑表笔分别搭在待测磁棒电感器两端的引脚上，检测两引脚间的阻值，如图 5-30 所示。

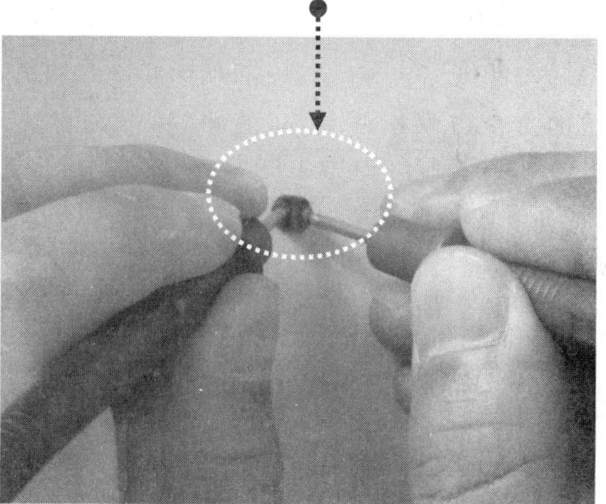

图 5-30　测量磁棒电感器

由于测得磁棒电感器的阻值非常接近于 00.0，因此可以判断该电感器没有断路故障。

（5）选择万用表的“200M”挡，检测电感器的线圈引线与铁心之间、线圈与线圈之间的阻值，如图 5-31 所示。正常情况下，线圈引线与铁心之间、线圈引线与线圈引线之间的阻值均为无穷大，即测量时数字万用表的表盘应始终显示为“1.”。

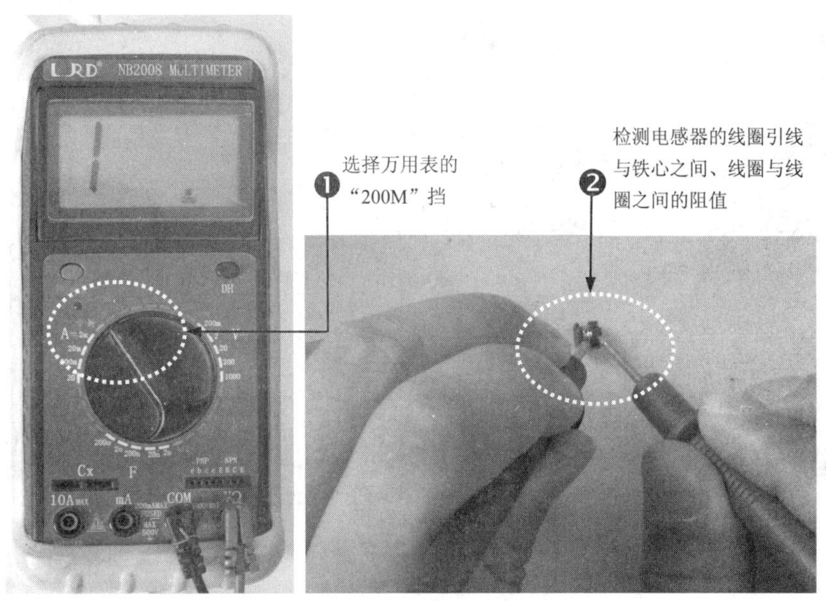

图 5-31　磁棒电感器绝缘性检测

经检测，该磁棒电感器的绝缘性良好，不存在漏电现象。

2. 用指针式万用表开路检测电路板中的磁棒/磁环电感器的方法

用指针万用表检测电路板中磁棒电感器的方法如下（磁环检测方法相同）：

注：断开电源、观察待测电感、焊下待测电感及清洁等步骤不再赘述。

（1）将指针式万用表旋至欧姆挡的“R×1”挡，然后短接进行调零，如图 5-32 所示。

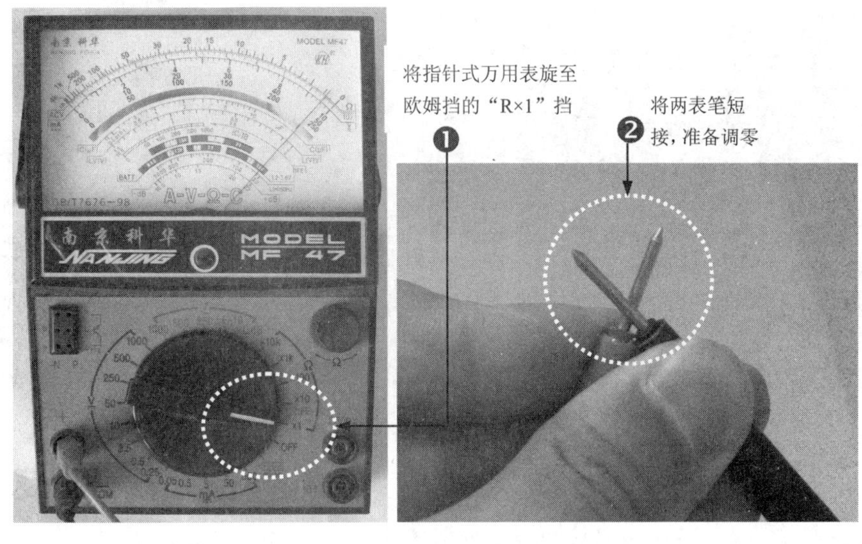

MODEL MF47
将指针式万用表旋至欧姆挡的“R×1”挡
将两表笔短接，准备调零

（a）短接两表笔观察读数

图 5-32　指针万用表的挡位选择及校正

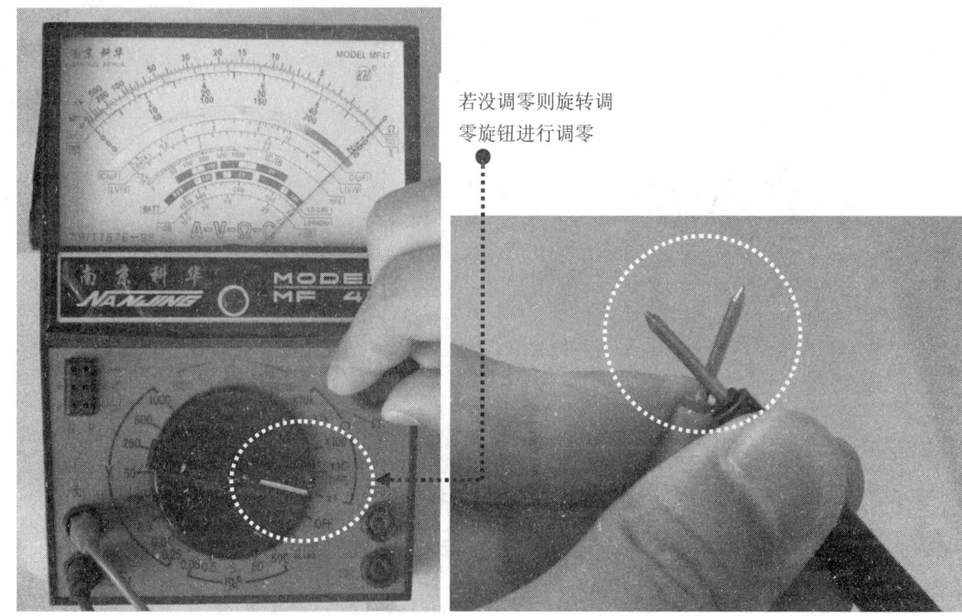

（b）调解调零旋钮将短接读数变为 0

图 5-32　指针万用表的挡位选择及校正（续）

（2）将万用表的红、黑表笔分别搭在磁棒电感器两端的引脚上，检测两引脚间的阻值，如图 5-33 所示。

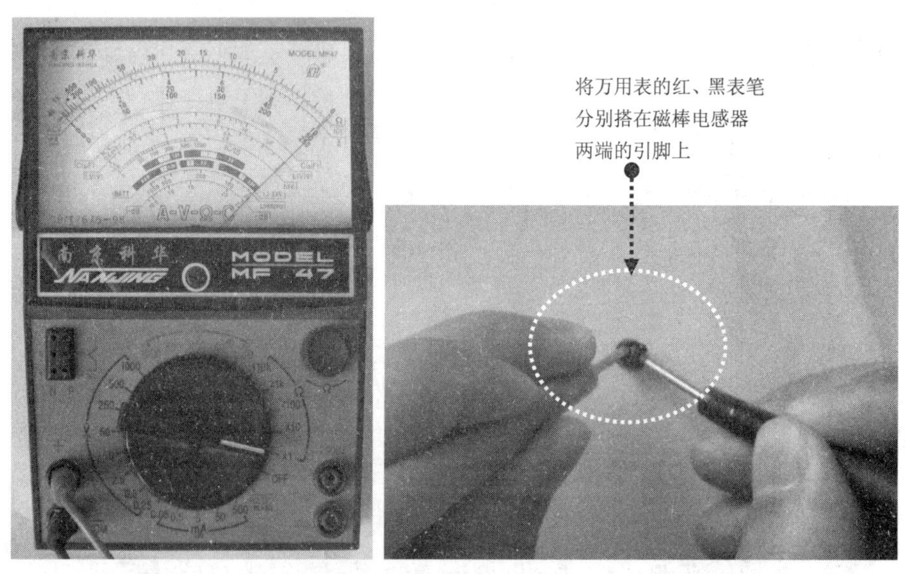

图 5-33　测量磁棒电感器

由于测得磁环电感器的阻值非常接近于 0，因此可以判断该电感器没有断路故障。但对于电感量比较大的电感器，线圈匝数会比较多，此时测得的直流电阻会比较大。

（3）选择万用表的“R×10k”挡，检测电感器的线圈引线与骨架之间、线圈与线圈之间的阻值，如图 5-33（续）所示。正常情况下，线圈引线与骨架之间、线圈引线与线圈引线之间的阻值均为无穷大。

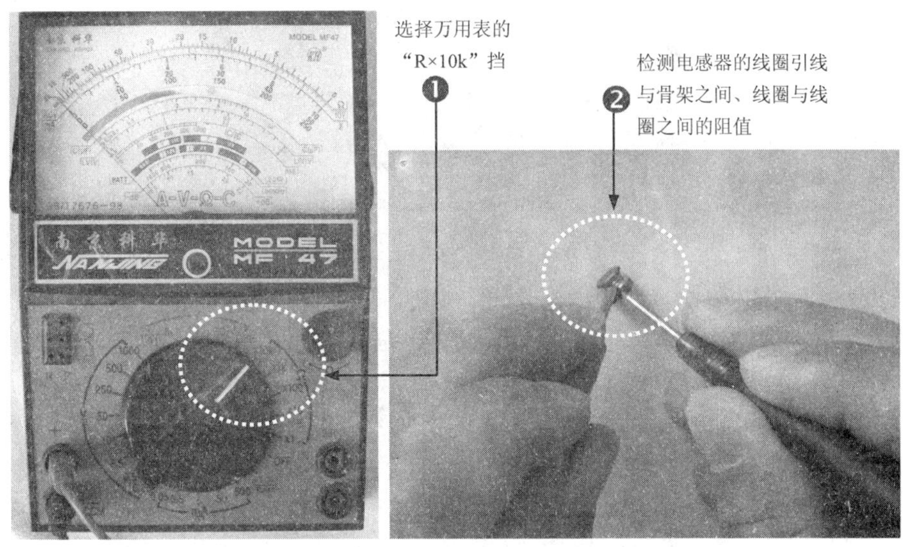

图 5-33　测量磁棒电感器（续）

经检测该磁环电感器的绝缘性良好，不存在漏电现象。

5.9.2 电源滤波电感器检测实训

电路板中的电源滤波电感器主要用在各种供电电路中。电源滤波电感器可以使用数字万用表测量，也可以使用指针式万用表进行检测，为了测量准确，可对电感器采用开路测量。

1. 检测电路板中的电源滤波电感器（数字万用表）

用数字万用表检测电路板中电源滤波电感器的方法如下：

（1）首先断开电路板的电源，接着对电源滤波电感器进行观察，看待测电感器是否发生损坏，有无烧焦、虚焊等情况好的电感器线圈绕线应排列有序，不松散、不会变形。如果可以看出有明显的物理故障，则电感器已不能正常使用。图 5-34 所示为一电源滤波电感器。

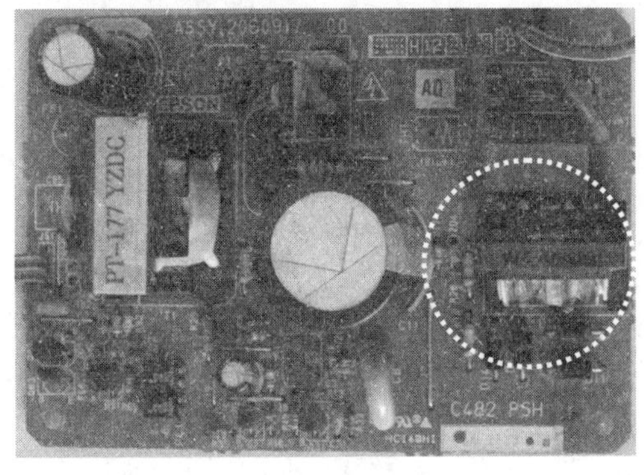

图 5-34　电源滤波电感器

（2）如果待测电源滤波电感器外观没有明显损坏，用电烙铁将待测电源滤波电感器从电路板上焊下，并清洁电源滤波电感器的四只引脚，去除引脚上存留的污物以确保测量时的准确性。拆焊电源滤波电感器的方法如图 5-35 所示。

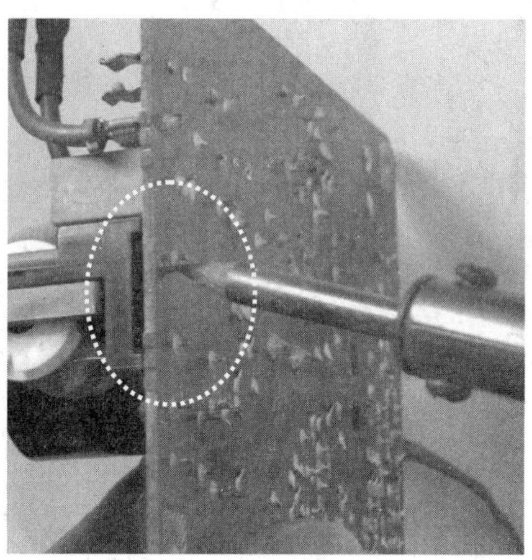

图 5-35　拆焊电源滤波电感器的方法

（3）将数字万用表旋至欧姆挡的“200”挡，如图 5-36 所示。

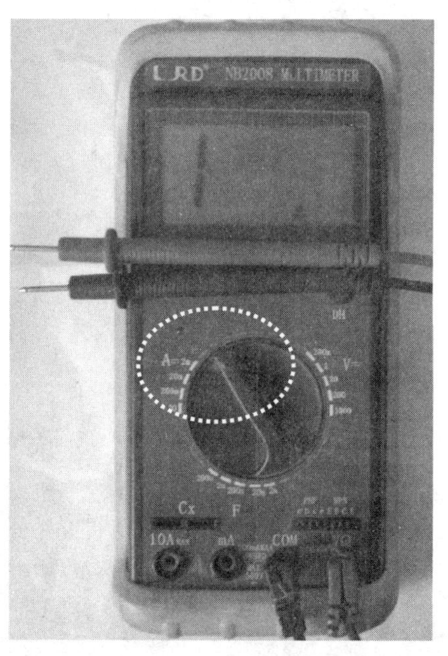

图 5-36　万用表挡位的选择

（4）将万用表的红、黑表笔分别搭在电源滤波电感器的第一对引脚上，检测两引脚间的阻值，如图 5-37 所示。

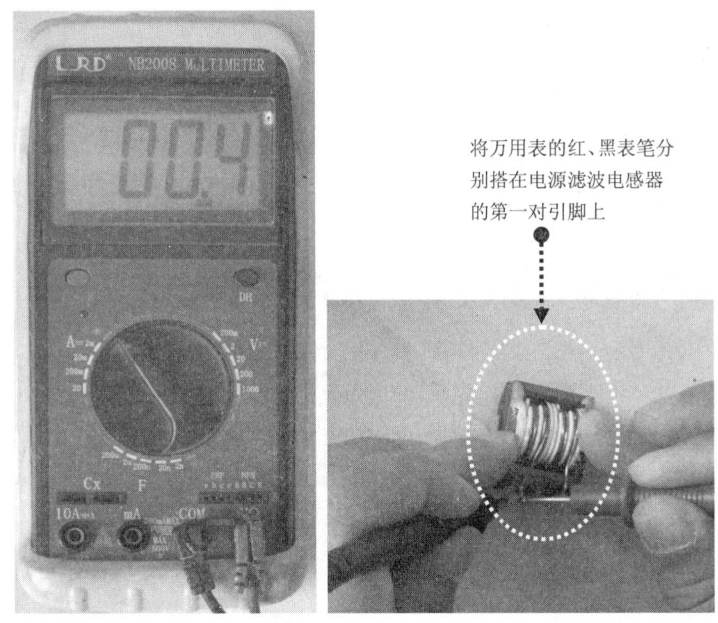

图 5-37　电源滤波电感器第一对引脚间电阻的测量

（5）将万用表的红、黑表笔分别搭在电源滤波电感器的另一对引脚上，检测两引脚间的阻值，如图 5-38 所示。

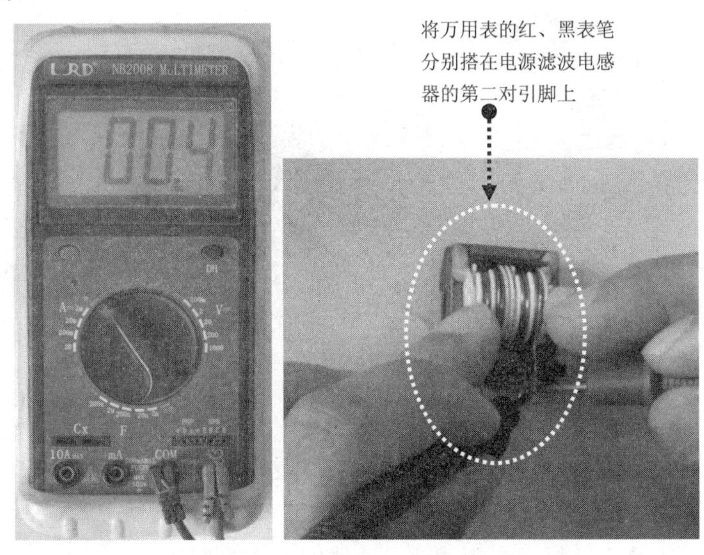

图 5-38　电源滤波电感器第二对引脚间电阻的测量

由于两次检测电源滤波电感器的阻值都非常接近于 0，因此可以判断该电源滤波电感器没有断路故障。

（6）选择万用表的“200M”挡，检测电感器的线圈引线与线圈引线之间的阻值，如图 5-39 所示，正常情况下二者之间的阻值应为无穷大。

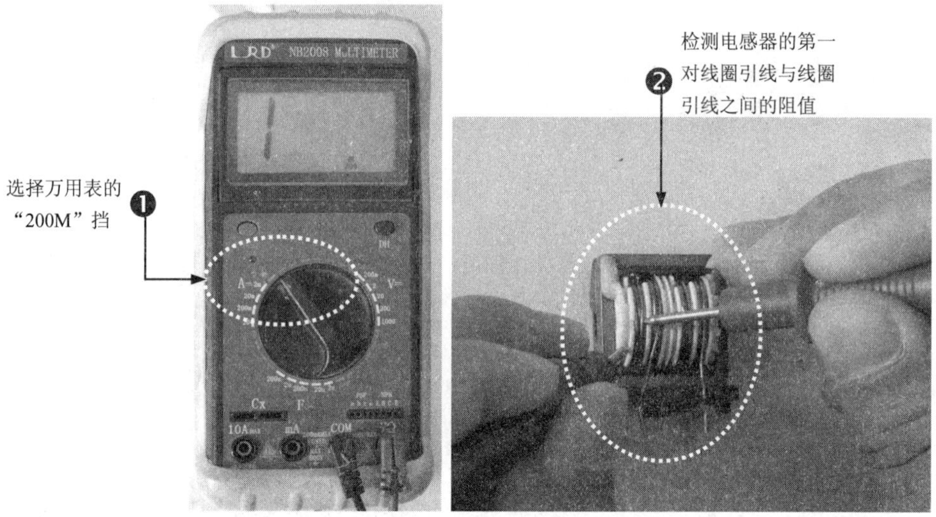

（a）第一对引脚线圈引线与骨架之间的阻值的检测

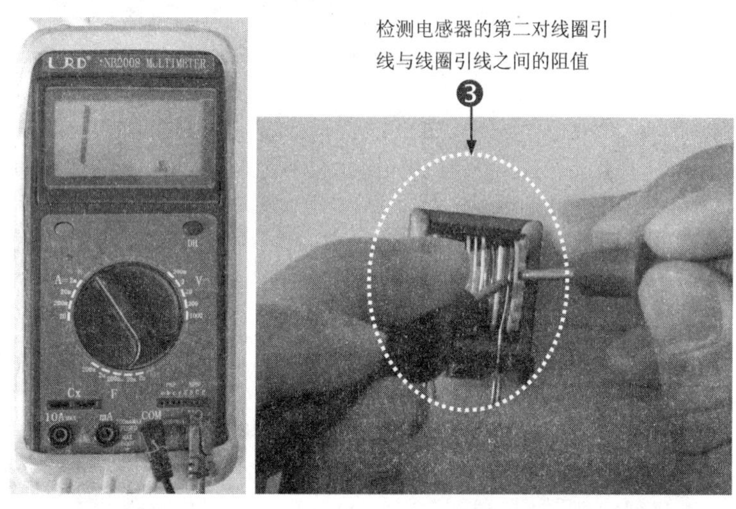

（b）第二对引脚线圈引线与骨架之间的阻值的检测

图 5-39　电感器的线圈引线与骨架之间的阻值的检测

经测量，线圈引线与线圈引线之间的阻值确实为无穷大，因此该电源滤波电感器是正常的。

2．检测电路板中的电源滤波电感器（指针万用表）

用指针式万用表检测电路板中电源滤波电感器的方法如下：

（1）首先断开电路板的电源，接着对电源滤波电感器进行观察，看待测电感器是否发生损坏，有无烧焦、虚焊等情况好的电感器线圈绕线应排列有序，不松散、不会变形。如果可以看出有明显的物理故障，则电感器已不能正常使用。

（2）如果待测电源滤波电感器外观没有明显损坏，用电烙铁将待测电源滤波电感器从电路板上焊下，并清洁电源滤波电感器的四只引脚，去除引脚上存留的污物以确保测量时的准确性。

（3）将指针式万用表旋至欧姆挡的“R×1”挡，然后短接进行调零校正。

（4）将万用表的红、黑表笔分别搭在电源滤波电感器的第一、二对引脚上，检测引脚间的阻值，如图 5-40 所示。

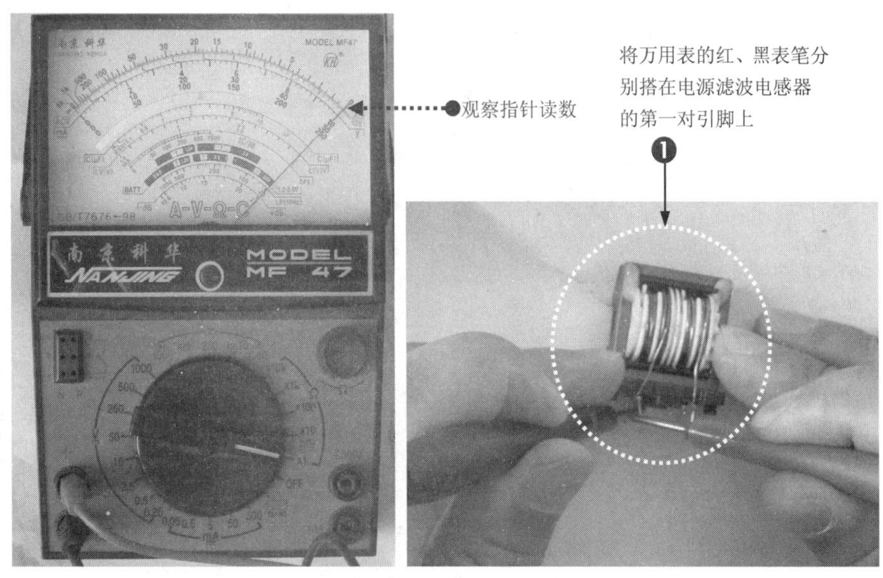

（a）第一对引脚间电阻的测量

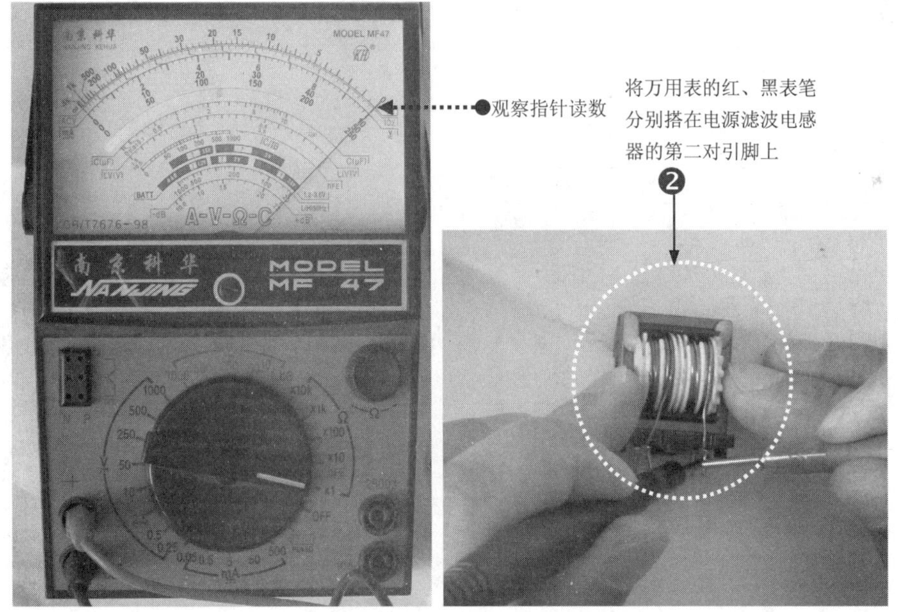

（b）第二对引脚间电阻的测量

图 5-40　电源滤波电感器引脚间电阻的测量

由于两次检测电源滤波电感器的阻值都非常接近于 0，因此可以判断该电源滤波电感器没有断路故障。

（5）选择万用表的“R×10k”挡，检测电感器的线圈引线与线圈引线之间的阻值，如图 5-41

所示，正常情况下二者之间的阻值应为无穷大。

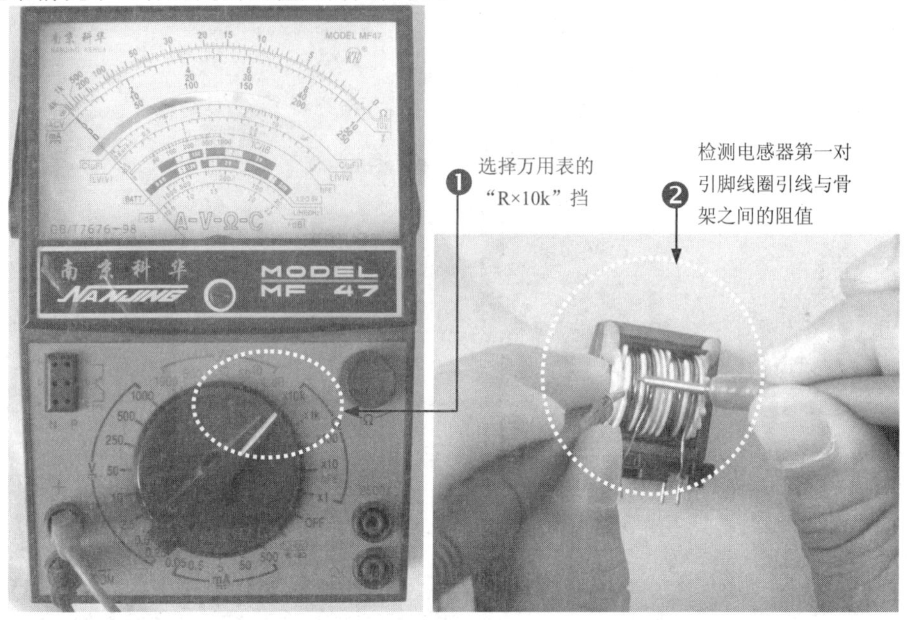
❶ 选择万用表的“R×10k”挡
❷ 检测电感器第一对引脚线圈引线与骨架之间的阻值

（a）第一对引脚线圈引线与骨架之间的阻值的检测

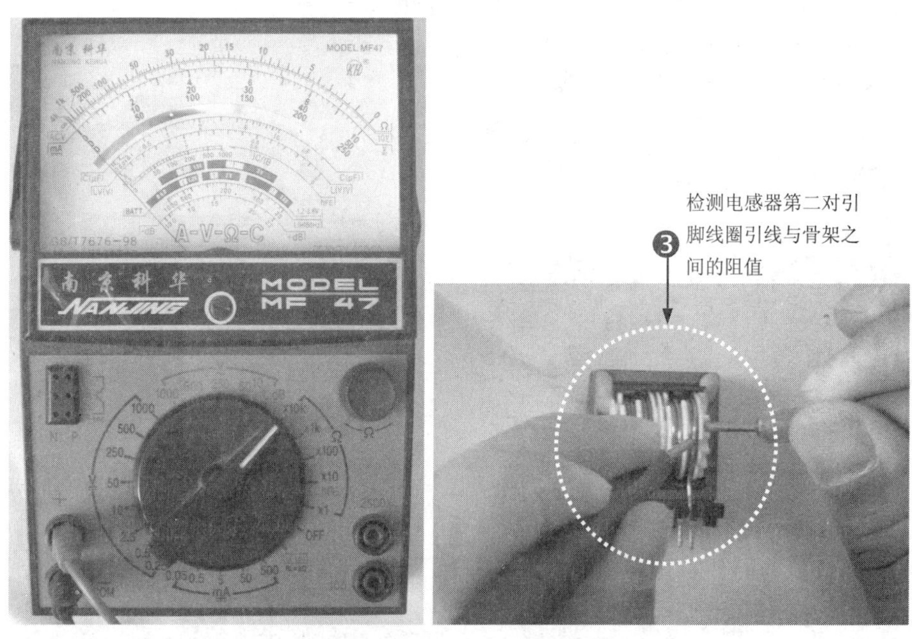
❸ 检测电感器第二对引脚线圈引线与骨架之间的阻值

（b）第二对引脚线圈引线与骨架之间的阻值的检测

图 5-41　电感器的线圈引线与骨架之间的阻值的检测

经测量，线圈引线与线圈引线之间的阻值确实为无穷大，因此该电源滤波电感器是正常的。

5.9.3 封闭式电感器检测实训

封闭式电感是一种将线圈完全密封在一绝缘盒中制成的。这种电感减少了外界对其自身的影响，性能更加稳定。封闭式电感可以使用数字万用表测量，也可以使用指针式万用表进行检测，为了测量准确，可对电感器采用开路测量。由于封闭式电感器结构的特殊性，只能对电感器引脚间的阻值进行检测以判断其是否发生断路。

1．检测主板中的封闭式电感器（数字万用表）

用数字式万用表检测电路板中封闭式电感器的方法如下：

（1）首先断开电路板的电源，接着对封闭式电感器进行观察，看待测电感器是否有无烧焦、虚焊等情况；如果有，则电感器可能已发生损坏。如图 5-42 所示为一待测封闭式电感。

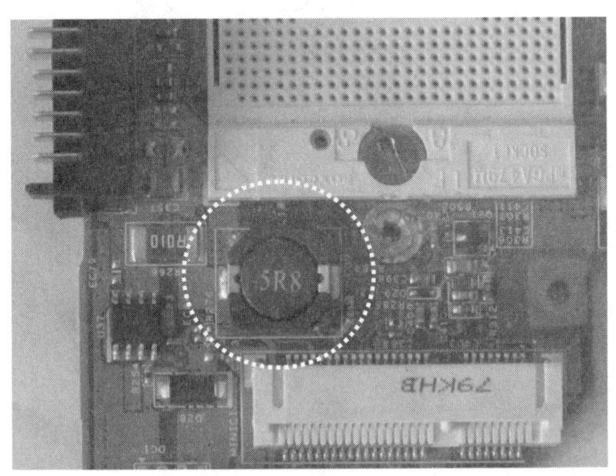

图 5-42　待测封闭式电感

（2）如果待测封闭式电感器外观没有明显损坏，用电烙铁将待测封闭式电感器从电路板上焊下，并清洁封闭式电感器两端的引脚，去除两端引脚上存留的污物，确保测量时的准确性。拆焊封闭式电感器的方法如图 5-43 所示。

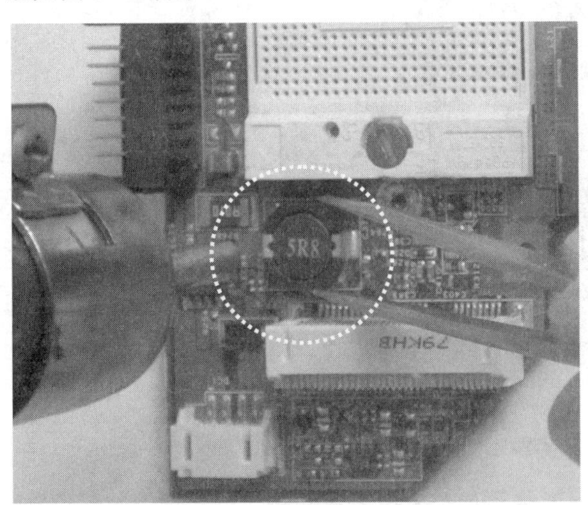

图 5-43　拆焊封闭式电感器的方法

（3）将数字万用表旋至欧姆挡的“200”挡，如图 5-44 所示。

图 5-44　万用表挡位的选择

（4）将万用表的红、黑表笔分别搭在待测封闭式电感器两端的引脚上，检测两引脚间的阻值，如图 5-45 所示。

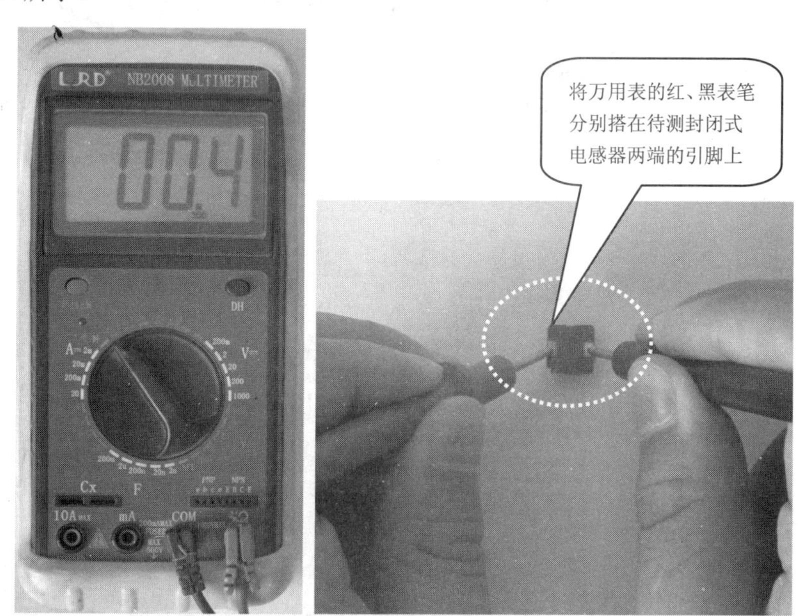

图 5-45　封闭式电感器的测量

由于测得封闭式电感器的阻值非常接近于 00.0，因此可以判断该电感器没有断路故障。

2．检测主板中的封闭式电感器（指针万用表）

用指针式万用表检测电路板中封闭式电感器的方法如下：

（1）首先断开电路板的电源，接着对封闭式电感器进行观察，看待测电感器是否有无烧焦、虚焊等情况；如果有，则电感器可能已发生损坏。

（2）如果待测封闭式电感器外观没有明显损坏，用电烙铁将待测封闭式电感器从电路板上焊下，并清洁封闭式电感器两端的引脚，去除两端引脚上存留的污物以确保测量时的准确性。

（3）将指针式万用表旋至欧姆挡的“R×1”挡，然后短接进行调零。

（4）将万用表的红、黑表笔分别搭在磁环电感器两端的引脚上，检测两引脚间的阻值，如图 5-46 所示。

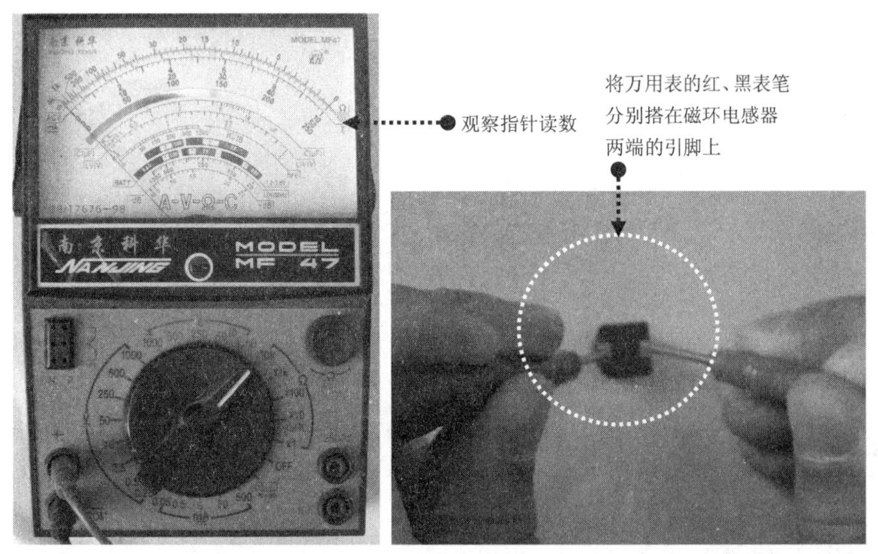
观察指针读数
将万用表的红、黑表笔
分别搭在磁环电感器
两端的引脚上
MODEL
MF 47
NANJING

图 5-46　封闭式电感器的测量

由于测得封闭式电感器的阻值非常接近于 0，因此可以判断该电感器没有断路故障。

第 6 章　变压器的实用知识、常用电路、故障判断与检测代换

我们身边经常用的手机电源以及各种设备的电源中都会采用的一个元件，就是变压器。变压器是电压变换的一个重要元件，同时也是故障易发的元件。要掌握变压器的维修检测方法，首先要掌握各种变压器的构造、特性、参数、标注规则等基本知识，然后还需掌握变压器在电路中的应用特点，变压器好坏检测、代换方法等内容，本章将一一讲解。

6.1 变压器的功能及分类

6.1.1 变压器的介绍

变压器是一种常用的电气设备。无论是在电力设备，还是在各种电子设备中，都有极其广泛的应用。变压器是一种用于电能转换的电器设备，它可以把一种电压的交流电能转换成相同频率的另一种电压的交流电能，使电能的传输、分配和使用更加安全经济。变压器工作原理简单，但根据使用场合的不同绕制工艺也会有所改变。电路中常见的变压器如图 6-1 所示。

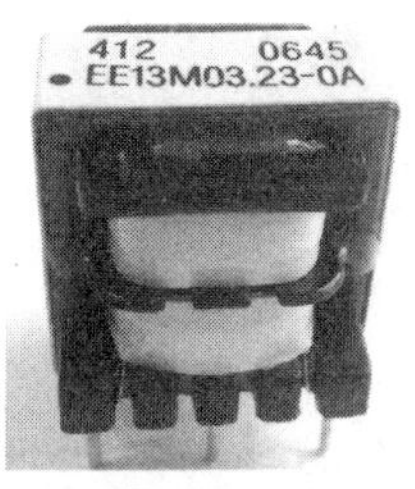

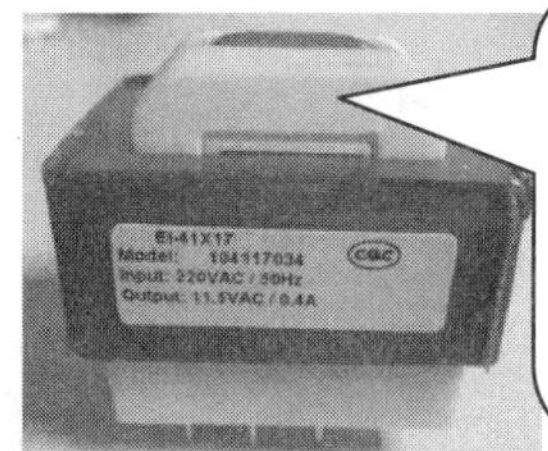

变压器的主要功能有：电压变换、稳压、阻抗变换、隔离等，变压器的绕制一般选用E形和C形的铁芯

图 6-1　变压器

6.1.2 变压器的表示符号

在电路中变压器常用字母“T”表示，其图形符号如图 6-2 所示。

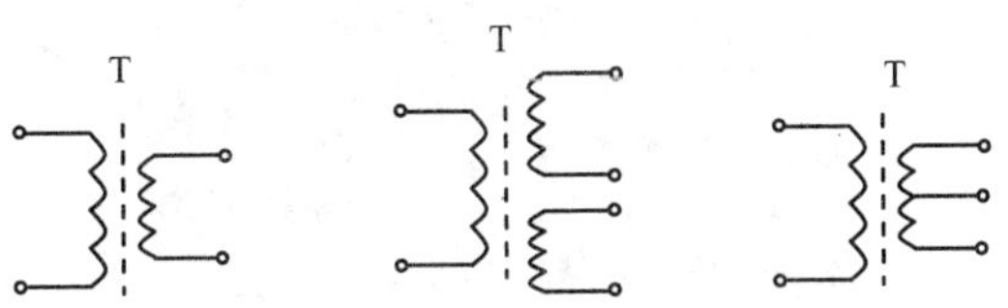

图 6-2　变压器的图形符号

6.1.3 变压器的分类

变压器的种类很多，分类方式也不一。一般可以按冷却方式、绕组数、防潮方式、电源相数或用途进行划分。

如果按冷却方式划分，变压器可以分为油浸（自冷）变压器、干式（自冷）变压器和氟化物（蒸发冷却）变压器。

如果按绕组数划分，变压器可以分为双绕组、三绕组、多绕组变压器以及自耦变压器等。

如果按防潮方式划分，变压器可以分为开放式变压器、密封式变压器和灌封式变压器。

如果按铁芯或线圈结构划分，变压器可以分为壳式变压器、芯式变压器、环型变压器、金属箔变压器。

如果按电源相数划分，变压器可以分为单相变压器、三相变压器、多相变压器。

如果按用途划分，变压器可以分为电源变压器、调压变压器、高频变压器、中频变压器、音频变压器和脉冲变压器。

下面对几种电路中常见的变压器给出介绍。

1. 电源变压器

电源变压器的主要功能是功率传送、电压变换和绝缘隔离，作为一种主要的软磁电磁元件，在电源技术和电力电子技术中被广泛应用。图 6-3 所示为常用电源变压器。

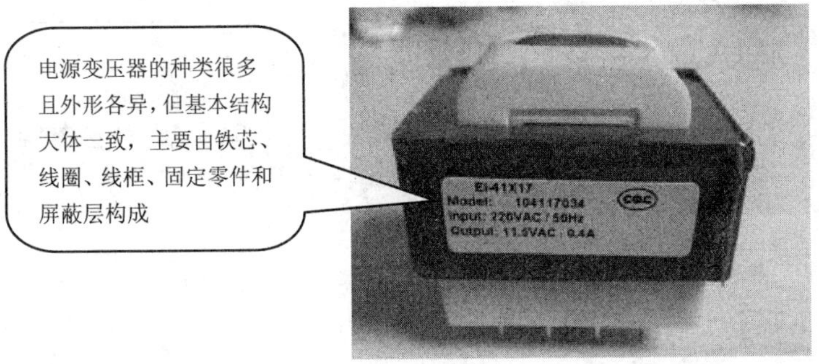

电源变压器的种类很多且外形各异，但基本结构大体一致，主要由铁芯、线圈、线框、固定零件和屏蔽层构成
EI-41X17
Input: 220VAC / 50Hz

图 6-3　常用电源变压器

2. 音频变压器

音频变压器又称低频变压器，是一种工作在音频范围内的变压器，常用于信号的耦合以及阻抗的匹配。在一些纯供放电路中，对变压器的品质要求比较高。图 6-4 所示为常用音频变压器。

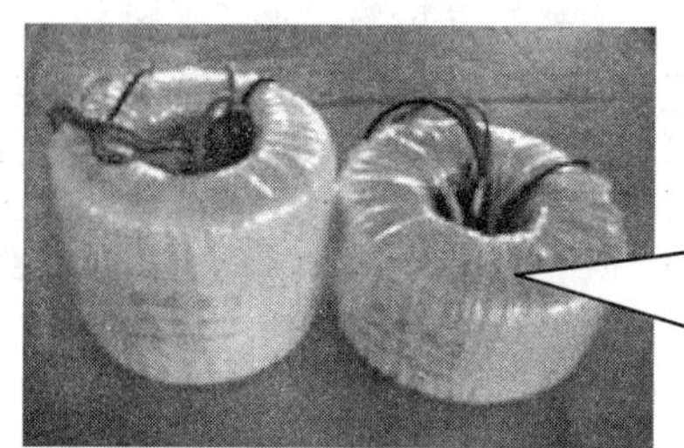

音频变压器主要分为输入变压器和输出变压器，通常它们分别接在功率放大器输出级的输入端和输出端

图 6-4　音频变压器

3．中频变压器

中频变压器又被称做“中周”，是超外差式收音机特有的一种元件。整个结构都装在金属屏蔽罩中，下有引出脚，上有调节孔。图 6-5 所示为为常见中频变压器。

中频变压器不仅具有普通变压器变换电压、电流及阻抗的特性，还具有谐振某一特定频率的特性

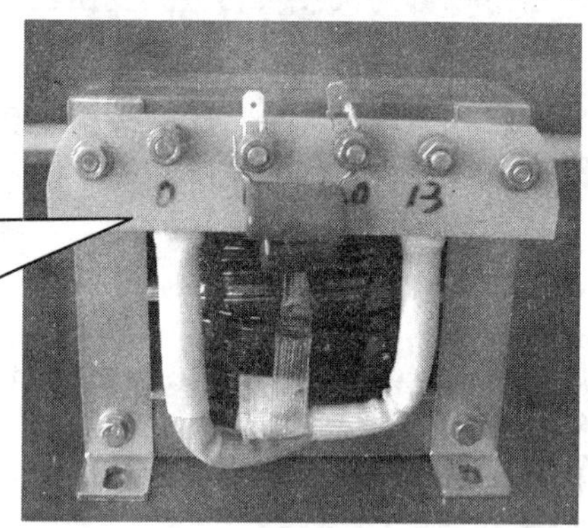

图 6-5　中频变压器

4．高频变压器

高频变压器通常是指工作于射频范围的变压器，又叫做开关变压器，主要应用于开关电源中。通常情况下，开关变压器的体积都很小。图 6-6 所示为常见高频变压器。

高频变压器的磁芯虽然小，最大磁通量也不大，但其工作在高频状态下时磁通量的改变非常迅速，所以能够在磁芯小、线圈匝数少的情况下产生足够电势

图 6-6　高频变压器

6.2 变压器的重要参数及标注方法解读

6.2.1 变压器的命名

国产变压器型号命名一般由三个部分构成。第一部分表示名称用字母表示；第二部分表示

变压器的额定功率部分用数字表示，计量单位用 VA 或 W 标志，但 RB 型变压器除外；第三部分为序号，用数字表示，如图 6-7 所示。

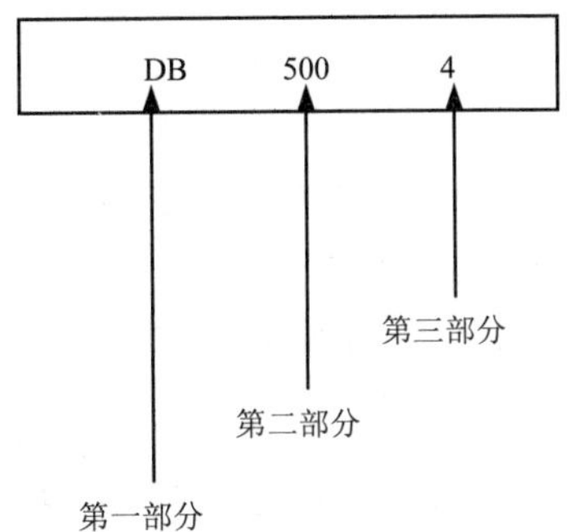

图 6-7　敏感电阻命名示意图

- 第一部分为名称，DB 表示电源变压器。
- 第二部分为变压器的功率，用数字直接表示。
- 第三部分为序号。

例如，某电源变压器的上标出 DB-50-2。DB 表示电源变压器；50 表示额定功率为 50VA；2 表示产品的序号。

为了方便读者查阅，我们通过表 6-1 所示为大家列出了变压器主称部分字母意义对照表。

表 6-1　变压器主称部分字母意义对照表

字　母	意　义
CB	音频输出变压器
DB	电源变压器
GB	高压变压器
HB	灯丝变压器
RB	音频输入变压器
SB 或 EB	音频输送变压器

6.2.2 变压器的常用参数

变压器在工作电路中起着十分重要的作用，了解变压器的性质将有助于我们更好地使用和解决与变压器相关的故障。变压器的常用的参数主要如下。

1. 电压比

如果忽略铁芯和线圈的损耗，设变压器的初级线圈匝数为 N_1，次级线圈匝数为 N_2。在初级线圈上加一交流电压 U_1 后，在次级线圈两端产生的感应电动势 U_2 与 N_1 和 N_2 有如下关系：

$$U_1/U_2=N_1/N_2=n;\quad U_2=U_1N_2/N_1$$

式中 n 为变压比。

变压比 $n<1$ 的变压器主要用做升压；

变压比 $n>1$ 的变压器主要用做降压；

变压比 $n=1$ 的变压器主要用做隔离电压。

2. 额定功率

额定功率是指变压器长期安全稳定工作所允许负载的最大功率。次级绕组的额定电压与额定电流的乘积称为变压器的容量，即为变压器的额定功率，一般用 P 表示。变压器的额定功率为一定值，由变压器的铁芯大小、导线的横截面积这两个因素决定。铁芯越大，导线的横截面积越大，变压器的功率也就越大。

3. 变压器的额定频率

变压器的额定频率是指在变压器设计时确定使用的频率，变压器铁芯的磁通密度与频率密切相关。

4. 绝缘电阻

绝缘电阻表示变压器各线圈之间、各线圈与铁芯之间的绝缘性能。绝缘电阻的高低与所使用的绝缘材料的性能、温度高低和潮湿程度有关。变压器的绝缘电阻越大，性能越稳定。

绝缘电阻=施加电压/漏电电流

5. 空载电压调整率

电源变压器的电压调整率是表示变压器负载电压与空载电压差别的参数。电压调整率越小，表明电压器线圈的内阻越小，电压稳定性越好。

电压调整率=（空载电压-负载电压）/空载电压

6. 变压器的效率

在额定功率时，变压器的输出功率和输入功率的比值叫做变压器的效率，即：

$$\eta = P_2 / P_1$$

式中 η 为变压器的效率，P_1 为输入功率，P_2 为输出功率。

7. 频率响应

频率响应，该参数是用来衡量变压器传输不同频率信号的能力。

在高频和低频段，由于初级绕组的电感、漏电等会造成变压器传输信号的能力下降，使频率响应变差。

8. 温升

温升指变压器通电后，当其工作温度上升到稳定值时，高出环境温度部分的数值。温升越小，变压器的使用就越安全。

该参数一般针对有功率输出要求的变压器，如电源变压器，此时要求变压器的温升越小越好。

6.2.3 变压器的标注方法

变压器一般都采用直接标注法，将额定电压、额定功率、额定频率等用字母和数字直接标注在变压器上。下面我们通过例子加以说明：

（1）某音频输出变压器的次级线圈引脚处标有 10Ω 的字样，说明这一变压器的次级线圈负载阻抗为 10Ω，只能接阻抗为 10Ω 的负载。

（2）某电源变压器的上标出 DB-60-4。DB 表示电源变压器；60 表示额定功率为 60VA；4 表示产品的序号。

（3）有的电源变压器还会在外壳上标出变压器各线圈的结构，然后在各线圈符号上标出电压数值以说明各线圈的输出电压。

6.3 变压器的作用与工作原理

6.3.1 变压器的作用

变压器是一种交流电能的变换装置，能将某一数值的交流电压、电流转变为同频率的另一数值的交流电压，电流、使电能传输、分配和使用，做到安全经济。

小知识：电能在长途运输时，通常为了减少能量的损失，采用输送电压的方法，而不是直接将电流输送到用户。原因在于电流经过电阻时会产生热量而造成能量损失。

6.3.2 变压器的结构

通常情况下，变压器是由闭合的铁芯及铜质漆包线制成的线圈构成。铁芯的作用是构成磁路，其通常由绝缘的硅钢片或铁氧体材料压制成一定形状的片状，然后叠积而成。绕组的作用是构成电路，通常用漆包铜线绕制，绕的圈数称为匝，用 N 表示。根据用途的不同，需要不同的绕制工艺布来制作，绕组的多少及线圈的匝数决定着变压器的功能。

在使用中，有一个绕组与电源相连通，称为初级绕组，简称初级，初级绕组的匝数用 N_1 表示；与负载相连通的绕组称为次级绕组，简称次级，次级绕组的匝数用 N_2 表示。初级、次级绕组套装在由铁芯构成的同一闭合磁路中。为适应不同的需要，次级绕组可以由两个或多个构成。

6.3.3 变压器的工作原理

当一个正弦交流电压 U_1 加在变压器初级线圈的两端时，导线中就产生了交变电流 I_1，并在线圈 N_1 中产生交变磁通 ϕ_1，ϕ_1 沿着铁心穿过次级线圈 N_2 形成闭合的磁路。在次级线圈中变感应出互感电动势 U_2。同时 ϕ_1 也会在初级线圈上感应出一个自感电动势 E_1，E_1 的方向与所加电压 U_1 方向相反而幅度相近，从而抑制了初级线圈中的电流。为了保持 $\phi 1$ 的存在往往会消耗一部分电能。尽管次级线圈没接负载，但在初级线圈中仍会有一定的电流，这个电流被称为“空载电流”。

当次级接上负载时，次级线圈就形成了闭合电路，此时次级电路变产生了电流 I_2。前面我们讲过如果不计铁芯和线圈的损耗，输入与输出电压间的有这么一个关系：$U_1/U_2=N_1/N_2$，这样输出电压值可以计算出来，I_2 也就可求了。

6.4 电源变压器应用电路分析

电源变压器电路都是指电子电路中用来降低 220V 电压的工作电路，图 6-8 所示是电路板中一种最简单的电源变压器电路示意图。图中的 S 是电源开关、T 是电源变压器、VD 是整流二极管。T 的初级线圈是 220V 交流市电的输入端，T 的次级线圈是交流低压的输出端，这一电压被加到整流二极管 VD 的正极。

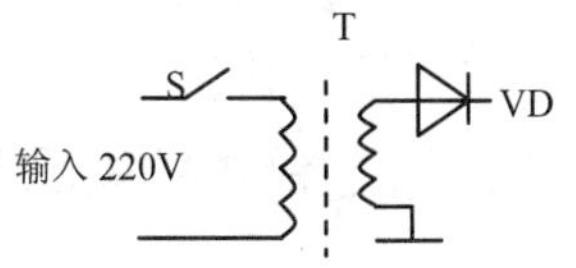

图 6-8　简易电源变压器电路示意图

当 S 闭合时，220V 交流市电就会加到电源变压器 T 的初级线圈的两端，交流电流经 S 自 T 初级线圈的上端流入下端流出。此时 T 的次级线圈会感应出一较低的交流电压。经过合理调节线圈的匝数就可以将 220V 交流市电电压降低到合适的低电压。电路中电源变压器只有一组次级线圈，所示只输出一种交流电压，该电压加到整流二极管 VD，经二极管整流成直流电压再加到各工作电路中。

6.5 变压器电路常见故障判断

6.5.1 变压器初级或次级线圈出现开路故障判断

无论是变压器的初级线圈还是次级线圈发生开路，变压器次级线圈都将没有输出电压。

一般降压变压器的初级线圈较次级线圈的线径细，初级线圈更容易折断；而升压变压器则是另一种情况，次级线圈更容易发生断裂。

变压器的引线比线圈内部线路更易折断，相对于其他变压器而言电源变压器更容易出现开路故障。

6.5.2 变压器内部线圈发生短路故障判断

该故障主要是由于线圈的绝缘性不佳所引起的，电源变压器和一些工作电压较高的变压器容易出现这类故障。

初级线圈发生短路时相当于减少了初级线圈的匝数，输出电压将增大；当次级线圈发生短路时，相当于次级线圈被减少了，此时次级线圈的输出电压将下降。

6.5.3 变压器漏电故障判断

变压器发生漏电故障的主要原因是因为线圈与铁芯之间的绝缘发生损坏，变压器的外壳将带电，电源变压器出现这一故障时将非常危险。

6.5.4 变压器发热故障判断

变压器发热故障主要发生在电源变压器、输出功率比较大和工作电压比较高的变压器中，变压器在正常工作时虽然有些温度，但如果达到烫手的程度就应视为一种故障。

6.5.5 变压器响声大障判断

正常情况下，变压器在工作时不应有响动。声音源于振动，如果有响动说明变压器的铁芯出现了松动或者是出现了过载现象。

6.5.6 变压器线圈返潮故障判断

线圈返潮故障一般发生在中频或高频变压器中，线圈受潮后变压器性能将受到明显的影响，比如变压器的 Q 值发生下降。

6.6 变压器的检测方法

变压器检测方法如下：

（1）打开变压器外壳，观察变压器核心有无明显的异常。如线圈是否出现露线，铁芯是否有晃动，线圈引线是否存在折断，绝缘材料是否有明显的磨损等。

（2）通过标识分辨出哪个是初级线圈哪个次级线圈。初级线圈组多标有 220V 字样，次级线圈组则标出输出电压值，如 20V、48V 等。再根据这些标记进行识别。

（3）将指针万用表置于“R×1”挡，对线圈的通断进行检测。若测得某个线圈的电阻值为无穷大，则说明此线圈出现断路的故障。

（4）用指针万用表的“R×10k”挡分别检测铁心与初级线圈、铁心与各次级线圈、初级线圈与各次级线圈、次级各线圈组间的绝缘电阻，各阻值均应为无穷大，否则说明变压器的绝缘性能不好。

（5）对空载电压进行检测，将变压器初级接入 220V 电压，用万用表交流电压接依次测出各线圈组的空载电压，应该符合标识。一般高压线组允许偏差为±10%，低压线圈组允许偏差为±5%。

6.7 变压器的选配与代换方法

6.7.1 电源变压器选配与代换方法

在对电源变压器进行代换时，只要其铁心材料、输出功率和输出电压相同，通常是能够直接进行代换的。选择使用电源变压器时，要做到与负载电路相匹配，电源变压器应留有功率余量（输出功率应大于负载电路的最大余量）。输出电压应与负载电路供电部分交流输入电压相同。常见电源电路，可选择使用“E”型铁心电源变压器。对于高保真音频功率放大器电源电路，最好使用“C”型变压器或环型变压器。

6.7.2 行输出变压器选配与代换方法

一般电视机行输出变压器损坏后，应尽量选择及使用原机型号同参数的行输出变压器。不同规格资料，不同型号参数的行输出变压器，其构造、引脚及二次电压值均会有所差异。

对行输出变压器进行选择时，应直观检查其磁芯是否断裂或松动，变压器外观是否有密封不严之处，还应将新的行输出变压器及原机行输出变压器对比测量使用，看引脚及内部绕组是否完全一致。

假如没有同型号参数的行输出变压器来进行更换，也可以选择使用磁芯及各绕组输出电压相同但引脚号位置不同的行输出变压器来变通代换。

6.7.3 中频变压器选配与代换方法

在对中频变压器进行选择使用时，最好选择使用同型号参数、同规格资料的中频变压器，否则将很难正常工作。

通常中频变压器有自己固有的谐振频率，调幅收音机中频变压器及调频收音机中频变压器以及电视机中频变压器之间也不能互换运用。此外，电视机中产伴音中频变压器及图像中频变压器之间也不能互换运用。

在选择时，还应对其绕组进行检验，看是否有断线或短路线圈及屏蔽罩间相碰。

假如收音机中某中频变压器损坏后，若无同型号参数中频变压器更换，也可以用其他型号参数成套中频变压器（多数为三只）代换该机整套中频变压器。代换安装时，中频变压器顺序不能装错，也不能随意调换。

6.8 变压器的检测维修实训

下面以电路板中的一个电源变压器为例进行讲解，该变压器内部结构图如图 6-9 所示。

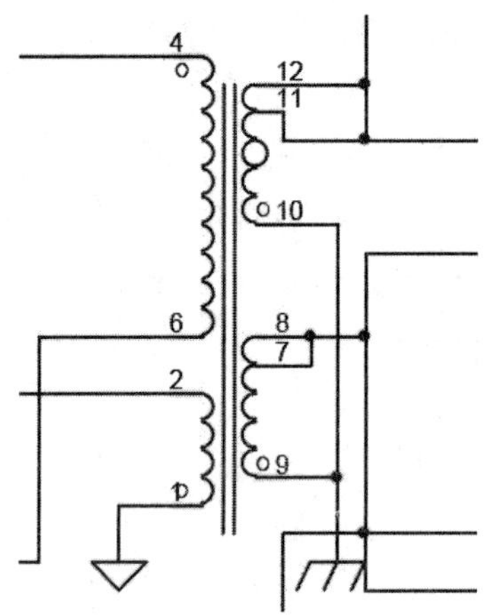

图 6-9　待测变压器内部结构

对于变压器的测量，虽然采用开路检测理论上讲会更加准确，但是对于那样烦琐的操作，其意义并不大。

6.8.1 检测电路板中的电源变压器实训（数字万用表）

用数字式万用表检测电路板中的电源变压器的步骤如下：

（1）将电路板中的电源断开，接着对电源变压器进行观察，看待测变压器是否有烧焦、虚焊等明显的物理损坏。如果有，则变压器已发生损坏。如图 6-10 所示，本次检测的电源变压器外形完好，引脚焊接牢固，因此需要进一步检测来证明该变压器是否正常。

（2）为使检测时表笔与触点之间可以确实接触，用一个小毛刷将触点表面清除干净，如图 6-11 所示。有必要的话也可用砂纸进行打磨。

（3）清洁完成后，将数字万用表的功能旋钮旋至“二极管”挡，如图 6-12 所示。

（4）将万用表的红、黑表笔分别搭在电源变压器中的初级绕组中 4 和 6 引脚，如图 6-13 所示。正常情况下应测出有一个固定阻值。

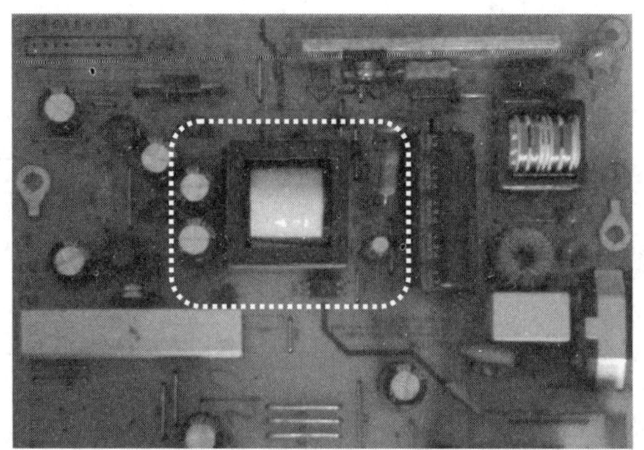

图 6-10　待测电源变压器

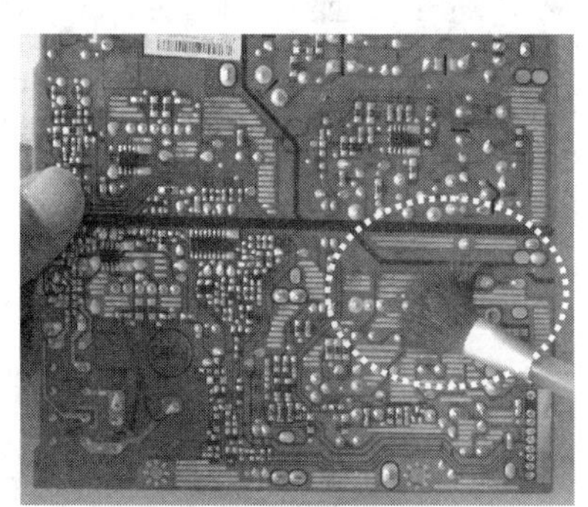

图 6-11　清洁待测变压器引脚

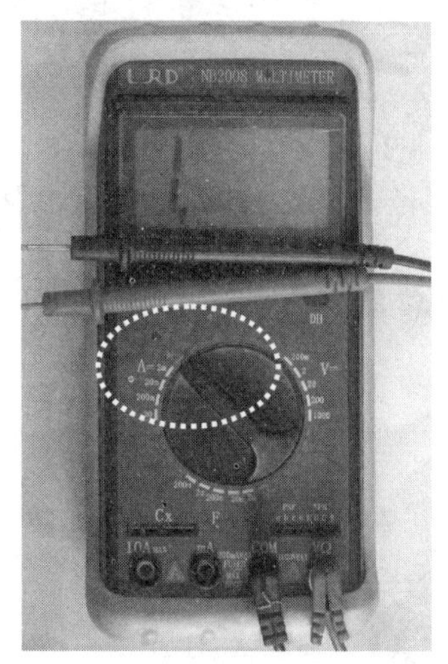

图 6-12　数字万用表的二极管挡

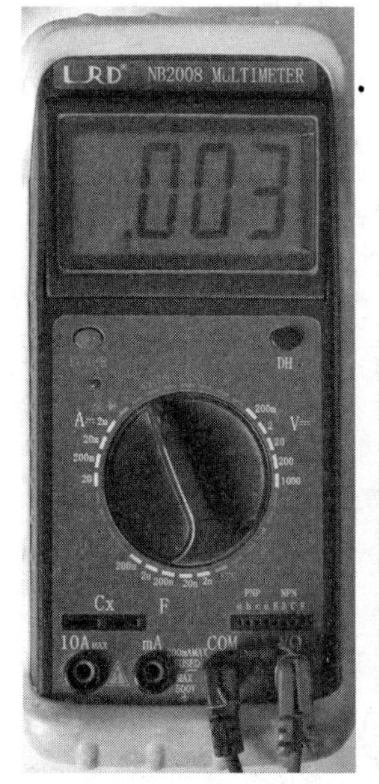

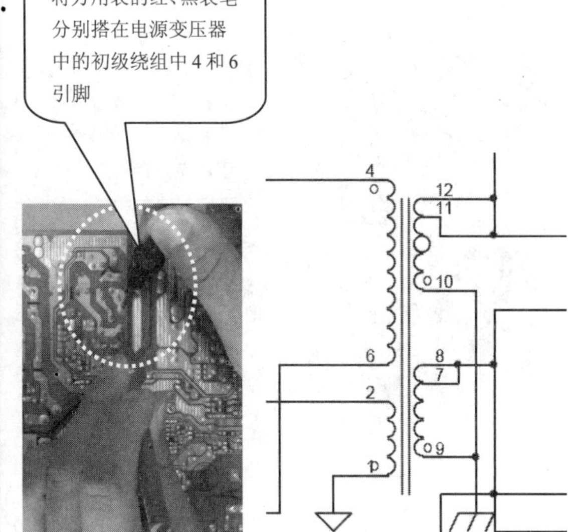

图 6-13　电源变压器 4 和 6 引脚间阻值的检测

（5）将万用表的红、黑表笔分别搭在电源变压器中的初级绕组中 1 和 2 引脚，如图 6-14 所示。正常情况下仍可以测出一定的阻值。

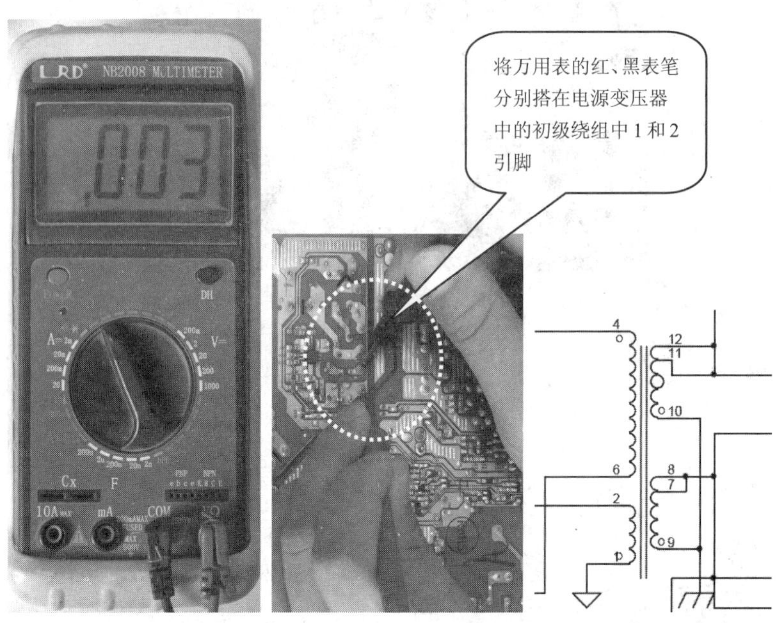

图 6-14　电源变压器 1 和 2 引脚间阻值的检测

（6）将万用表的红、黑表笔分别搭在电源变压器中的次级绕组中 11、12 和 10 引脚，如图 6-15 所示。正常情况下仍可以测出一定的阻值。

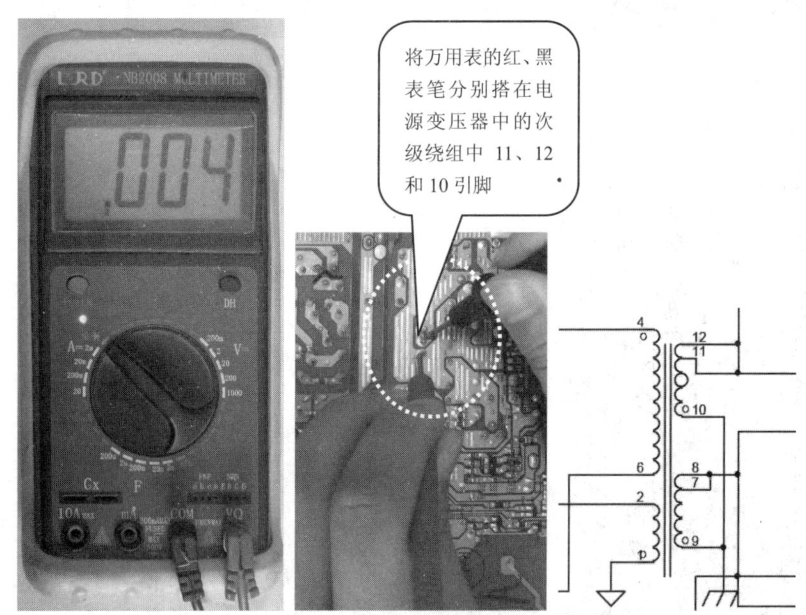

图 6-15　电源变压器 11、12 和 10 引脚间阻值的检测

（7）将万用表的红、黑表笔分别搭在电源变压器中的次级绕组中 11、12 和 8、7 引脚，如图 6-16 所示。正常情况下仍可以测出一定的阻值。

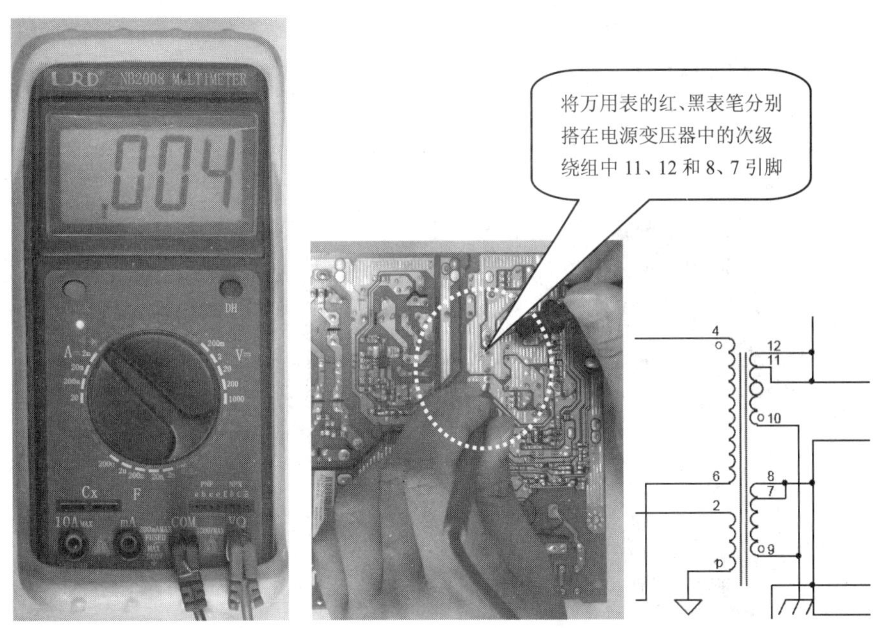

图 6-16　电源变压器 11、12 和 8、7 引脚间阻值的检测

（8）将万用表的红、黑表笔分别搭在电源变压器中的次级绕组中 11、12 和 9 引脚，如图 6-17 所示。正常情况下仍可以测出一定的阻值。

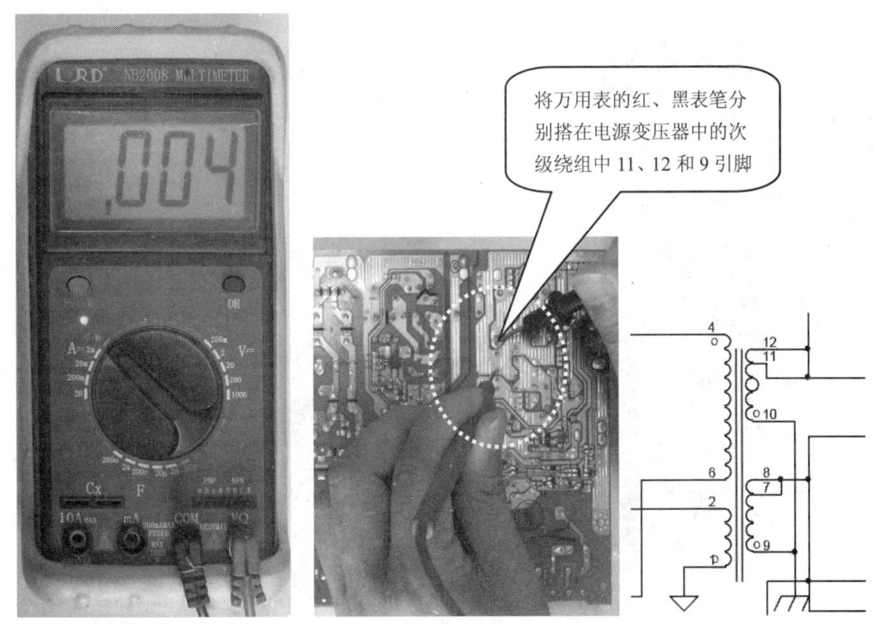

图 6-17　电源变压器 11、12 和 9 引脚间阻值的检测

（9）将万用表的红、黑表笔分别搭在电源变压器中的次级绕组中 10 和 8、7 引脚，如图 6-18 所示。正常情况下仍可以测出一定的阻值。

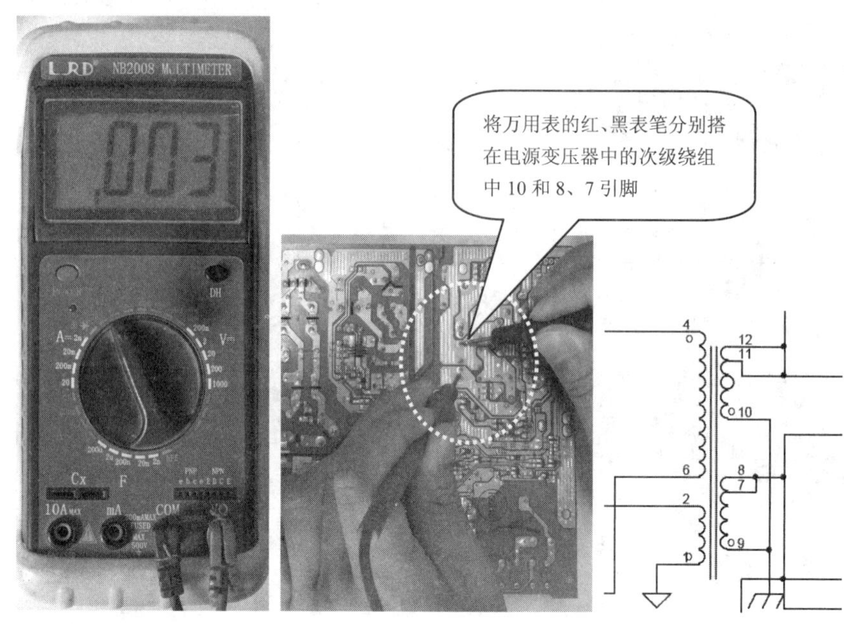

图 6-18　电源变压器 10 和 8、7 引脚间阻值的检测

（10）将万用表的红、黑表笔分别搭在电源变压器中的次级绕组中 10 和 9 引脚，如图 6-19 所示。正常情况下仍可以测出一定的阻值。

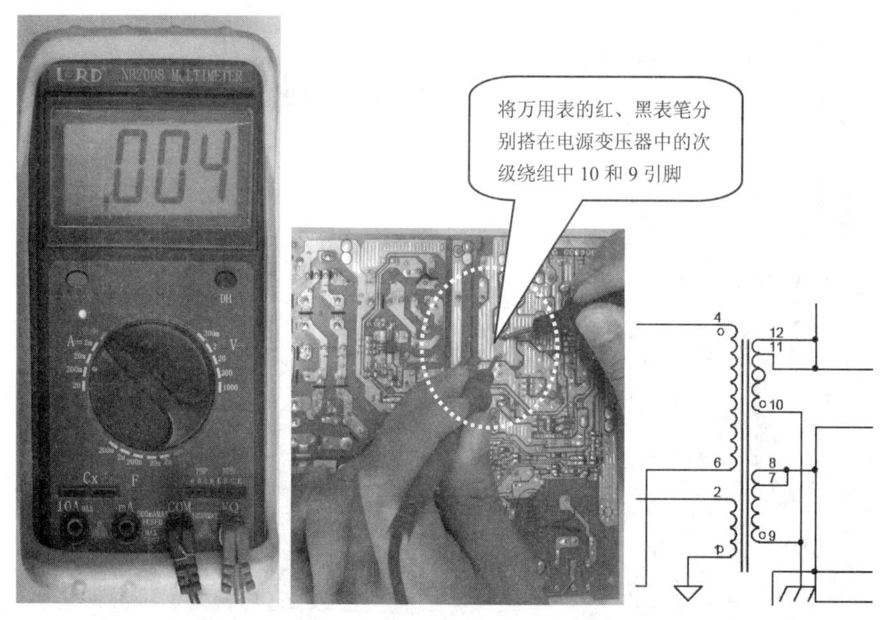

图 6-19　电源变压器 10 和 9 引脚间阻值的检测

（11）将万用表的红、黑表笔分别搭在电源变压器中的次级绕组中 7、8 和 9 引脚，如图 6-20 所示。正常情况下仍可以测出一定的阻值。

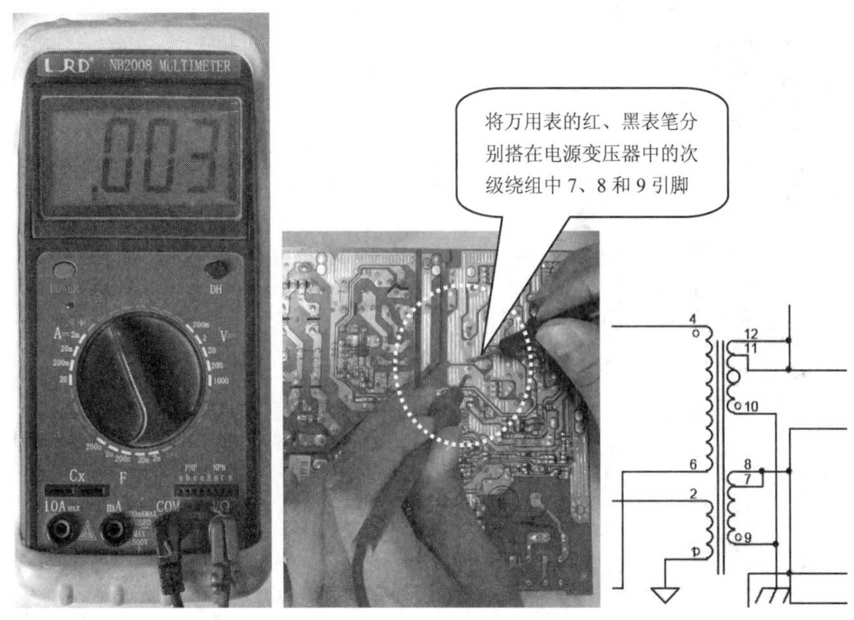

图 6-20　电源变压器 7、8 和 9 引脚间阻值的检测

经过上面对初级及次级线圈的检测可以确定该变压器没有断路故障。下面我们对变压器进行绝缘性检测，判断变压器的各线圈间的绝缘性。

（12）接下来将万用表调到“200M”挡，如图 6-21 所示。

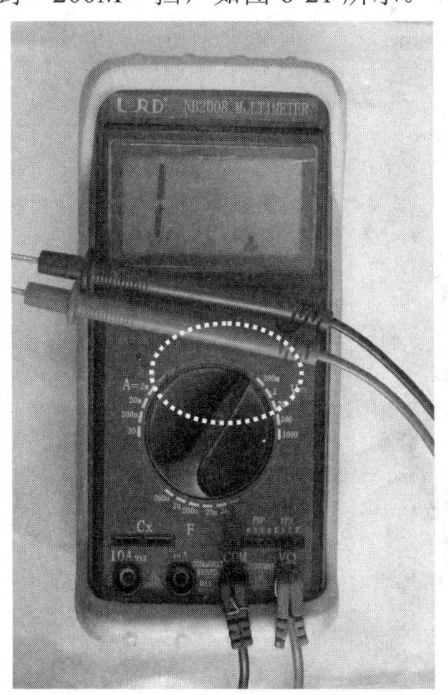

图 6-21　数字万用表欧姆挡的“200M”挡

（13）将两表笔分别接在 2 和 6 引脚，如图 6-22 所示，检测两初级线圈的绝缘性。

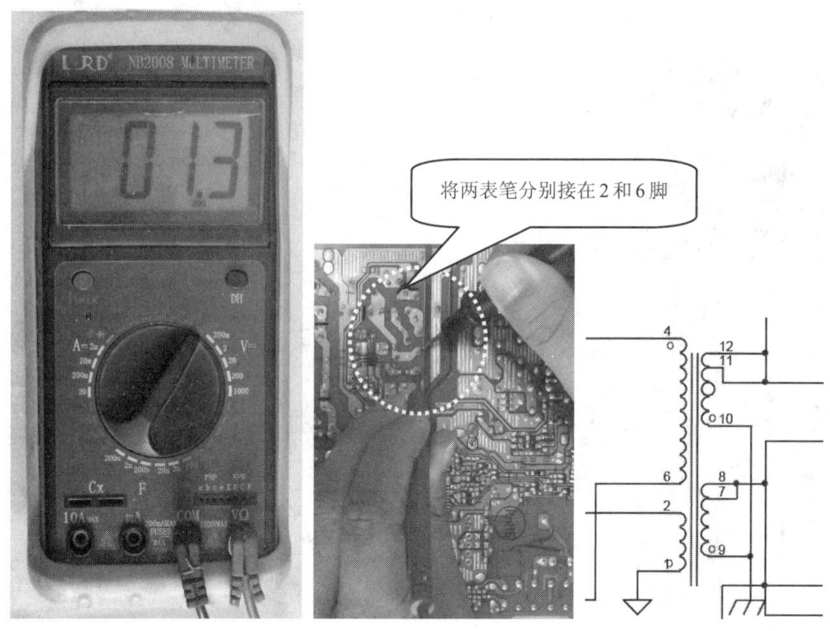

图 6-22　初级线圈的绝缘性

（14）将两表笔分别接在 6 和 10 引脚，如图 6-23 所示，检测其中一初级线圈与次级线圈的绝缘性。

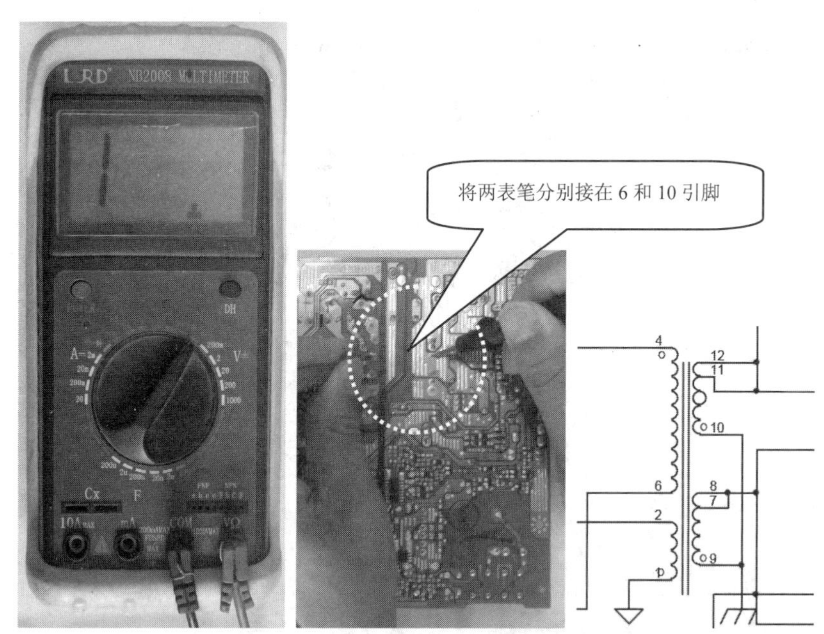

图 6-23　其中一初级线圈与次级线圈的绝缘性检测

（15）将两表笔分别接在 2 和 10 引脚，如图 6-24 所示，检测另一初级线圈与次级线圈的绝缘性。

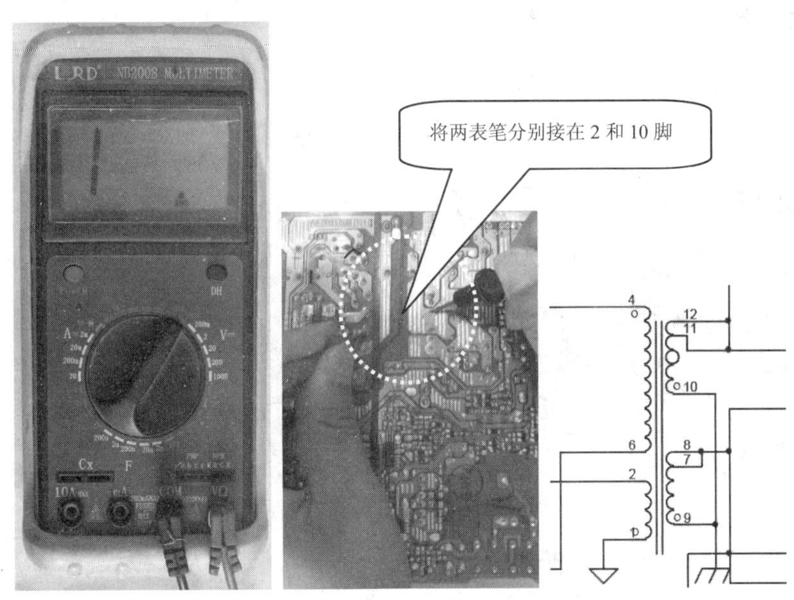

图 6-24　检测另一初级线圈与次级线圈的绝缘性

理论上各线圈之间的阻值应为无穷大，但测得两初级线圈之间的阻值为 1.3MΩ。这可能是由于 1、2 两引线通过其他回路与 4、6 引脚中的一只间接相接。而该阻值相当大，相对于与其连接的其他电路相当于开路。因此断定该变压器绝缘性良好。

6.8.2　检测电路板中的电源变压器实训（指针万用表）

用指针万用表检测电路板中电源变压器的步骤如下：

（1）将电路板中的电源断开，接着对电源变压器进行观察，看待测变压器是否有烧焦、虚焊等明显的物理损坏。如果有，则变压器已发生损坏。本次检测的电源变压器外形完好，引脚焊接牢固，因此需要进一步检测来证明该变压器是否正常。

（2）为使检测时表笔与触点之间可以确实接触，用一个小毛刷将触点表面清除干净，有必要的话也可用砂纸进行打磨。

（3）清洁完成后，将指针式万用表的功能旋钮旋至“R×1”挡，然后进行调零校正。

（4）将万用表的红、黑表笔分别搭在电源变压器中的初级绕组中 4 和 6 引脚，如图 6-25 所示。正常情况下应测出有一个固定阻值。

（5）将万用表的红、黑表笔分别搭在电源变压器中的初级绕组中 1 和 2 引脚，如图 6-26 所示。正常情况下仍可以测出一定的阻值。

（6）将万用表的红、黑表笔分别搭在电源变压器中的次级绕组中 11、12 和 10 引脚，如图 6-27 所示。正常情况下仍可以测出一定的阻值。

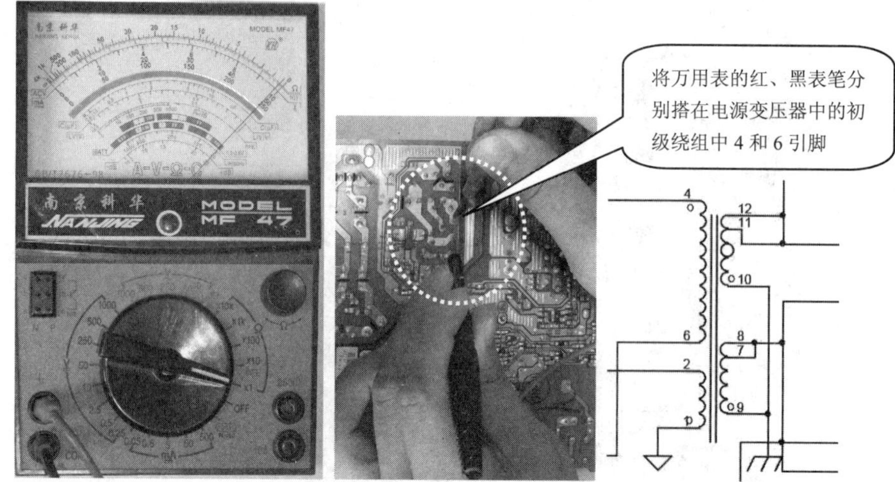

图 6-25　电源变压器 4 和 6 引脚间阻值的检测

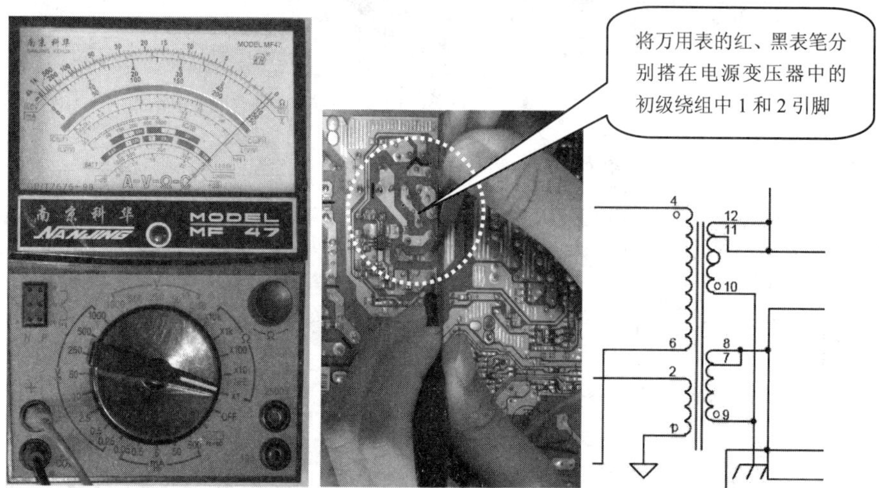

图 6-26　电源变压器 1 和 2 引脚间阻值的检测

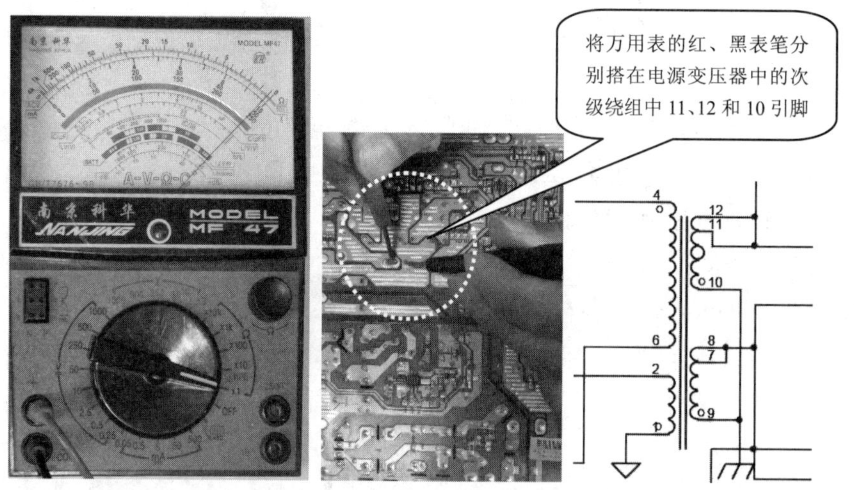

图 6-27　电源变压器 11，12 和 10 引脚间阻值的检测

（7）将万用表的红、黑表笔分别搭在电源变压器中的次级绕组中 11、12 和 8、7 引脚，如图 6-28 所示。正常情况下仍可以测出一定的阻值。

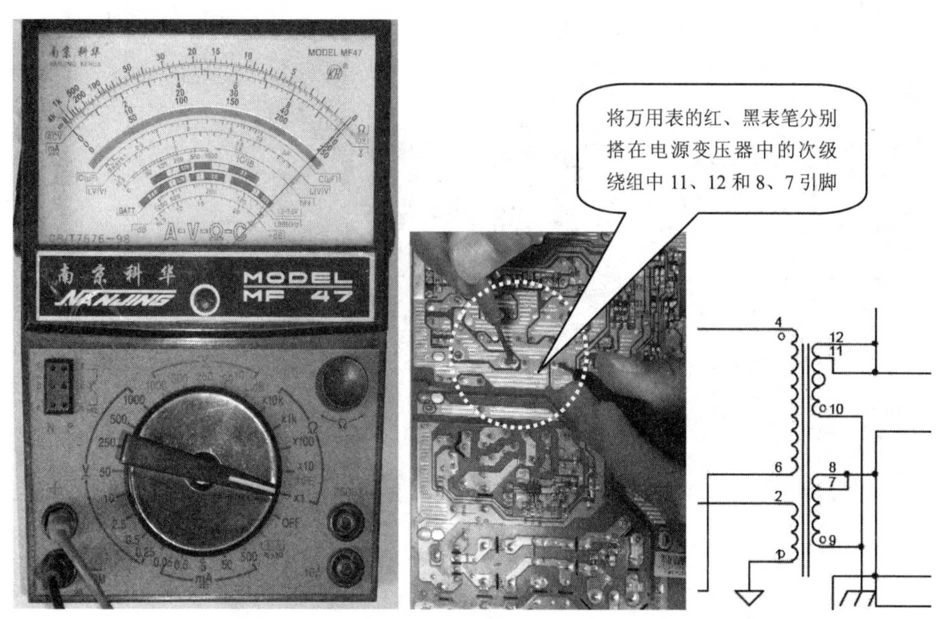

图 6-28　电源变压器 11、12 和 8、7 引脚间阻值的检测

（8）将万用表的红、黑表笔分别搭在电源变压器中的次级绕组中 11、12 和 9 引脚，如图 6-29 所示。正常情况下仍可以测出一定的阻值。

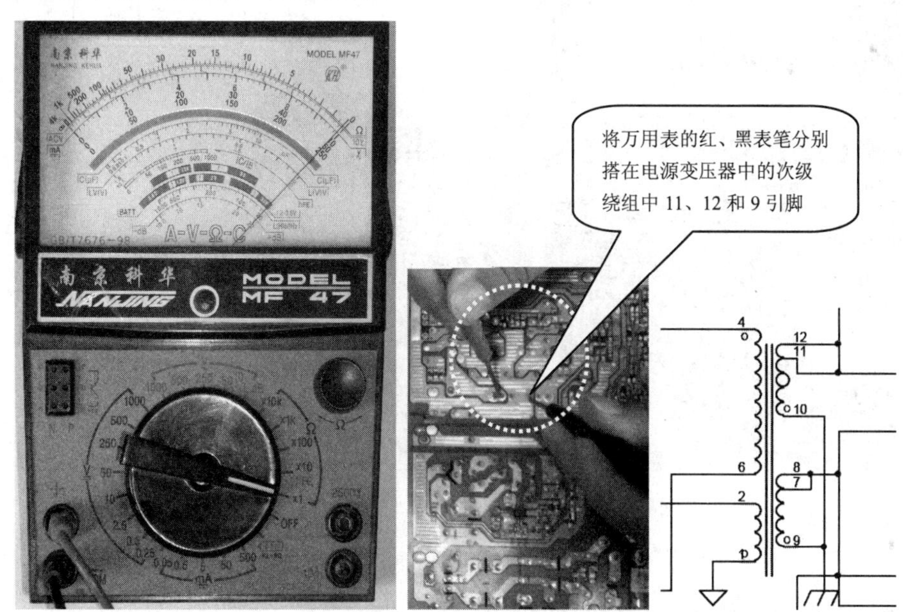

图 6-29　电源变压器 11、12 和 9 引脚间阻值的检测

（9）将万用表的红、黑表笔分别搭在电源变压器中的次级绕组中 10 和 8、7 引脚，如图 6-30 所示。正常情况下仍可以测出一定的阻值。

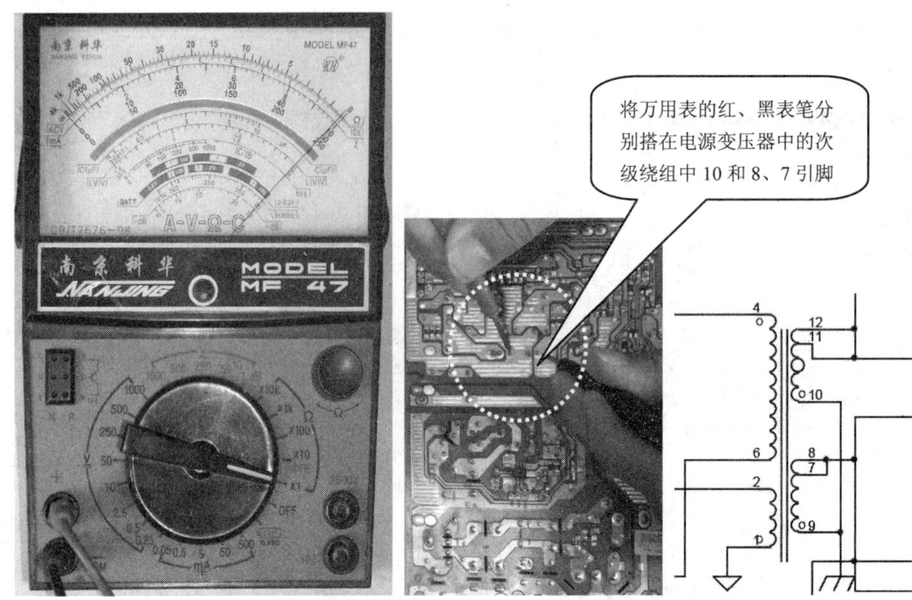

图 6-30　电源变压器 10 和 8、7 引脚间阻值的检测

（10）将万用表的红、黑表笔分别搭在电源变压器中的次级绕组中 10 和 9 引脚，如图 6-31 所示。正常情况下仍可以测出一定的阻值。

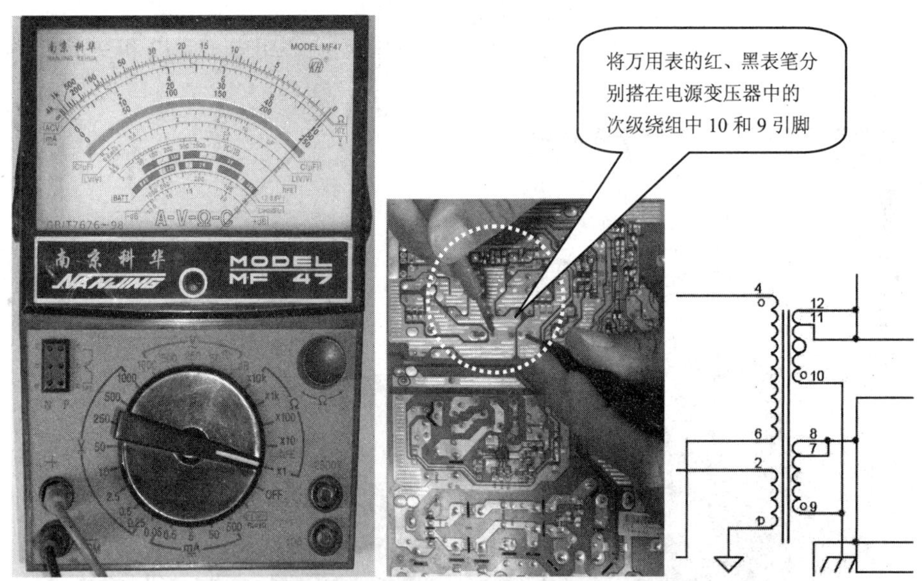

图 6-31　电源变压器 10 和 9 引脚间阻值的检测

（11）将万用表的红、黑表笔分别搭在电源变压器中的次级绕组中 7、8 和 9 引脚，如图 6-32 所示。正常情况下仍可以测出一定的阻值。

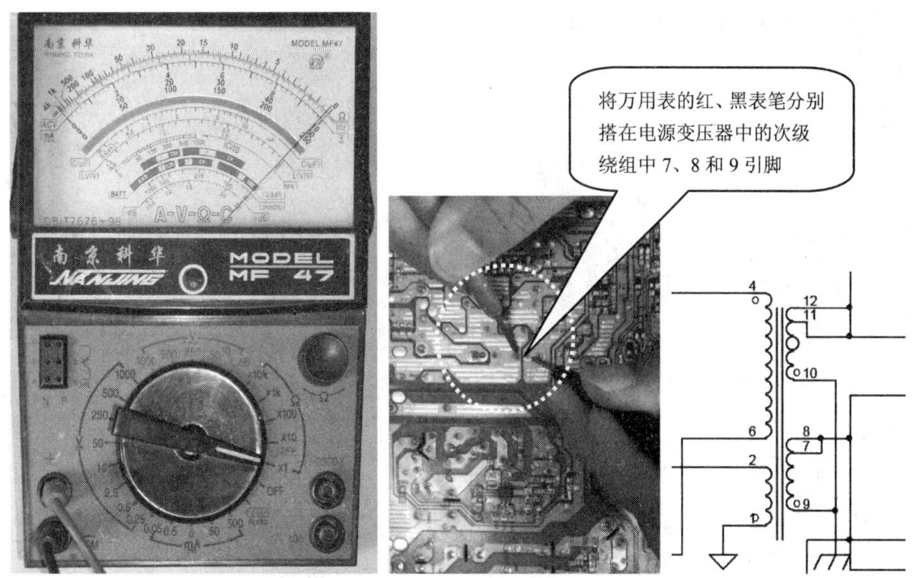

图 6-32 电源变压器 7、8 和 9 引脚间阻值的检测

经过上面对初级及次级线圈的检测可以确定该变压器没有断路故障。下面我们对变压器进行绝缘性检测，判断变压器的各线圈间的绝缘性。

（12）接下来将万用表调到“R×10k”挡，并短接两表笔进行调零。

（13）将两表笔分别接在 2 和 6，如图 6-33 所示。检测两初级线圈的绝缘性。

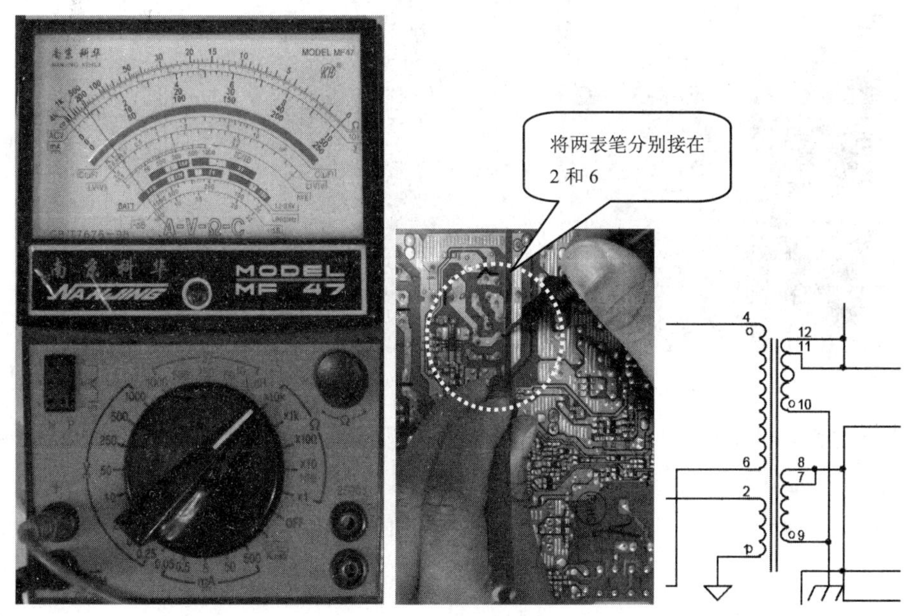

图 6-33 初级线圈的绝缘性检测

（14）将两表笔分别接在 6 和 10，如图 6-34 所示。检测其中一初级线圈与次级线圈的绝缘性。

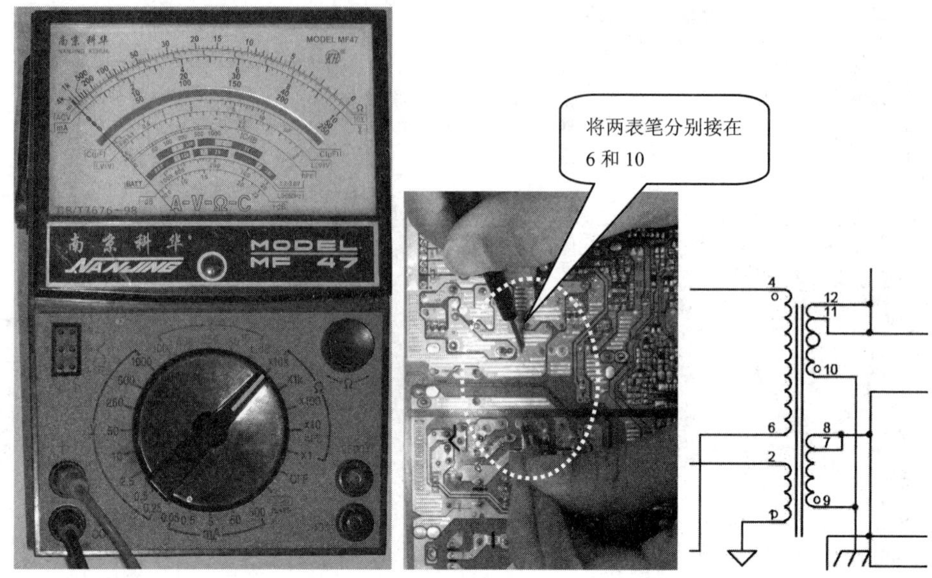

图 6-34　其中一初级线圈与次级线圈的绝缘性检测

（15）将两表笔分别接在 2 和 10，如图 6-35 所示。检测另一初级线圈与次级线圈的绝缘性。

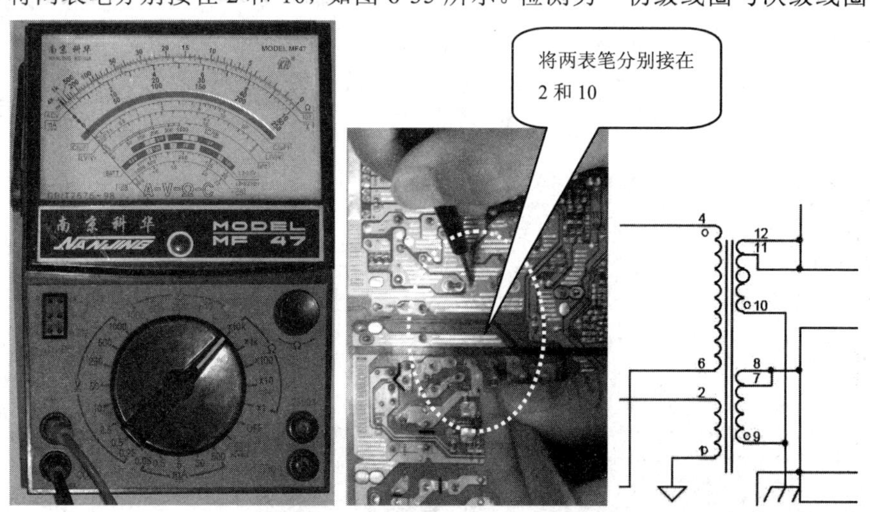

图 6-35　检测另一初级线圈与次级线圈的绝缘性

理论上各线圈之间的阻值应为无穷大，但测得两初级线圈之间的阻值为 2000k。这可能是由于 1、2 两引脚通过其他回路与 4、6 引脚中的一只间接相接。而该阻值相当大，相对于与其连接的其他电路相当于开路。因此断定该变压器绝缘性良好。

第7章　二极管实用知识、常用电路、故障判断与检测代换

二极管在电路中的应用是必不可少的，无论是用于整流电路还是钳位作用，都会用到它。要掌握二极管的维修检测方法，首先要掌握各种二极管的构造、特性、参数、标注规则等基本知识，然后还需掌握二极管在电路中的应用特点、二极管好坏检测和代换方法等内容。下面重点进行讲解。

7.1 二极管的功能、符号及分类

7.1.1 认识二极管

电路中常见的二极管包括稳压二极管、整流二极管、发光二极管等，图7-1所示为电路中常见的二极管。

图7-1　二极管

7.1.2 二极管的构造及其单向导电性

晶体二极管是由一个 P 型半导体和一个 N 型半导体形成的 PN 结，接出相应的电极引线，再加上一个管壳密封而成的。图 7-2 所示为二极管的功能区结构图。

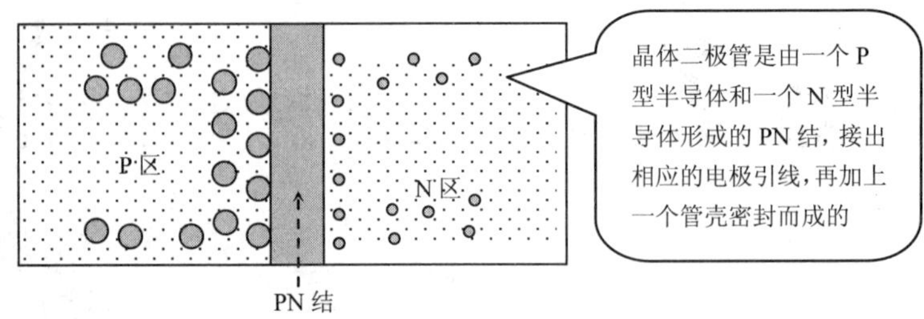

图 7-2　二极管的功能区结构图

二极管具有单向导电性，即电流只能沿着二极管的一个方向流动。

将二极管的正极（P）接在高电位端，负极（N）接在低电位端，当所加正向电压到达一定程度时，二极管就会导通，这种连接方式，称为正向偏置。需要补充的是，当加在二极管两端的正向电压比较小时，二极管仍不能导通，流过二极管的正向电流是很小的。只有当正向电压达到某一数值以后，二极管才能真正导通。这一数值常被称做门槛电压。

如果将二极管的负极接在高电位端，正极接在低电位端，此时二极管中将几乎没有电流流过，二极管处于截止状态，我们称这种连接方式为反向偏置。在这种状态下，二极管中仍然会有微弱的反向电流流过二极管，该电流被称为漏电流。当两端反向电压增大到一定程度后，电流会急剧增加，二极管将被击穿，而失去单向导电功能。

其伏安特性曲线如图 7-3 所示。

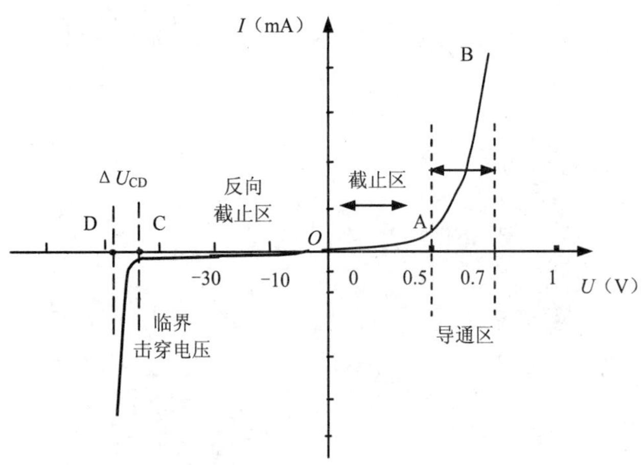

图 7-3　二极管伏安特性曲线

7.1.3 二极管的符号

二极管是电子电路中比较常用的电子元器件之一，一般用字母“D”、“VD”、“PD”等表示。

在电路图中，每个电子元器件都有其电路图形符号，二极管的电路图形符号如图 7-4 所示。

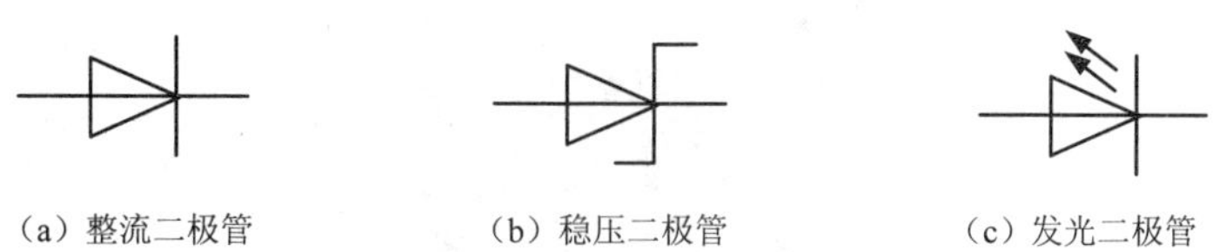
（a）整流二极管
（b）稳压二极管
（c）发光二极管

图 7-4　常见二极管图形符号

7.1.4 二极管的分类及作用

1．检波二极管

检波（也称解调）二极管的作用是利用其单向导电性将高频或中频无线电信号中的低频信号或音频信号分检出来的器件。常见的检波二极管，如图 7-5 所示。

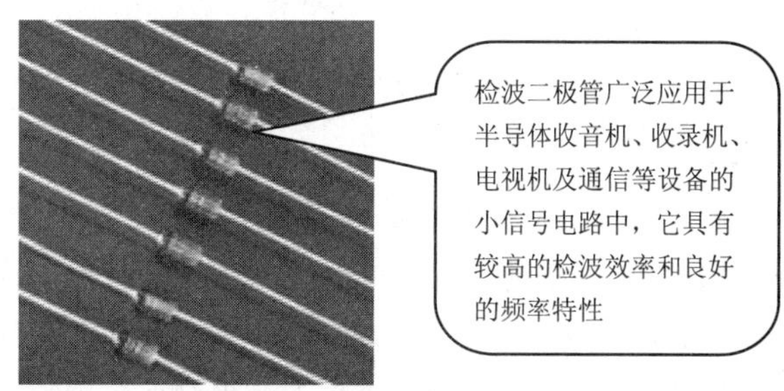
检波二极管广泛应用于半导体收音机、收录机、电视机及通信等设备的小信号电路中，它具有较高的检波效率和良好的频率特性

图 7-5　检波二极管

2．整流二极管

将交流电源整流成直流电流的二极管称为整流二极管，整流二极管主要用于整流电路。利用二极管的单向导电功能将交电流变为直流电。常见的整流二极管，如图 7-6 所示。

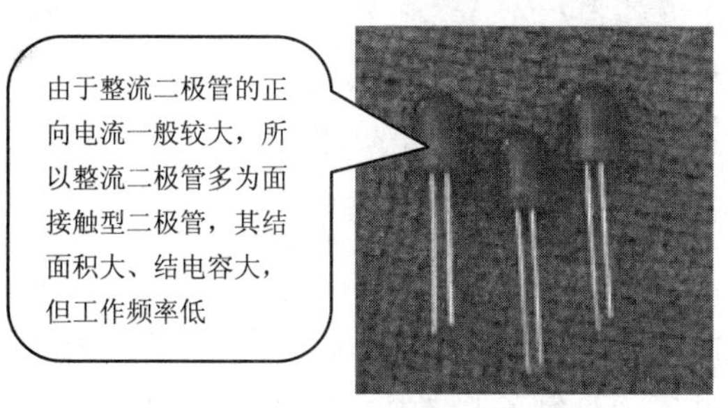
由于整流二极管的正向电流一般较大，所以整流二极管多为面接触型二极管，其结面积大、结电容大，但工作频率低

图 7-6　整流二极管

3．开关二极管

在脉冲数字电路中，用于接通和关断电路的二极管叫做开关二极管。常见的开关二极管，如图 7-7 所示。

4．稳压二极管

稳压二极管利用二极管反向击穿时二端电压不变的原理来实现稳压限幅、过载保护。稳压二极管广泛用于稳压电源装置中，是代替稳压电子二极管的产品，常被制作成为硅的扩散型或合金型，常用的稳压二极管通常被塑料外壳或金属外壳等封装。

开关二极管是利用正向偏压时二极管电阻很小、反向偏压时电阻很大的单向导电性，在电路中对电流进行控制，起到接通或关断的开关作用的

图 7-7　开关二极管

5．变容二极管

变容二极管利用 PN 结电容随加到管子上的反向电压大小而变化的特性，在调谐等电路中取代可变电容，主要用于自动频率控制、扫描振荡、调频和调谐等。通常，用来变容的二极管为硅的扩散型二极管，但是也可采用合金扩散型、外延结合型、双重扩散型等特殊制作的二极管，因为这些二极管对于电压而言，其静电容量的变化率特别大。

6．快恢复二极管

快恢复二极管的内部结构与普通二极管不同，它是在 P 型、N 型硅材料中间增加了基区 I，构成 P-I-N 硅片。因基区很薄，反向恢复电荷很小，所以快恢复二极管的反向恢复时间较短，同时还降低了瞬态正向压降，使管子能承受很高的反向工作电压。快恢复二极管（简称 FRD）是一种具有开关特性好、反向恢复时间短等特点的半导体二极管。图 7-8 所示为常见的快恢复二极管。

快恢复二极管主要应用于开关电源、PWM 脉宽调制器、变频器等电子电路中，可作为高频整流二极管、续流二极管或阻尼二极管使用

图 7-8　快恢复二极管

7．发光二极管

发光二极管的内部结构为一个 PN 结而且具有晶体管的通性。当发光二极管的 PN 结上加上正向电压时，会产生发光现象。图 7-9 所示为电子电路中常见的发光二极管。

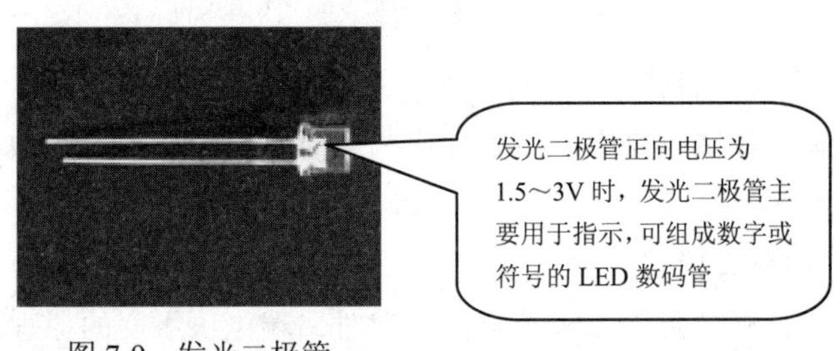

发光二极管正向电压为 1.5～3V 时，发光二极管主要用于指示，可组成数字或符号的 LED 数码管

图 7-9　发光二极管

8．光电二极管

光电二极管（Photo-Diode）和普通二极管一样，也是由一个 PN 结组成的半导体器件，具有单方向导电特性。图 7-10 所示为常见光电二极管。

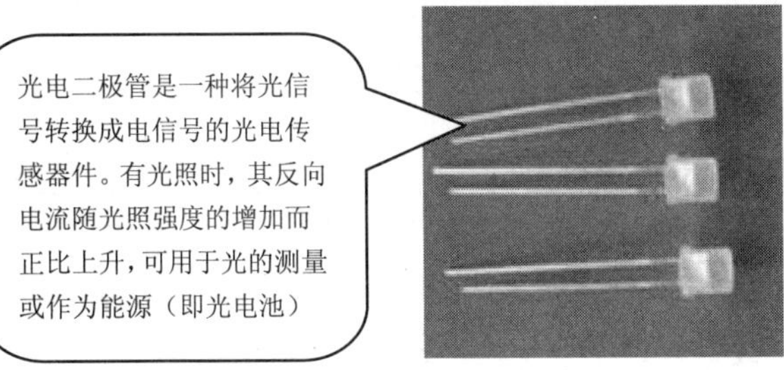

光电二极管是一种将光信号转换成电信号的光电传感器件。有光照时，其反向电流随光照强度的增加而正比上升，可用于光的测量或作为能源（即光电池）

图 7-10　光电二极管

7.2 二极管的命名、主要参数与标注方法

7.2.1 二极管的命名

国产二极管型号命名一般由五个部分构成，依次为名称、材料、类别、序号、规格号，如图 7-11 所示。

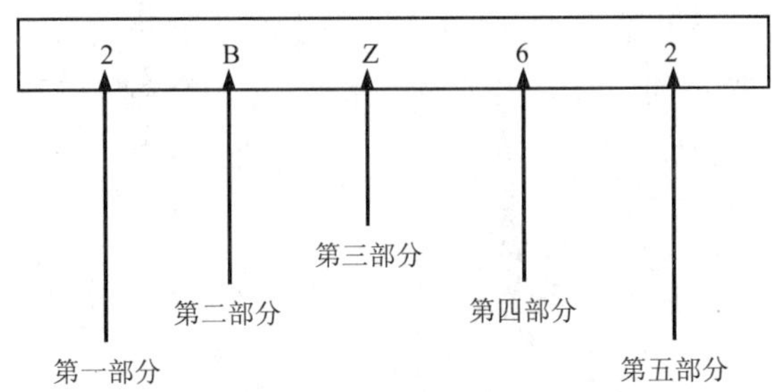

图 7-11　二极管的命名

第一部分为名称，二极管有两个极性引脚，因此用数字 2 表示。

第二部分为材料，用字母表示，图中字母 B 表示 P 型锗材料。

第三部分为类别部分，用字母表示，图中 Z 表示整流型。

第四部分为序号部分，用数字表示同一类别产品的序号。

第五部分为规格号部分，用数字或字母表示产品的规格、档次。

例如，二极管标注为“2BZ62”，表示此二极管是 P 型锗材料整流二极管。

为了方便读者查阅，通过表 7-1 和表 7-2 所示分别列出了二极管材料与符号意义对照表和二极管类别代号与意义对照表。

表 7-1　二极管材料与符号意义对照表

符　号	材　　料	符　号	材　　料
A	N 型锗材料	D	P 型硅材料
B	P 型锗材料	E	化合物材料
C	N 型硅材料	—	—

表 7-2　二极管类别代号与意义对照表

符　号	意　　义	符　号	意　　义
P	小信号管（普通管）	B 或 C	变容管
W	电压调整管和电压基准管（稳压管）	V	混频检波管
L	整流堆	JD	激光管
N	阻尼管	S	隧道管
Z	整流管	CM	磁敏管
U	整流管	H	恒流管
K	开关管	Y	体效应管

7.2.2 二极管的主要参数

二极管的参数主要包括门槛电压、最高工作频率、最大正向电流以及反向直流电流。

1. 门槛电压

将二极管的正极接在高电位端，负极接在低电位端，当所加正向电压到达一定程度时，二极管就会导通。这里需要补充的是当加在二极管两端的正向电压比较小时，二极管仍不能导通，流过二极管的正向电流是很小的。只有当正向电压达到某一数值以后，二极管才能真正导通。这一电压值就被称为门槛电压。

2. 最高工作频率

最高工作频率可以表示二极管具有良好的单向导电性的最高工作频率，它一般由二极管的工艺结构决定。

3. 最大正向电流

最大正向电流是指在不损坏二极管的前提下，二极管正常工作时可以通过的最大正向电流。最大正向电流的决定因素是 PN 结的面积大小、材料和散热条件。一般而言，PN 结的面积越大，最大正向电流越大。

4. 反向直流电流

反向电流是指给二极管加上规定的反向偏置电压的情况下，通过二极管的反向电流值。反向电流的大小反映了二极管的单向导电性能。反向电流越小，二极管的单向导电性能越好。

7.3 二极管应用电路分析

7.3.1 二极管半波整流电路分析

半波整流电路是利用二极管的单向导电特性，将交流电转换成单向脉冲性直流电的电路。

半波整流电路是用一只整流二极管构成的电路。图 7-12 所示为简易的二极管半波整流电路。

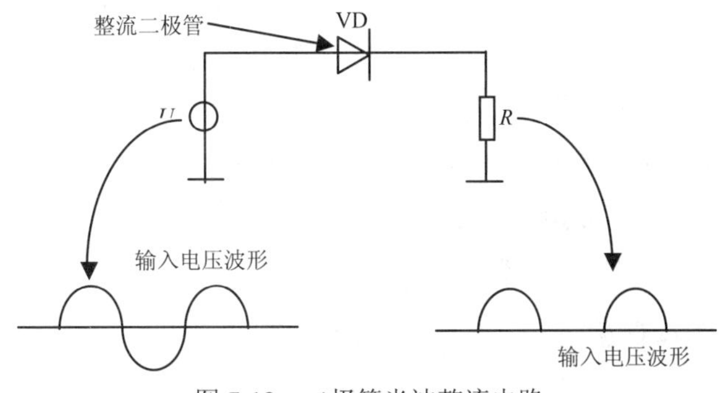

图 7-12　二极管半波整流电路

7.3.2 二极管简易稳压电路分析

稳压电路的作用主要是用来稳定直流工作电压的。图 7-13 所示为由三只二极管组成的稳压电路。如果没有 VD_1、VD_2、VD_3 的存在，A 电压会随着输入电压的波动而波动，而当电路中接入 VD_1、VD_2、VD_3 后，A 点形成了稳定的电压。这是二极管一个重要的特性，因为大多数电子元器件都是在稳定的直流电压下才能进行正常的工作。

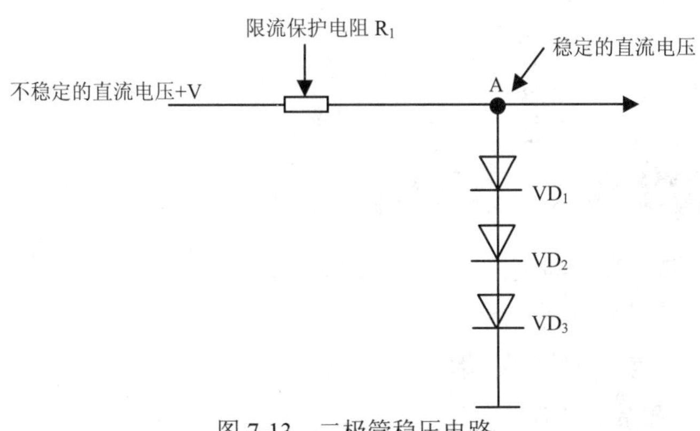

图 7-13　二极管稳压电路

7.4 二极管常见故障判断

7.4.1 二极管的开路故障判断

二极管的开路是指二极管正负极之间已经断开，此时二极管的正向和反向电阻均应无穷大。二极管开路后，二极管所在电路将处于开路状态而失去应有的功能。不同电路中，二极管开路后会造成不同的故障。例如，当开关二极管损坏后，用电器将不能正常开启；当稳压二极管损坏后，电路将失去稳定的工作电压。

7.4.2 二极管的正向电阻变大故障判断

这一故障是指正向电阻由于特殊的原因阻值增大，使信号在二极管上的正向压降增大，造成二极管负极输出信号电压下降，同时由于二极管两端电压的加大增加了二极管击穿的危险，且正向电阻加大后二极管的单向导电性变劣。

7.4.3 二极管的击穿故障判断

这一故障是指二极管之间已经形成通路，正向电阻与反向电阻之间十分接近或一样大。二极管击穿时并不一定表现为正负电阻为零，可能也会出现一定的阻值。二极管击穿后负极将没有正常的信号电压。比如整流二极管击穿后二流管流过的电流将不再是直流，而是交流电流。

7.4.4 二极管的反向电阻减小

二极管具有单向导电性的原因在于二极管的正向电阻较小而反向电阻趋于无穷大。优质的二极管反向电阻应趋于无穷大。而当某些特殊原因造成二极管反向电阻减小时。二极管的单向导电功能将受到明显影响，甚至失去原有功能。例如，当半波整流二极管损坏后，该电路将不能得到直流的工作电压。

7.5 二极管的检测维修方法

普通二极管的检测可以使用指针型万用表的电阻挡或数字型万用表的二极管挡，通常可以使用在路测量和非在路测量两种方法。在路测量就是在电路板上直接对待测二极管进行测量，并判断它是否正常的方法；非在路测量是指将待测二极管从电路板上取下或悬空其中的一个引脚后进行检测，判断它是否正常的一种方法。

7.5.1 普通二极管检测方法（数字万用表）

用数字万用表检测二极管的正向电阻时，应将红表笔接二极管的正极，黑表笔接二极管的负极，检测反向电阻时交换两表笔即可。通常用数字型万用表测量二极管分为在路测量和非在路测量两种方法，但都是使用数字万用表的“二极管”挡。

1．普通二极管的在路检测方法

（1）首先将待测二极管的电源断开，接着对待测二极管进行观察，看待测二极管是否损坏，有无烧焦、虚焊等情况。如果有，说明待测二极管已无法正常使用。本次待测的二极管如图 7-14 所示，可见其外形完好没有明显的物理损坏。

（2）为使测量的结果更加准确，用一小毛刷清洁待测二极管的两端，去除两端引脚下的污物，如图 7-15 所示。避免因油污的隔离作用使表笔与引脚间的接触不实从而影响测量结果。

（3）清洁完毕后选择数字万用表的“二极管”挡，如图 7-16 所示。

（4）将数字万用表的红表笔接二极管正极，黑表笔接二极管负极（正向电阻的检测方法），观察并记录读数；然后交换表笔检测（反向电阻）并记录读数，具体步骤如图 7-17 所示。

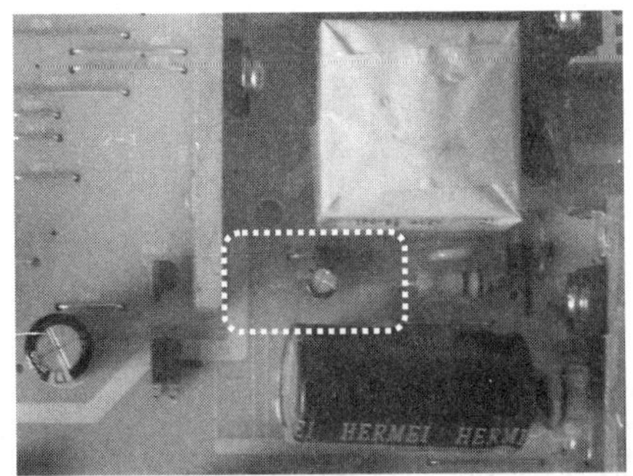
图 7-14　待测的二极管

图 7-15　清洁二极管两引脚上的污物

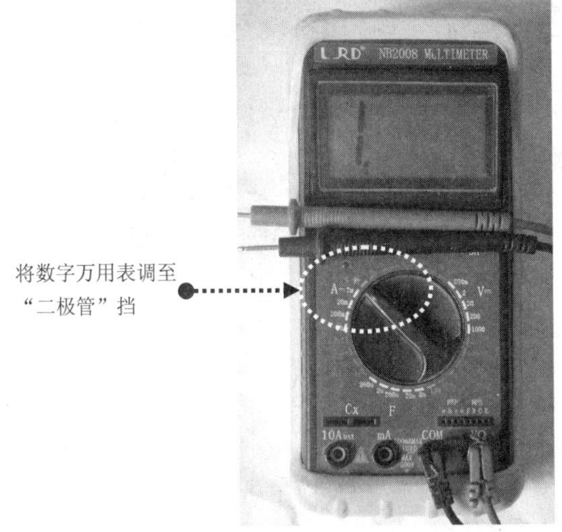

将数字万用表调至
“二极管”挡

图 7-16　数字万用表的选择

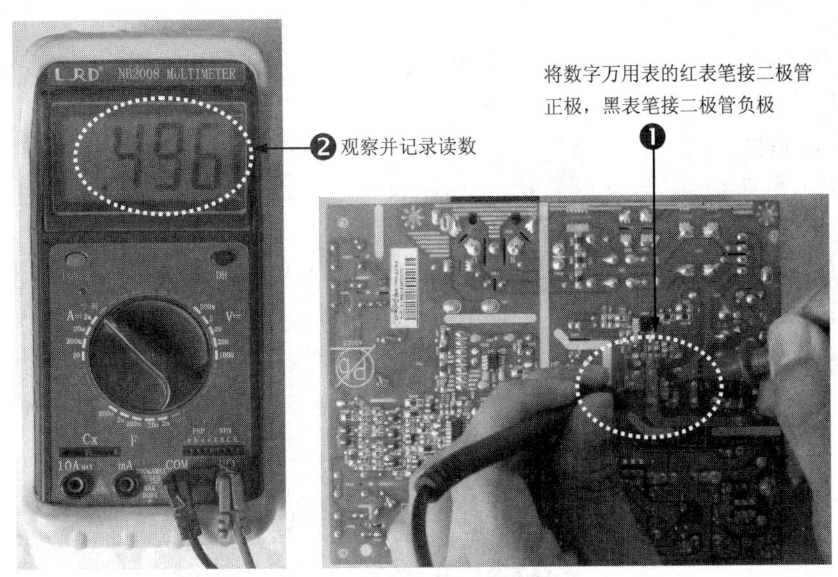

将数字万用表的红表笔接二极管正极，黑表笔接二极管负极
❶
❷观察并记录读数

（a）二极管正向电阻的检测

图 7-17　二极管电阻检测

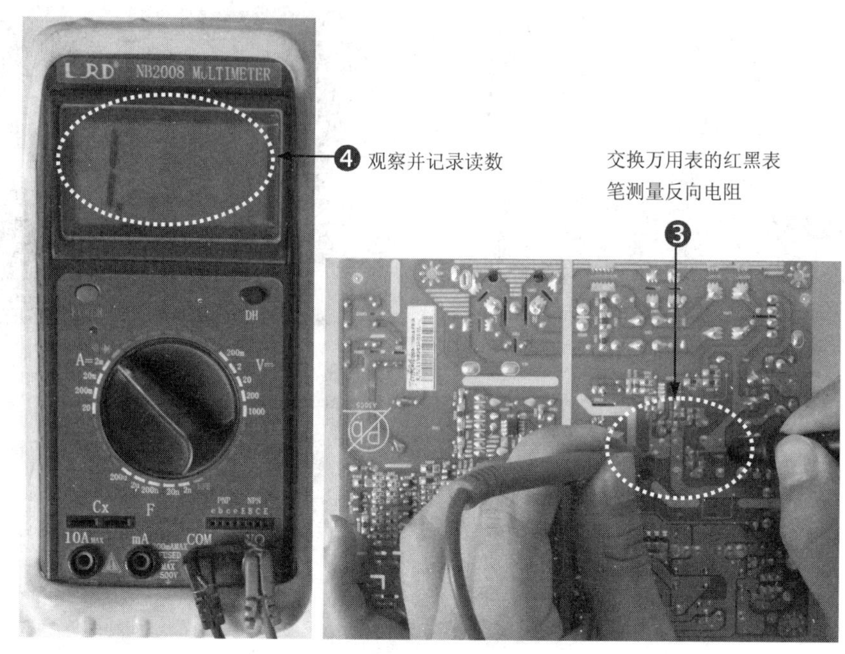
NB2008 MULTIMETER
④ 观察并记录读数
交换万用表的红黑表
笔测量反向电阻
③

（b）反向电阻的检测

图 7-17　二极管电阻检测（续）

经检测二极管正向电阻为一固定值，反向电阻为无穷大。因此该待测二极管的功能基本正常。如果待测二极管的正向阻值和反向阻值均为无穷大，则二极管很可能有断路故障；如果待测二极管正向阻值和反向阻值都接近于 0，则二极管已被击穿短路；如果二极管正向阻值和反向阻值相差不大，则说明二极管已经失去了单向导电性或单向导电性不良。

2. 普通二极管的开路检测方法

（1）首先将待测二极管的电源断开，接着对待测二极管进行观察，看待测二极管是否损坏，有无烧焦、虚焊等情况。如果有，说明待测二极管已无法正常使用。本次待测的二极管外形完好没有明显的物理损坏。

（2）用电烙铁将待测二极管焊下来，如图 7-18 所示，此时需用小镊子夹持着二极管以避免被电烙铁传来的热量烫伤。

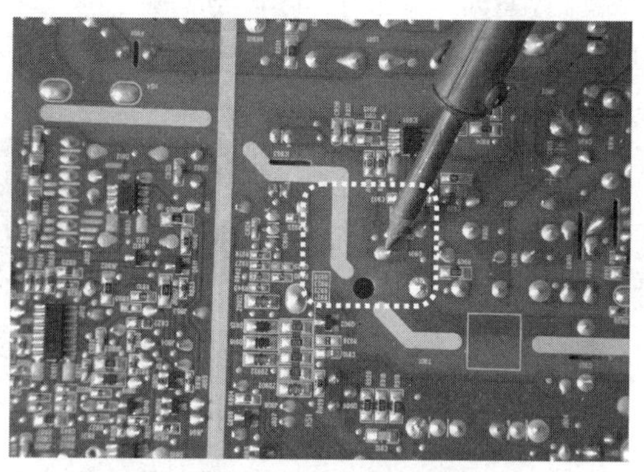

图 7-18　用电烙铁焊下待测二极管

（3）为使测量的结果更加准确，用一块纸巾清洁待测二极管的两端，去除两端引脚下的污物，如图 7-19 所示，以避免因油污的隔离作用而使表笔与引脚间的接触不实影响测量结果。

（4）清洁完毕后选择数字万用表的“二极管”挡，如图 7-20 所示。

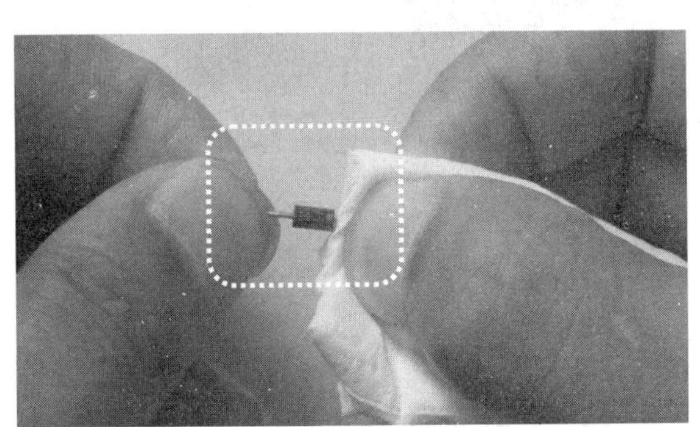

图 7-19　用纸巾清洁待测二极管两端的引脚

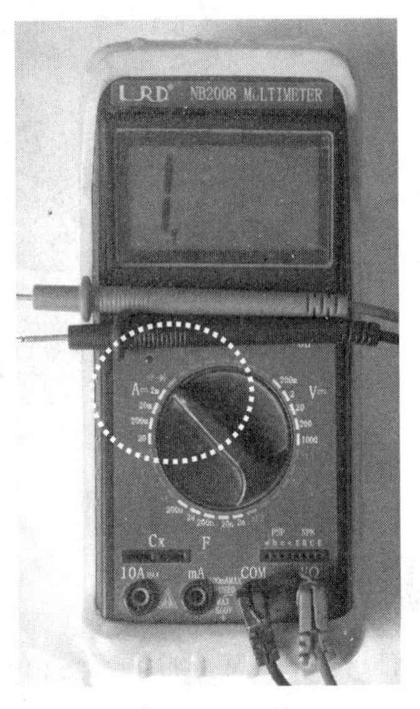

图 7-20　数字万用表的挡位选择

（5）将数字万用表的红表笔接二极管正极，黑表笔接二极管负极（正向电阻的检测方法），观察并记录读数。然后交换两表笔再测一次（测量反向电阻），观察并记录其读数，具体步骤如图 7-21 所示。

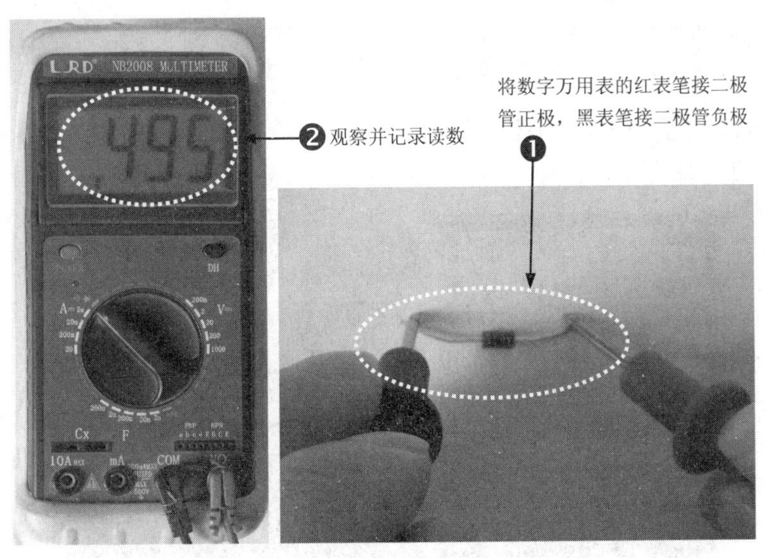

（a）正向电阻的检测

图 7-21　二极管电阻检测

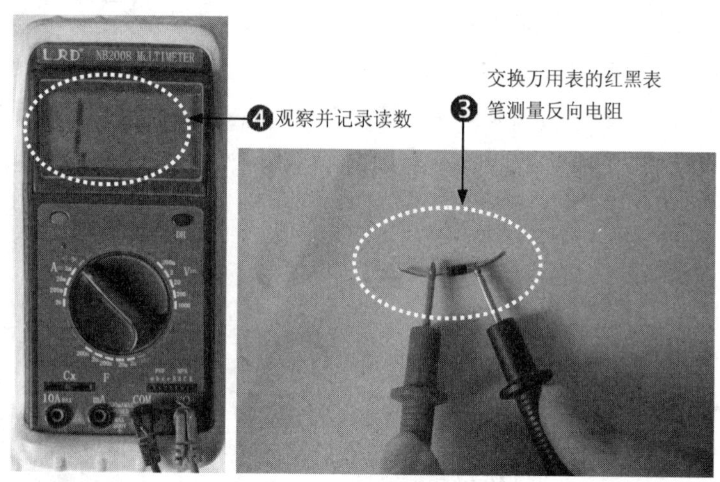
❹观察并记录读数
❸交换万用表的红黑表笔测量反向电阻

（b）反向电阻的检测

图 7-21　二极管电阻检测（续）

经检测，二极管正向电阻为 4.95kΩ，反向电阻为无穷大，因此该待测二极管的功能基本正常。

如果待测二极管的正向阻值和反向阻值均为无穷大，则二极管很可能有断路故障；如果待测二极管正向阻值和反向阻值都接近于 0，则二极管已被击穿短路；如果二极管正向阻值和反向阻值相差不大，则说明二极管已经失去了单向导电性或单向导电性不良。

7.5.2 普通二极管的检测方法（指针万用表）

1. 普通二极管的在路检测方法

（1）断开电源并观察、二极管无损坏；如无损坏则用毛刷对二极管进行清洁。

（2）清洁完毕后选择指针万用表的“R×1k”挡，并调零校正。

（3）将指针万用表的用黑表笔接二极管的正极，红表笔接二极管的负极（正向测量），观察并记录读数如图 7-22 所示。

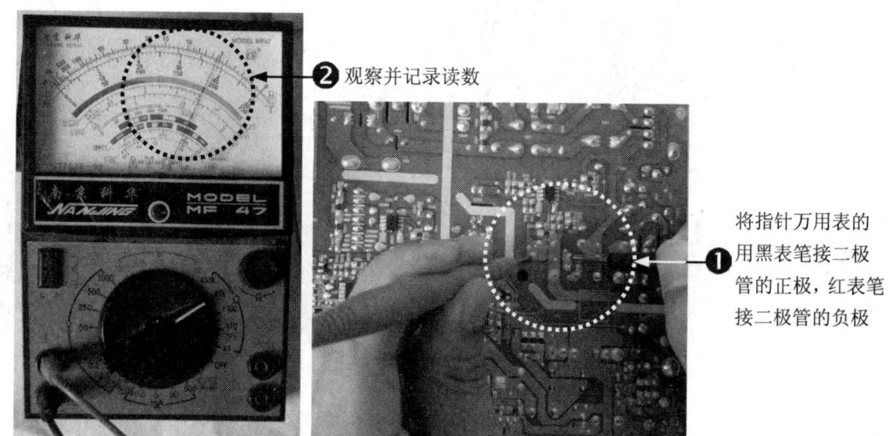
❷观察并记录读数
❶将指针万用表的用黑表笔接二极管的正极，红表笔接二极管的负极
MODEL MF 47

图 7-22　二极管的正向电阻

（4）选择指针万用表的“R×10k”挡，并调零校正。

（5）将指针万用表的用黑表笔接二极管的负极，红表笔接二极管的正极（反向测量），观察并记录读数，具体操作步骤如图 7-23 所示。

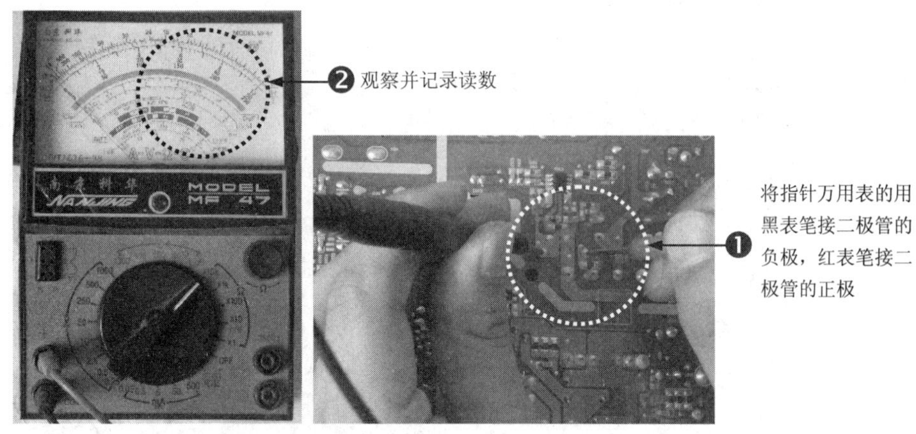

图 7-23　二极管的反向电阻

经检测，二极管正向电阻为 5.5kΩ，反向电阻为无穷大，因此该待测二极管的功能基本正常。

如果待测二极管的正向阻值和反向阻值均为无穷大，则二极管很可能有断路故障；如果待测二极管正向阻值和反向阻值都接近于 0，则二极管已被击穿短路；如果二极管正向阻值和反向阻值相差不大，则说明二极管已经失去了单向导电性或单向导电性不良。

2．普通二极管的开路检测方法

（1）断开电源、观察待测二极管，用电烙铁焊下二极管并清洁步骤前面章节已讲过，不再赘述。

（2）清洁完毕后选择指针万用表的“R×1k”挡，并调零校正。

（3）将指针万用表的用黑表笔接二极管的正极，红表笔接二极管的负极（正向测量），观察并记录读数，具体操作步骤如图 7-24 所示。

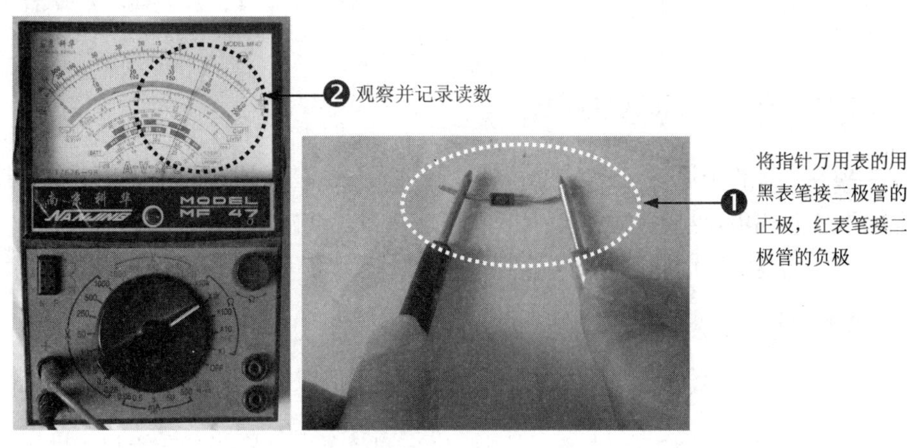

图 7-24　二极管正向电阻的检测

（4）选择指针万用表的“R×10k”挡，并调零校正。

（5）将指针万用表用黑表笔接二极管的负极，红表笔接二极管的正极（反向测量），观察并记录读数，具体步骤如图 7-25 所示。

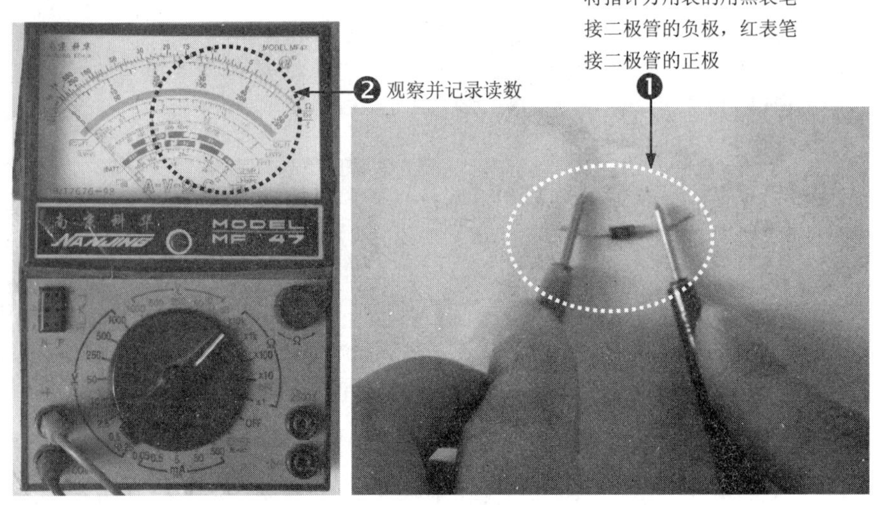

图 7-25　二极管反向电阻的检测

经检测二极管正向电阻为 6kΩ，反向电阻为无穷大，因此该二极管的功能基本正常。

如果待测二极管的正向阻值和反向阻值均为无穷大，则二极管很可能有断路故障；如果待测二极管正向阻值和反向阻值都接近于 0，则二极管已被击穿短路；如果二极管正向阻值和反向阻值相差不大，则说明二极管已经失去了单向导电性或单向导电性不良。

7.6 二极管的选配与代换方法

7.6.1 检波二极管的选用

检波二极管一般可选用点接触型锗二极管，选用时，应根据电路的具体要求来选择工作频率高、反向电流小、正向电流足够大的检波二极管。检波二极管损坏后，若无同型号二极管更换时，也可以选用半导体材料相同，主要参数相近的二极管来代换。

7.6.2 整流二极管的代换方法

整流二极管损坏后可选用参数与原二极管的参数基本相同的二极管代换。整流电流大的二极管可代换整流电流小的二极管，相反则不能代换。反向工作电压高的二极管可代换反向电压低的二极管，相反则不可能代换。工作频率高的二极管可代换工作频率低的二极管，否则不能代换。

7.6.3 稳压二极管的代换方法

稳压二极管损坏后，通常采用原型号的稳压二极管进行代换。若无原型号，也可用等电参数的稳压二极管来更换。根据经验可以用相同稳定电压值的高耗散功率稳压二极管来代换耗散功率低的稳压二极管，但不能用耗散功率低的稳压二极管来代换耗散功率高的稳压二极管。比如，可以用 2W、6.2V 稳压二极管去代换已经损坏的 1W、6.2V 稳压二极管。

7.6.4 开关二极管的代换方法

开关二极管损坏后，一般使用同型号的开关二极管进行代换，如果没有同型号的也可采用与其主要参数相同的其他型号的开关二极管来进行代换。根据经验，高速开关二极管可以代换普通开关二极管，反向击穿电压高的开关二极管可以代换反向击穿电压低的开关二极管。

7.6.5 变容二极管的代换方法

变容二极管利用 PN 结电容随加到管子上的反向电压大小而变化的特性，在调谐等电路中取代可变电容，主要用于自动频率控制、扫描振荡、调频和调谐等。变容二极管损坏后，应用与原型号相同的变容二极管或用其主要参数相同（尤其是结电容范围应相同或相近）的其他型号的变容二极管来代换。

7.7 二极管的检测维修实训

7.7.1 电路板中的发光二极管的检测实训

通常发光二极管主要用在供电电路中以指示电路中是否已经供电。对于电路板中的发光二极管，一般采用开路测量，测量时，可以测试其在通电的情况下是否发光，也可以测量其正反向阻值。

1. 检测发光二极管是否正常

（1）首先将待测电路板中电源断开，接着对发光二极管进行观察，看待测发光二极管是否损坏，有无烧焦、虚焊等情况。如果有，则发光二极管损坏。

（2）如果待测发光二极管外观没有问题，用电烙铁将待测发光二极管从电路板上焊下，并清洁发光二极管的两端，去除两端引脚下的污物以确保测量时的准确性。

（3）清洁完成后，将发光二极管连接到一块 3V 纽扣电池（或并联一个 1kΩ 的电阻，然后连接两节干电池）。接着观察二极管，发现二极管不发光，如图 7-26 所示。

（4）将二极管的两极对调连接，观察二极管状况，发现二极管可以发光，如图 7-27 所示。

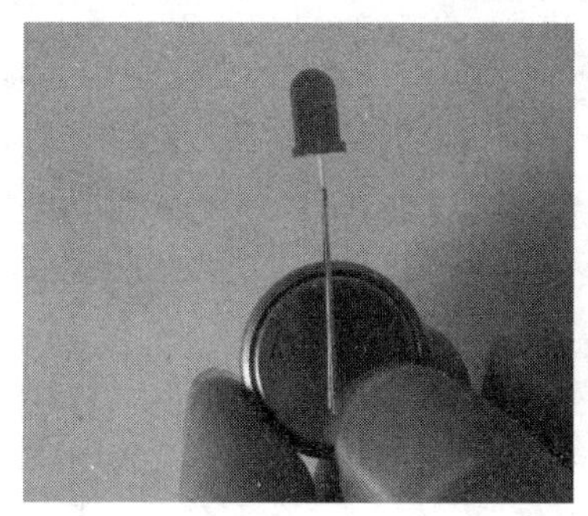

图 7-26　将二极管与电池相接不发光

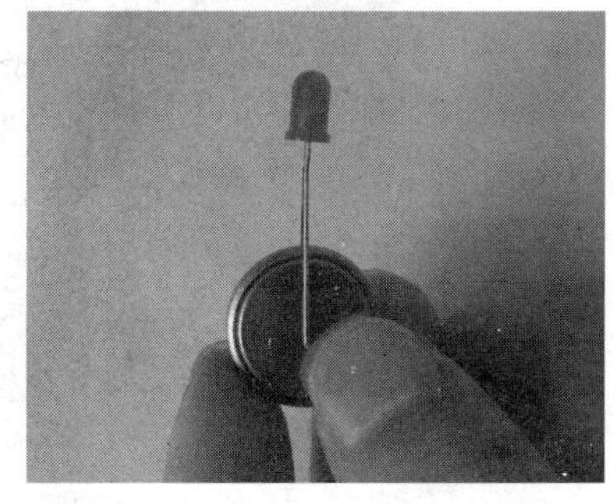

图 7-27　将二极管与电池的接法改变二极管正常发光

说明：如果二极管在两种接法下都可以发光，说明二极管的单向导电性能低下。如果两次测量二极管均不发光，很可能是发光二极管发生断路故障。如果其中一种接法发光而另一种接法不发光，则说明二极管的单向导电性良好。

2．发光二极管检测实训（数字万用表）

测量主板中的发光二极管的方法如下：

（1）首先将电路板的电源断开，接着对发光二极管进行观察，看待测发光二极管是否损坏，有无烧焦、虚焊等情况。如果有，则发光二极管损坏。

（2）如果待测发光二极管外观没有问题，接着用电烙铁将待测发光二极管从电路板上焊下，并清洁发光二极管的两端，去除两端引脚下的污物以确保测量时的准确性。

（3）清洁完成后，将数字式万用表的功能旋钮旋至“二极管”挡。

（4）将红、黑表笔分别接二极管的两端引脚，测得该发光二极管正向阻值为一固定值；对换表笔测量，反向电阻为无穷大，具体操作步骤如图 7-28 所示。

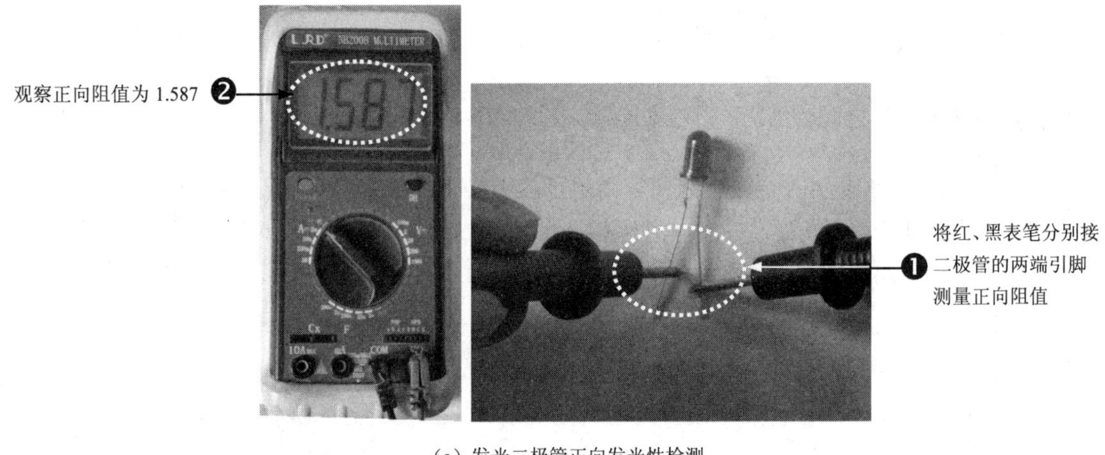
观察正向阻值为 1.587
2
1.587
将红、黑表笔分别接
二极管的两端引脚
测量正向阻值
1

（a）发光二极管正向发光性检测

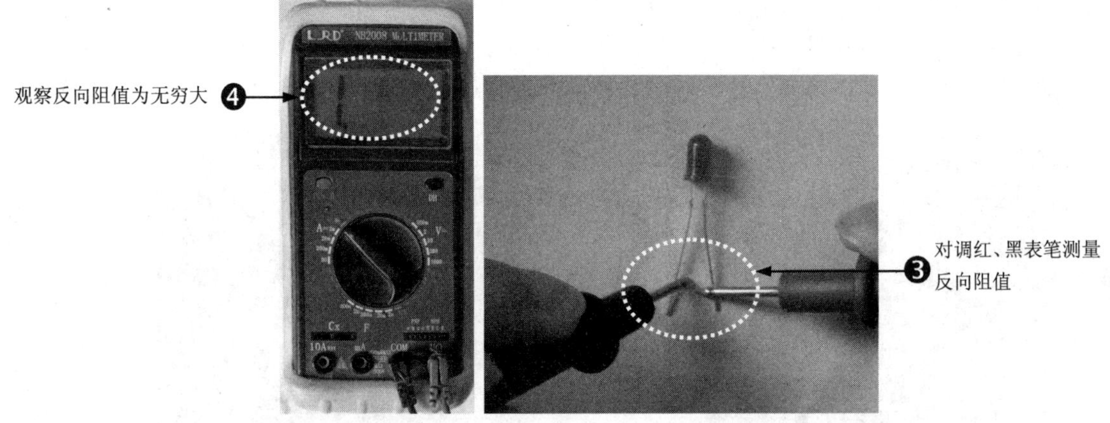
观察反向阻值为无穷大
4
对调红、黑表笔测量
反向阻值
3

（b）发光二极管反向发光性检测

图 7-28　发光二极管发光性检测

因测得该发光二极管，一次阻值为固定值，一次为无穷大。所以，二极管基本正常，且数字表显示为固定阻值的那次接法即为二极管的正向接法，此时红表笔所接的即为发光二极管的正极（指针万用表红笔所接的为负极）。

3．开路检测发光二极管实训（指针万用表）

测量主板中发光二极管的方法如下：

（1）首先将电路板的电源断开，接着对发光二极管进行观察，看待测发光二极管是否损坏，有无烧焦、虚焊等情况。如果有，则发光二极管损坏。

（2）如果待测发光二极管外观没有问题，接着用电烙铁将待测发光二极管从电路板上焊下，并清洁发光二极管的两端，去除两端引脚下的污物以确保测量时的准确性。

（3）清洁完成后，将指针式万用表的功能旋钮旋至“R×1k”挡，然后再将两表笔相接进行调零校正。

（4）将指针万用表的用黑表笔接二极管的正极，红表笔接二极管的负极（正向测量）观察并记录读数，具体操作步骤如图7-29所示。

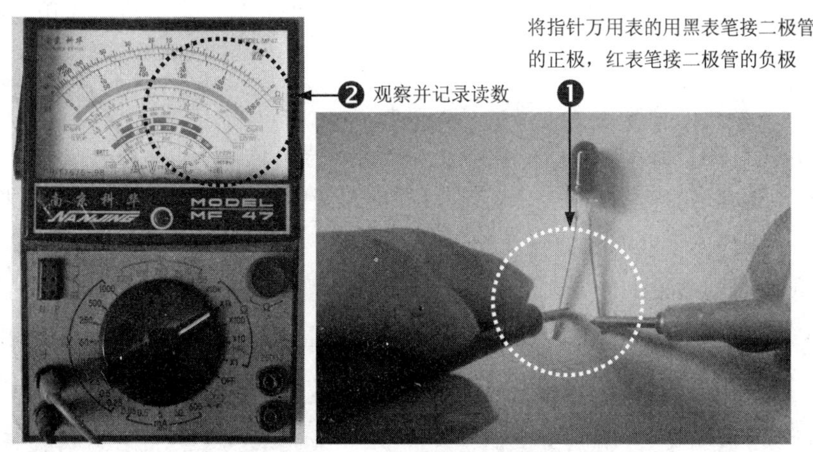

图7-29　测得发光二极管的正向电阻为一个固定阻值

（5）选择指针万用表的“R×10k”挡，并调零校正。

（6）将指针万用表的用黑表笔接二极管的负极，红表笔接二极管的正极（反向测量），观察并记录读数，如图7-30所示。

经检测该发光二极管正向电阻为一个固定值，反向电阻为无穷大，因此该待测二极管的功能基本正常。

如果待测二极管的正向阻值和反向阻值均为无穷大，则二极管很可能有断路故障。如果待测二极管正向阻值和反向阻值都接近于0，则二极管已被击穿短路。如果二极管正向阻值和反向阻值相差不大，则说明二极管已经失去了单向导电性或单向导电性不良。

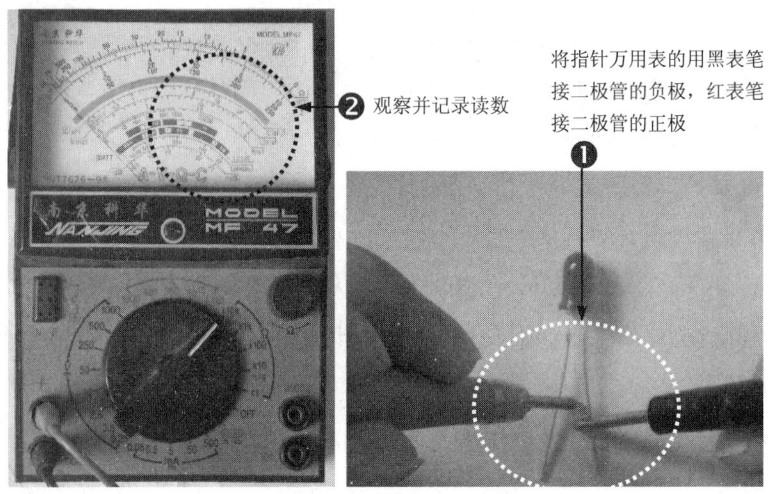
将指针万用表的用黑表笔
接二极管的负极，红表笔
接二极管的正极
❶
❷ 观察并记录读数
MODEL
MF 47

图 7-30　发光二极管反向电阻的检测

7.7.2 电路板中的整流二极管的检测实训

整流二极管主要用在电源供电电路板中，电路板中的整流二极管可以采用开路测量，也可以采用在路测量。

1. 在路检测整流二极管实训（数字万用表）

（1）首先将待测整流二极管的电源断开，接着对待测整流二极管进行观察，看待测二极管是否损坏，有无烧焦、虚焊等情况。如果有，整流二极管已损坏。本次待测的二极管如图 7-41 所示，可见其外形完好没有明显的物理损坏。

（2）为使测量的结果更加准确，用一小毛刷清洁整流二极管的两端，去除两端引脚下的污物，如图 7-32 所示，以避免因油污的隔离作用而使表笔与引脚间的接触不实影响测量结果。

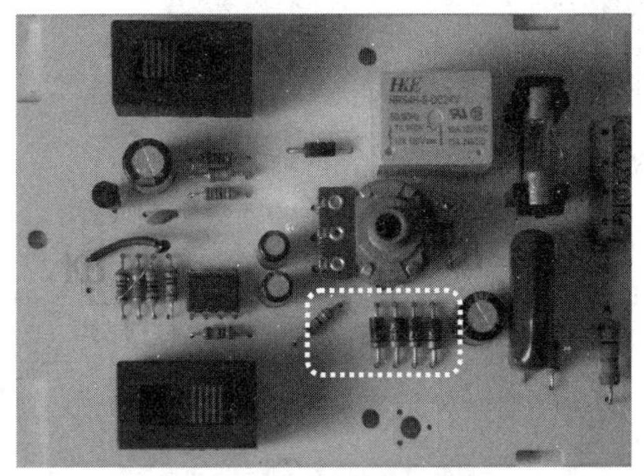

图 7-31　观察待测整流二极管

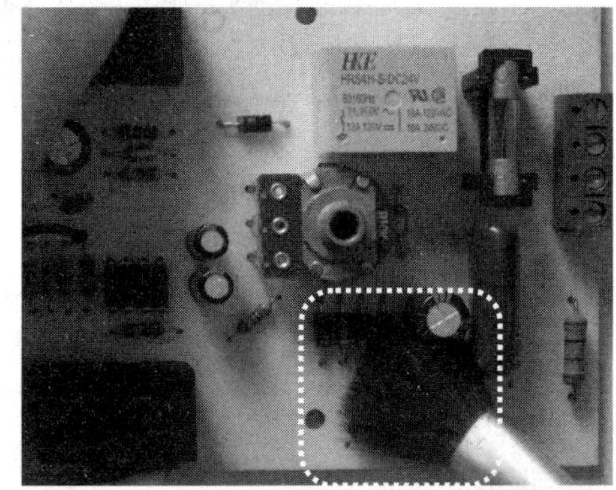

图 7-32　对待测整流二极管进行清洁

（3）清洁完毕后选择数字万用表的“二极管”挡。

（4）将数字万用表的红表笔接待测整流二极管正极，黑表笔接待测整流二极管负极（正向电阻的检测方法），观察并记录读数；然后交换表笔测量反向并记录读数，如图 7-33 所示。

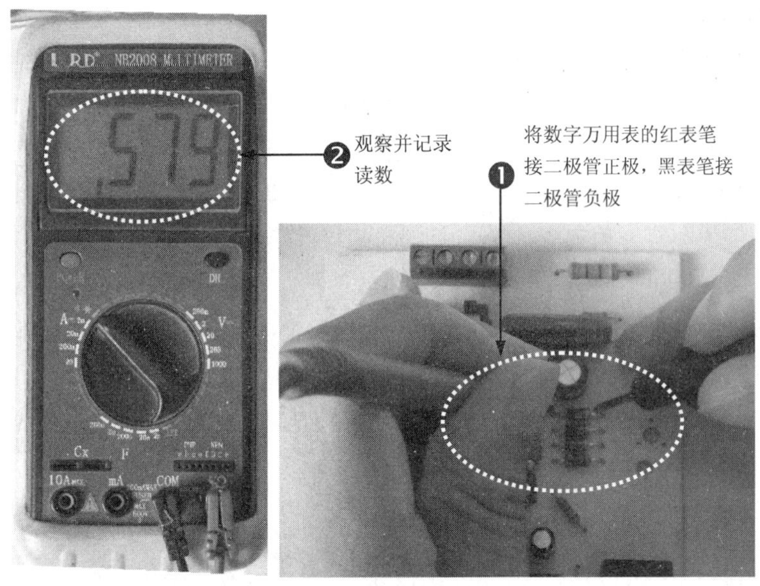
NB2008 MULTIMETER
.579
❷ 观察并记录读数
将数字万用表的红表笔接二极管正极，黑表笔接二极管负极 ❶

（a）正向电阻的检测

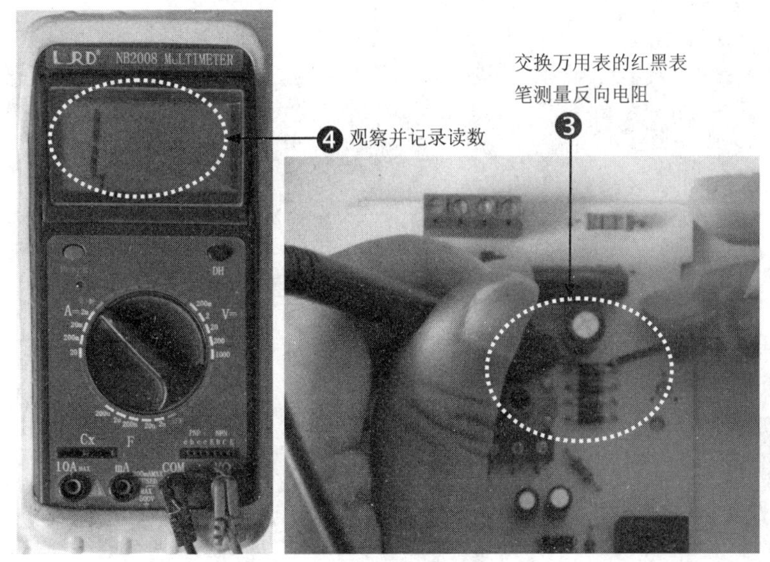
NB2008 MULTIMETER
交换万用表的红黑表笔测量反向电阻 ❸
❹ 观察并记录读数

（b）反向电阻检测

图 7-33　整流二极管的检测

经检测，待测整流二极管正向电阻为为一个固定值，反向电阻为无穷大，因此该整流二极管的功能基本正常。

如果待测整流二极管的正向阻值和反向阻值均为无穷大，则二极管很可能有断路故障。如果测得整流二极管正向阻值和反向阻值都接近于 0，则二极管已被击穿短路。如果测得整流二极管正向阻值和反向阻值相差不大，则说明二极管已经失去了单向导电性或单向导电性不良。

2．在路检测整流二极管实训（指针万用表）

（1）首先将待测整流二极管的电源断开，接着对待测整流二极管进行观察，看待测二极管是否损坏，有无烧焦、虚焊等情况。如果有，说明整流二极管已损坏。本次待测的二极管外形完好没有明显的物理损坏。

（2）为使测量的结果更加准确，用一小毛刷清洁整流二极管的两端，去除两端引脚下的污物，以避免因油污的隔离作用而使表笔与引脚间的接触不实影响测量结果。

（3）清洁完毕后，选择指针万用表的“R×1k”挡，并调零校正。

（4）将指针万用表的用黑表笔接整流二极管的正极，红表笔接整流二极管的负极（正向测量），观察并记录读数，具体操作步骤如图 7-34 所示。

（5）选择指针万用表的“R×10k”挡，并调零校正。

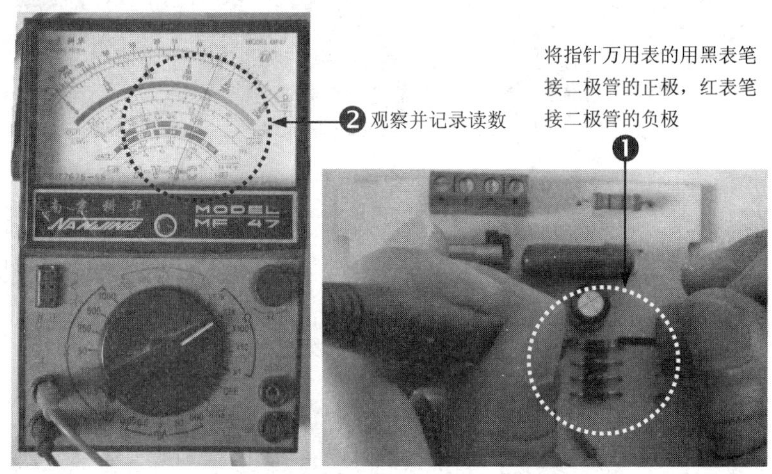
将指针万用表的用黑表笔
接二极管的正极，红表笔
接二极管的负极
❶
❷ 观察并记录读数
MODEL
MF 47
NANJING

图 7-34　整流二极管正向电阻的检测

（6）将指针万用表的用黑表笔接整流二极管的负极，红表笔接整流二极管的正极（反向测量），观察并记录读数，具体操作方法如图 7-35 所示。

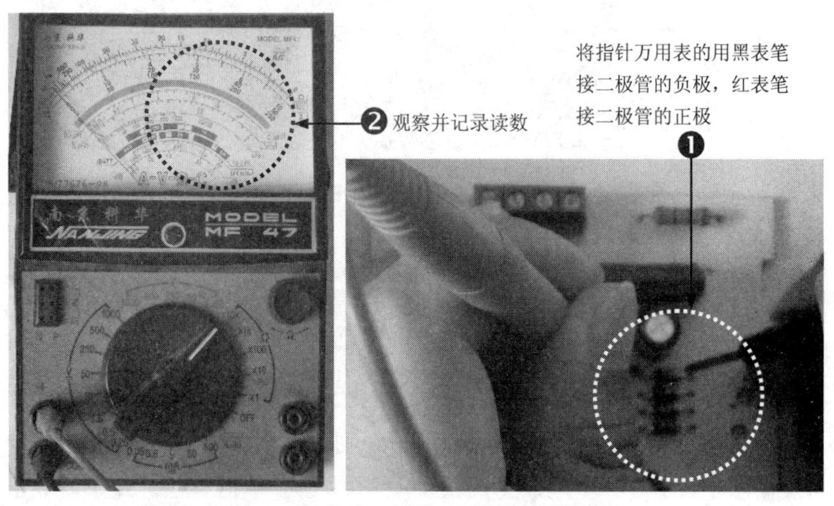
将指针万用表的用黑表笔
接二极管的负极，红表笔
接二极管的正极
❶
❷ 观察并记录读数
MODEL
MF 47
NANJING

图 7-35　整流二极管正向电阻的检测

经检测待测整流二极管正向电阻为固定值，反向电阻为无穷大。因此该整流二极管的功能基本正常。

如果待测整流二极管的正向阻值和反向阻值均为无穷大，则二极管很可能有断路故障。如果测得整流二极管正向阻值和反向阻值都接近于 0，则二极管已被击穿短路。如果测得整流二极管正向阻值和反向阻值相差不大，则说明二极管已经失去了单向导电性或单向导电性不良。

7.7.3 电路板中的稳压二极管的检测实训

稳压二极管主要用在电源供电电路板中，电路板中的稳压二极管可以采用开路测量，也可以采用在路测量。

1．在路检测稳压二极管实训（数字万用表）

（1）首先将待测稳压二极管的电源断开，接着对待测稳压二极管进行观察，看待测稳压二极管是否损坏，有无烧焦、虚焊等情况。如果有，说明稳压二极管已损坏。本次待测的稳压二极管如图 7-36 所示，可见其外形完好没有明显的物理损坏。

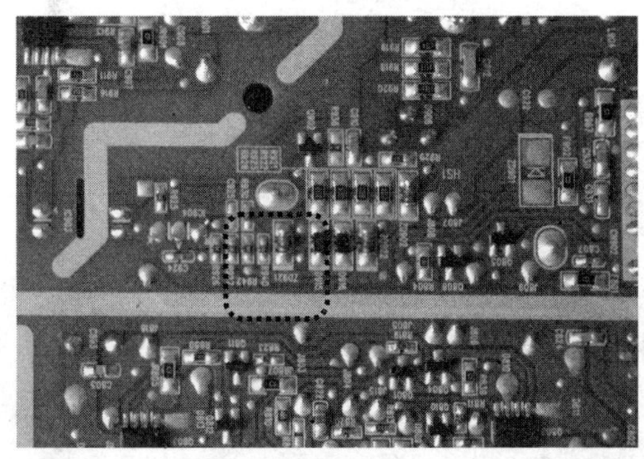

图 7-36　待测稳压二极管

（2）为使测量的结果更加准确，用一小毛刷清洁稳压二极管的两端，去除两端引脚下的污物，以避免因油污的隔离作用而使表笔与引脚间的接触不实影响测量结果。

（3）清洁完毕后选择数字万用表的“二极管”挡。

（4）将数字万用表的两表笔分别接待测稳压二极管的两极，测出一个固定阻值；交换表笔再次测量，测出阻值为无穷大，具体操作步骤如图 7-37 所示。

两次检测中出现固定电阻的那一组的接法即为正向接法（红表笔所接的为万用表的正极），经检测待测稳压二极管正向电阻为一个固定电阻值，反向电阻为无穷大。因此该稳压二极管的功能基本正常。

如果待测稳压二极管的正向阻值和反向阻值均为无穷大，则二极管很可能有断路故障。如果测得稳压二极管正向阻值和反向阻值都接近于 0，则二极管已被击穿短路。如果测得稳压二极管正向阻值和反向阻值相差不大，则说明二极管已经失去了单向导电性或单向导电性不良。

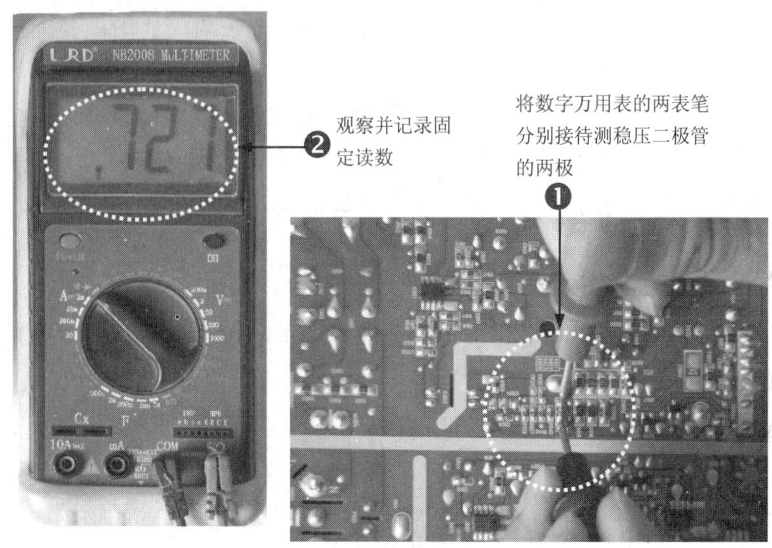

（a）正向电阻的检测

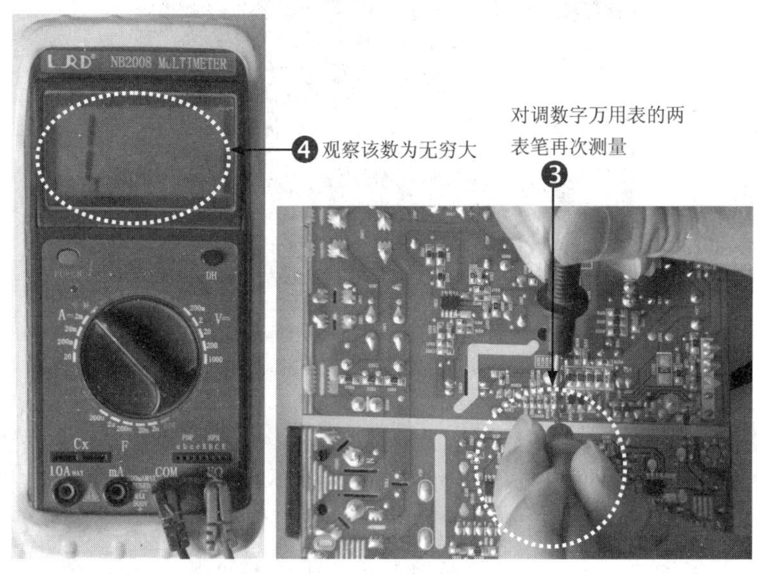

（b）反向电阻的检测

图 7-37　稳压二极管检测

2．开路检测稳压二极管实训（数字万用表）

（1）首先将待测稳压二极管的电源断开，接着对待测稳压二极管进行观察，看待测二极管是否损坏，有无烧焦、虚焊等情况。如果有，说明稳压二极管已损坏。本次待测的稳压二极管外形完好没有明显的物理损坏。

（2）用电烙铁将待测稳压二极管焊下来，如图 7-38 所示，此时需用小镊子夹持着二极管以避免被电烙铁传来的热量烫伤。

（3）选择数字万用表的“二极管”挡。

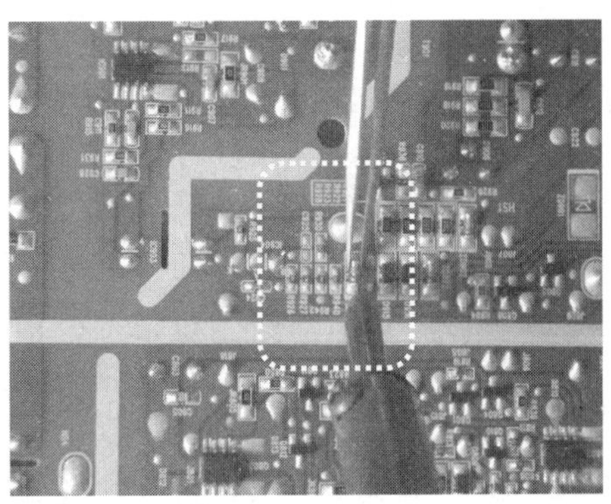

图 7-38　用电烙铁焊下待测稳压二极管

（4）将数字万用表的两表笔分别接待测稳压二极管的两极，测出一固定阻值；然后对换表笔再次测量，阻值为无穷大，具体操作步骤如图 7-39 所示。

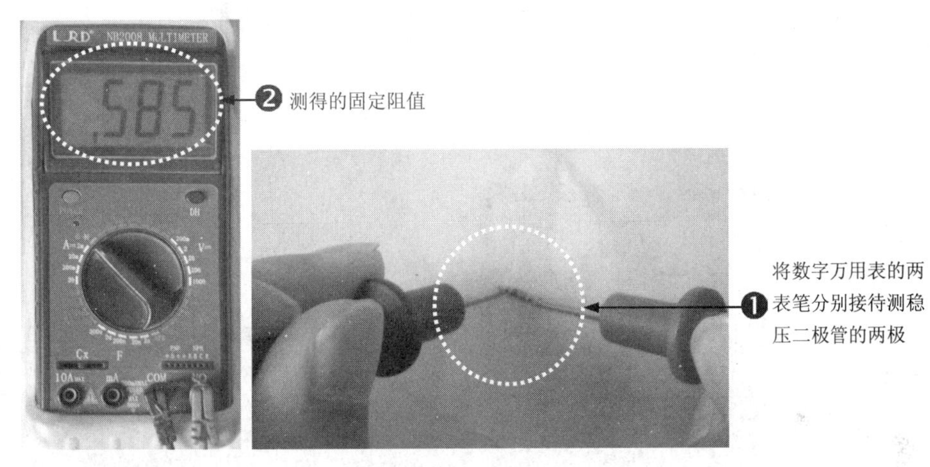
NB2008 MULTIMETER
.585
❷ 测得的固定阻值
❶ 将数字万用表的两表笔分别接待测稳压二极管的两极

（a）正向电阻的检测

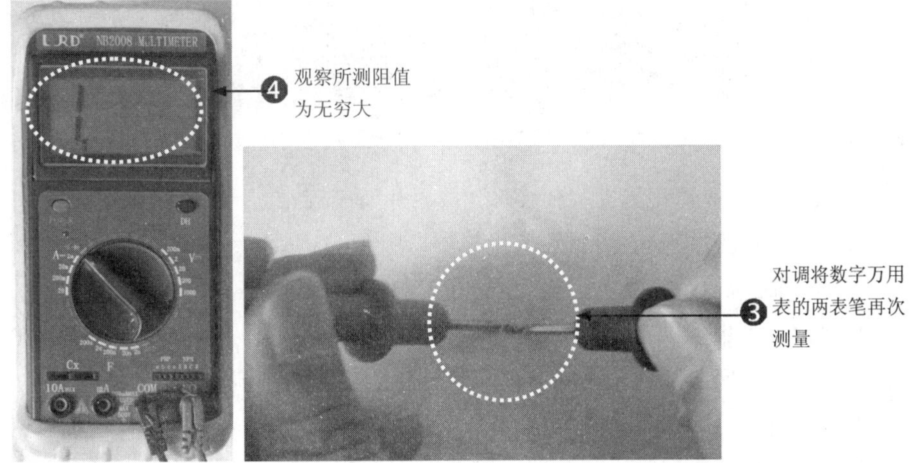
NB2008 MULTIMETER
1
❹ 观察所测阻值为无穷大
❸ 对调将数字万用表的两表笔再次测量

（b）反向电阻的检测

图 7-39　稳压二极管检测

两次检测中出现固定电阻的那一组接法即为正向接法（红表笔所接的为万用表的正极），经检测待测稳压二极管正向电阻为一个固定电阻值，反向电阻为无穷大。因此该稳压二极管的功能基本正常。

如果待测稳压二极管的正向阻值和反向阻值均为无穷大，则二极管很可能有断路故障。如果测得稳压二极管正向阻值和反向阻值都接近于0，则二极管已被击穿短路。如果测得稳压二极管正向阻值和反向阻值相差不大，则说明二极管已经失去了单向导电性或单向导电性不良。

3．在路检测稳压二极管实训(指针万用表)

（1）首先将待测稳压二极管的电源断开，接着对待测稳压二极管进行观察，看待测二极管是否损坏，有无烧焦、虚焊等情况。如果有，说明稳压二极管已损坏。本次待测的稳压二极管外形完好没有明显的物理损坏。

（2）为使测量的结果更加准确，用一小毛刷清洁整流二极管的两端，去除两端引脚下的污物，以避免因油污的隔离作用而使表笔与引脚间的接触不实影响测量结果。

（3）清洁完毕后选择指针万用表的“R×1k”挡，并调零校正。

（4）将指针万用表的用黑表笔接稳压二极管的正极，红表笔接稳压二极管的负极（正向测量），观察并记录读数，具体操作步骤如图7-40所示。

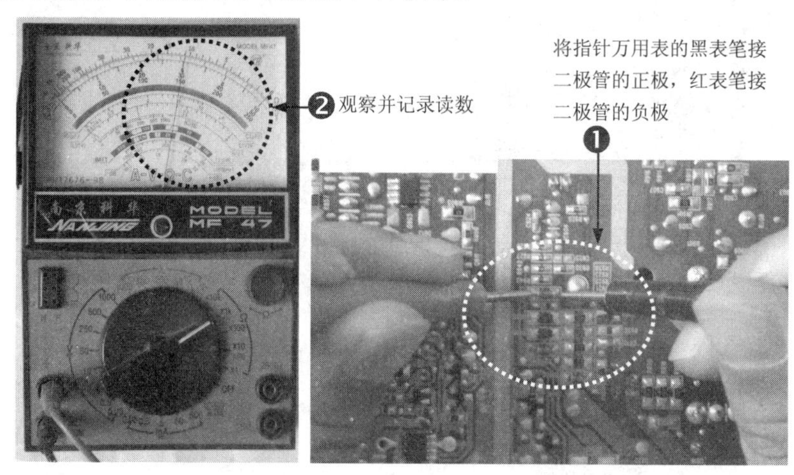

❷观察并记录读数
将指针万用表的黑表笔接二极管的正极，红表笔接二极管的负极
❶
MODEL MF 47

图7-40　稳压二极管正向电阻的检测

（5）选择指针万用表的“R×10k”挡，并调零校正。

（6）将指针万用表的用黑表笔接稳压二极管的负极，红表笔接稳压二极管的正极（反向测量），观察并记录读数，具体操作步骤如图7-41所示。

两次检测中出现固定电阻的那一组接法即为正向接法，经检测该稳压流二极管正向电阻为一个固定值，反向电阻为无穷大。因此该稳压二极管的功能基本正常。

如果待测稳压二极管的正向阻值和反向阻值均为无穷大，则二极管很可能有断路故障。如果测得稳压二极管正向阻值和反向阻值都接近于0，则二极管已被击穿短路。如果测得稳压二极管正向阻值和反向阻值相差不大，则说明二极管已经失去了单向导电性或单向导电性不良。

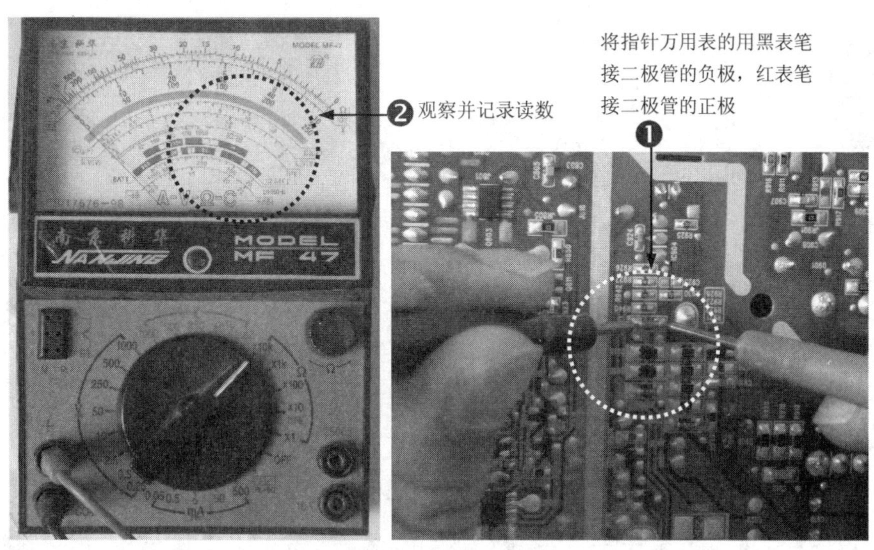

图 7-41　稳压二极管反向电阻的检测

4．开路检测稳压二极管实训（指针万用表）

（1）首先将待测稳压二极管的电源断开，接着对待测稳压二极管进行观察，看待测二极管是否损坏，有无烧焦、虚焊等情况。如果有，说明稳压二极管已损坏。本次待测的稳压二极管外形完好没有明显的物理损坏。

（2）用电烙铁将待测整流二极管焊下来，如图 7-42 所示，此时需用小镊子夹持着稳压二极管以避免被电烙铁传来的热量烫伤。

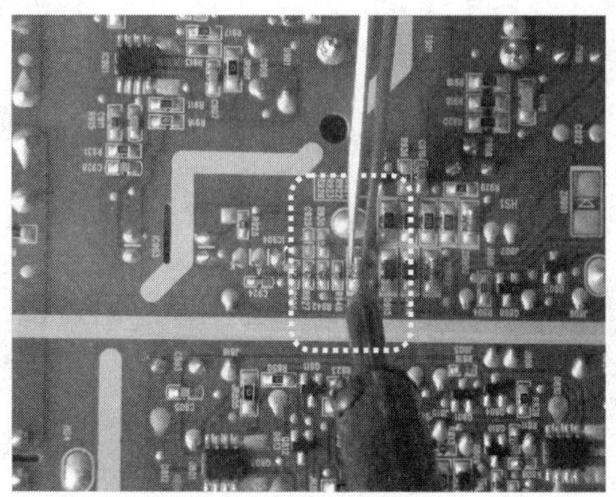

图 7-42　用电烙铁焊下待测稳压二极管

（3）选择指针万用表的“R×1k”挡，并调零校正。

（4）将指针万用表的用黑表笔接稳压二极管的正极，红表笔接稳压二极管的负极（正向测量），观察并记录读数，具体操作步骤如图 7-43 所示。

（5）选择指针万用表的“R×10k”挡，并调零校正。

（6）将指针万用表的用黑表笔接稳压二极管的负极，红表笔接稳压二极管的正极（反向测量），观察并记录读数，具体操作步骤如图 7-44 所示。

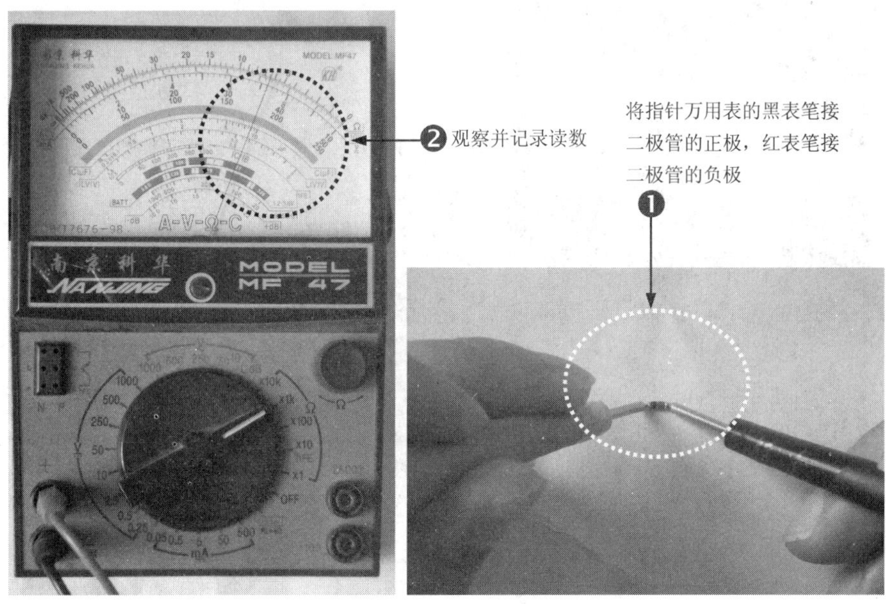
❷ 观察并记录读数
将指针万用表的黑表笔接二极管的正极，红表笔接二极管的负极
❶
MODEL MF 47
NANJING

图 7-43　稳压二极管正向阻值测量

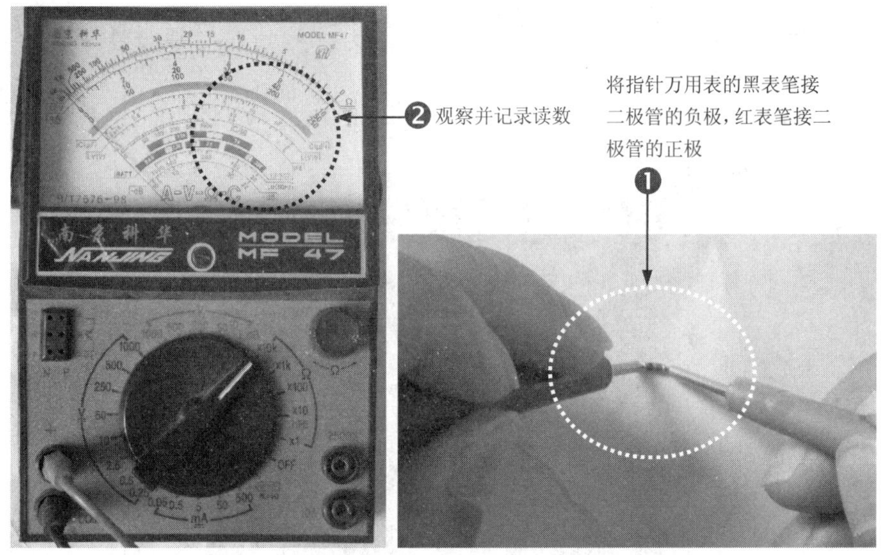
❷ 观察并记录读数
将指针万用表的黑表笔接二极管的负极，红表笔接二极管的正极
❶
MODEL MF 47
NANJING

图 7-44　稳压二极管反向电阻的检测

两次检测中出现固定电阻的那一组接法即为正向接法，经检测该稳压二极管正向电阻为固定阻值，反向电阻为无穷大。因此该稳压二极管的功能基本正常。

如果待测稳压二极管的正向阻值和反向阻值均为无穷大，则二极管很可能有断路故障。如果测得稳压二极管正向阻值和反向阻值都接近于 0，则二极管已被击穿短路。如果测得稳压二极管正向阻值和反向阻值相差不大，则说明二极管已经失去了单向导电性或单向导电性不良。

第 8 章　三极管实用知识、常用电路、故障判断与检测代换

三极管是电流放大器件，它可以把微弱的电信号变成一定强度的信号，因此在电路中被广泛应用。要掌握三极管的维修检测方法，首先要掌握各种三极管的构造、特性、参数、标注规则等基本知识，然后还需掌握三极管在电路中的应用特点、三极管好坏检测和代换方法等内容，本章将重点讲解这些内容。

8.1 三极管的功能、符号及分类

8.1.1 三极管的结构及功能

半导体三极管也称为晶体三极管，是电子电路中最重要的器件之一。三极管具有三个电极，主要起电流放大作用，此外三极管还具有振荡或开关等作用。图 8-1 所示为电路中的三极管。

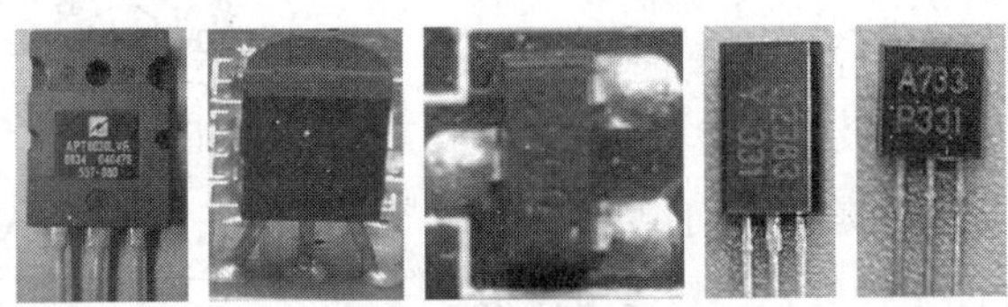

图 8-1　电路中的三极管

三极管在半导体锗或硅的单晶上制备两个能相互影响的 PN 结，组成一个 PNP（或 NPN）结构。中间的 N 区（或 P 区）叫基区，两边的区域叫发射区和集电区，这三部分各有一条电极引线，分别叫基极 B、发射极 E 和集电极 C。图 8-2 所示为三极管结构示意图。

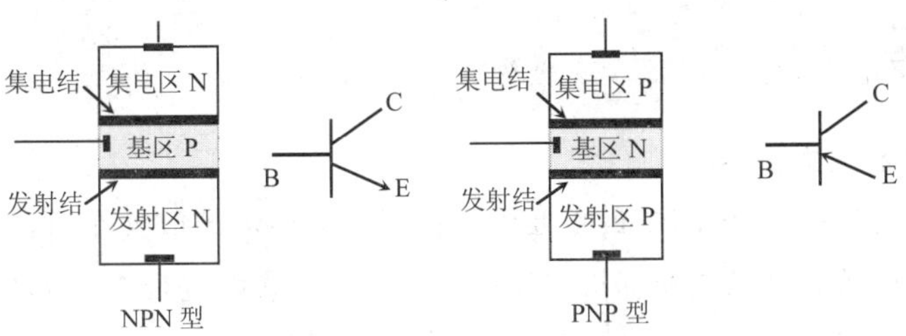

图 8-2　三极管结构示意图

8.1.2 三极管在电路中的符号

三极管是电子电路中最常用的电子元件之一，一般用字母“Q”、“V”或“BG”表示。在电路图中，每个电子元器件都有其电路图形符号，三极管的电路图形符号如图 8-3 所示。

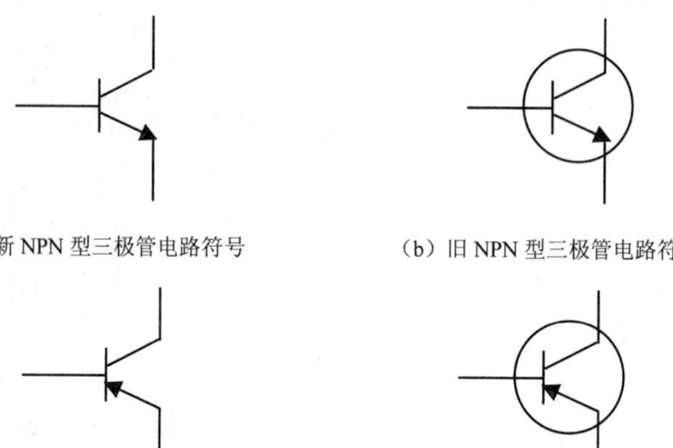

（a）新 NPN 型三极管电路符号　（b）旧 NPN 型三极管电路符号

（c）新 PNP 型三极管电路符号　（d）旧 PNP 型三极管电路符号

图 8-3　三极管的图形符号

8.1.3 三极管电流放大作用

1．三极管接法及电流分配

在对三极管的电流放大作用进行讲解之前，首先我们先了解一下三极管在电路中的接法，以及各电极上电流的分配。以 NPN 三极管为例，图 8-4 所示为一个三极管各电极电流分配示意图。

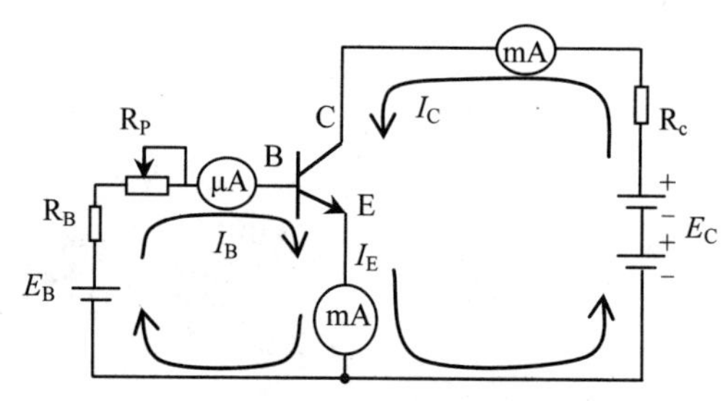

图 8-4　三极管各电极电流分配示意图

在图 8-3 中，电源 E_C 给三极管集电结提供反向电压，电源 E_B 给三极管发射结提供正向电压。电路接通后，就有三支电流流过三极管，即基极电流 I_B、集电极电流 I_C 和发射极电流 I_E。其中三支电流的关系为：$I_E = I_B + I_C$，这对 PNP 型三极管同样适用。这个关系符合节点电流定律：流入某节点的电流之和等于流出该节点电流之和。

注 意

PNP 型三极管的电流方向刚好和 NPN 型三极管的电流方向相反。

2．三极管的电流放大作用

对于晶体三极管来说，在电路中最重要的特性就是对电流的放大作用。如图 8-4 所示，通过调节可变电阻 R_P 的阻值，可以改变基极电压的大小，从而影响基极电流 I_B 的大小。三极管具有一个特殊的调节功能，即使 $I_C / I_B \approx \beta$，β 为三极管一固定常数（绝大多数三极管的 β 值为 50～

150 的数值），也就是通过调节 I_B 的大小可以调节 I_C 的变化，进一步得到对发射极电流 I_E 的调控。

需要补充的是，为使三极管放大电路能够正常工作，需要为三极管加上合适工作电压。对于图中 NPN 型三极管而言，要使图中的 $U_B>U_E$、$U_C>U_B$，这样电流才能正常流通。假使 $U_B>U_C$，那么 I_C 就要掉头了。

综上可知，三极管的电流放大作用，实质是一种以小电流操控大电流的作用，并不是一种使能量无端放大的过程。该过程遵循能量守恒。

8.1.4 三极管的分类

三极管的种类很多，具体分类方法如下：

如果按照制造材料分，可分为硅三极管和锗三极管。

如果按照导电类型分，可分为 NPN 型和 PNP 型。其中，硅三极管多为 NPN 型，锗三极管多为 PNP 型。

如果按照工作频率分，可分为低频三极管和高频三极管。一般低频三极管用以处理频率在 3MHz 以下的电路中，而高频三极管的工作频率可以达到几百兆赫。

按三极管消耗功率的大小分，可分为小功率管和大功率管。一般小功率管的额定功耗在 1W 以下，而大功率管的额定功耗可达几十瓦以上。

按功能可将三极管分为开关管、功率管、达林顿管、光敏管等。

8.1.5 几种电路中常见的三极管

1．NPN 型三极管

NPN 型三极管内部结构的图形符号如图 8-5 所示，常见的 NPN 型三极管如图 8-6 所示。

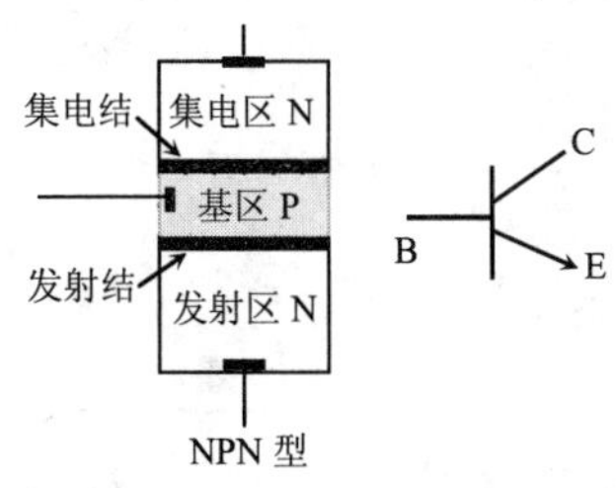

图 8-5　NPN 型三极管内部结构的图形符号

图 8-6　NPN 型三极管的外形

2．PNP 型三极管

PNP 型三极管内部结构的图形符号如图 8-7（a）所示，常见 PNP 型三极管如图 8-7（b）所示。

3．低频小功率三极管

低频小功率三极管多用于低频放大电路，如收音机的功放电路，其外形如图 8-8 所示。

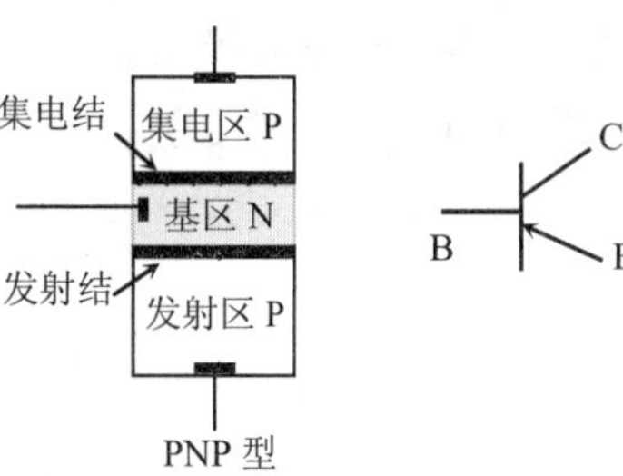

（a）PNP 型三极管内部结构的图形符号　（b）PNP 型三极管的外形

图 8-7　PNP 型三极管内部结构和外形

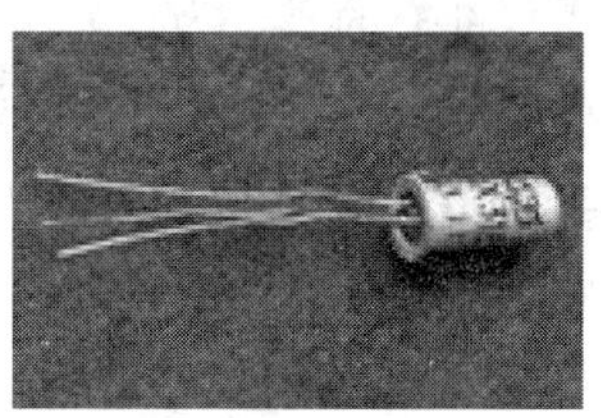

图 8-8　低频小功率三极管

4．高频三极管

高频三极管的工作频率很高，通常采用金属壳封装，金属外壳可以起到屏蔽作用。图 8-9 所示为一种常见的高频三极管。

图 8-9　高频三极管

5．开关三极管

开关三极管在开关电路中，用来控制电路的开启或关闭。开关三极管外形如图 8-10 所示。

6．光敏三极管

光敏三极管和普通三极管相似，也有电流放大作用，只是它的集电极电流不仅受基极电路和电流控制，同时也受光辐射的控制。图 8-11 所示为一种光敏三极管。

开关三极管突出的优点是开关速度快、体积小、可以用很小的电流控制很大的电流的通断，这大大提高了操作的安全性

图 8-10　开关三极管

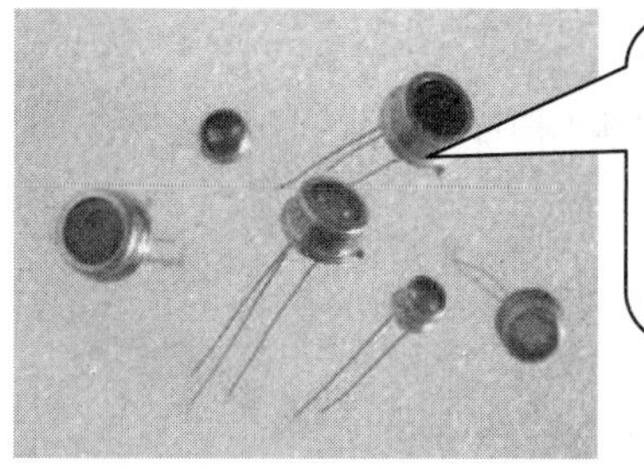

光敏三极管通常基极不引出，但一些光敏三极管的基极有引出，用于温度补偿和附加控制等作用

图 8-11　光敏三极管

8.2 三极管的命名、主要参数及标注方法解读

8.2.1 三极管的命名

国产三极管型号命名一般由五个部分构成，分别为名称、材料与极性、类别、序号和规格号，如图 8-12 所示。

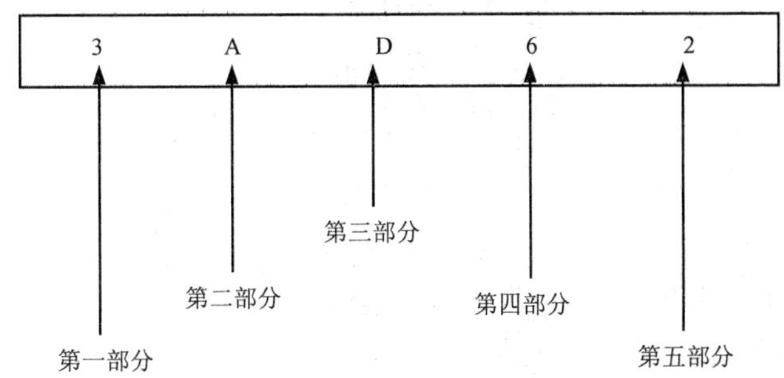

图 8-12　三极管的命名

第一部分为名称，三极管用数字 3 表示。

第二部分为三极管材料，用字母表示。A 表示锗材料 PNP 型。

第三部分为三极管的类别，用字母表示。D 表示低频大功率型。

第四部分为序号，用数字表示同一类别产品的序号。

第五部分为规格号部分，用数字或字母表示产品的规格、档次。

由此可知，三极管标注为“3AD62”，表示此三极管是锗材料 PNP 型低频大功率三极管。

为了方便读者查阅，通过表 8-1、表 8-2 所示分别列出了三极管材料与符号意义对照表和三极管类别代号与意义对照表。

表 8-1　三极管材料与符号意义对照表。

符　号	材　料	符　号	材　料
A	锗材料 PNP 型	D	硅材料 NPN 型
B	锗材料 NPN 型	E	化合物材料
C	硅材料 PNP 型	—	—

表 8-2　三极管类别代号与意义对照表

符　号	意　义	符　号	意　义
X	低频小功率管	K	开关管
G	高频小功率管	V	微波管
D	低频大功率管	B	雪崩管
A	高频大功率管	J	阶跃恢复管
T	闸流管	U	光敏管

8.2.2 三极管的主要参数

1．共射放大系数（β）

三极管共射放大系数（β）指共射极电路中，三极管对直流电的放大能力。β 值越大，三极管的放大能力越大，由于制作工艺的限制 β 值不可能无限制地做大，β 值越大三极管的稳定性越难控制。通常情况下，三极管的 β 值为 50～150 的数值。

2．集-射击穿电压（U_{CEO}）

集-射击穿电压是指基极开路，集电极与发射极间在指定条件下所能承受的最高反向耐压。如果工作电压因故障反向升高超过此电压，三极管将有被击穿的危险。

3．集电极最大允许耗散功率（P_{CM}）

集电极最大允许耗散功率是指三极管因受热而引起的参数变化不超过规定允许值时，集电极所消耗的最大功率。可用增加散热片的方法提高三极管功率。

4．集电极最大允许电流（I_{CM}）

在集电极允许耗散功率的范围内，能连续通过发射极的直流电流的最大值，为集电极的最大允许电流。

8.3 三极管常见故障判断

8.3.1 三极管的断路故障判断

所谓三极管的开路，主要指发生在基极与集电极之间、基极与发射极之间的断开。不同三极管开路后造成的影响不同，还需具体分析。但它们都有一共同点，电路中相关点的电压发生了改变。

8.3.2 三极管的击穿故障判断

所谓击穿往往指集电极与发射极之间，由于电源故障瞬间反向电压过大而造成的击穿现象。三极管击穿后相关点的直流电压发生改变。

8.3.3 三极管的热损坏故障判断

三极管的热损坏是指由于工作电流远超过三极管的额定电流，使三极管不堪负荷发热损毁的故障。

8.4 三极管的检测方法

8.4.1 三极管极性的检测方法

在现代家用电器及很多电器设备中，都常用到三极管。三极管极性辨别至关重要，如果不能正确判别三极管极性，很可能会安装错误而发生危险。下面对三极管的极性判断做出详细的介绍。

1．用数字万用表检测三极管的极性

调节数字万用表的功能旋钮至二极管挡（又称蜂鸣挡）。先将红表笔接在其中一只引脚上不动，用黑表笔分别测量另外两只引脚。如果两次测量结果都为一固定阻值且两阻值基本一致，那么红表笔接的电极为基极，且该三极管为 NPN 型。

如果将红表笔分别接这三个引脚均无法得出上述结果，且该三极管是正常的，则可以断定该三极管属于 PNP 型。将黑表笔接在某一只引脚上不动，红表笔分别测量另外两只引脚，在二次测量中，如果数字表都显示一个相互接近的阻值，则黑表笔接的电极为基极。如果没有测出结果，那么将黑表笔换一个引脚继续测量，直到得出想要的结果。

之后利用数字万用表的三极管“HFE”测试功能。万用表面板上共有 8 个三极管插孔，它们按三极管电极的排列顺序排列，每 4 个一组，共两组，分别对应 NPN 型和 PNP 型，如图 8-13 所示。利用该功能可以方便地检测出三极管的集电极和发射极，方法如下。

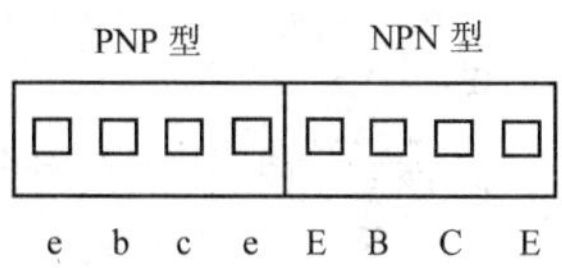

图 8-13　万用表三极管插孔

（1）利用前面所讲的内容首先判定出三极管的类型并找出基极。

（2）将功能旋钮旋至万用表的“hFE”挡。

（3）将基极 B 按该三极管的类型插入万用表对应的基极插孔，有两种插法（有数字面朝里，有数字面朝外）。分别读出万用表上指示的“HFE”值，并进行比较。

（4）在这两次检测中，“hFE”值较大的那次插入法，三极管电极的排列顺序符合万用表上的排列顺序，这样便测出了三极管的集电极和发射极。若三极管内部已损坏，那么这种测量方法就无效了。同时通过这种方法可以测出三极管的放大倍数。

2. 用指针式万用表检测三极管的极性

将万用表调置欧姆挡的“R×100”挡。将黑表笔接在其中一只引脚上，用红表笔分别去接另外两只引脚。观察指针偏转，如果两次测得的指针偏转位置相近，证明该三极管为 NPN 型，且黑表笔接所的电极就是三极管基极（B 极）。

如果将黑表笔分别接这三个引脚均无法得出上述结果，如果该三极管是正常的，可以断定该三极管属于 PNP 型。将红表笔接在其中一只引脚上，用黑表笔分别去接另外两只引脚。观察指针偏转，如果两次测得的指针偏转位置相近，证明该三极管为 PNP 型，且红表笔接所的电极就是三极管基极（B 极）。

接下来通过万用表“R×10k”挡判定三极管的集电极与发射极。首先对 NPN 型三极管进行检测。将红黑表笔分别接在基极之外的两只引脚上，同时将基极引脚与黑表笔相接触，记录指针偏转。交换两表笔再重测一次，并记录指针偏转。对比这两次的测量结果，指针偏转大的那次，红表笔所接的是三极管发射极，黑表笔所接的是三极管集电极。

对于 PNP 型三极管，将红黑表笔分别接在基极之外的两只引脚上，同时将基极引脚与红表笔相接触，记录指针偏转。交换两表笔再重测一次，并记录指针偏转。对比这两次的测量结果，指针偏转大的那次，红表笔所接的是三极管集电极，黑表笔所接的是三极管发射极。

8.4.2 三极管好坏判断方法

1. 检测 PNP 型三极管的好坏

检测 PNP 型三极管的好坏的方法如下：

（1）首先将三极管用电烙铁从电路板中焊下，然后用纸巾将三极管的引脚清洁干净（如果锈迹比较严重可以用砂纸打磨）。

（2）选择指针万用表的“R×1k”挡，并调零校正。分别检测三极管集电结和发射结的正向与反向电阻。

（3）对上述操作的得出的结果进行比较，如果集电结、发射结的反向电阻均小于其自身的正向电阻，且集电结和发射结的正向电阻基本相等，则被检测的 PNP 型三极管是正常的。

提 示

三极管是由两个 PN 结构成的，P→N 方向的电阻即为单个 PN 结的正向电阻，N→P 方向的电阻即为反向电阻。

2. 检测 NPN 型三极管的好坏

检测 NPN 型三极管的好坏的方法如下：

（1）首先将三极管用电烙铁从电路板中焊下，然后用纸巾将三极管的引脚清洁干净（如果锈迹比较严重可以用砂纸打磨）。

（2）选择指针万用表的“R×1k”挡，并调零校正。分别检测三极管集电结和发射结的正向与反向电阻。

（3）对上述操作的得出的结果进行比较，如果集电结、发射结的反向电阻均大于其自身的正向电阻，且集电结和发射结的正向电阻基本相等，则被检测的 NPN 型三极管是正常的。

8.5 三极管的选配与代换方法

三极管损坏后，为使原电路正常完成工作，最好使用同类型（极性相同、材料相同）、同特性（即参数值和特性曲线相近）、同外形的三极管进行代换，而不要太过随意，以避免不良操作给自己造成不必要的麻烦。下面对一些具体要求做出介绍。

代换三极管的耗散功率一定要和原三极管相近，如果耗散功率太低会因为无法承受高功率而烧毁；而如果耗散功率太高则有可能将同级电路烧毁。

代换三极管的极性必须相同，极性不同不能代换，且不同材料的三极管也不能进行代换。一般情况下，硅材料三极管的 PN 结电阻在 5kΩ 以上，锗材料的三极管的 PN 结电阻在 1kΩ 以下。

代换管的 β 值要与被代换的相当，值太小则发射极的输出的信号将减小，值太大则可能烧毁后级电路。

8.6 三极管检测维修实训

8.6.1 如何区分三极管的类型

1. 用数字式万用表区分三极管是 NPN 型还是 PNP 型

区分三极管类型的方法如下：

（1）首先将待测三极管所在电路的电源断开，接着对三极管进行观察，看待测三极管有无烧焦、虚焊等明显的物理损坏。如果有，则三极管已损坏了。

（2）如果待测三极管不存在明显的物理损坏，接着用电烙铁待测三极管从电路板上卸下，并清洁三极管的引脚，以避免因锈蚀带来的误差，如图 8-14 所示。

（3）然后选择数字万用表的二极管挡（又称蜂鸣挡），如图 8-15 所示。

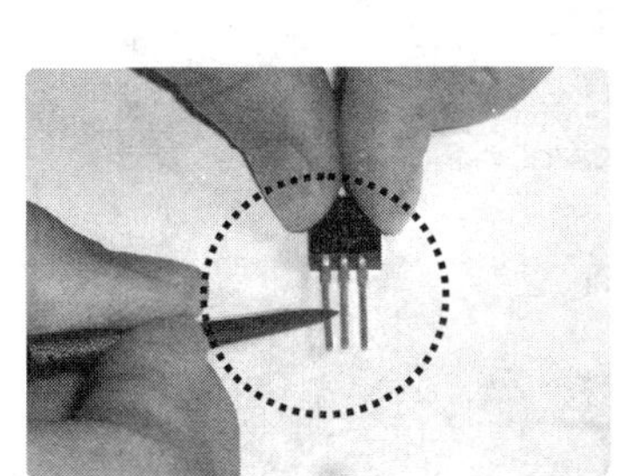

图 8-14　三极管引脚的清洁

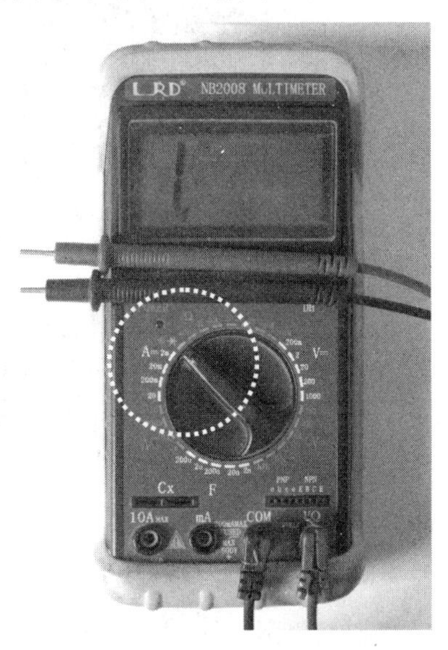

图 8-15　数字万用表的二极管挡

（4）将数字万用表的红表笔接在三极管一侧的一只引脚上不动，将黑表笔分别接三极管另外的两只引脚，如图 8-16 所示。

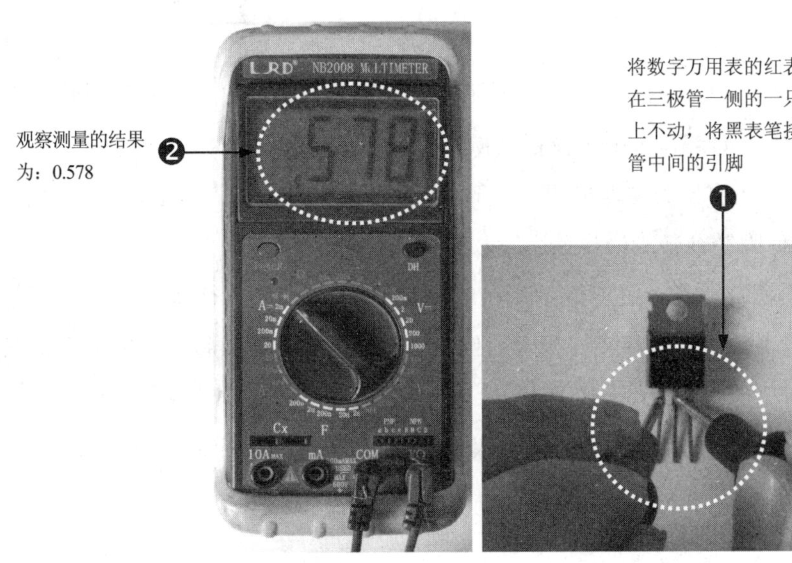

观察测量的结果为：0.578
将数字万用表的红表笔接在三极管一侧的一只引脚上不动，将黑表笔接三极管中间的引脚
NB2008 MULTIMETER
578
Cx
F
10A
mA
COM

（a）第一次测量

图 8-16　三极管类型的判断

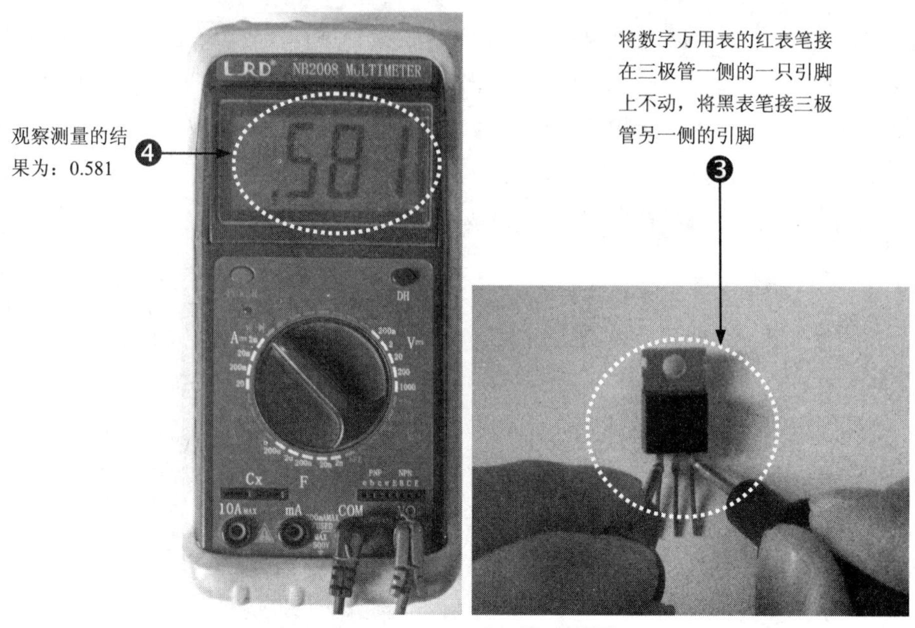
观察测量的结果为：0.581
将数字万用表的红表笔接在三极管一侧的一只引脚上不动，将黑表笔接三极管另一侧的引脚

（b）第二次测量

图 8-16　三极管类型的判断（续）

由于两次测得的结果十分相近，因此可以断定该三极管为 NPN 型三极管。

如果将红表笔分别接这三个引脚均无法得出上述结果，且该三极管是正常的可以断定该三极管属于 PNP 型。将黑表笔接在某一只引脚上不动，红表笔分别测量另外两只引脚。直到测出两个十分接近的阻值，此时黑表笔所接的电极即为三极管的基极。

2. 用指针式万用表区分三极管是 NPN 型还是 PNP 型

区分三极管类型的方法如下：

（1）首先将待测三极管所在电路的电源断开，接着对三极管进行观察，看待测三极管有无烧焦、虚焊等明显的物理损坏。如果有，则三极管已损坏了。

（2）如果待测三极管不存在明显的物理损坏，接着用电烙铁将待测三极管从电路板上卸下，并清洁三极管的引脚，以避免因锈蚀带来的误差。

（3）然后将指针式万用表的功能旋钮旋至“R×1k”挡，短接两表笔进行调零校正。

（4）接着将指针式万用表的黑表笔接在三极管一侧的一只引脚上不动，将红表笔分别接三极管另外的两只引脚，具体操作步骤如图 8-17 所示。

在二次测量中，万用表测量的电阻值均为“无穷大”。此时并不能说明什么，因为 N→P 以及集电极与发射极之间的阻值都可能为无穷大。

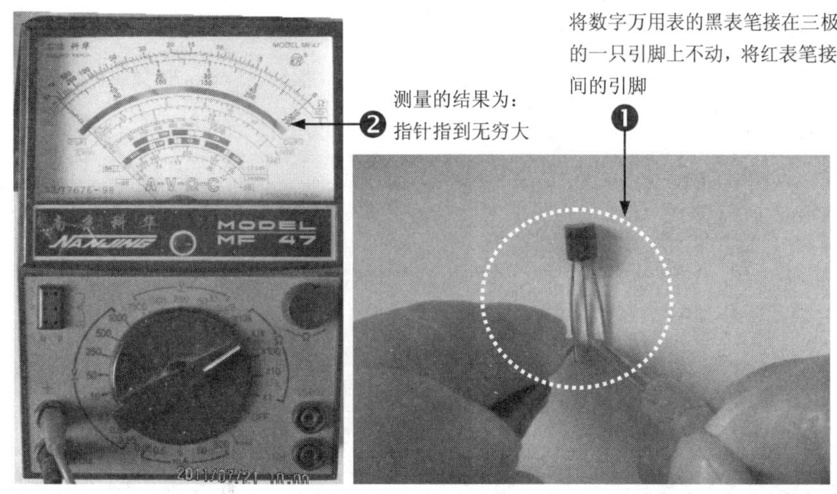
将数字万用表的黑表笔接在三极管一侧的一只引脚上不动，将红表笔接三极管中间的引脚
测量的结果为：指针指到无穷大
MODEL MF 47
NANJING

（a）第一次测量

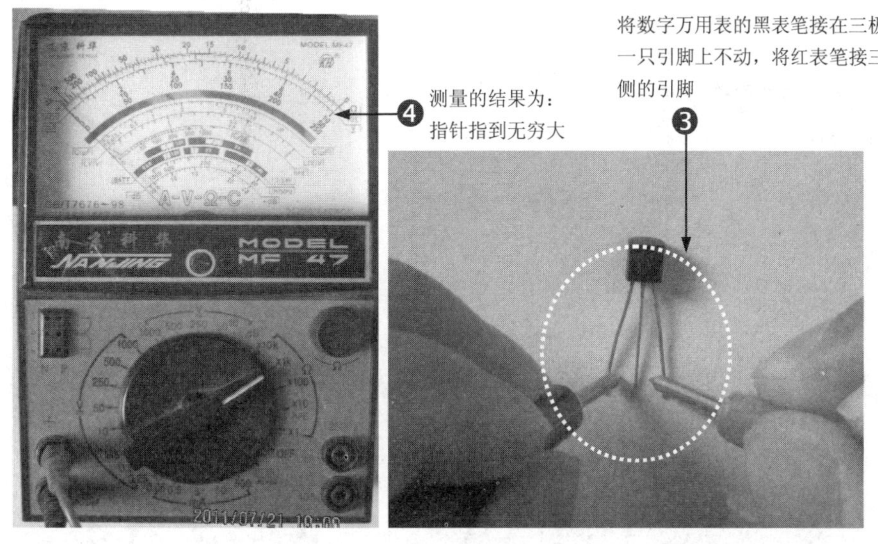
将数字万用表的黑表笔接在三极管一侧的一只引脚上不动，将红表笔接三极管另一侧的引脚
测量的结果为：指针指到无穷大
MODEL MF 47
NANJING

（b）第二次测量

图 8-17　三极管极性的检测

（5）继续测量，将万用表的黑表笔换到中间的那一个引脚上，将红表笔分别测量另外两只引脚测量。在两次测量中，万用表测量的电阻值均为“11k”，具体操作步骤如图 8-18 所示。

至此可以断定，此三极管为 NPN 型，且黑表笔接的引脚为三极管的基极。

如果未出现上述测量结果可以确定该三极管为 PNP 型，用红表笔接住其中一引脚用黑表笔去测另外两只引脚。直到当红表笔接其中一引脚后，黑表笔测出两个相似的阻值为止。此时红表笔所接的即是 PNP 型三极管的基极。

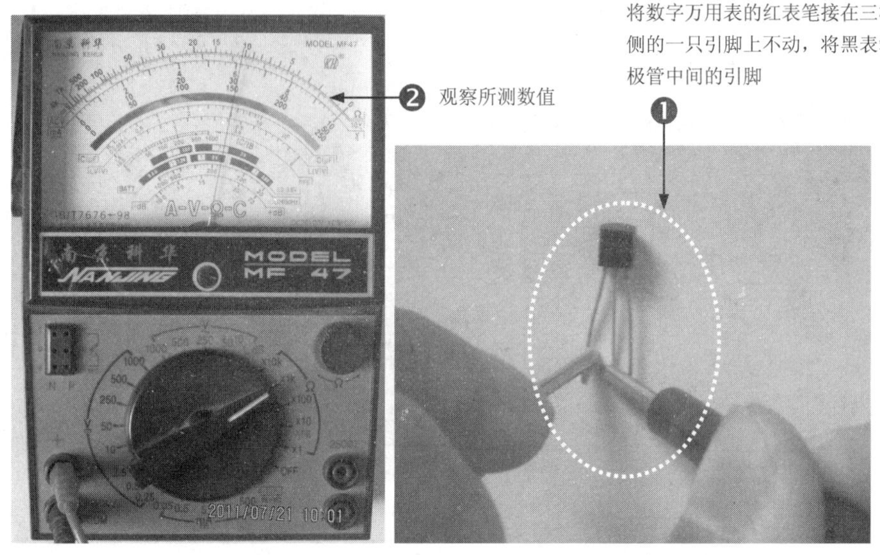

（a）第一次测量

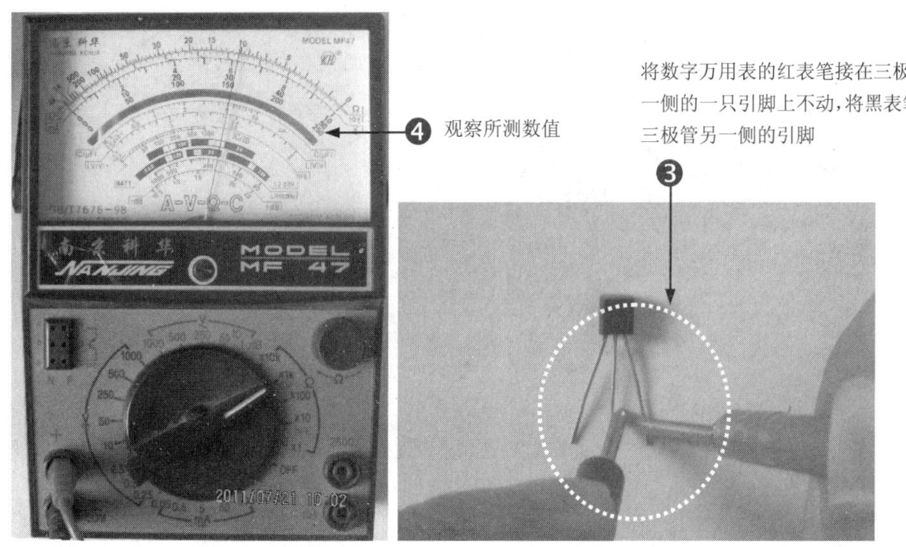

（b）第二次测量

图 8-18　三极管极性的检测

8.6.2 判断三极管的极性实训

1．判断三极管引脚的极性实训（数字万用表）

利用数字万用表判断三极管引脚极性的方法如下：

（1）判断出三极管的类型及其基极（在本节的第一部分已经具体讲过）。

（2）将数字万用表的功能旋钮旋至“hFE”挡，如图 8-19 所示。

图 8-19　数字万用表的“hFE”挡

（3）将基极 B 插入对应类型的插孔，有两种插法（部分为一种）。每次插入读出数字万用表的“hFE”值，如图 8-20 所示。

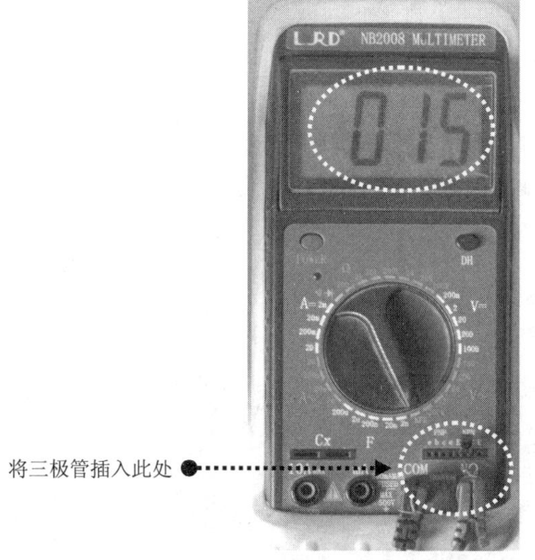

（a）第一次测量

（b）第二次测量

图 8-20　三极管极性的检测

在两次测量结果中“hFE”值较大的一次插入方法中，三极管的电极符合万用表上的排列顺序，由此确定出三极管的三极引脚的极性。

2．判断三极管引脚的极性实训（指针万用表）

利用指针万用表判断 NPN 型三极管的各引脚极性的方法如下：

（1）首先判断出三极管的基极（在本节的第一小节我们已经具体讲过）。

（2）将指针万用表的功能旋钮调到“R×10k”挡，然后短接两表笔进行调零校正。

（3）将万用表的红、黑表笔分别接三极管基极外的两只引脚上，并用手同时触碰基极与黑表笔，观察指针偏转；然后交换表笔再测一次，具体操作步骤如图 8-21 所示。

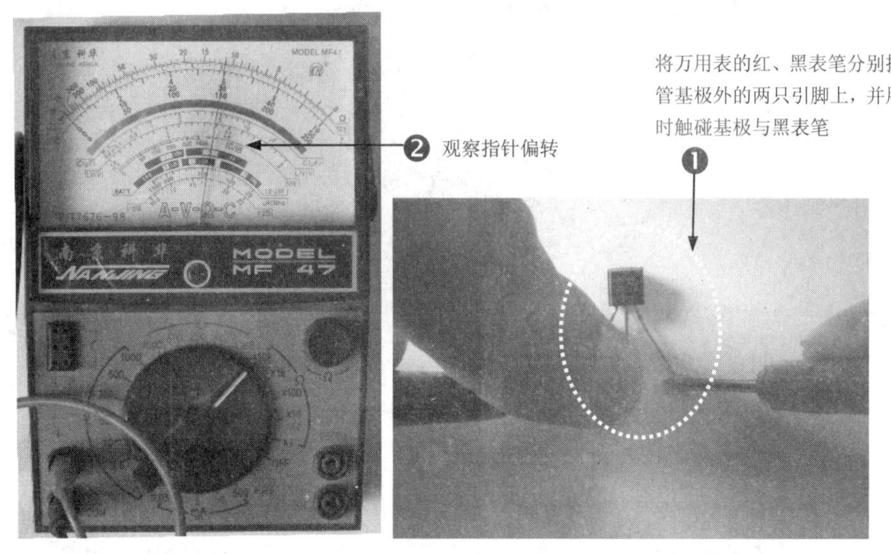

（a）第一次测量

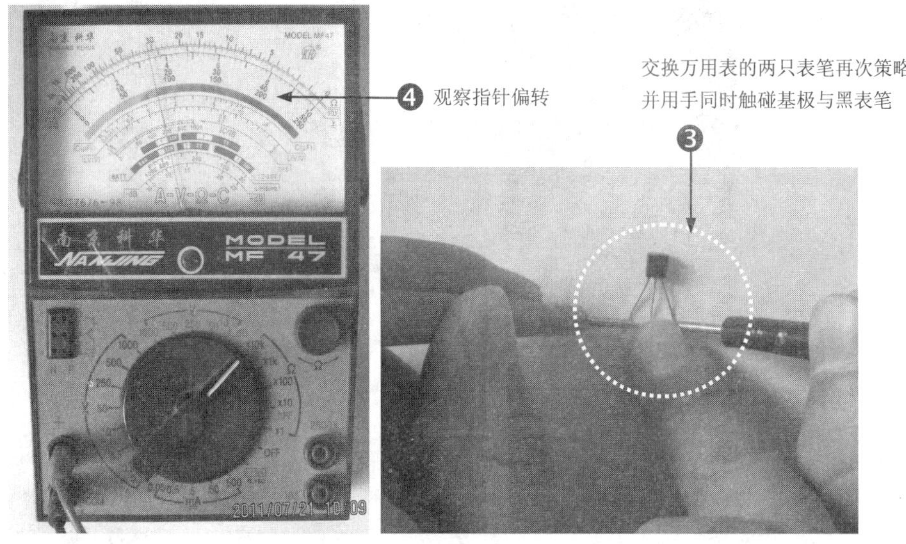

（b）交换表笔后第二次测量

图 8-21　三极管极性检测

在两次测量中，指针偏转量较大的一次（即电阻小的一次）测量时黑表笔所接的引脚是三极管的集电极，红表笔接的是三极管的发射极。

利用指针万用表判断 PNP 型三极管的各引脚极性的方法如下：

（1）首先判断出三极管的基极（在本节的第一部分已经具体讲过）。

（2）将指针万用表的功能旋钮调到“R×10k”挡，然后短接两表笔进行调零校正。

（3）将万用表的红、黑表笔分别接三极管基极外的两只引脚上，并用手同时触碰基极与黑表笔，观察指针偏转；然后交换表笔再测一次，具体操作如图 8-22 所示。

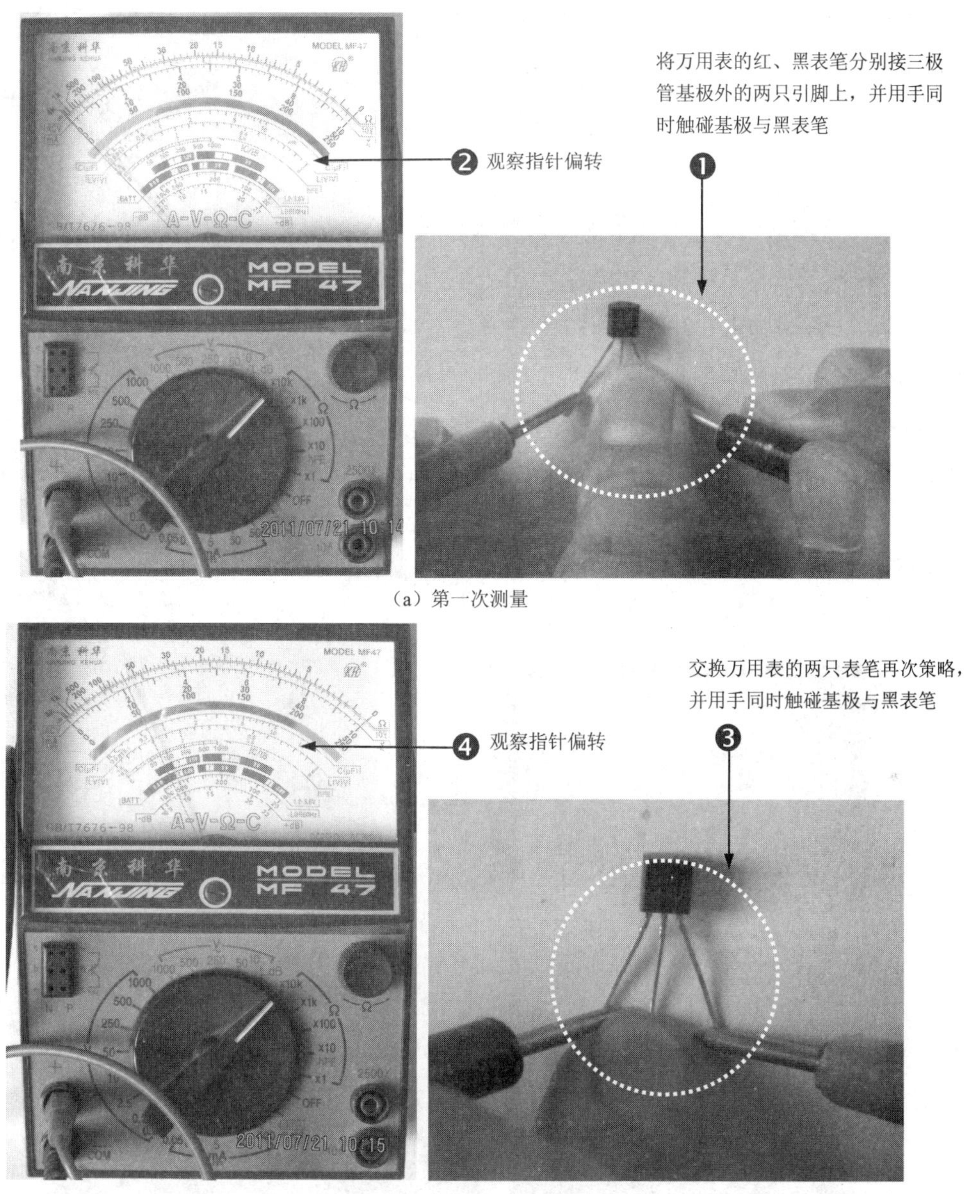
将万用表的红、黑表笔分别接三极管基极外的两只引脚上，并用手同时触碰基极与黑表笔
❶
❷ 观察指针偏转
MODEL MF47
南京科华
NANJING
MODEL MF 47
A-V-Ω-C
2011/07/21 10:14
交换万用表的两只表笔再次策略，并用手同时触碰基极与黑表笔
❸
❹ 观察指针偏转
2011/07/21 10:15

（a）第一次测量

（b）交换表笔后第二次测量

图 8-22　三极管极性检测

在两次测量中，一次指针无偏转即阻值为无穷大，另一次有较小偏转。有偏转的那次，黑表笔所接的是三极管的发射极，红表笔所接的是三极管的集电极。

8.6.3 电路板上三极管检测实训

1. 电路板中直插式三极管的检测实训

直插式三极管通常被应用在电源供电电路板中，为了准确测量，一般采用开路测量。

（1）首先将待测三极管所在电路板的电源断开，接着对三极管进行观察，看待测三极管有无烧焦、虚焊等明显的物理损坏。如果有，则三极管已发生损坏。

（2）如果待测三极管外观没有明显的物理损坏，接着用电烙铁将待测三极管从电路板上焊下。用小刻刀清洁三极管的引脚，去除引脚上的污物，如图 8-23 所示，以避免因污物的隔离作用而影响测量的准确性。

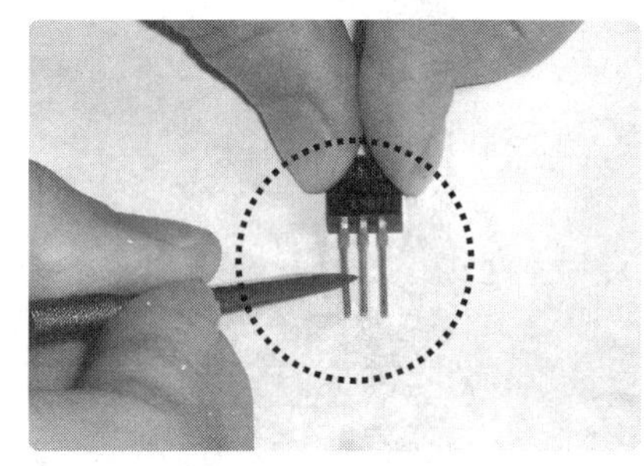

图 8-23　清洁待测三极管的引脚

（3）清洁完成后，将指针式万用表的功能旋钮旋至“R×1k”挡，然后短接两表笔进行调零校正。

（4）将万用表的黑表笔接在三极管某一只引脚上不动（为操作方便一般从引脚的一侧开始），然后用红表笔分别和另外两只引脚相接，去测量该引脚与另外两引脚间的阻值，如图 8-24 所示。

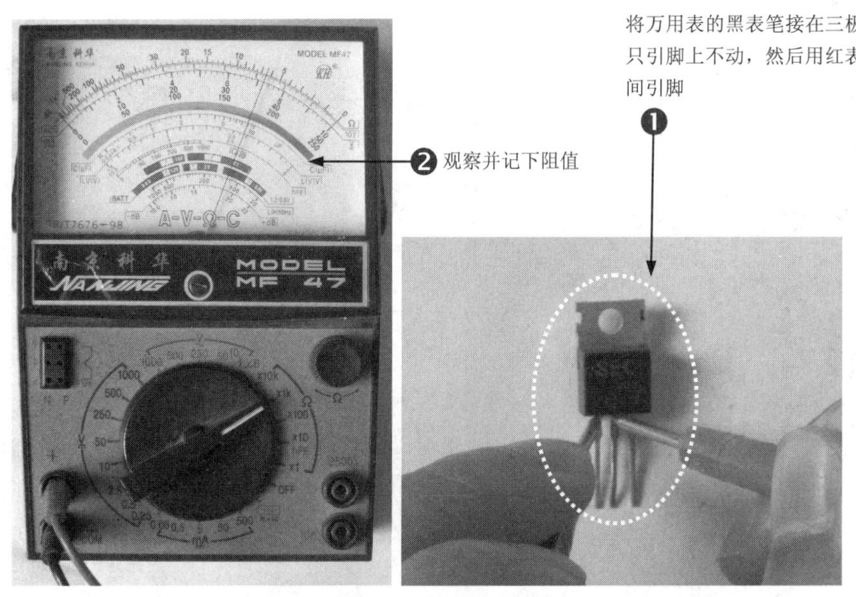
将万用表的黑表笔接在三极管某一只引脚上不动，然后用红表笔接中间引脚
❶
❷ 观察并记下阻值
MODEL MF47
南京 科华
NANJING
MODEL MF 47
A-V-Ω-C

（a）第一次测量

图 8-24　三极管类型的判断

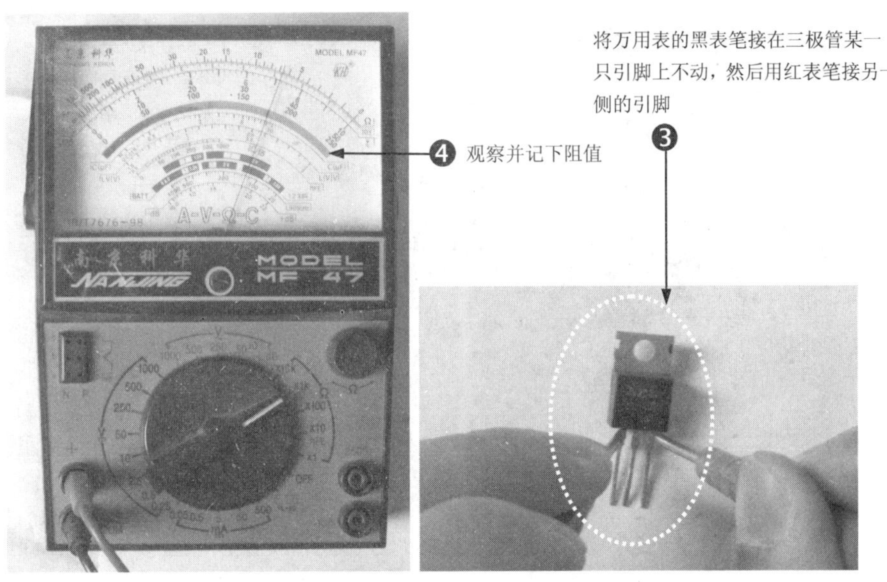
将万用表的黑表笔接在三极管某一只引脚上不动，然后用红表笔接另一侧的引脚
❸
❹ 观察并记下阻值
MODEL MF 47
NANJING

（b）第二次测量

图 8-24　三极管类型的判断（续）

结论：由于两次测量的阻值十分相似，因此可以判断，该三极管为 NPN 型三极管，且黑表笔所接的引脚为该三极管的基极。

（5）将指针式万用表的功能旋钮旋至“R×10k”挡，然后短接两表笔进行调零校正。

（6）将万用表的红黑表笔分别接在基极外的两只引脚上，并用一手指同时接触三极管的基极与万用表的黑表笔，观察指针偏转；然后交换红、黑表笔所接的引脚，用同样的方法再测一次，具体操作如图 8-25 所示。

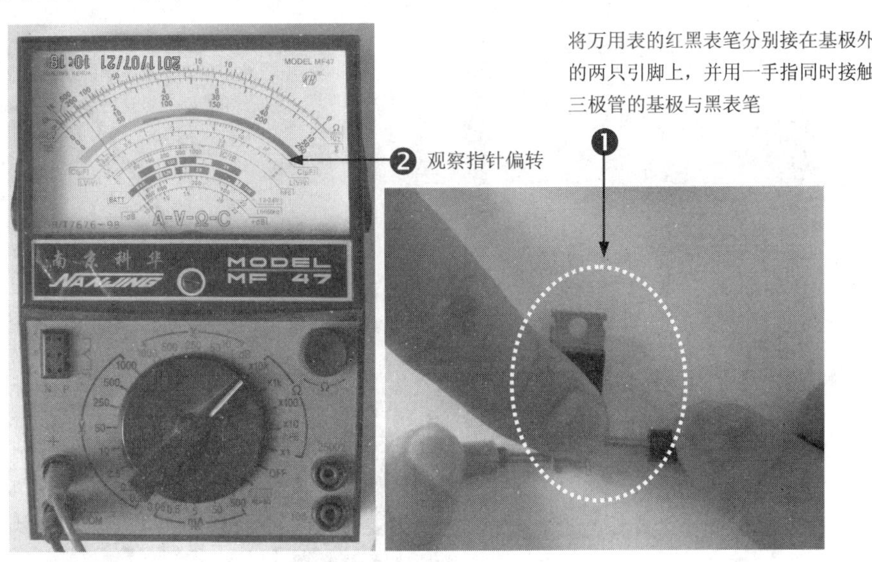
将万用表的红黑表笔分别接在基极外的两只引脚上，并用一手指同时接触三极管的基极与黑表笔
❶
❷ 观察指针偏转
MODEL MF 47
NANJING

（a）第一次测量

图 8-25　三极管极性检测

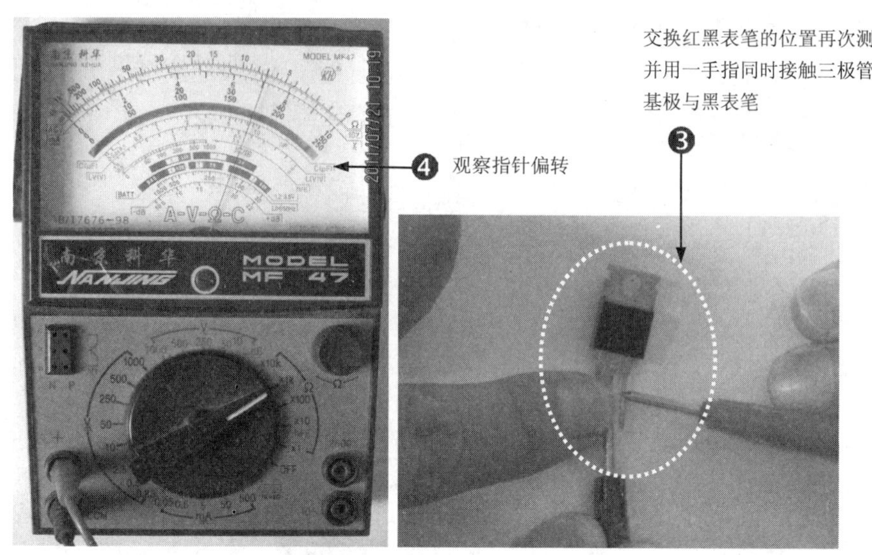
交换红黑表笔的位置再次测量，并用一手指同时接触三极管的基极与黑表笔
❸
❹ 观察指针偏转
MODEL MF 47
NANJING

（b）第二次测量

图 8-25　三极管极性检测（续）

结论：在两次测量中，指针偏转量较大的那次中，黑表笔所接的是三极管的集电极，红表笔所接的是三极管的发射极。

（7）识别出三极管的发射极和集电极后，将指针式万用表的功能旋钮旋至“R×1k”挡，然后短接两表笔进行调零校正。

（8）将万用表的黑表笔接在三极管的基极上，红表笔接在三极管的集电极引脚上，观察表盘读数；然后交换两表笔，将红表笔接在三极管的基极引脚上，黑表笔接在三极管的集电极引脚上，观察表盘读数，具体操作方法如图 8-26 所示。

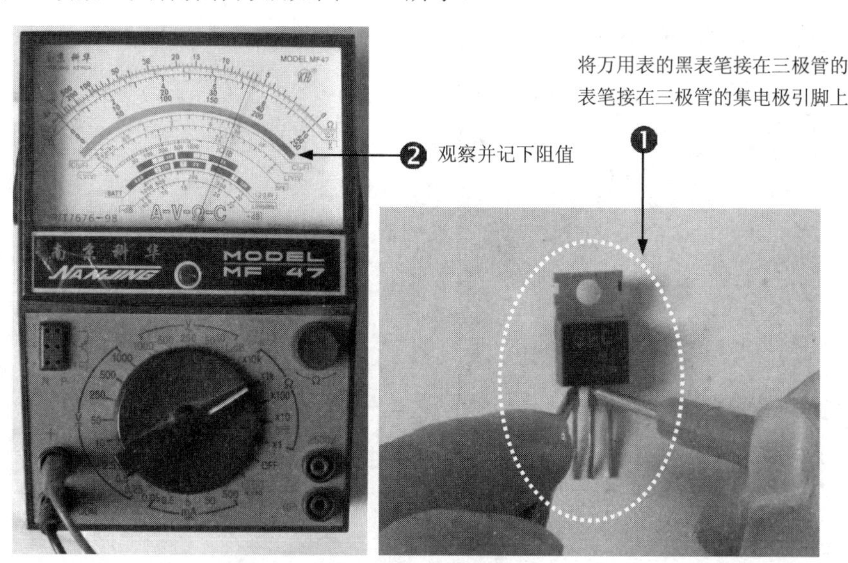
将万用表的黑表笔接在三极管的基极上，红表笔接在三极管的集电极引脚上
❶
❷ 观察并记下阻值
MODEL MF 47
NANJING

（a）基极到集电极间阻值的检测

图 8-26　集电极与基极之间阻值的检测

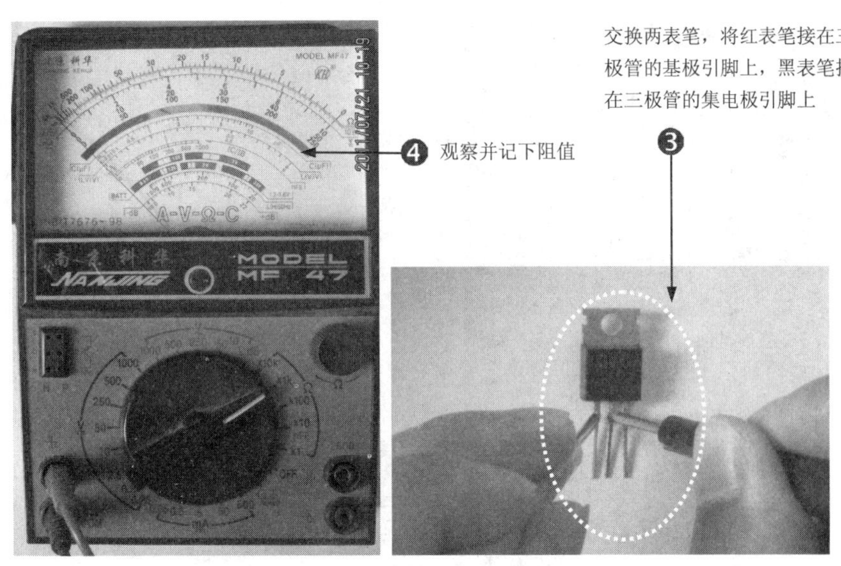

（b）集电极到基极间阻值的检测

图 8-26　集电极与基极之间阻值的检测（续）

结论：由于三极管基极到集电极间为较小的固定阻值，且集电极到基极间的阻值无穷大，所以三极管的集电结功能正常。

（9）将万用表的黑表笔接在三极管的基极上，红表笔接在三极管的发射极引脚上，观察表盘读数；然后交换两表笔，将红表笔接在三极管的基极引脚上，黑表笔接在三极管的发射极引脚上，观察表盘读数，具体操作步骤如图 8-27 所示。

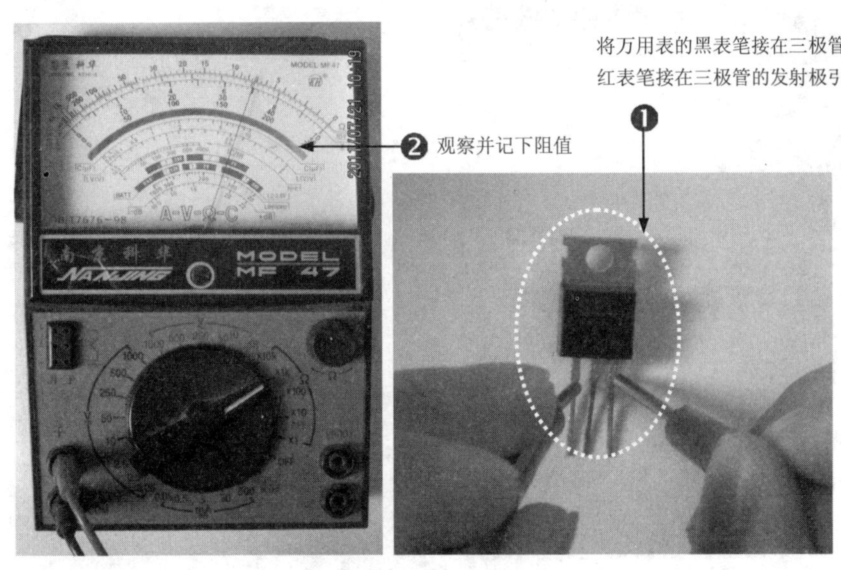

（a）基极到发射极间阻值的检测

图 8-27　发射极与基极之间阻值的检测

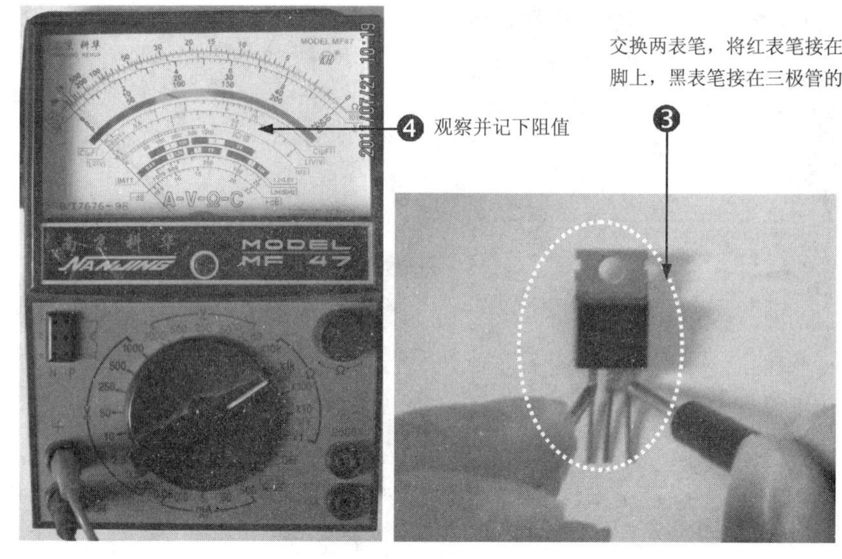
交换两表笔，将红表笔接在三极管的基极引脚上，黑表笔接在三极管的发射极引脚上
❸
❹ 观察并记下阻值
MODEL MF47
A-V-Ω-C
NANJING
MODEL MF 47

（b）发射极到基极间阻值的检测

图 8-27　发射极与基极之间阻值的检测（续）

结论：由于三极管基极到发射极间为较小的固定阻值，且发射极到基极间的阻值为无穷大，所以三极管的发射结功能正常。

（10）将万用表的黑表笔接在三极管的集电极上，红表笔接在三极管的发射极引脚上，观察表盘读数；然后交换两表笔，将红表笔接在三极管的集电极引脚上，黑表笔接在三极管的发射极引脚上，观察表盘读数，具体操作步骤如图 8-28 所示。

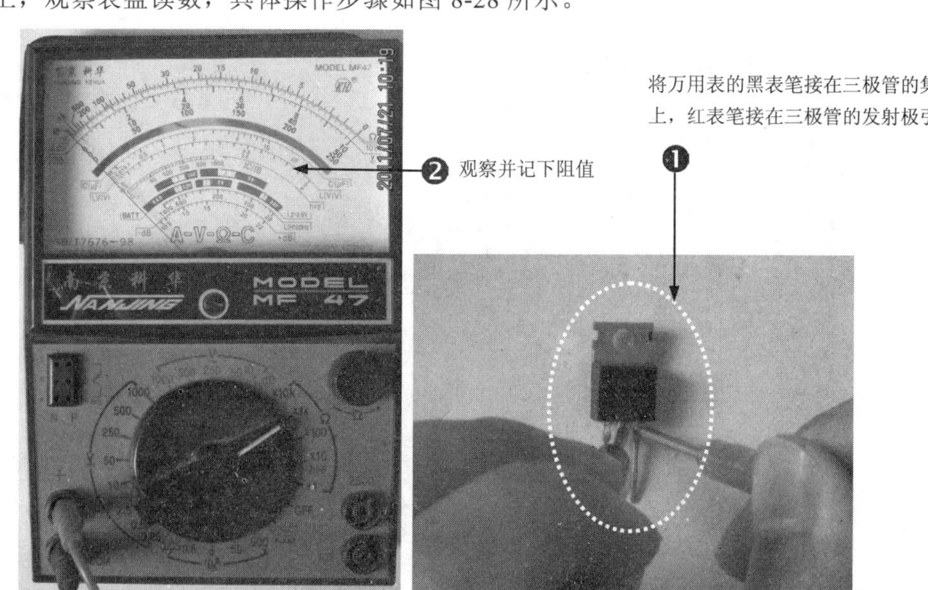
将万用表的黑表笔接在三极管的集电极上，红表笔接在三极管的发射极引脚上
❶
❷ 观察并记下阻值
MODEL MF47
A-V-Ω-C
NANJING
MODEL MF 47

（a）集电极到发射极间阻值的检测

图 8-28　发射极与集电极之间阻值的检测

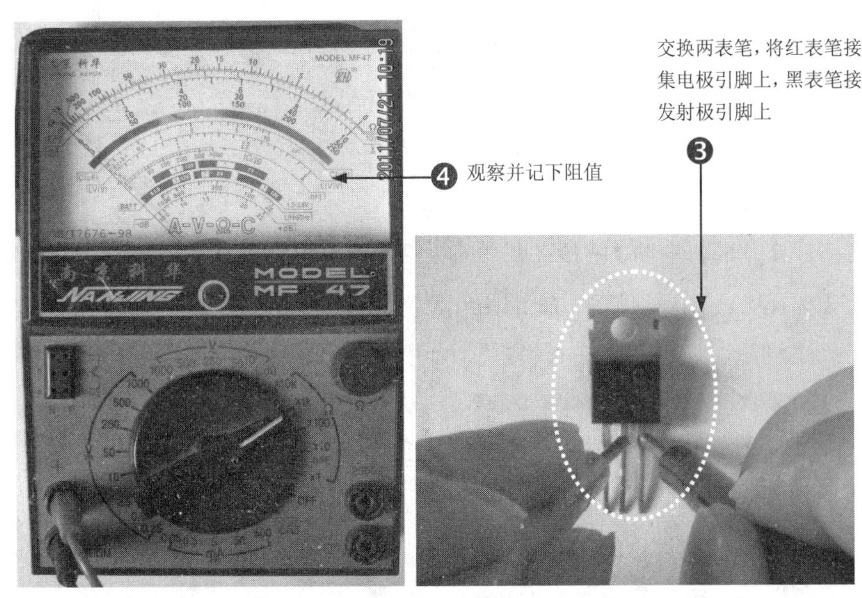
交换两表笔，将红表笔接在三极管的集电极引脚上，黑表笔接在三极管的发射极引脚上
❸
❹ 观察并记下阻值
MODEL MF 47
NANJING

（b）发射极到集电极间阻值的检测

图 8-28　发射极与集电极之间阻值的检测（续）

结论：由于三极管集电极到发射极间的阻值为无穷大，且发射极到集电极间的阻值为无穷大，所以三极管集电极到发射极间的绝缘性良好。

经上述检测得出结论，该三极管的功能正常。

2．电路板中贴片式三极管的检测实训

贴片式三极管通常被应用在控制电路电路板中，为了准确测量，一般采用开路测量。

（1）首先将待测贴片三极管所在电路的电源断开，接着对贴片三极管进行观察，看待测贴片三极管有无烧焦、虚焊等明显的物理损坏，如图 8-29 所示。如果有，则该贴片三极管已发生损坏。

（2）如果待测贴片三极管外观没有明显的物理损坏，接着用热风焊台将待测贴片三极管从电路板上吹下，此时需用小镊子作为辅助工具以免将手烫伤，如图 8-30 所示。

RTD2120S
77068Q2 L729C

图 8-29　待测贴片三极管的观察

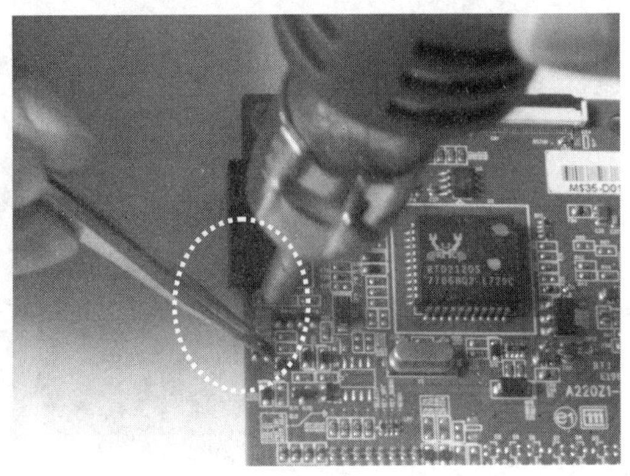

图 8-30　用热风焊台吹下待测贴片三极管

（3）用小刻刀清洁贴片三极管的引脚，去除引脚上的污物，如图 8-31 所示，以避免因污物的隔离作用而影响测量的准确性。

（4）清洁完成后，将指针式万用表的功能旋钮旋至“R×1k”挡，然后短接两表笔进行调零校正。

（5）将指针式万用表的黑表笔接在贴片三极管一只引脚上不动（为方便起见选择单只引脚那侧的引脚），用红表笔分别与另外两只引脚测量。测量两只引脚与该引脚间的电阻，如图 8-32 所示。

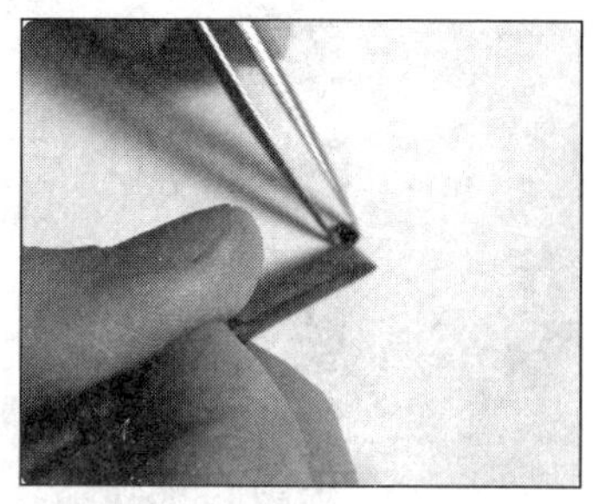

图 8-31　三极管的清洁

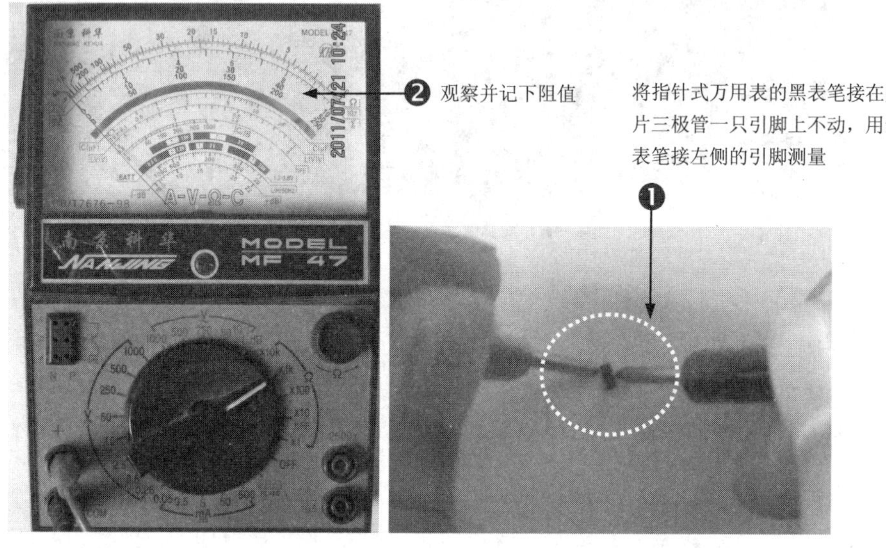
❷ 观察并记下阻值
将指针式万用表的黑表笔接在贴片三极管一只引脚上不动，用红表笔接左侧的引脚测量
❶
MODEL MF 47
NANJING

（a）第一次测量

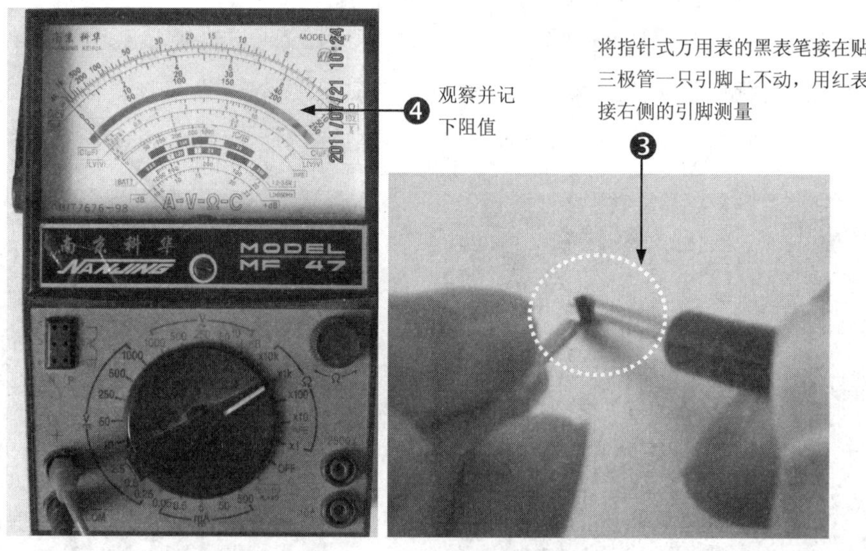
❹ 观察并记下阻值
将指针式万用表的黑表笔接在贴片三极管一只引脚上不动，用红表笔接右侧的引脚测量
❸
MODEL MF 47
NANJING

（b）第二次测量

图 8-32　三极管类型的判断

由图 4-32 可知，两次检测所得的结果均为无穷大，此时不可盲目地认为该三极管是 PNP 三极管且黑表笔所接的即为三极管的基极。因为不止 N→P 间的阻值为无穷大，集电结与发射结之间的阻值也可能为无穷大，需要进一步进行测量。

（6）交换红、黑表笔所接的引脚，用同样的方法再次进行测量，具体操作步骤如图 8-33 所示。

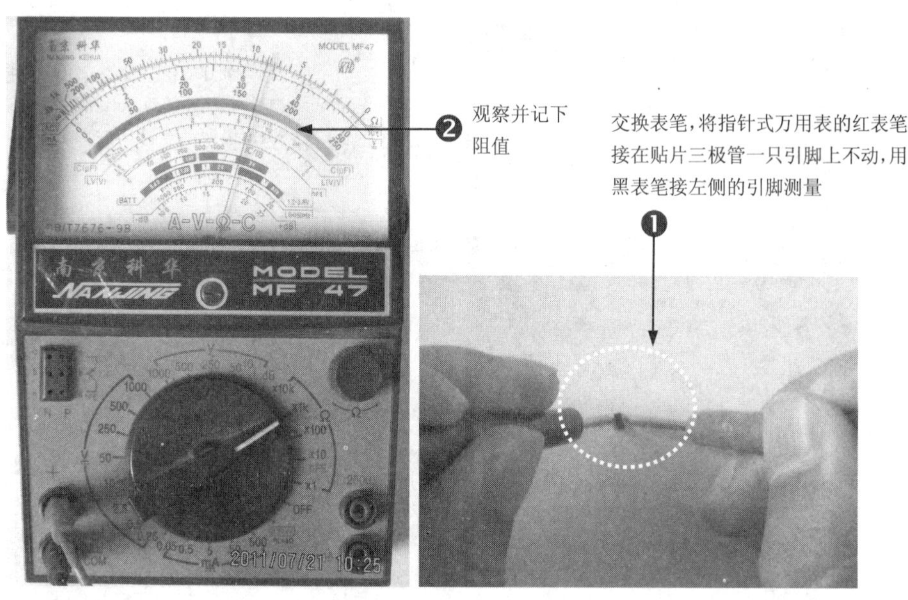

（a）第一次测量

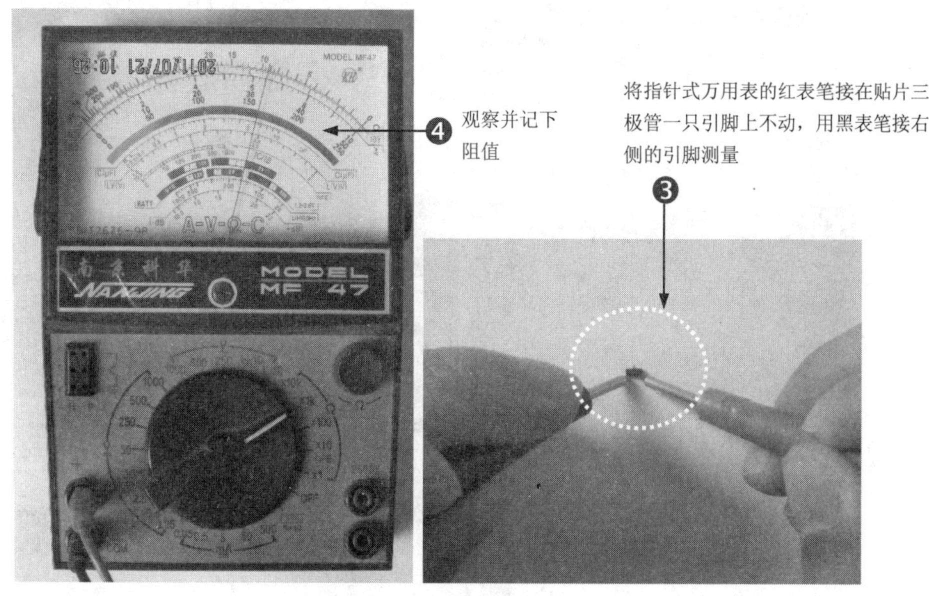

（b）第二次测量

图 8-33　三极管类型的判断

结论：两次所测的阻值分别为较小的固定阻值，因此可断定该贴片三极管为 NPN 型。

（7）将指针式万用表的功能旋钮旋至“R×10k”挡，然后短接两表笔进行调零校正。

（8）将万用表的红、黑表笔分别接三极管基极外的两只引脚，并用一只手将基极与黑表笔相接触，观察表盘读数；然后交换红、黑表笔所接的引脚再测一次，具体操作步骤如图 8-34 所示。

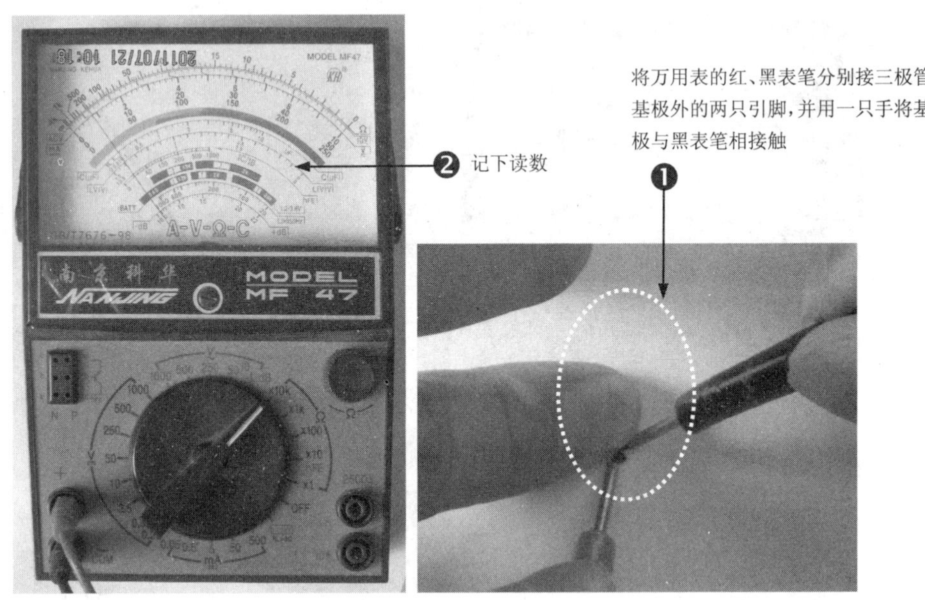

（a）第一次测量

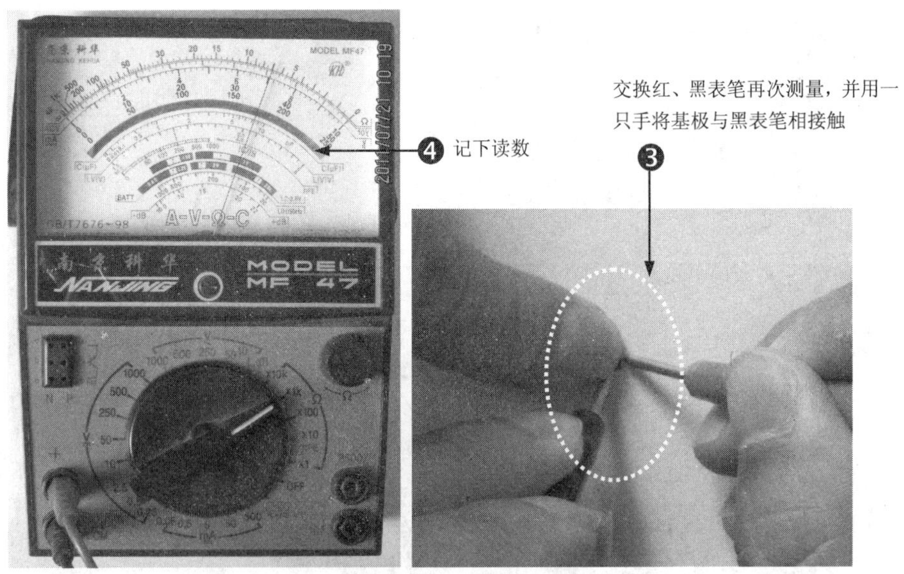

（b）交换表笔后第二次测量

图 8-34　三极管极性测试

结论：在两次测量中，指针偏转量较大的那次，黑表笔所接的是贴片三极管的集电极，红表笔所接的是贴片三极管的发射极。

（9）识别出三极管的发射极和集电极后，将指针式万用表的功能旋钮旋至“R×1k”挡，然后短接两表笔进行调零校正。

（10）将万用表的黑表笔接在贴片三极管的基极上，红表笔接在贴片三极管的集电极引脚上，观察表盘读数；然后交换表笔再测一次，具体操作步骤如图 8-35 所示。

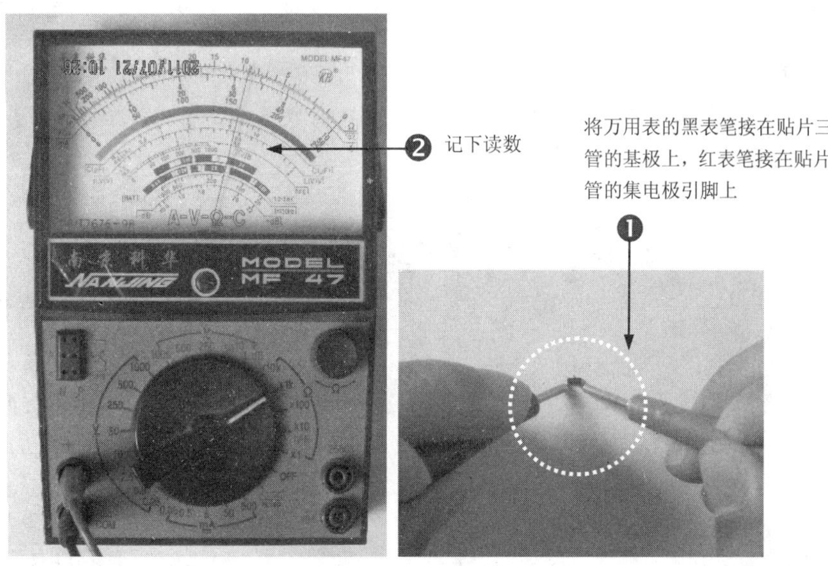
2 记下读数
将万用表的黑表笔接在贴片三极管的基极上，红表笔接在贴片三极管的集电极引脚上
1
MODEL MF 47
NANJING

（a）第一次测量

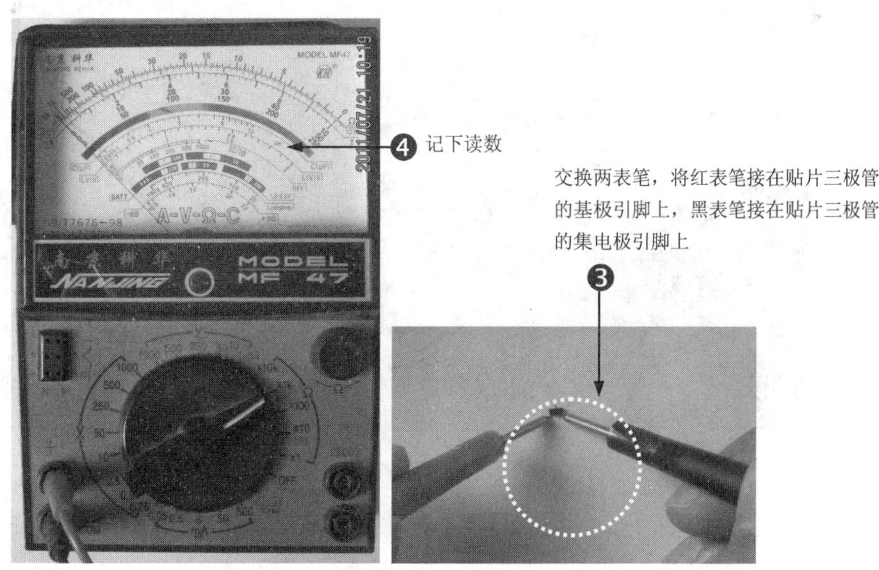
4 记下读数
交换两表笔，将红表笔接在贴片三极管的基极引脚上，黑表笔接在贴片三极管的集电极引脚上
3
MODEL MF 47
NANJING

（b）交换表笔后第二次测量

图 8-35　集电极到基极间阻值的检测

结论：由于三极管基极到集电极间为较小的固定阻值，且集电极到基极间的阻值无穷大，所以三极管的集电结功能正常。

（11）将万用表的黑表笔接在贴片三极管的基极上，红表笔接在贴片三极管的发射极引脚上，观察表盘读数；然后交换表笔再测一次，具体操作步骤如图 8-36 所示。

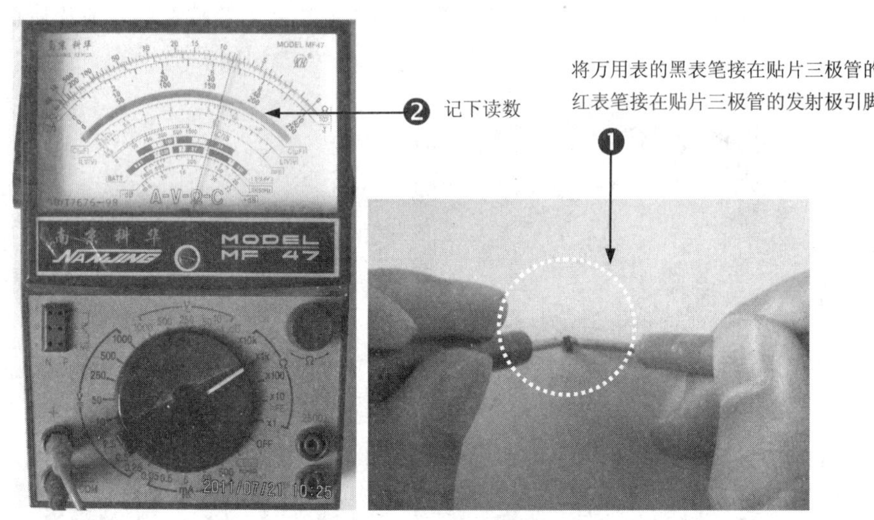

（a）第一次测量

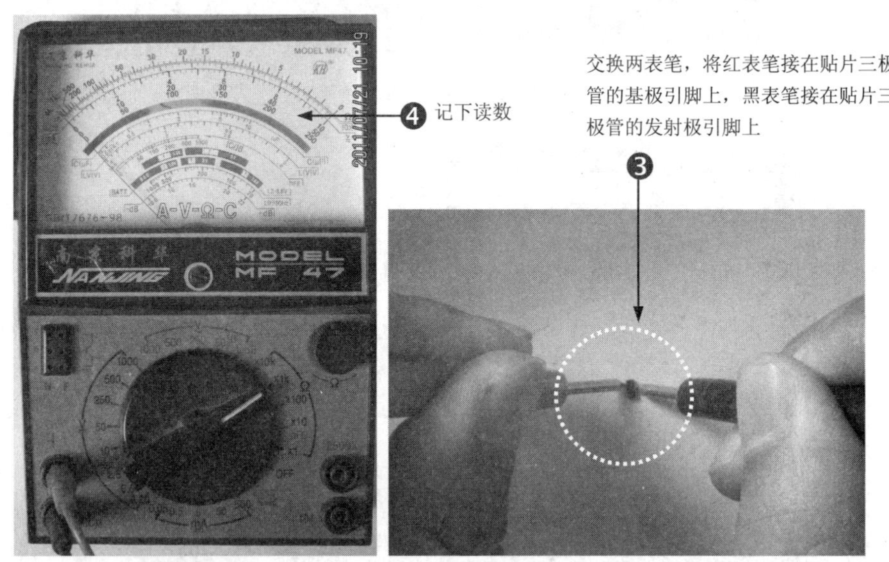

（b）交换表笔后第二次测量

图 8-36　集电极到基极间阻值的检测

结论：由于三极管基极到发射极间为较小的固定阻值，且发射极到基极间的阻值为无穷大，所以三极管的发射结功能正常。

（12）将万用表的黑表笔接在三极管的集电极上，红表笔接在三极管的发射极引脚上，观察表盘读数如图 8-37 所示；然后交换表笔再测一次，具体操作步骤如图 8-38 所示。

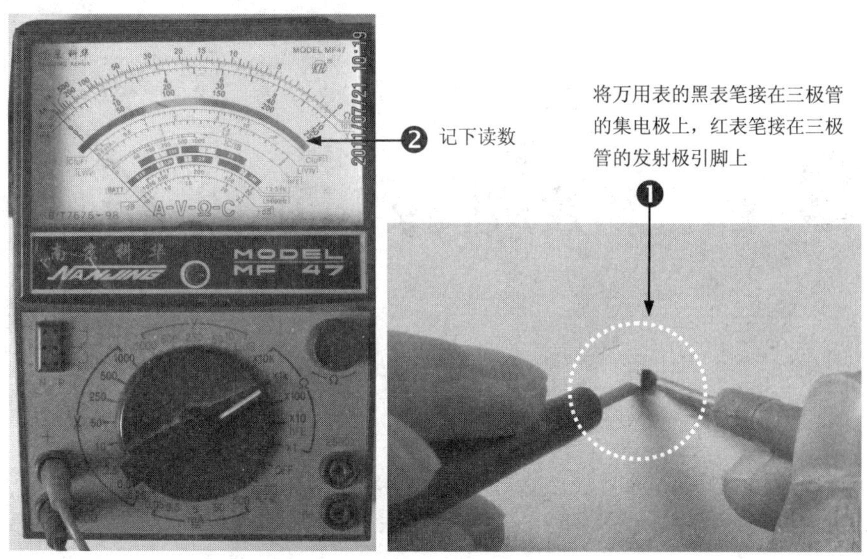
将万用表的黑表笔接在三极管的集电极上，红表笔接在三极管的发射极引脚上
❶
❷ 记下读数

图 8-37　集电极到发射极间阻值的检测

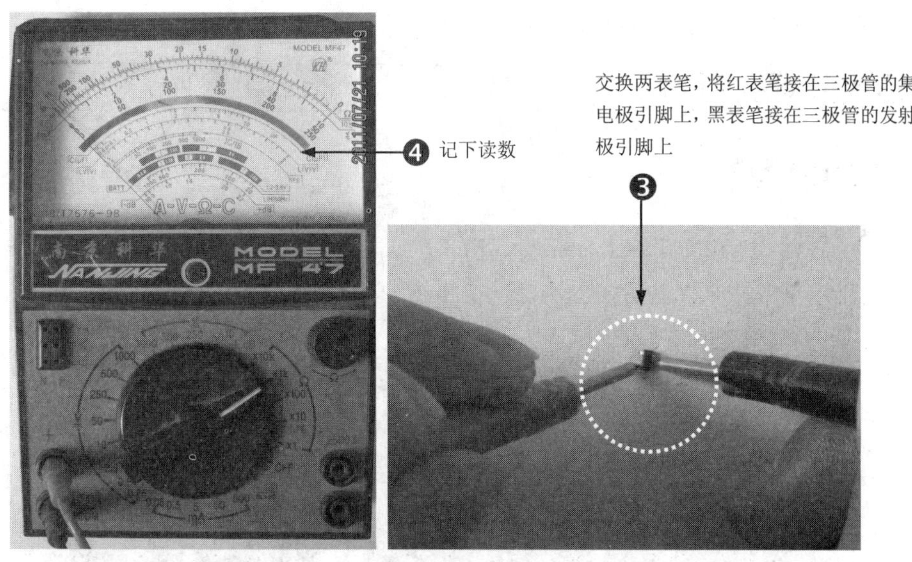
交换两表笔，将红表笔接在三极管的集电极引脚上，黑表笔接在三极管的发射极引脚上
❸
❹ 记下读数

图 8-38　发射极到集电极间阻值的检测

结论：由于三极管集电极到发射极间的阻值为无穷大，且发射极到集电极间的阻值为无穷大，所以三极管集电极到发射极间的绝缘性良好。

总结论：经上述检测可得出该三极管的功能正常的结论。

第 9 章　场效应管实用知识、故障判断与检测代换

在一些电路的供电电路部分，通常可以看到场效应管的身影，场效应管在这些电路中主要起控制电压的作用。也因如此，场效应管通常发热量较大，比较容易出现损坏。要掌握场效应管的维修检测方法，首先要掌握各种场效应管的构造、特性、参数、标注规则等基本知识，然后还需掌握场效应管在电路中的应用特点、场效应管好坏检测和代换方法等内容，本章将一一讲解这些内容。

9.1 场效应管实用知识

9.1.1 认识场效应管

场效应晶体管（Field Effect Transistor，FET）简称场效应管，是一种用电压控制电流大小的器件，即利用电场效应来控制管子的电流，也是一种带有 PN 结的新型半导体器件。图 9-1 所示为电路中常见的场效应管。

（a）场效应管

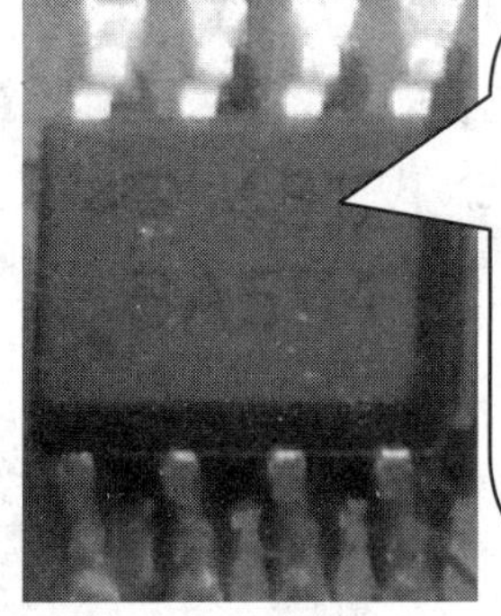

场效应管特别适用于大规模集成电路，在高频、中频、低频、直流、开关及阻抗变换电路中应用广泛

（b）双场效应管

图 9-1　电路中常见的场效应管

9.1.2 场效应管在电路中的图形符号

场效应管是电子电路中常用的电子元件之一，一般用字母“Q”、“PQ”等表示。在电路图中，每个电子元器件都有其电路图形符号，场效应管的电路图形符号如图 9-2 所示。

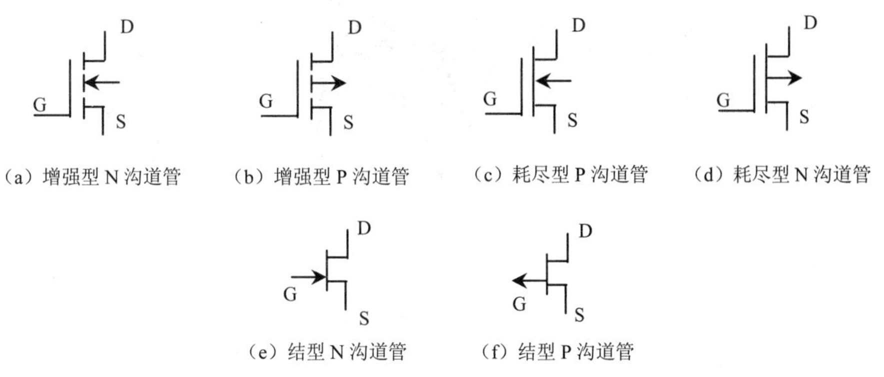

图 9-2　场效应管的种类及图形符号

9.1.3 场效应管的结构及工作原理

场效应管的品种有很多，按其结构可分为两大类，一类是结型场效应管，另一类是绝缘栅型场效应管，而且每种结构又有 N 沟道和 P 沟道两种导电沟道。

场效管一般都有 3 个极，即栅极 G、漏极 D 和源极 S，为方便理解可以把它们分别对应于三极管的基极 B、集电极 C 和发射极 E。场效应管的源极 S 和漏极 D 结构是实际对称的，在使用中可以互换。

1．场效应管的结构

下面先对结型场效应管加以介绍，图 9-3 所示为结型场效应管的结构图及电路图形符号。

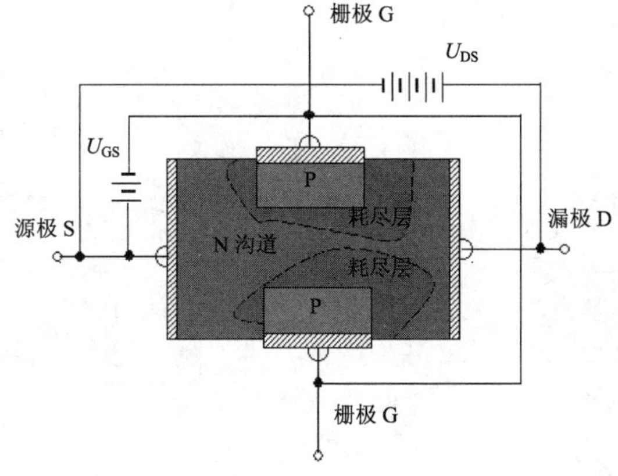

(a) N 沟道结型场效应管的结构

图 9-3　结型场效应管的结构及符号

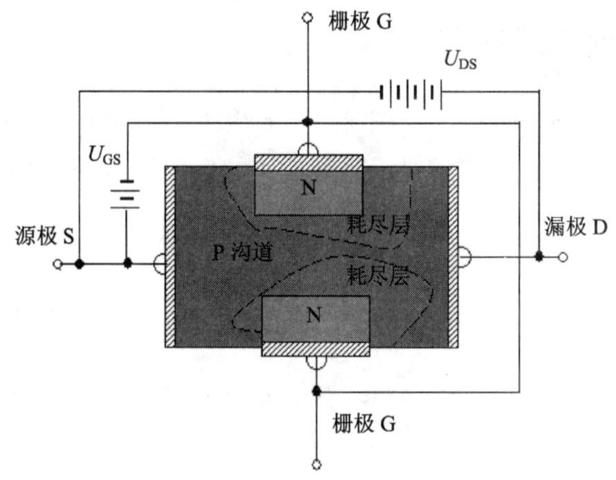

（b）P 沟道结型场效应管的结构

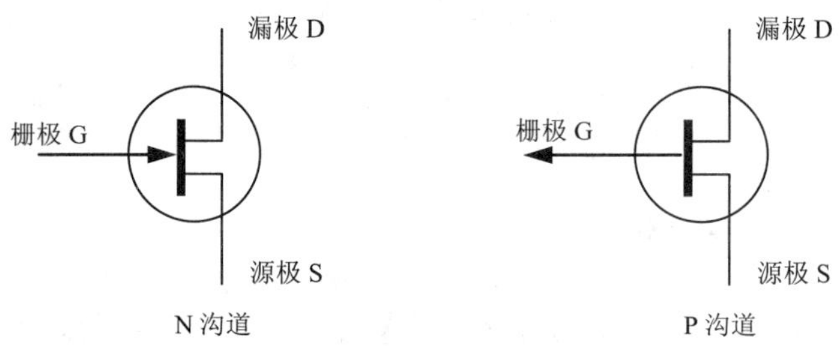

（c）结型场效应管的电路图形符号

图 9-3　结型场效应管的结构及符号（续）

在一块 N 型（或 P 型）半导体棒两侧各做一个 P 型区（或 N 型区），就形成两个 PN 结。把两个 P 区（或 N 区）并联在一起，引出一个电极，称为栅极（G），在 N 型（或 P 型）半导体棒的两端各引出一个电极，分别称为源极（S）和漏极（D）。夹在两个 PN 结中间的 N 区（或 P 区）是电流的通道，称为沟道。这种结构的管子称为 N 沟道（或 P 沟道）结型场效应管。

接下来对绝缘栅型场效应管内容加以讲解，图 9-4 所示为绝缘栅型场效应管的结构及符号。

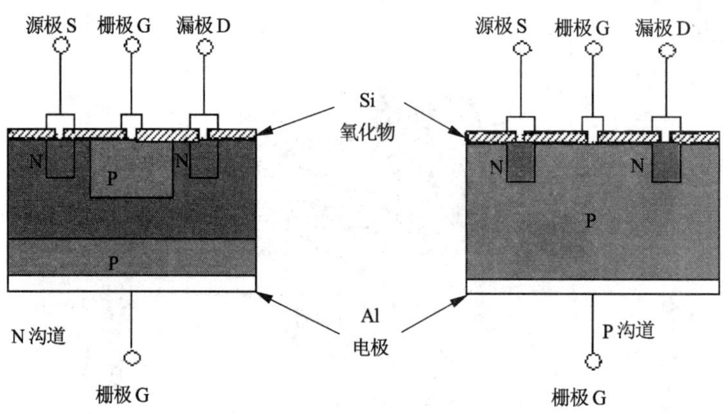

（a）N 沟道和 P 沟道绝缘栅场效应管的结构

图 9-4　绝缘栅场效应管的结构及符号

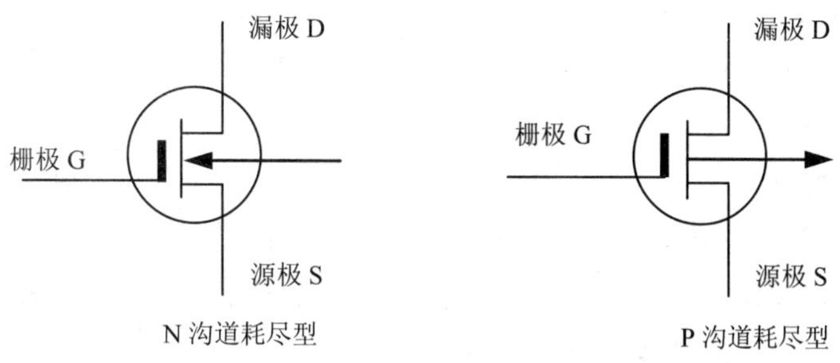

（b）N 沟道和 P 沟道耗尽型绝缘栅场效应管符号

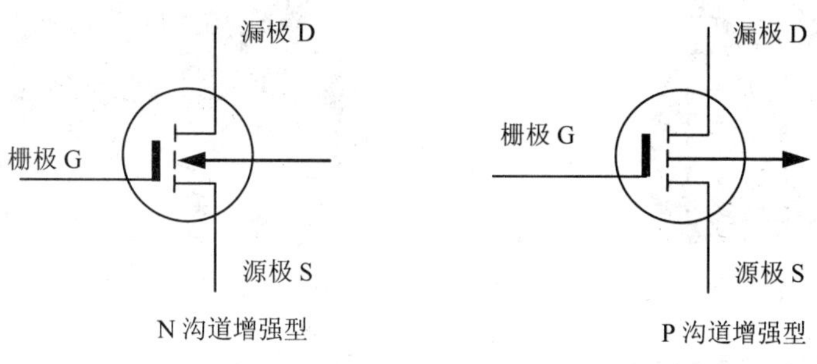

（c）N 沟道和 P 沟道增强型绝缘栅场效应管符号

图 9-4　绝缘栅场效应管的结构及符号（续）

以一块 P 型薄硅片作为衬底，在它上面做两个高杂质的 N 型区，分别作为源极 S 和漏极 D。在硅片表覆盖一层绝缘物，然后再用金属铝引出一个电极 G（栅极）。这就是绝缘栅场效应管的基本结构。

2．场效应管的工作原理

以结型场效应管为例，如图 9-5 所示，当结型场效应管 G 极接上负偏压时（为方便理解，此时假定源极 S 电压恒定），在 G 极附近就会形成耗尽层。负偏压越大，耗尽层就会越大，电流流过的沟道就会越小，类似于狭窄的公路更容易出现交通阻塞，漏极电流也会因沟道变窄而减小。当负偏压减小时，耗尽层就会减小，沟道变宽漏极电流就会增大。漏极电流受栅极电压的控制，所以场效应是电压控制器件。

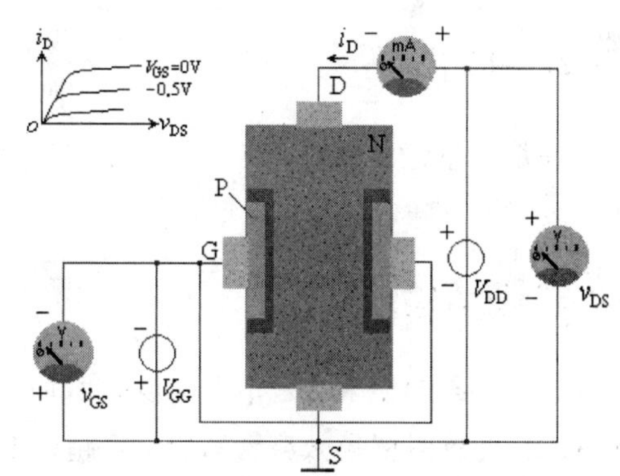

图 9-5　结型场效应管工作原理示范图

9.1.4　场效应管的识别

1．结型场效应管

前面已经讲过，在一块 N 型（或 P 型）半导体棒两侧各做一个 P 型区（或 N 型区），就形成两个 PN 结。把两个 P 区（或 N 区）并联在一起，引出一个电极，称为栅极（G），在 N 型（或

P 型）半导体棒的两端各引出一个电极，分别称为源极（S）和漏极（D）。夹在两个 PN 结中间的 N 区（或 P 区）是电流的通道，称为沟道。这种结构的管子称为 N 沟道（或 P 沟道）结型场效应管，其外形如图 9-6 所示。

2．绝缘栅型场效应管

前面已经讲过，以一块 P 型薄硅片作为衬底，在它上面做两个高杂质的 N 型区，分别作为源极 S 和漏极 D。在硅片表覆盖一层绝缘物，然后再用金属铝引出一个电极 G（栅极）。这就是绝缘栅场效应管的基本结构，其外形如图 9-7 所示。

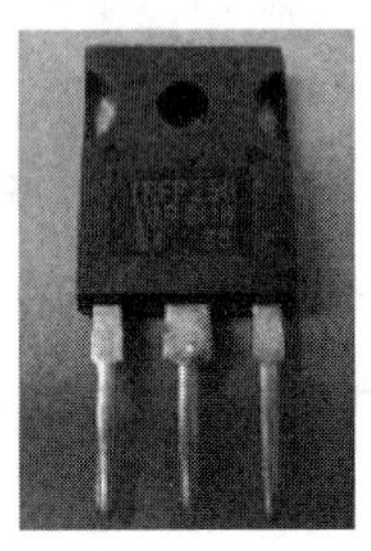

图 9-6　结型场效应管

图 9-7　绝缘栅型场效应管

9.2 场效应管的重要参数

9.2.1 夹断电压

在结型场效应管或耗尽型绝缘栅型场效应管中，当栅源间反向偏压 U_{GS} 足够大时，会使耗尽层扩展，沟道堵塞，此时的栅源电压称为夹断电压 U_P。

9.2.2 开启电压

在增强型绝缘栅场效应管中，当 U_{DS} 为某一固定数值时，使沟道可以将漏、源极导通的最小 U_{GS}，即为开启电压 U_T。

9.2.3 直流输入电阻

直流输入电阻 R_{GS} 是指在栅源间所加电压 U_{GS} 与栅极电流之比值。结型场效应管的 R_{GS} 可达 10^3MΩ，而绝缘栅场效应管的 R_{GS} 可超过 10^7MΩ。

9.2.4 饱和漏电流

在耗尽型场效应中，当栅源间电压 U_{GS}=0，漏源电压 U_{DS} 足够大时，漏极电流的饱和值称为饱和漏电流 I_{DSS}。

9.2.5 漏源击穿电压

在场效应管中，当栅源电压一定，增加漏源电压时的过程中，使漏电流 I_D 开始急剧增加时的漏源电压，称为漏源击穿电压 $U_{(BR)DSS}$。

9.2.6 栅源击穿电压

在结型场效应管中，反向饱和电流急剧增加时的栅源电压，称为栅源击穿电压 $U_{(BR)GSS}$。

9.2.7 跨导

在漏源电压 U_{DS} 一定时，漏电流 I_D 的微小变化量与引起这一变化量的栅源电压的比值称为跨导。即 $g_m=\Delta I_D/\Delta U_{GS}$。它是衡量场效应管栅源电压对漏极电流控制能力的一个重要参数，也是衡量放大作用的一个重要参数，它反映了场效应管的放大能力，g_m 的单位是 μA/V。

9.2.8 最大漏源电流

最大漏源电流，是一项极限参数。它是指场效应管正常工作时漏源间所允许通过的最大电流。场效应管的工作电流不能超过 I_{DSM}，以免发生烧毁。

9.2.9 最大耗散功率

在保证场效应管性能不变坏的情况下，所允许承载的最大漏源耗散功率。最大耗散功率是一项极限参数，使用时场效应管实际功耗应小于 PDSM 并留有一定余量。

9.3 场效应管的检测方法

9.3.1 用数字万用表检测场效应管的方法

测量场效应管的好坏一般采用数字万用表的二极管（蜂鸣挡）。测量前须将三只引脚短接放电，以避免测量中发生误差。用两表笔任意触碰场效应管的三只引脚中的两只，好的场效应管测量结果应只有一次有读数，并且值在 400～800。如果在最终测量结果中测得只有一次有读数，并且为“0”时，须用小镊子短接该组引脚重新进行测量；如果重测后阻值在 400～800，说明场效应管正常；如果其中有一组数据为 0，则场效应管已经被击穿。

9.3.2 用指针万用表检测场效应管的方法

测量场效应管的好坏也可以使用万用表的“R×1k”挡。测量前同样须将三只引脚短接放电，以避免测量中发生误差。用两表笔任意触碰场效应管的两只引脚，好的场效应管测量结果应只有一次有读数，并且阻值在 4k～8k，其他均为无穷大。如果在最终测量结果中测得只有一次有读数，并且为“0”时，须短接该组引脚重新测量；如果重测后阻值在 4k～8k 则说明场效应管正常；如果有一组数据为 0，说明场效应管已经被击穿。

9.4 场效应管的选配与代换方法

场效应管损坏后，最好用同类型、同特性、同外形的场效应管更换。如果没有同型号的场效应管，则可以采用其他型号的场效应管代换。

一般 N 沟道的与 N 沟道的场效应管代换，P 沟道的与 P 沟道的场效应管进行代换。功率大的可以代换功率小的场效应管。小功率场效应管代换时，应考虑其输入阻抗、低频跨导、夹断电压或开启电压、击穿电压等参数；大功率场效应管代换时，应考虑击穿电压（应为功放工作电压的两倍以上）、耗散功率（应达到放大器输出功率的 0.5~1 倍）、漏极电流等参数。

彩色电视机的高频调谐器、半导体收音机的变频器等高频电路一般采用双栅场效应管。音频放大器的差分输入、调制、放大、阻抗变换等电路通常采用结型场效应管。音频功率放大、开关电源电路、镇流器、充电器、电动机驱动等电路则需要用 MOS 场效应管。

9.5 场效应管检测修实训

9.5.1 场效应管检测实训（数字万用表）

测量场效应管的好坏一般采用数字万用表的“二极管”挡（蜂鸣挡）。测量前须将三只引脚短接放电，避免测量中发生误差。用两表笔任意触碰场效应管的三只引脚中的两只，好的场效应管测量结果应只有一次有读数，并且在 400～800。如果在最终测量结果中测得只有一次有读数，并且为“0”时，须用小镊子短接该组引脚重新进行测量；如果重测后阻值在 400～800，说明场效应管正常；如果其中有一组数据为 0，则场效应管已经被击穿。

场效应管的检测步骤如下：

（1）观察待测场效应管外观，看待测场效应管是否完好，如果存在烧焦或针脚断裂等情况说明场效应管已发生损坏，如图 9-8 所示，可见本次待测的场效应管外形完好没有明显的物理损坏。

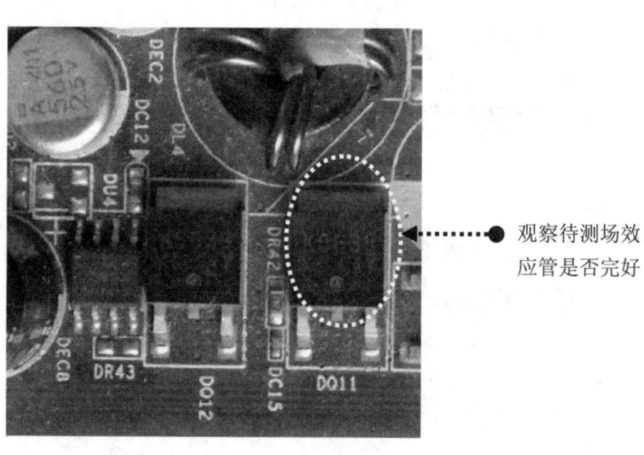

图 9-8　待测场效应管外形

（2）待测场效应管外形完好没有明显损坏需进一步进行测量，用小镊子夹住待测场效应管用热风焊台将待测场效应管焊下。

（3）将场效应管从主板中卸下后，须用小刻刀清洁待测场效应管的引脚，如图 9-9 所示。去除引脚上的污物，以避免因油污的隔离作用而影响测量时的准确性。

（4）清洁完成后，用小镊子对待测场效应管进行放电以避免残留电荷对检测的影响（场效应管极易存储电荷），如图 9-10 所示。

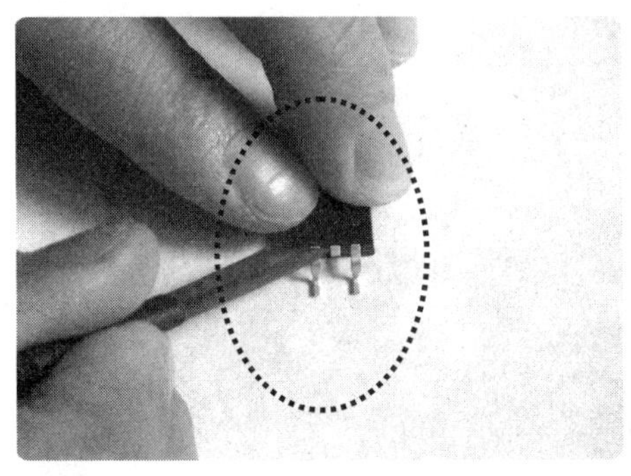

图 9-9　清洁场效应管的引脚

图 9-10　对待测场效应管进行放电

（5）选择数字万用表的“二极管”挡。

（6）将黑表笔接待测场效应管左边的第一只引脚，用红表笔分别去测与另外两只引脚间的阻值，具体操作步骤如图 9-11 所示，两次检测均为无穷大。

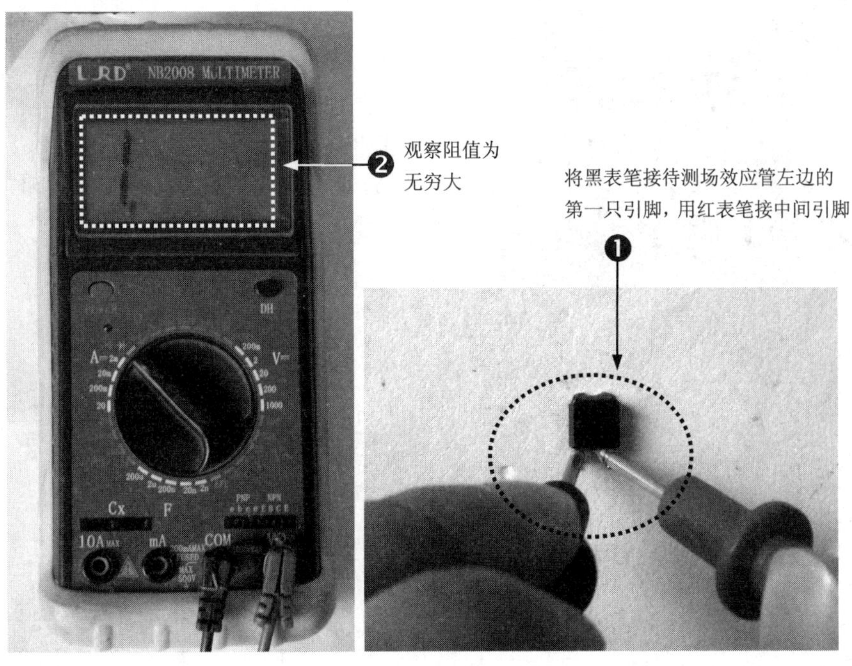

（a）测量左边两只引脚的阻值

图 9-11　测量场效应管引脚间的阻值

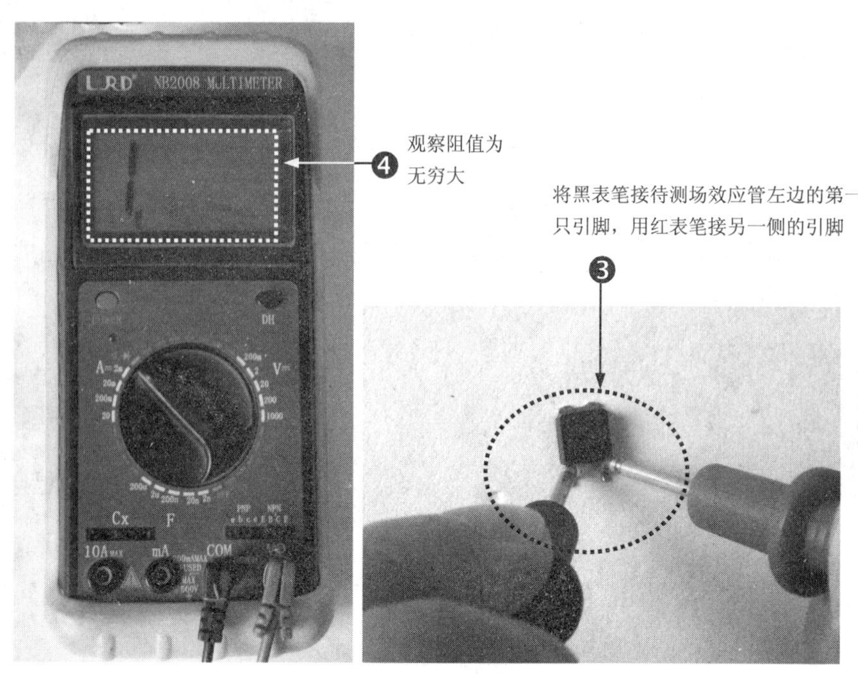

NB2008 MULTIMETER
4 观察阻值为无穷大
将黑表笔接待测场效应管左边的第一只引脚，用红表笔接另一侧的引脚
3

（b）测量右边两只引脚的阻值

图 9-11　测量场效应管引脚间的阻值（续）

（7）将黑表笔接中间的引脚，用红表笔分别去测与另外两只引脚间的阻值，具体操作步骤如图 9-12 所示。

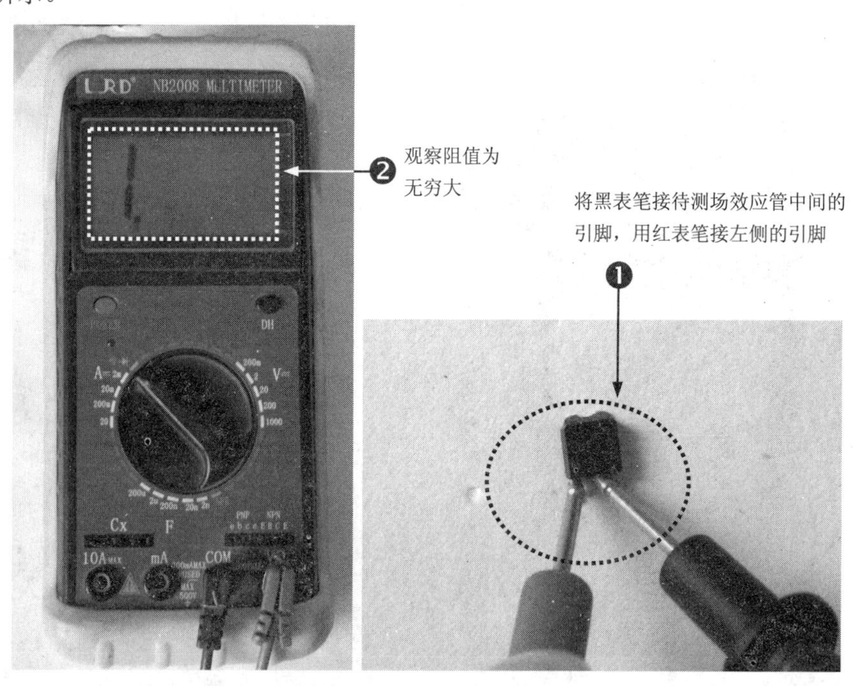

NB2008 MULTIMETER
2 观察阻值为无穷大
将黑表笔接待测场效应管中间的引脚，用红表笔接左侧的引脚
1

（a）测量左边两只引脚的阻值

图 9-12　测量场效应管引脚间的阻值

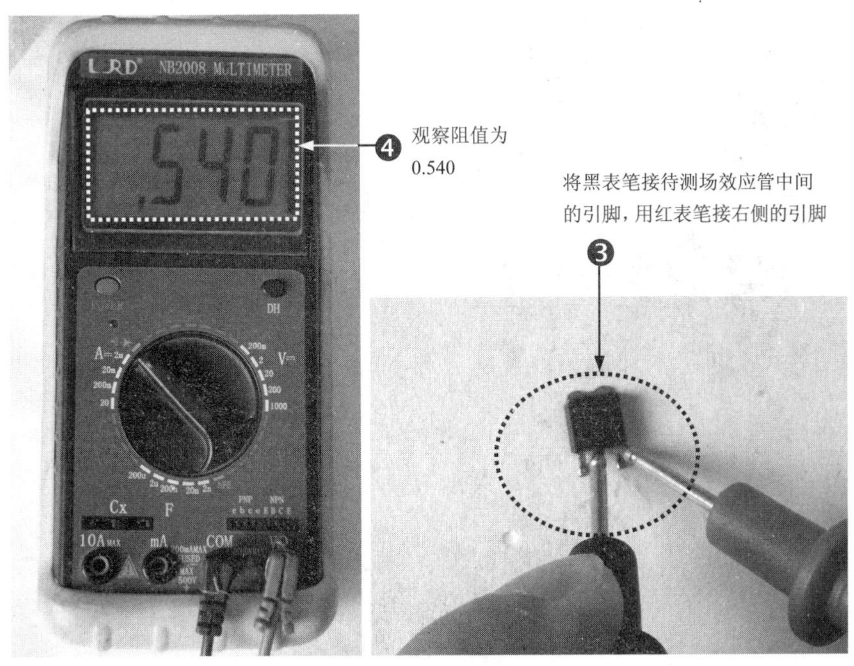

LRD NB2008 MULTIMETER
.540
❹ 观察阻值为 0.540
将黑表笔接待测场效应管中间的引脚，用红表笔接右侧的引脚
❸

（b）测量右边两只引脚的阻值

图 9-12　测量场效应管引脚间的阻值（续）

（8）将黑表笔接在第三只引脚上，用红表笔分别去测另外两只引脚与该引脚间的阻值，具体操作步骤如图 9-13 所示。

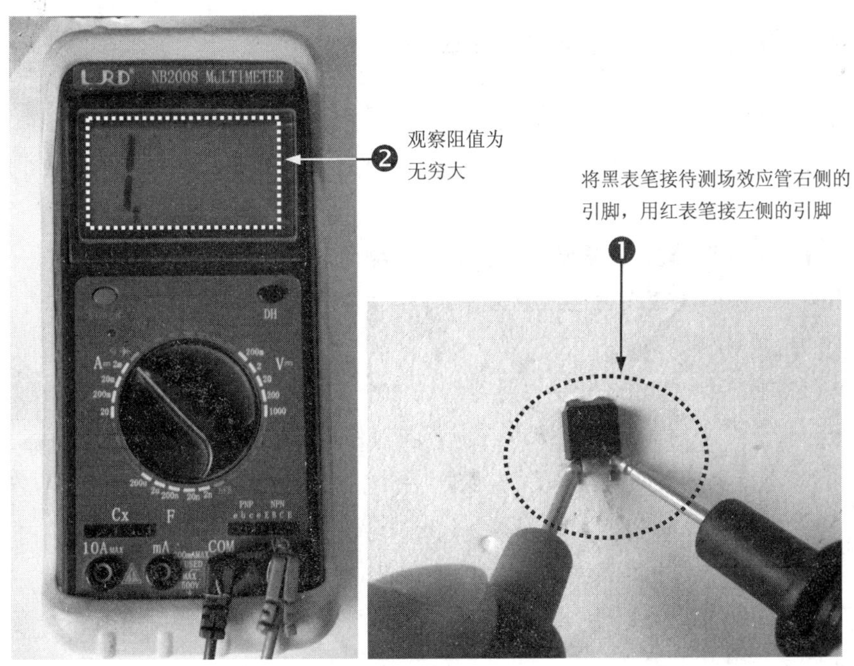

（a）测量两边引脚间的阻值

图 9-13　测量场效应管引脚间的阻值

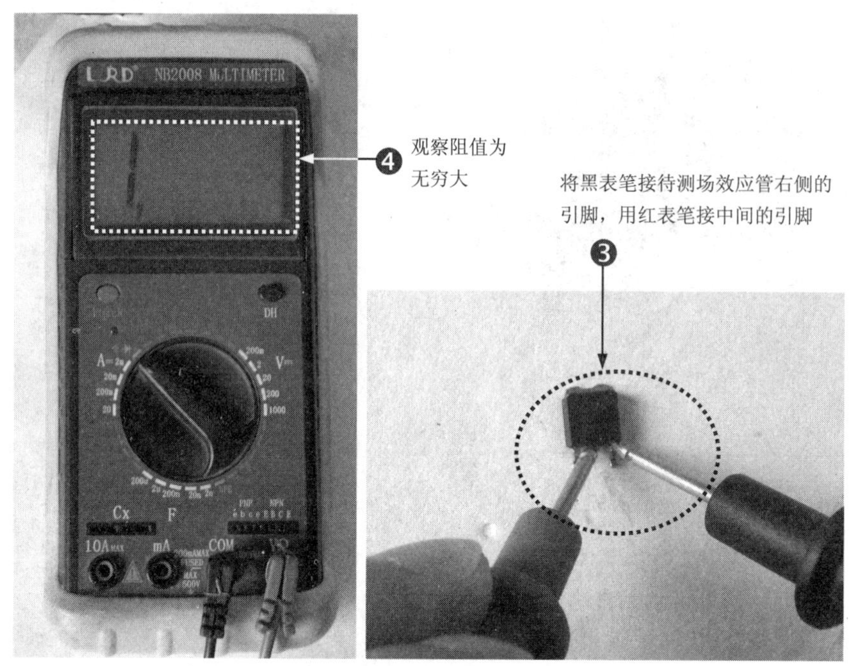
NB2008 MULTIMETER
4 观察阻值为
无穷大
将黑表笔接待测场效应管右侧的
引脚，用红表笔接中间的引脚
3

（b）测量右边两只引脚的阻值

图 9-13　测量场效应管引脚间的阻值（续）

结论：由于测量的场效应管的三只引脚中的任意两只引脚的阻值，只有一次有读数（540），阻值在 400～800，因此判断此场效应管正常。

9.5.2 场效应管检测实训（指针万用表）

测量场效应管的好坏也可以使用万用表的 R×1k 挡。测量前同样须将三只引脚短接放电，以避免测量中发生误差。用两表笔任意触碰场效应管的两只引脚，好的场效应管测量结果应只有一次有读数，并且在 4k～8k，其他均为无穷大。如果在最终测量结果中测得只有一次有读数，并且为“0”时，须短接该组引脚重新测量；如果重测后阻值在 4k～8k，说明场效应管正常；如果有一组数据为 0，说明场效应管已经被击穿。

场效应管的检测步骤如下：

（1）检查待测场效应管物理状态，看待测场效应管是否完好，如果存在烧焦或针脚断裂等情况说明场效应管已发生损坏，本次待测的场效应管外形完好没有明显的物理损坏。

（2）此时需将待测场效应管用电烙铁焊下，准备开路检测。

（3）将场效应管从主板中卸下后，须用小刻刀清洁待测场效应管的引脚。去除引脚上的污物，以避免因油污的隔离作用而影响测量时的准确性。

（4）清洁完成后，用小镊子对待测场效应管进行放电，以避免残留电荷对检测的影响（场效应管极易存储电荷）。

（5）接下来将指针万用表调到“R×1k”挡，并短接两表笔调零校正。

（6）将黑表笔接待测场效应管左边的第一只引脚，用红表笔分别去测量另外两只引脚间的阻值，具体操作步骤如图 9-14 所示，两次检测均为无穷大。

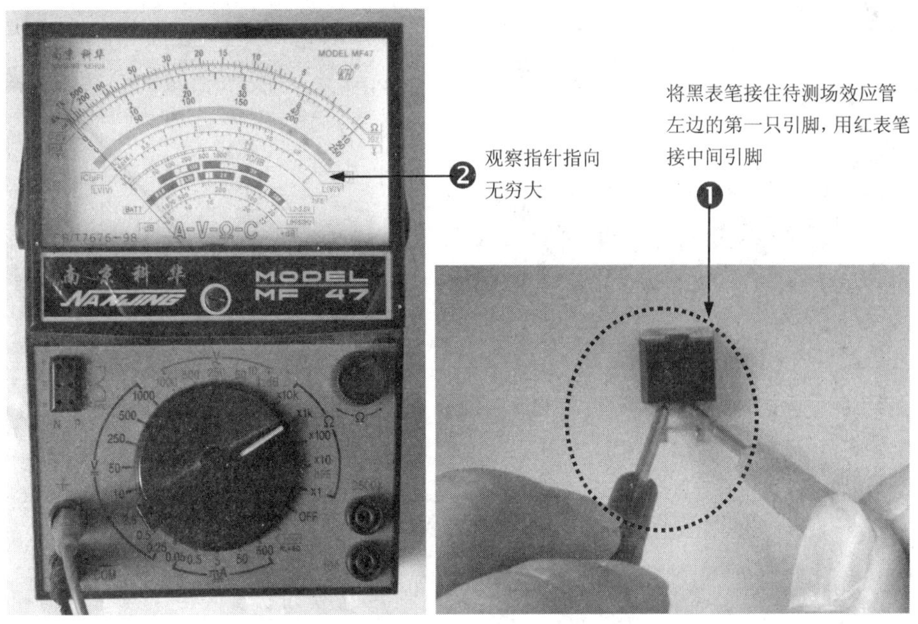

将黑表笔接住待测场效应管左边的第一只引脚，用红表笔接中间引脚
❶
观察指针指向无穷大
❷

（a）测量右边两只引脚

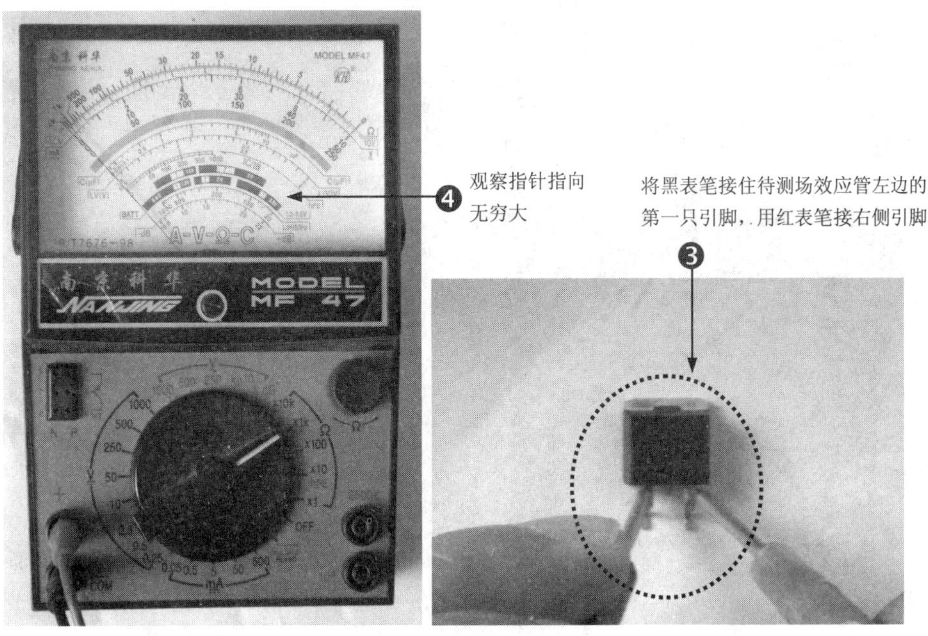

将黑表笔接住待测场效应管左边的第一只引脚，用红表笔接右侧引脚
❸
观察指针指向无穷大
❹

（b）测量两侧两只引脚

图 9-14　测量场效应管引脚间的阻值

（7）将黑表笔接中间的引脚，用红表笔分别去测量另外两只引脚间的阻值，如图 9-20 所示。

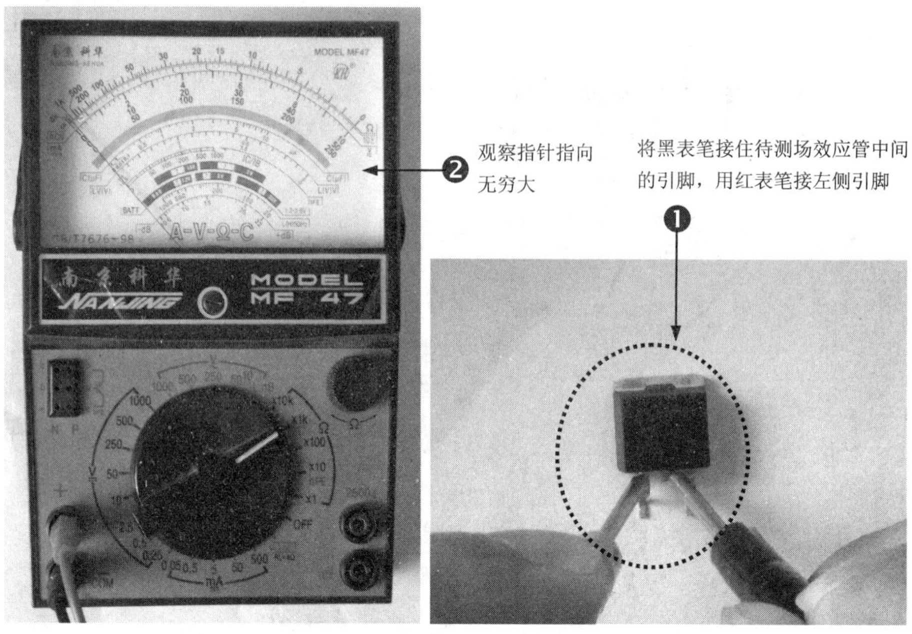
❷ 观察指针指向无穷大
将黑表笔接住待测场效应管中间的引脚，用红表笔接左侧引脚
❶
MODEL MF47
NANJING
MODEL MF 47
A-V-Ω-C

（a）测量左边两只引脚间阻值

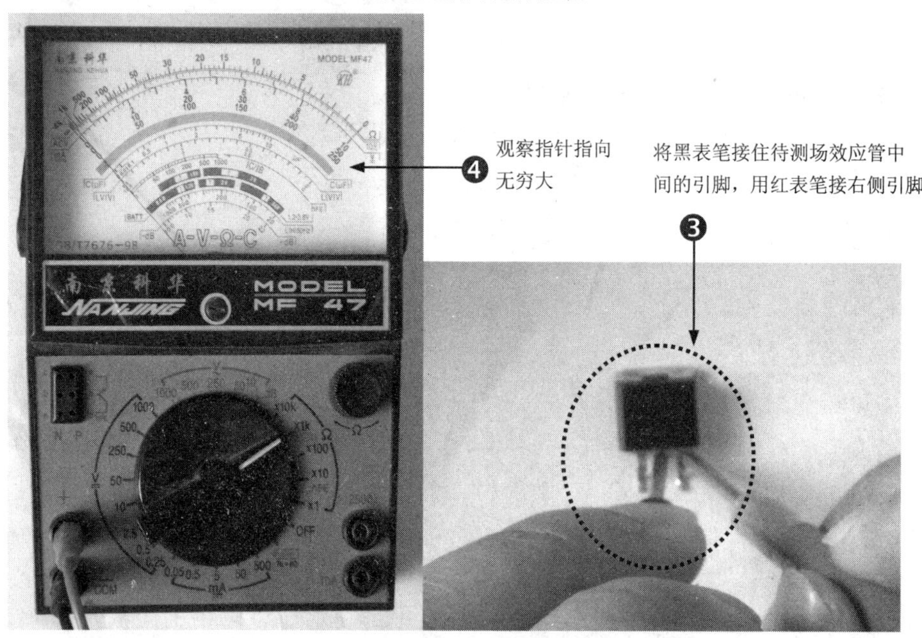
❹ 观察指针指向无穷大
将黑表笔接住待测场效应管中间的引脚，用红表笔接右侧引脚
❸
MODEL MF47
NANJING
MODEL MF 47
A-V-Ω-C

（b）测量右边两只引脚间阻值

图 9-15 测量场效应管引脚间阻值

（8）短接待测场效应管的引脚，将黑表笔放在第三只引脚上，用红表笔分别去测另外两只引脚与该引脚间的阻值，如图 9-16 所示。其中一次测量的阻值为 680Ω。

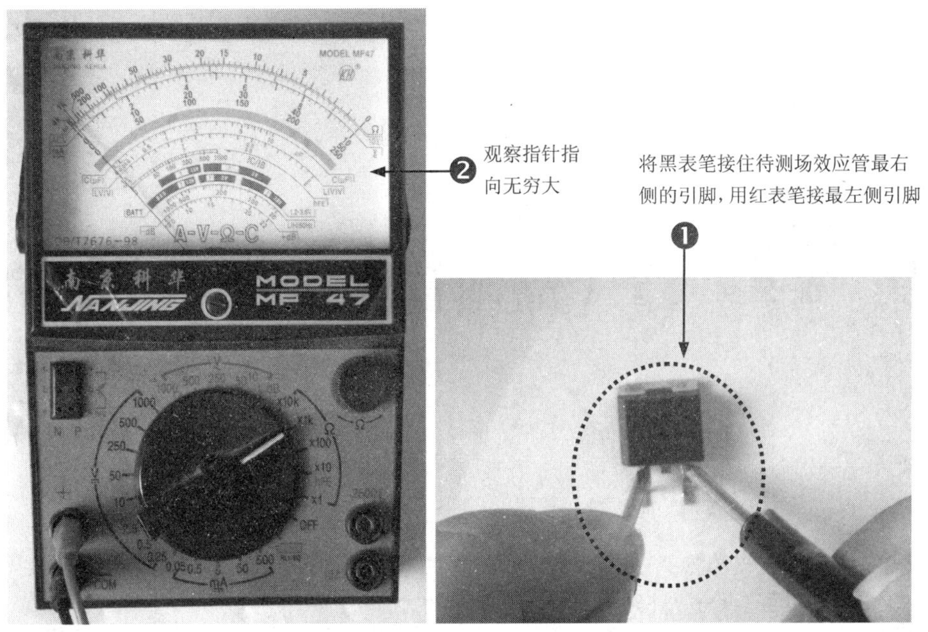
观察指针指向无穷大
将黑表笔接住待测场效应管最右侧的引脚，用红表笔接最左侧引脚
MODEL MF 47
NANJING

（a）测量两边引脚间阻值

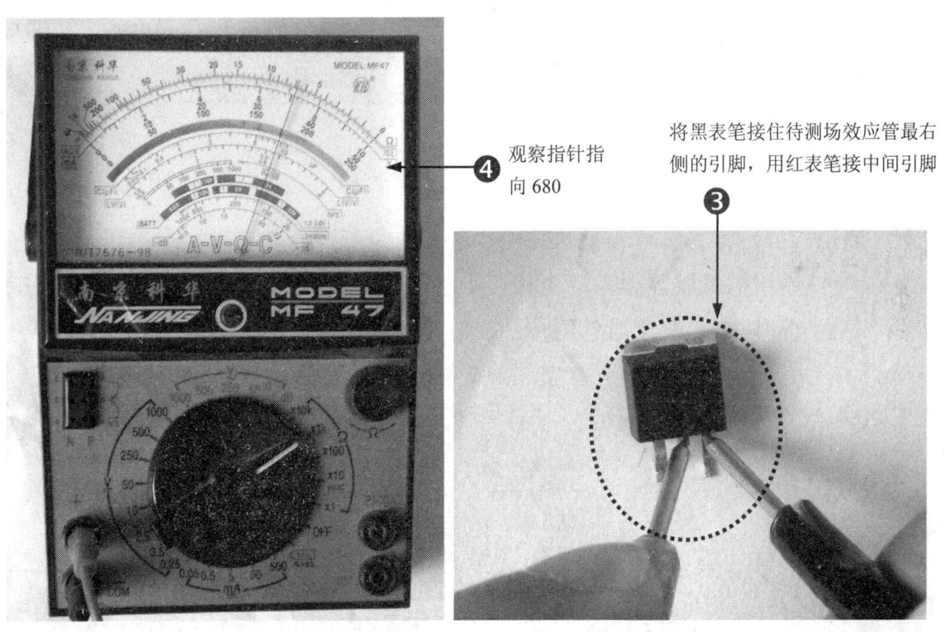
观察指针指向 680
将黑表笔接住待测场效应管最右侧的引脚，用红表笔接中间引脚
MODEL MF 47
NANJING

（b）测量右边两只引脚间阻值

图 9-16　测量场效应管引脚间阻值

结论：由于测量的场效应管的三只引脚中的任意两只引脚的阻值，只有一次有读数（680），阻值在 400～800，因此判断此场效应管正常。

第 10 章 晶闸管实用知识、故障判断与检测代换

晶闸管是一种开关元件，通常被应用在高电压、大电流的控制电路中，它是典型的小电流控制大电流的元器件，同时也是故障易发的元件。要掌握晶闸管的维修检测、代换方法，首先要掌握各种晶闸管的构造、特性、参数、标注规则等基本知识，然后还需掌握晶闸管在电路中的应用特点、晶闸管好坏检测方法等内容，下面重点讲解。

10.1 晶闸管的功能、符号及分类

10.1.1 认识晶闸管

晶闸管（Thyristor）是晶体闸流管的简称，也可称为可控硅整流器，俗称可控硅；晶闸管是由 PNPN 四层半导体结构组成，分为三个极：阳极（用 A 表示）、阴极（用 K 表示）和控制极（用 G 表示）；晶闸管具有硅整流器件的特性，能在高电压、大电流条件下正常工作，且其工作过程可以得到调控，被广泛应用于可控整流、无触点电子开关、交流调压、逆变及变频等电子电路中，图 10-1 所示为电路中常见的一些晶闸管。

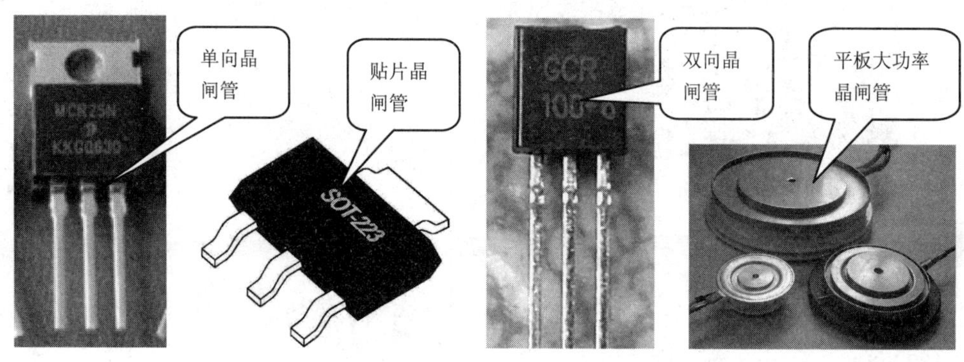

图 10-1 电路中常见的晶闸管

10.1.2 晶闸管的内部结构和功能

晶闸管由 PNPN 四层半导体结构组成，分为阳极（用 A 表示）、阴极（用 K 表示）和控制极（用 G 表示）三个极，其内结构如图 10-2 所示。

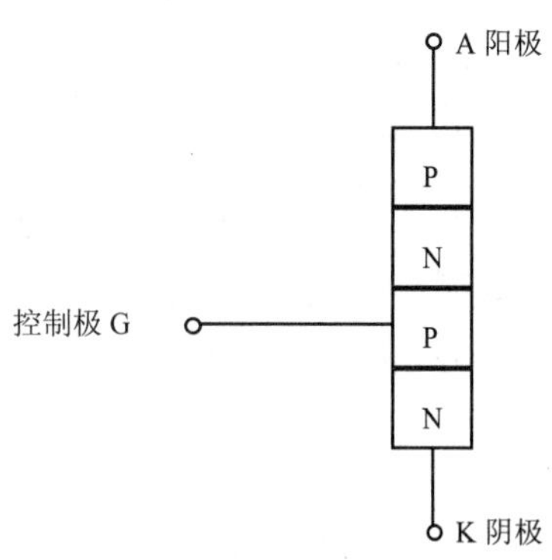

图 10-2　晶闸管内部结构示意图

如果仅是在阳极和阴极间加电压，无论是采取正接还是反接，晶闸管都是无法导通的。因为晶闸管中至少有一个 PN 结总是处于反向偏置状态。如果采取正接法，即在晶闸管阳极接正电压，阴极接负电压，同时在控制极再加相对于阴极而言的正向电压（足以使晶闸管内部的反向偏置 PN 结导通），晶闸管就导通了（PN 结导通后就不再受极性限制）。而且一旦导通后再撤去控制极电压，晶闸管仍可保持导通的状态。如果此时想使导通的晶闸管截止，只有使其电流降到某个值以下或将阳极与阴极间的电压减小到零。

10.1.3 晶闸管的电路符号

晶闸管是电子电路中最常用的电子元件之一，一般用字母“K”、“VS”加数字表示。在电路图中每个电子元器件都有其电路图形符号，晶闸管的电路图形符号如图 10-2 所示。

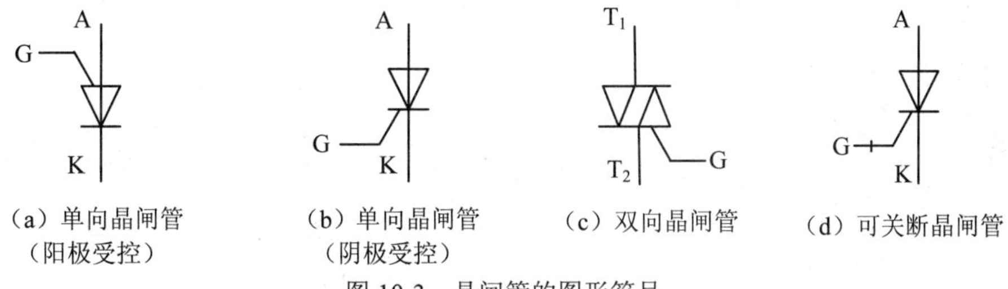

（a）单向晶闸管（阳极受控）　（b）单向晶闸管（阴极受控）　（c）双向晶闸管　（d）可关断晶闸管

图 10-3　晶闸管的图形符号

10.1.4 晶闸管的分类

晶闸管种类繁多分类方式也不一，具体分类方法如下。

如果按照关断、导通及控制方式可将晶闸管划分为：可关断晶闸管、BTG 晶闸管、逆导晶闸管、温控晶闸管、单向晶闸管、双向晶闸管和光控晶闸管等。

如果按照封装形式可将晶闸管划分为陶瓷封装晶闸管、塑封晶闸管和金属封装晶闸管三类。

如果按照电流容量可将晶闸管划分为小功率晶闸管、中功率晶闸管和大功率晶闸管三类。通常，中、小功率晶闸管多采用塑封或陶瓷封装，而大功率晶闸管则多采用金属壳封装。

电路中应用最多的还属单向晶闸管和双向晶闸管，下面对这两种晶闸管做一下特殊的说明。

1. 单向晶闸管

单向晶闸管（SCR）是由 P-N-P-N 4 层 3 个 PN 结组成的。在单向晶闸管阳极（用 A 表示）、阴极（用 K 表示）两端加上正向电压，同时给控制极（用 G 表示）加上合适的触发电压，晶闸管便会被导通（具体工作原理在 10.1.2 小节已做出说明）。常见的单向晶闸管如图 10-4 所示。

2．双向晶闸管

双向晶闸管是由 N-P-N-P-N 5 层半导体组成的，相当于两个反向并联的单向晶闸管，又被称为双向可控硅。双向晶闸管有三个电极，它们分别为第一电极 T_1、第二电极 T_2 和控制极 G。无论是第一电极 T_1 还是第二电极 T_2 间加上正向电压，只要控制极 G 加上与 T_1 相反的触发电压双向晶闸管，就可被导通。与单向晶闸管不同的是，双向晶闸管能够控制交流电负载。常见的双向晶闸管如图 10-5 所示。

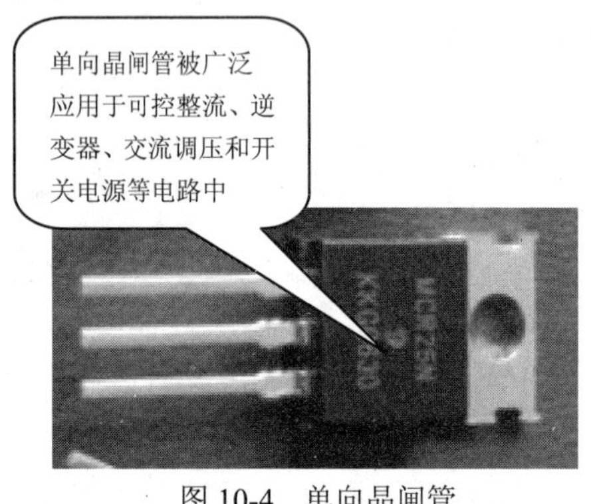

单向晶闸管被广泛应用于可控整流、逆变器、交流调压和开关电源等电路中

图 10-4　单向晶闸管

双向晶闸管相当于两个反向并联的单向晶闸管
GCR
100-6

图 10-5　双向晶闸管

10.2 晶闸管的命名和重要参数

10.2.1 晶闸管的命名

国产晶闸管型号命名一般由四个部分构成，分别为名称、类别、额定电流值和重复峰值电压级数，如图 10-6 所示。

第一部分为名称，晶闸管用字母 K 表示。

第二部分为晶闸管的类别，用字母表示。P 表示普通反向阻断型。

第三部分为晶闸管的额定通态电流值，用数字表示。10 表示额定通态电流为 10A。

第四部分为晶闸管的重复峰值电压级数，用数字表示。14 表示 1 400V。

晶闸管 KP10-14，表示通态平均电流为 10A，正、反向重复峰值电压为 1 400V 的普通反向阻断型晶闸管。

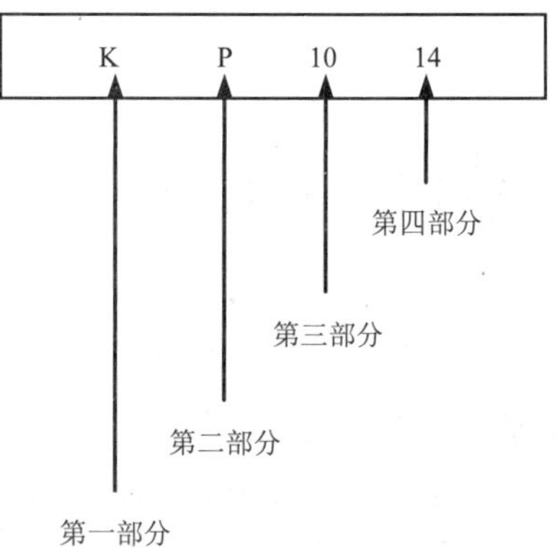

图 10-6　电位器命名示意图

为了方便读者查阅，表 10-1、表 10-2 和表 10-3 所示分别列出了晶闸管类别代号和意义对照表、晶闸管额定通态电流符号与意义对照表和晶闸管重复峰值电压级数符号与意义对照表。

表 10-1　晶闸管类别代号和意义对照表

符　　号	意　　义
P	普通反向阻断型
K	快速反向阻断型
S	双向型

表 10-2　晶闸管额定通态电流符号与意义对照表

符　　号	意　　义	符　　号	意　　义
1	1A	100	100A
5	5A	200	200A
10	10A	300	300A
20	20A	400	400A
30	30A	500	500A
50	50A		

表 10-3　晶闸管重复峰值电压级数符号与意义对照表

符　　号	意　　义	符　　号	意　　义
1	100V	7	700V
2	200V	8	800V
3	300V	9	900V
4	400V	10	1000V
5	500V	12	1200V
6	600V	14	1400V

10.2.2 晶闸管的重要参数

1．额定正向平均电流 I_F

晶闸管的额定正向平均电流 I_F，是指在规定的环境温度、标准散热和全导通的情况下，允许连续通过晶闸管阴极和阳极的工频（50Hz）正弦波半波电流的最大平均值。

2．正向阻断峰值电压 U_{DRM}

正向阻断峰值电压是指，晶闸管在正向阻断时，允许加在 A、K（或 T1、T2）极间最大的峰值电压。

3．反向阻断峰值电压

它是指在控制极开路，结温为额定值时允许重复加在该器件上的反向峰值电压。

4．通态平均电流 I_T

通态平均电流 I_T 是指晶闸管在规定的环境温度和标准散热条件下，正常工作时 A、K（或 T_1、T_2）极间所允许通过的电流平均值。

5．正向平均压降

它是指在规定条件下，晶闸管正常工作时，通过正向额定平均电流，在阴阳两极间所消耗电压降的平均值。

6．维持电流 I_H

晶闸管的维持电流 I_H 是指可以维持晶闸管导通状态的最小电流。当正向电流小于 I_H 时，晶闸管会自动关断。

7．门极触发电压 U_{GT}

晶闸管的门极触发电压 U_{GT}，是指在规定环境温度且晶闸管阳极与阴极之间接有合适的正向电压的情况下，使晶闸管从阻断状态导通所需的最小门极直流电压。

8．反向击穿电压 U_{BR}

晶闸管的反向击穿电压 U_{BR} 是指在额定结温下，晶闸管阳极 A 极与阴极 K 极之间施加反向正弦半波电压时，当其反向漏电电流急剧增加时所对应的峰值电压。

9．断态重复峰值电流 I_{DR}

晶闸管的断态重复峰值电流 I_{DR}，是指晶闸管在断态下的正向最大平均漏电电流值，一般小于 100μA。

10.3 晶闸管的检测方法

10.3.1 识别单向晶闸管引脚的极性

选择万用表的“R×1”挡，依次测量任意两引脚间电阻值。当指针有发生偏转时，黑表笔接的就是单向晶闸管控制极 G，红表笔所接的就是单向晶闸管的阴极 K，余下那只便是单向晶闸管的阳极 A。

10.3.2 单向晶闸绝缘性检测方法

将指针式万用表调到欧姆挡的“R×1”挡。分别检测单向晶闸管阴极与阳极、控制极与阳极、控制极与阴极之间的正反向电阻。除控制极与阴极之间的正向电阻较小外，其余阻值均应趋于无穷大；否则说明单向晶闸管已损坏，不能继续使用。

10.3.3 单向晶闸管触发电压的检测方法

将指针式万用表调到欧姆挡的“R×1”挡，黑表笔接单向晶闸管的阳极，红表笔单向晶闸管阴极，此时指针应无变化。将黑表笔与控制极短接，然后离开可测得阴极与阳极之间有一较小的阻值。

提示：如果控制极与阴极之间的正、反向电阻均接近于 0，说明单向晶闸管的控制极与阴极之间已发生短路；如果控制极与阴极之间的正、反向电阻均趋于无穷大，说明单向晶闸管的控制极与阴极之间发生开路；如果控制极与阴极之间的正、反向电阻相等接近，说明单向晶闸管的控制极与阴极之间的 PN 结已失去单向导电性。

10.3.4 识别双向晶闸管引脚的极性

选择万用表的“R×1”挡，依次测量任意两引脚间电阻值，测量结果中，会有两组读数为无穷大，一组读数为数十欧姆。其中，读数为数十欧姆的一次的测量中，红、黑表笔所接的两引脚可确定一极为 T_1，一极为 G（但具体还不清楚），另一空脚为第二电极 T_2。

排除第二电极 T_2 后，测量 T_1、G 间正反向电阻值，其中读数相对较小的那次测量中，黑表笔所接的引脚为第一阳极 T_1，红表笔所接引脚为控制极 G。

10.3.5 双向晶闸管绝缘性检测方法

将指针式万用表调到“R×1”挡，分别检测双向晶闸管 T_1 与 T_2、G 与 T_2 之间的正反向电阻。检测结果均应为无穷大，否则双向晶闸管已不能正常使用。

10.3.6 双向晶闸管触发电压的检测方法

将指针式万用表调到欧姆挡的“R×1”挡，黑表笔接双向晶闸管的 T_1 极，红表笔双向晶闸管 T_2，此时指针应无变化。将红表笔与控制极 G 短接，然后离开可测得 T_1 与 T_2 之间有数十欧姆的阻值。

交换红黑表笔，将红表笔接双向晶闸管的 T_1 极，黑表笔双向晶闸管 T_2，此时指针应无变化。将黑表笔与控制极 G 短接，然后离开可测得 T_1 与 T_2 之间有数十欧姆的阻值。

10.4 晶闸管的选配与代换方法

晶闸管的种类繁多，根据使用的不同需求，通常采用不同类型的晶闸管。在对晶闸管进行代换时，主要考虑其额定峰值电压、额定电流、正向压降、门极触发电流及触发电压、开关速度等参数。最好选用同类型、同特性、同外形的晶闸管进行代换。

逆变电源、可控整流、交直流电压控制、交流调压、开关电源保护等电路，一般使用普通晶闸管。

交流调压、交流开关、交流电动机线性调速、固态继电器、固态接触器及灯具线性调光等电路，一般使用双向晶闸管。

超声波电路、电子镇流器、开关电源、电磁灶及超导磁能储存系统等电路，一般使用逆导晶闸管。

光探测器、光报警器、光计数器、光电耦合器、自动生产线的运行监控及光电逻辑等电路，一般使用光控晶闸管。

过电压保护器、锯齿波发生器、长时间延时器及大功率晶体管触发等电路，一般使用 BTC 晶闸管。

斩波器、逆变电源、各种电子开关及交流电动机变频调速等电路，一般使用门极关断晶闸管。

另外，代换用的晶闸管应与损坏的晶闸管的开关速度一致。如高速晶闸管损坏后，只能选用同类型的高速晶闸管，而不能用普通晶闸管来代换。

10.5 晶闸管的检测维修实训

10.5.1 电路板中单向晶闸管的检测实训

1．检测电路板中单向晶闸管实训（数字万用表）

用数字万用表检测电路板中单向晶闸管的方法如下：

（1）检查晶闸管外观，看待测晶闸管是否烧焦或针脚断裂等明显的物理损坏。如果有则晶闸管已不能正常使用了，如图 10-7 所示，可见本次检测的晶闸管外形完好，需要进一步进行检测是否正常。

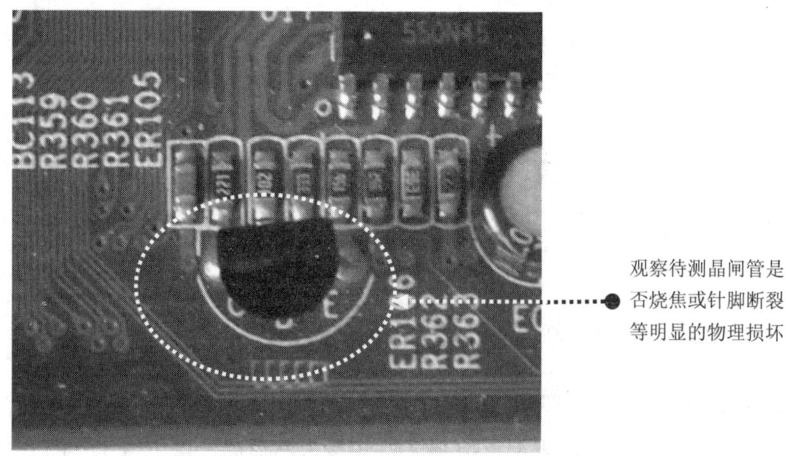
观察待测晶闸管是
否烧焦或针脚断裂
等明显的物理损坏

图 10-7　电路板中的晶闸管

（2）将待测晶闸管用电烙铁从电路中卸下，并清洁晶闸管的引脚，去除引脚上的污物，以避免因油污的隔离作用而影响检测的准确性，如图 10-8 所示。

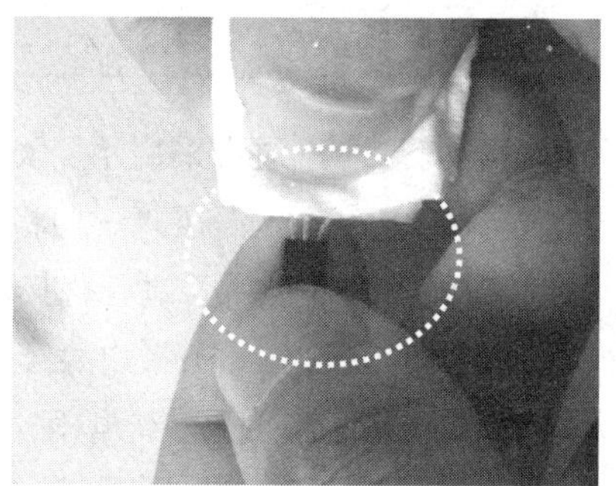

图 10-8　清洁晶闸管的引脚

（3）清洁完成后，将数字万用表的功能旋钮旋至“二极管”挡。

（4）分别检测晶闸管左边两只引脚之间正反向电阻的大小，具体操作步骤如图 10-9 所示。

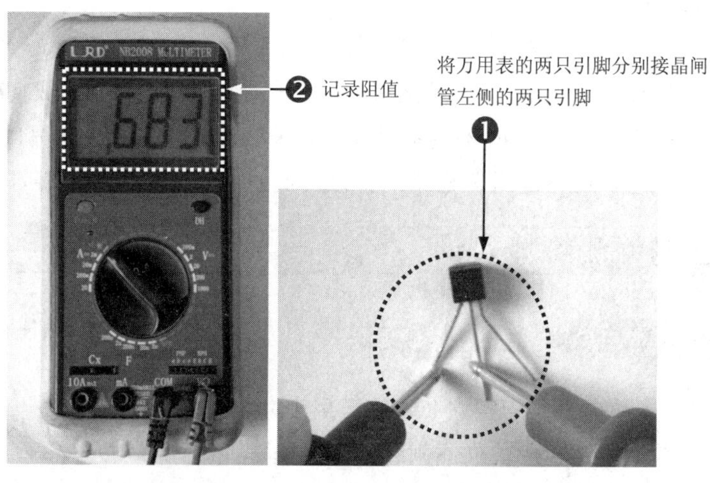
❷ 记录阻值
将万用表的两只引脚分别接晶闸
管左侧的两只引脚
❶
683

（a）测量左边两只引脚正向阻值

图 10-9　检测左边两只引脚正反向阻值

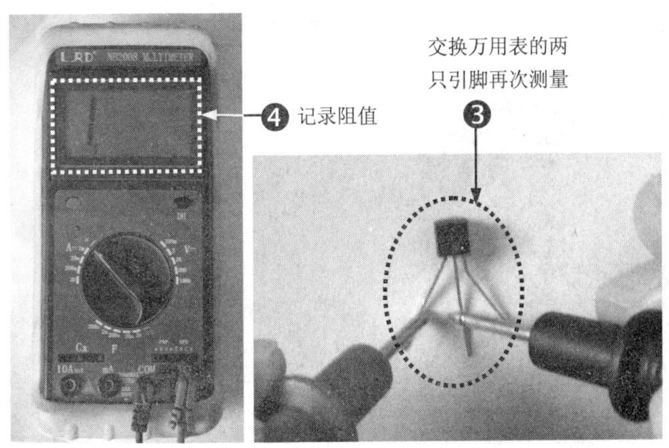
交换万用表的两
只引脚再次测量
❸
❹ 记录阻值

（b）测量左边两只引脚反向阻值

图 10-9　检测左边两只引脚正反向阻值（续）

（5）分别检测晶闸管两边两只引脚之间正反向电阻的大小，具体操作步骤如图 10-10 所示。

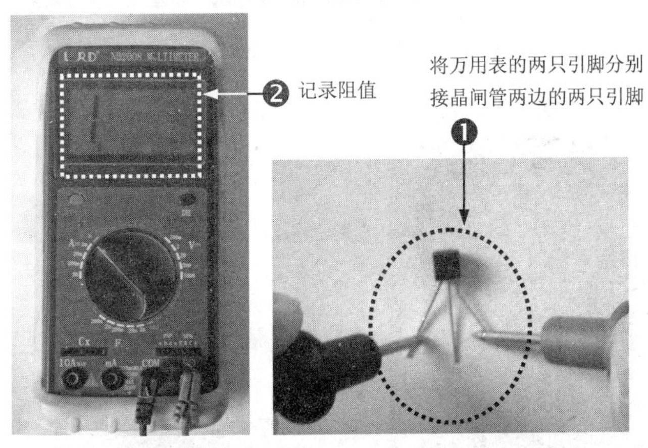
❷ 记录阻值
将万用表的两只引脚分别
接晶闸管两边的两只引脚
❶

（a）测量两边两只引脚正向阻值

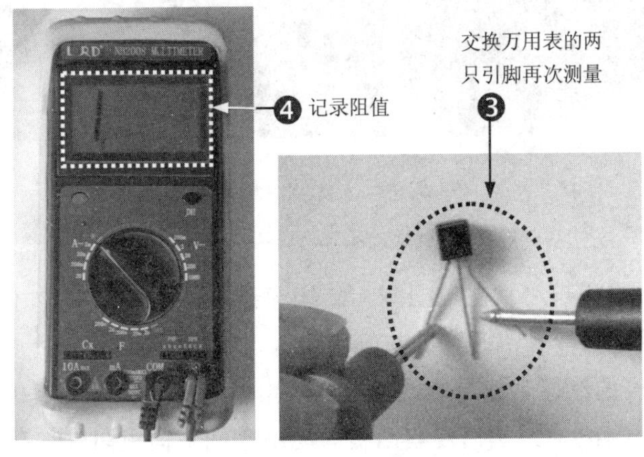
交换万用表的两
只引脚再次测量
❸
❹ 记录阻值

（b）测量两边两只引脚反向阻值

图 10-10　检测两边两只引脚的正反向阻值

（6）分别检测晶闸管右边两只引脚之间正反向电阻的大小，具体操作步骤如图 10-11 所示。

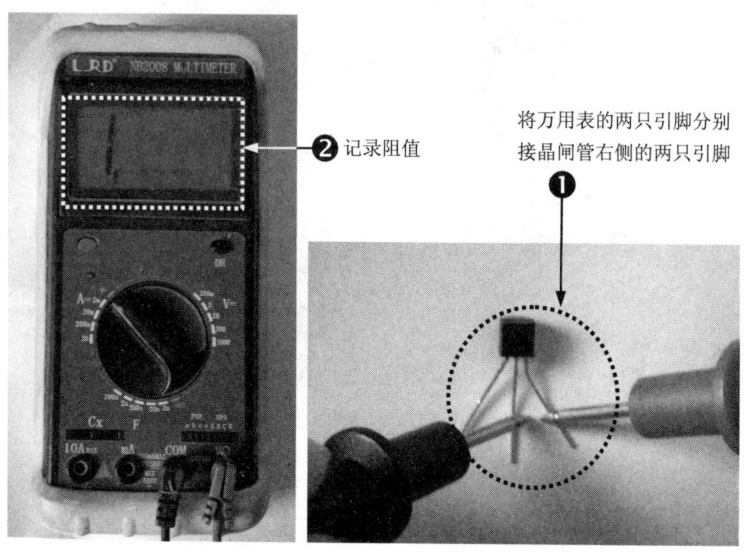
将万用表的两只引脚分别
接晶闸管右侧的两只引脚
❶
❷ 记录阻值

（a）测量右边两只引脚正向阻值

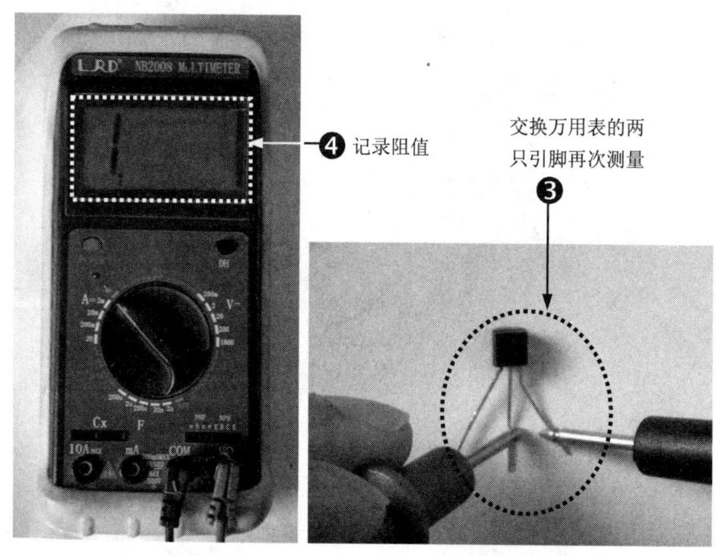
交换万用表的两
只引脚再次测量
❸
❹ 记录阻值

（b）测量右边两只引脚反向阻值

图 10-11　检测晶闸管右边两只引脚间正反向电阻

结论：经检测只有当黑表笔接左侧引脚，红表笔接中间引脚时时，才能测出有较小阻值，因此可知晶闸管绝缘性良好，且晶闸管的左侧阴极 K，中间为控制极 G，右侧为阳极 A。

（7）将数字万用表的红表笔接右侧的阳极 A，黑表笔接晶闸管的阴极 K，此时阻值为无穷大。瞬间短接阳极与控制极 G，然后观察阳极与阴极之间正向电阻的变化，具体操作步骤如图 10-12 所示。

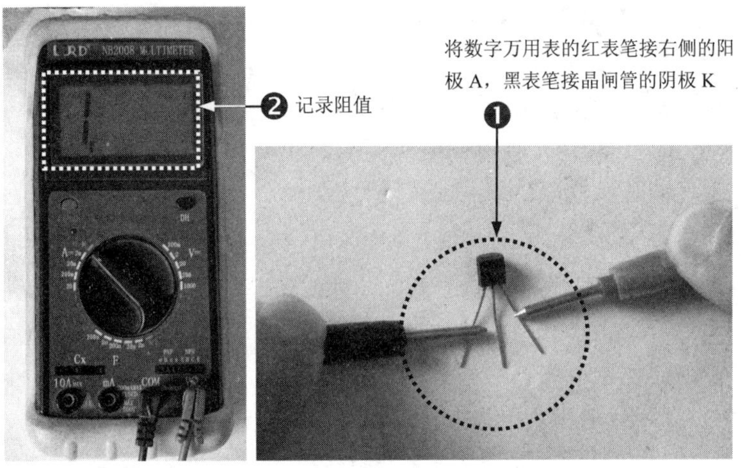
将数字万用表的红表笔接右侧的阳极 A，黑表笔接晶闸管的阴极 K
❶
❷ 记录阻值

（a）测量阳极和阴极间的阻值

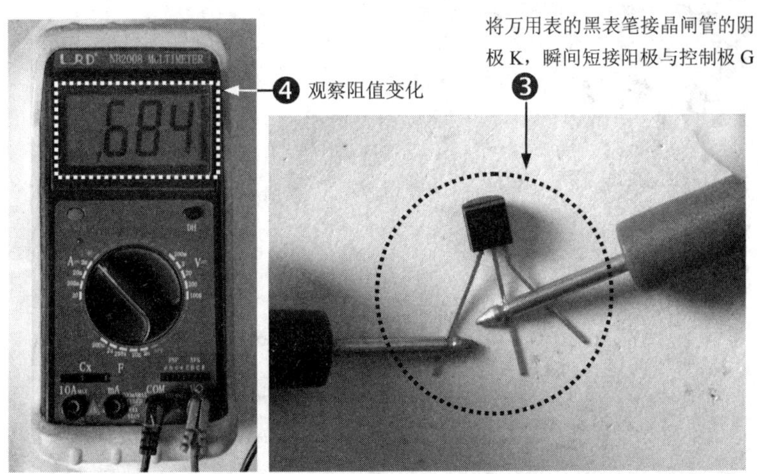
将万用表的黑表笔接晶闸管的阴极 K，瞬间短接阳极与控制极 G
❸
❹ 观察阻值变化

（b）短接阳极与控制极

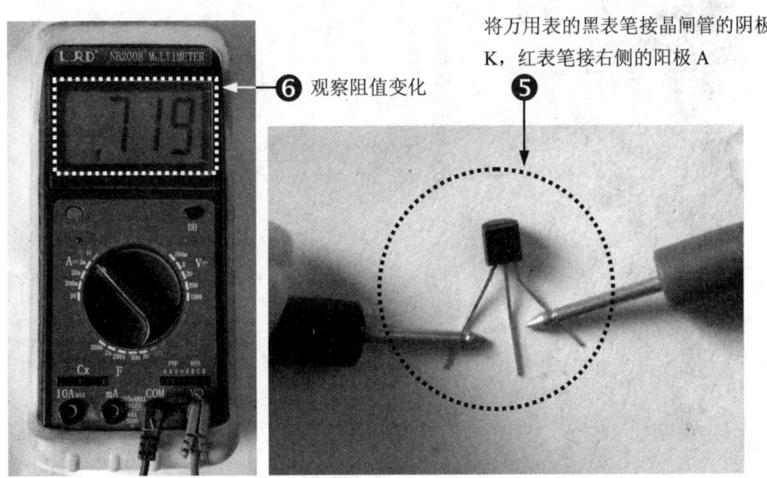
将万用表的黑表笔接晶闸管的阴极 K，红表笔接右侧的阳极 A
❺
❻ 观察阻值变化

（c）观察阳极与阴极间正向电阻

图 10-12　测量晶闸管阳极和阴极间电阻

结论：经检测，将控制极与阳极短接后即使断开控制极仍可测得阳极与阴极之间有一小阻值，证明晶闸管的触发正常。

2．检测电路板中单向晶闸管实训（指针万用表）

用指针万用表检测电路板中单向晶闸管的方法如下：

（1）查看晶闸管的外形，看待测晶闸管是否烧焦或针脚断裂等明显的物理损坏。如果有，则晶闸管已不能正常使用了，本次检测的晶闸管外形完好，需要进行检测是否正常。

（2）将待测晶闸管用电烙铁从电路中卸下，并清洁晶闸管的引脚，去除引脚上的污物，以避免因油污的隔离作用而影响检测的准确性。

（3）清洁完成后，选择指针式万用表的“R×1”挡，并短接两表笔进行调零校正。

（4）用红黑表笔分别检测晶闸管左侧两只引脚之间正、反向电阻的大小，具体操作步骤如图 10-13 所示。

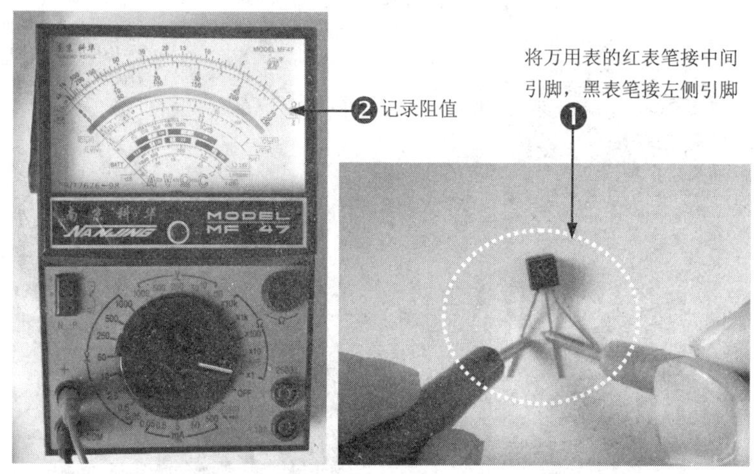
将万用表的红表笔接中间引脚，黑表笔接左侧引脚
❶
❷记录阻值
MODEL
MF 47
NANJING

（a）测量左侧两只引脚间的正向电阻

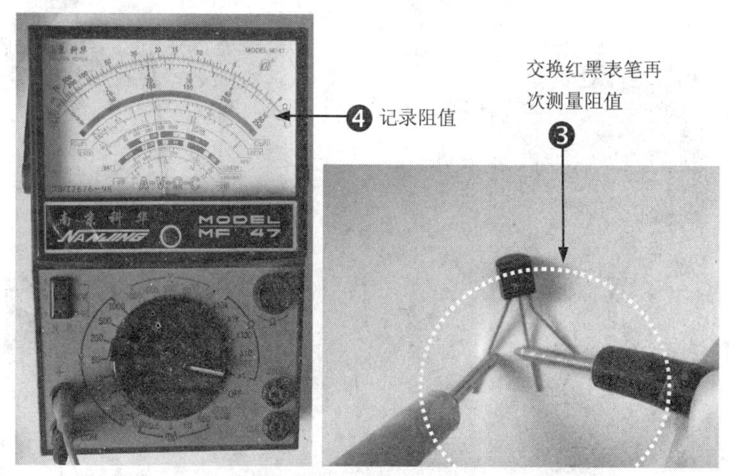
交换红黑表笔再次测量阻值
❸
❹记录阻值
MODEL
MF 47
NANJING

（b）测量左侧两只引脚间的反向电阻

图 10-13　检测左侧两只引脚间正反向电阻

（5）用红黑表笔分别检测晶闸管两侧两只引脚之间正、反向电阻的大小，具体操作步骤如图 10-14 所示。

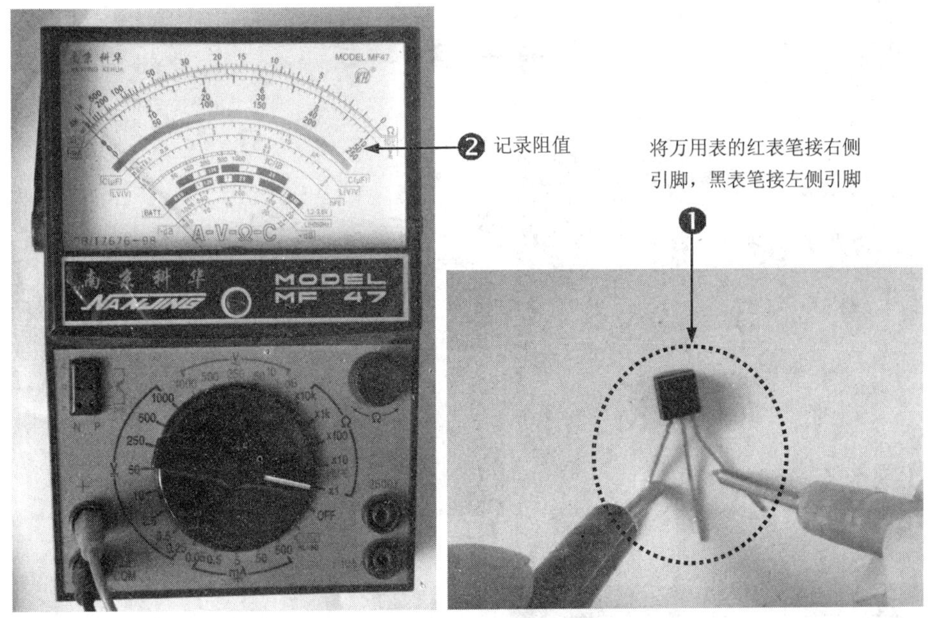

❷ 记录阻值
将万用表的红表笔接右侧引脚，黑表笔接左侧引脚
❶
MODEL MF 47

（a）检测两侧两只引脚间的正向电阻

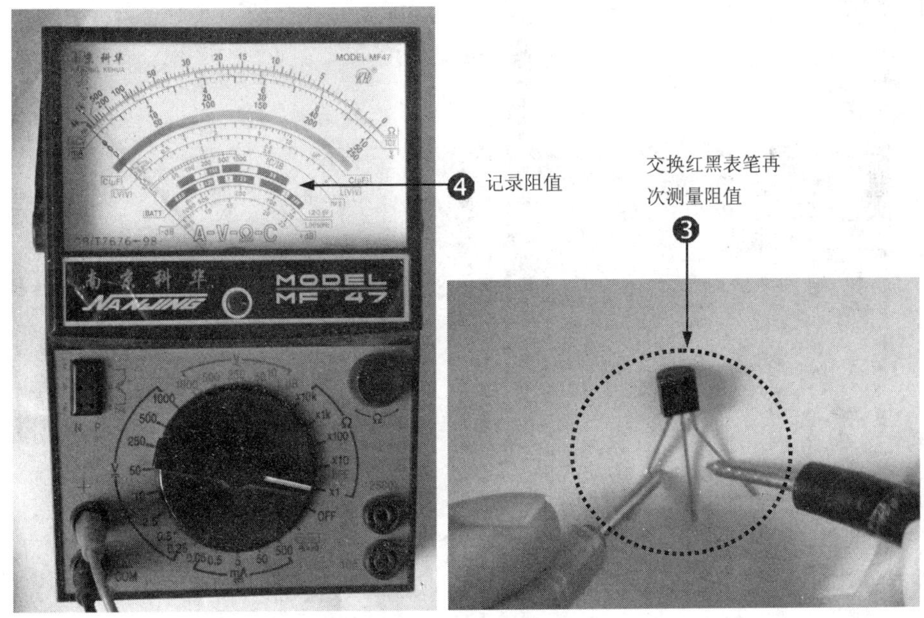

❹ 记录阻值
交换红黑表笔再次测量阻值
❸
MODEL MF 47

（b）检测两侧两只引脚间的反向电阻

图 10-14　检测两侧两只引脚间的正、反向电阻

（6）用红黑表笔分别检测晶闸管右侧两只引脚之间正、反向电阻的大小，具体操作如图 10-15 所示。

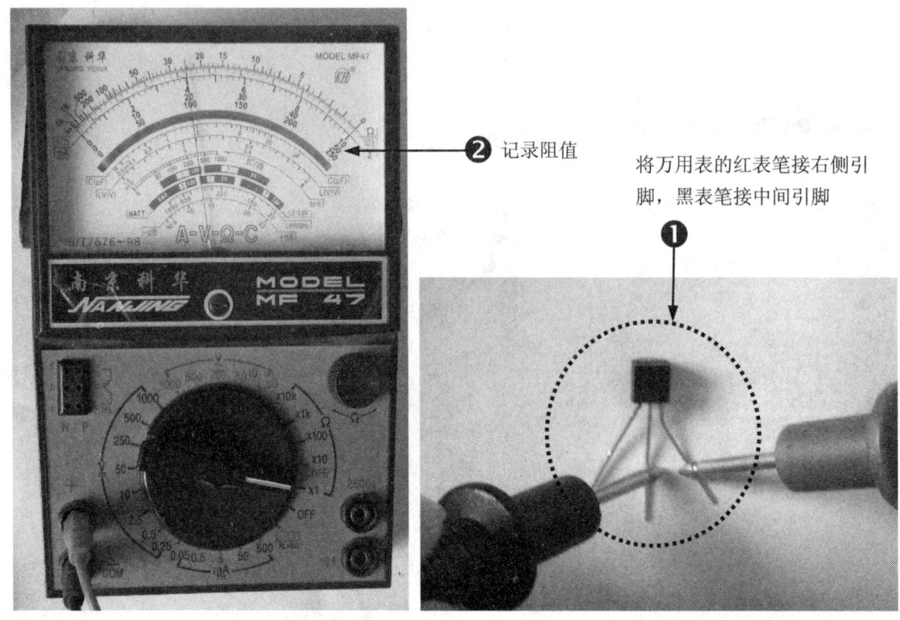

（a）检测右边两只引脚正向电阻

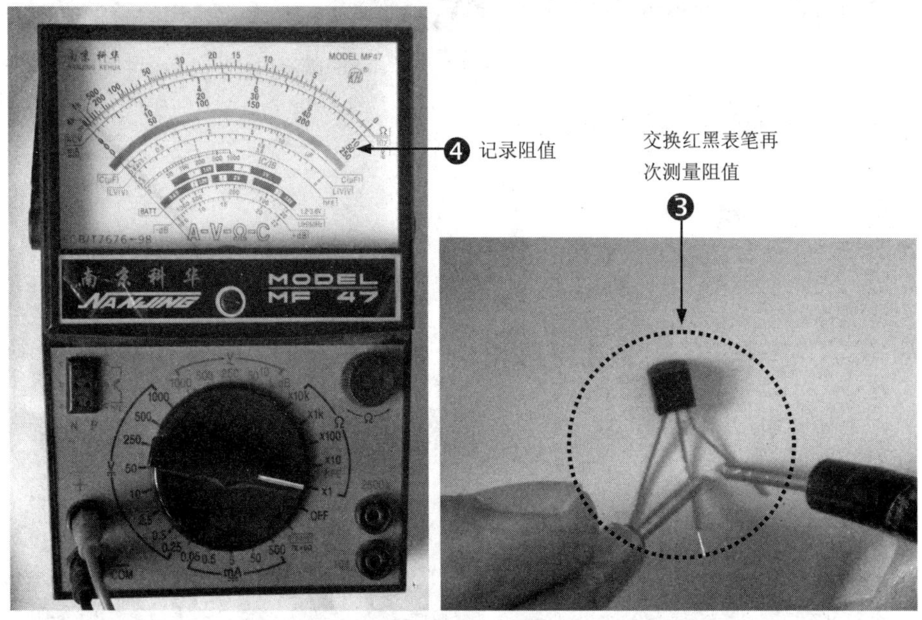

（b）检测右边两只引脚反向电阻

图 10-15　检测右边两只引脚正、反向电阻

结论：经检测只有当红表笔接左侧引脚，黑表笔接中间的引脚时时，才能测出有一较小阻值，因此可知晶闸管绝缘性良好，且晶闸管的左侧阴极 K，中间为控制极 G，右侧为阳极 A。

（7）将数字万用表的黑表笔接右侧的阳极 A，红表笔接晶闸管的阴极 K，此时阻值为无穷大。瞬间短接阳极与控制极 G，然后观察阳极与阴极之间正向电阻的变化，如图 10-16 所示。

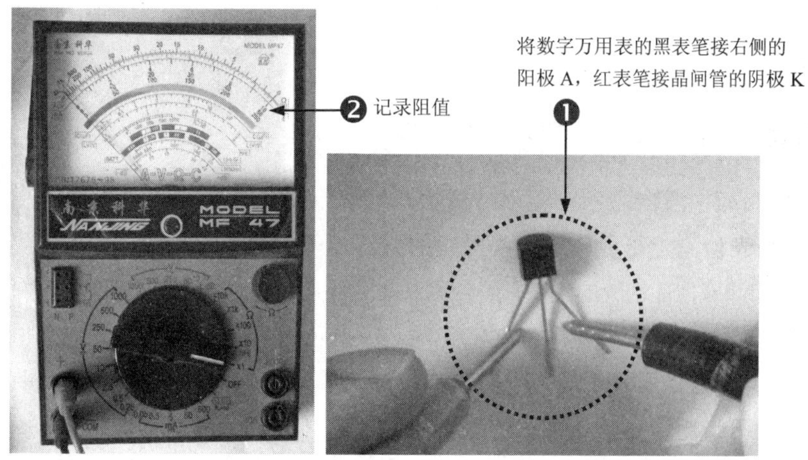
将数字万用表的黑表笔接右侧的
阳极 A，红表笔接晶闸管的阴极 K
❶
❷ 记录阻值

（a）检测阳极和阴极间的电阻

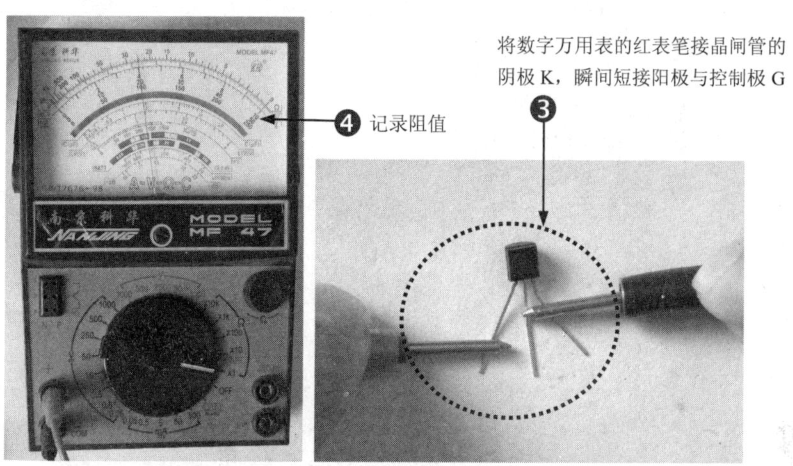
将数字万用表的红表笔接晶闸管的
阴极 K，瞬间短接阳极与控制极 G
❸
❹ 记录阻值

（b）短接阳极与控制极

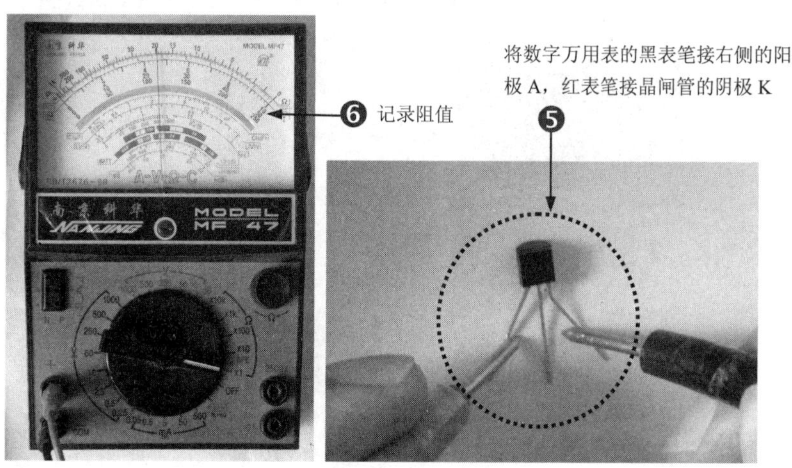
将数字万用表的黑表笔接右侧的阳
极 A，红表笔接晶闸管的阴极 K
❺
❻ 记录阻值

（c）观察阳极与阴极间正向电阻

图 10-16　测量晶闸管阳极和阴极间电阻

结论：经检测，将控制极与阳极短接后，即使断开控制极仍可测得阳极与阴极之间有一小阻值，证明晶闸管的触发正常。

10.5.2 电路板中双向晶闸管的检测实训

1. 检测电路板中双向晶闸管实训（数字万用表）

用数字万用表检测电路板中双向晶闸管的方法如下：

（1）检查待测双向晶闸管的外观，看待测双晶闸管是否烧焦或针脚断裂等明显的物理损坏。如果有，该双向晶闸管已不能正常使用了，本次检测的双向晶闸管外形完好，需要进一步进行检测是否正常。

（2）将待测双向晶闸管用电烙铁从电路中卸下，并清洁其的引脚，去除引脚上的污物，以避免因油污的隔离作用而影响检测的准确性。

（3）清洁完成后，将数字万用表的功能旋钮旋至“二极管”挡。

（4）分别检测晶闸管左边两只引脚之间正、反向电阻的大小，具体操作步骤如图 10-17 所示。

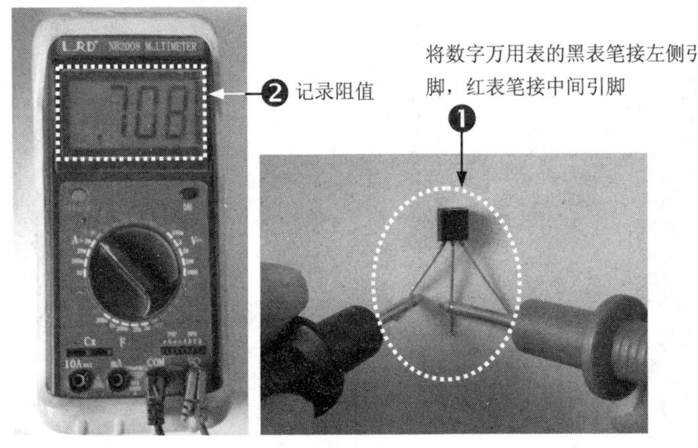
.708
❷ 记录阻值
将数字万用表的黑表笔接左侧引脚，红表笔接中间引脚
❶

（a）测量左边两只引脚正向阻值

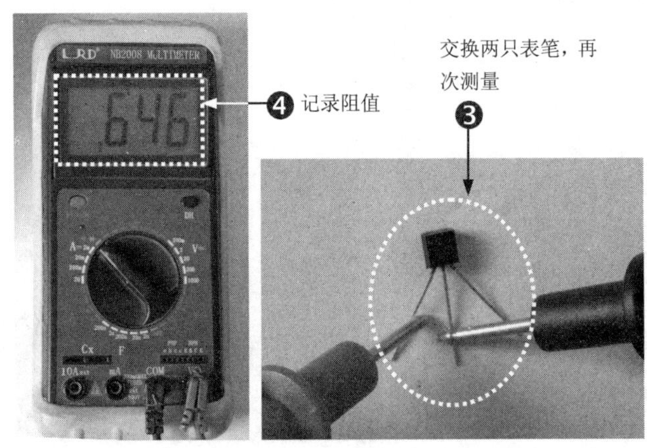
646
❹ 记录阻值
交换两只表笔，再次测量
❸

（b）测量左边两只引脚反向阻值

图 10-17 检测左边两只引脚正、反向阻值

（5）分别检测晶闸管两侧引脚之间正、反向电阻的大小，具体操作步骤如图 10-18 所示。

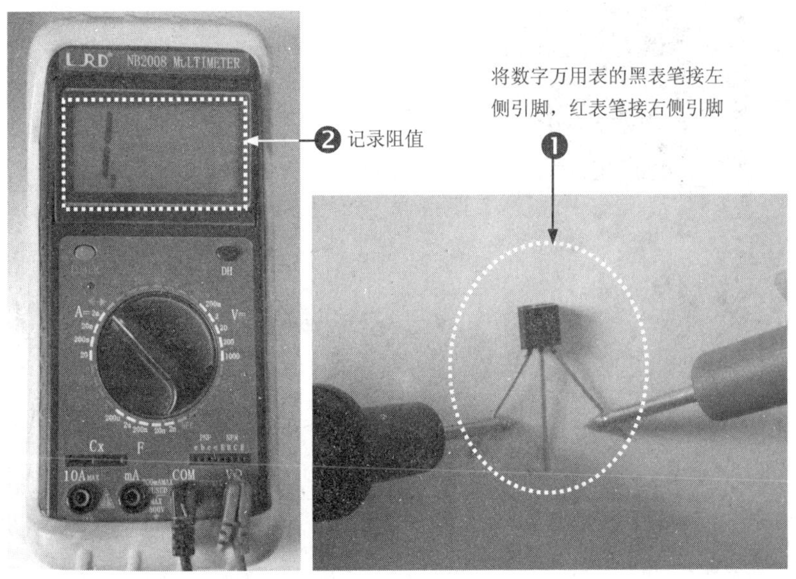

将数字万用表的黑表笔接左侧引脚，红表笔接右侧引脚
❶
❷ 记录阻值

（a）测量两侧引脚正向阻值

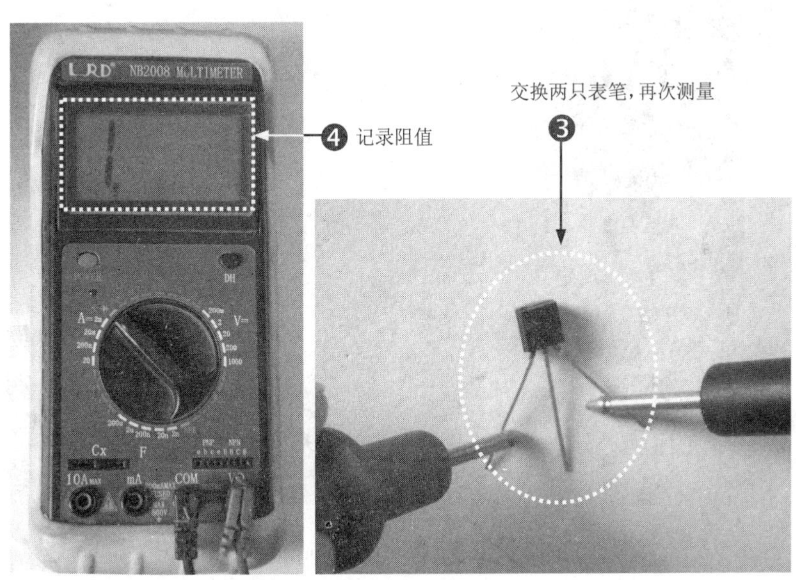

交换两只表笔，再次测量
❸
❹ 记录阻值

（b）测量两侧引脚反向阻值

图 10-18　检测两边两只引脚的正、反向阻值

（6）分别检测晶闸管右侧两只引脚之间正、反向电阻的大小，具体操作步骤如图 10-19 所示。

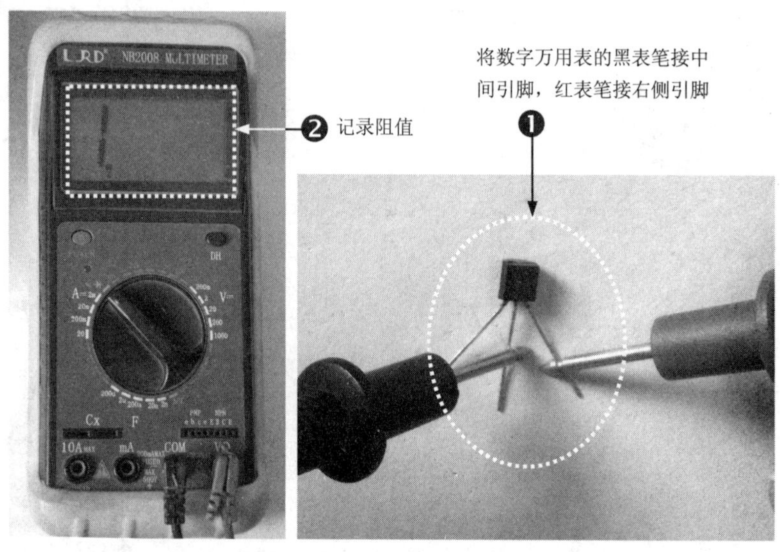
将数字万用表的黑表笔接中间引脚，红表笔接右侧引脚
❶
❷ 记录阻值
NB2008 MULTIMETER

（a）测量右侧两只引脚正向阻值

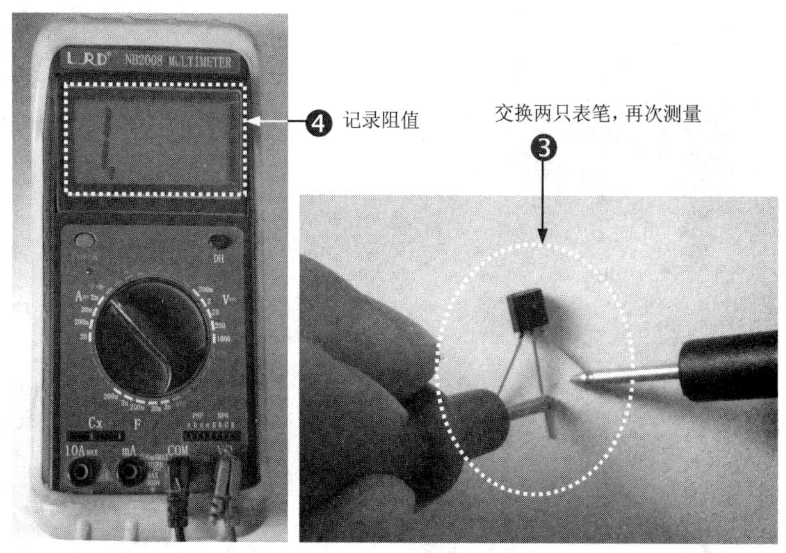
交换两只表笔，再次测量
❸
❹ 记录阻值
NB2008 MULTIMETER

（b）测量右侧两只引脚反向阻值

图 10-19　检测晶闸管右侧两只引脚间正、反向电阻

结论：经检测，只有当黑表笔接左侧引脚，红表笔接中间的引脚或当红表笔接左侧引脚，黑表笔接中间的引脚时，才能测出有一较小阻值，因此可知晶闸管绝缘性良好，且阻值较小的那次测量中红表笔所接的是双向晶闸管的 T_1 极，黑表笔所接的是双向晶闸管的 G 极，剩下那只是双向晶闸管的 T_2 极。

（7）将数字万用表的红黑表笔任意接在双向晶闸管的 T_1 和 T_2 引脚上，此时阻值为无穷大。瞬间短接 T_2 与控制极 G，然后观察 T_1 与 T_2 之间正向电阻的变化，具体操作步骤如图 10-20 所示。

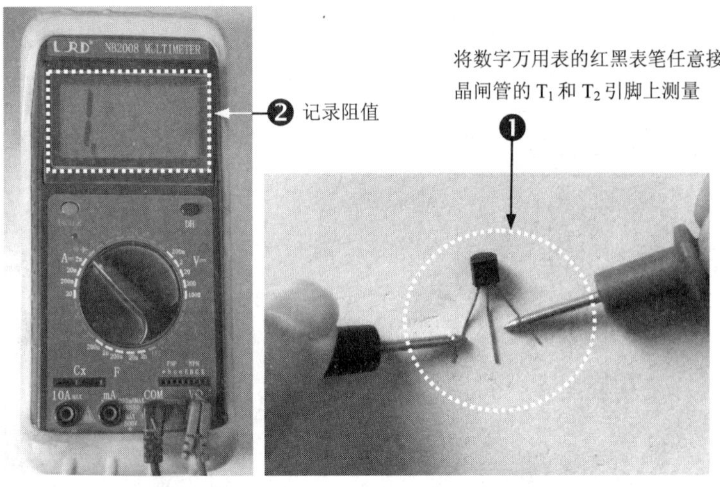
LRD NB2008 MULTIMETER
❷ 记录阻值
将数字万用表的红黑表笔任意接在双向晶闸管的 T1 和 T2 引脚上测量
❶

（a）测量 T_1 和 T_2 引脚正向阻值

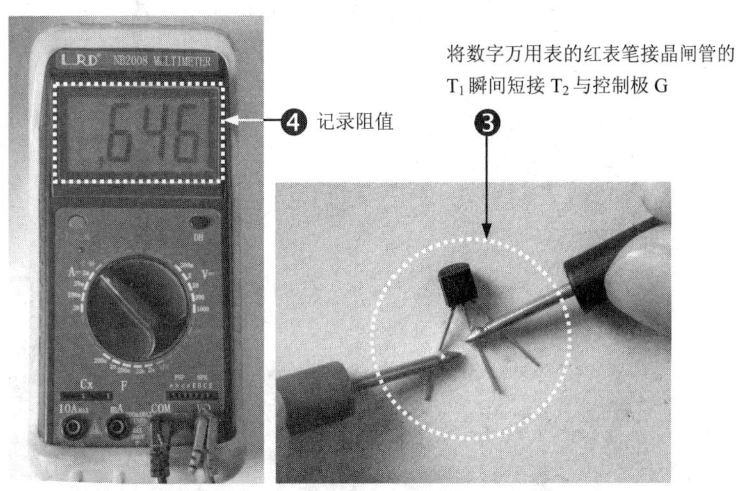
LRD NB2008 MULTIMETER
.646
❹ 记录阻值
将数字万用表的红表笔接晶闸管的 T1 瞬间短接 T2 与控制极 G
❸

（b）瞬间短接 T_2 与控制极 G

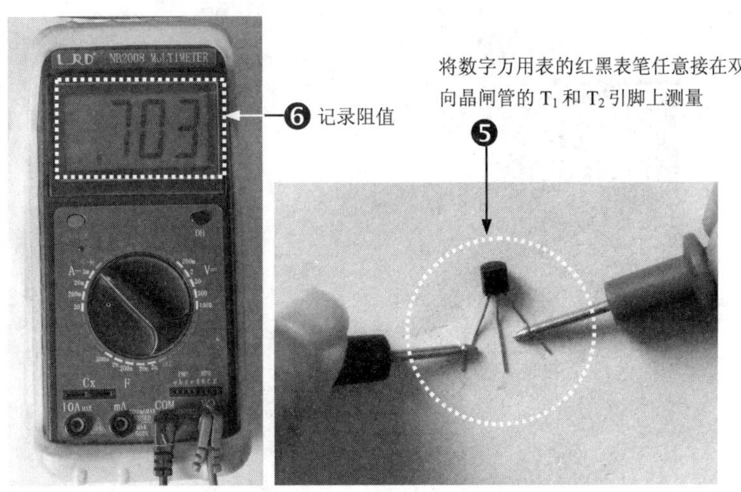
LRD NB2008 MULTIMETER
.703
❻ 记录阻值
将数字万用表的红黑表笔任意接在双向晶闸管的 T1 和 T2 引脚上测量
❺

（c）观察 T_1 与 T_2 之间正向电阻的变化

图 10-20　测量 T_1 与 T_2 间正向电阻

（8）交换红黑表笔所接的双向晶闸管的引脚，此时阻值仍为无穷大。瞬间短接 T_2 与控制极 G，然后观察 T_1 与 T_2 之间正向电阻的变化，具体操作步骤如图 10-21 所示。

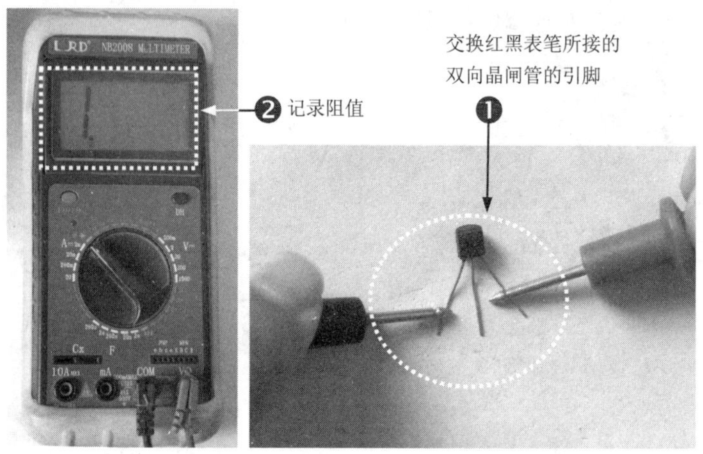

（a）测量 T_1 和 T_2 引脚反向阻值

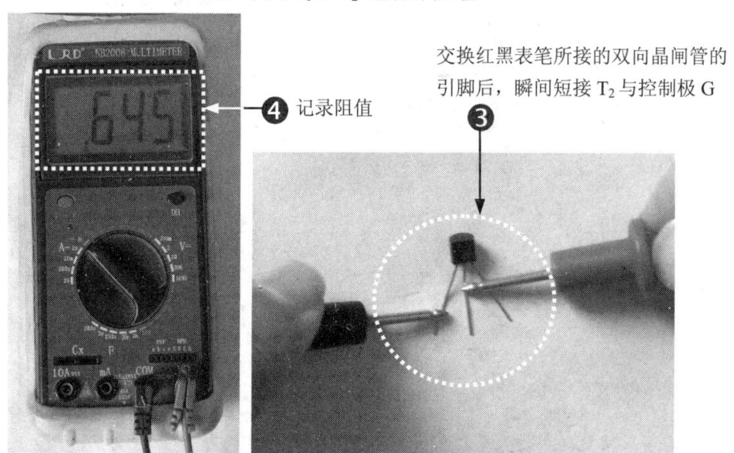

（b）瞬间短接 T2 与控制极 G

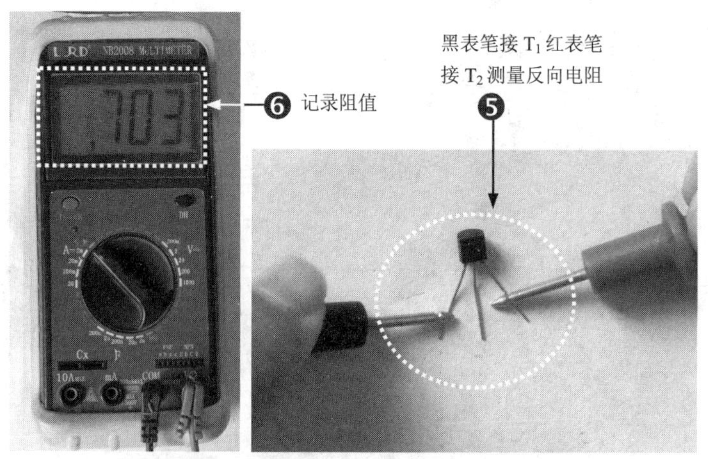

（c）观察 T_1 与 T_2 之间反向电阻的变化

图 10-21　测量 T_1 与 T_2 间反向电阻

结论：经检测，双向晶闸管的双向触发性良好，所以该双向晶闸管功能正常。

2. 检测电路板中双向晶闸管实训（指针万用表）

用指针万用表检测电路板中双向晶闸管的方法如下：

（1）首先检查待测双向晶闸管的外观，看待测双晶闸管是否烧焦或针脚断裂等明显的物理损坏。如果有则该双向晶闸管已不能正常使用了，本次检测的双向晶闸管外形完好，需要进一步进行检测是否正常。

（2）将待测双向晶闸管用电烙铁从电路中卸下，并清洁其的引脚，去除引脚上的污物，以避免因油污的隔离作用而影响检测的准确性。

（3）清洁完成后，将数字万用表的功能旋钮旋至“R×1”挡，并短接两表笔进行调零校正。

（4）分别检测晶闸管左侧两只引脚之间正反向电阻的大小，具体操作方法如图 10-22 所示。

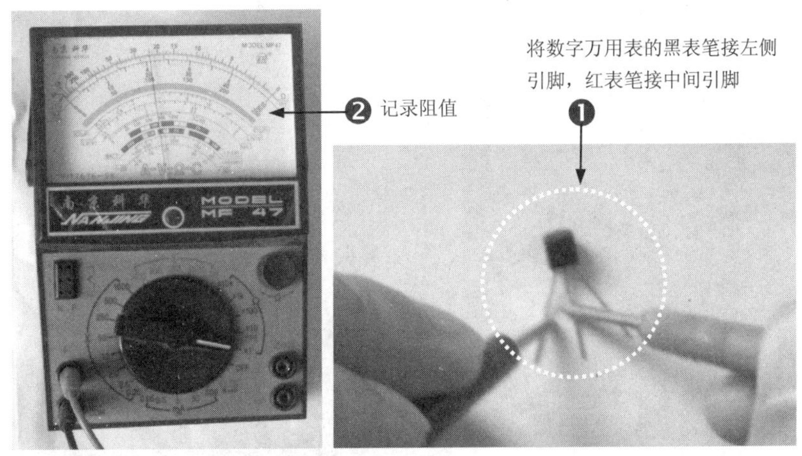
将数字万用表的黑表笔接左侧引脚，红表笔接中间引脚
❶
❷ 记录阻值
MODEL MF 47
（a）测量左边两只引脚正向阻值

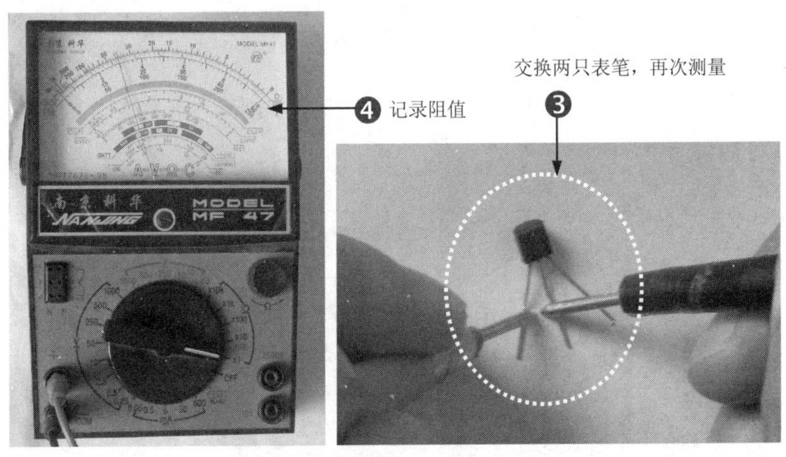
交换两只表笔，再次测量
❸
❹ 记录阻值
MODEL MF 47
（b）测量左边两只引脚反向阻值

图 10-22　检测左边两只引脚正反向阻值

（5）分别检测晶闸管两侧引脚之间正、反向电阻的大小，具体操作步骤如图 10-23 所示。

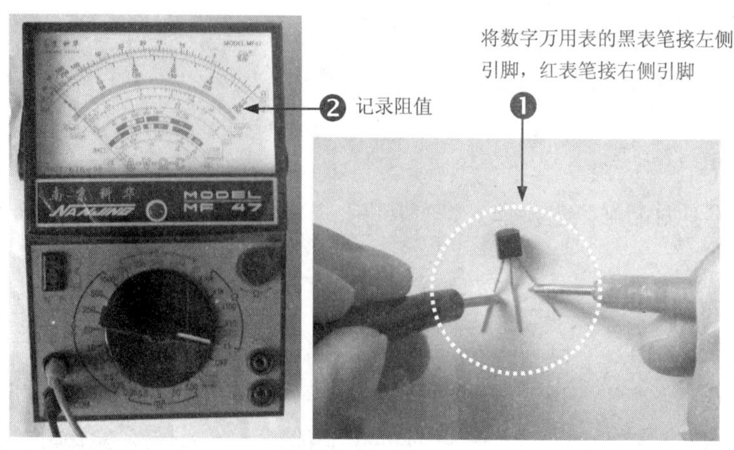
将数字万用表的黑表笔接左侧
引脚，红表笔接右侧引脚
❶
❷ 记录阻值
MODEL
MF 47
（a）测量两侧引脚正向阻值

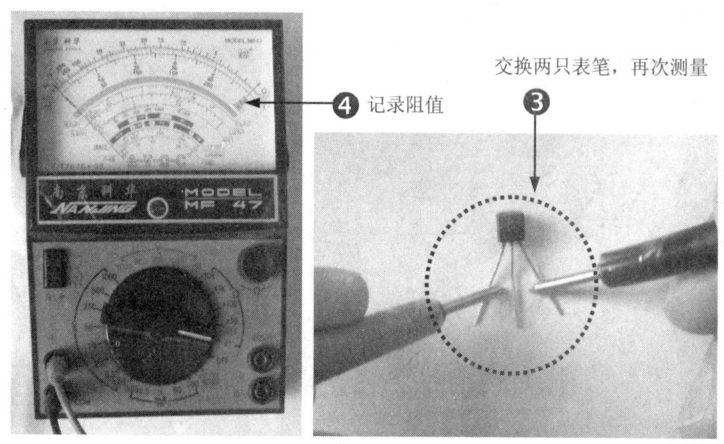
交换两只表笔，再次测量
❸
❹ 记录阻值
MODEL
MF 47
（b）测量两侧引脚反向阻值

图 10-23　检测两侧引脚的正、反向阻值

（6）分别检测晶闸管右侧两只引脚之间正、反向电阻的大小，具体操作步骤如图 10-24 所示。

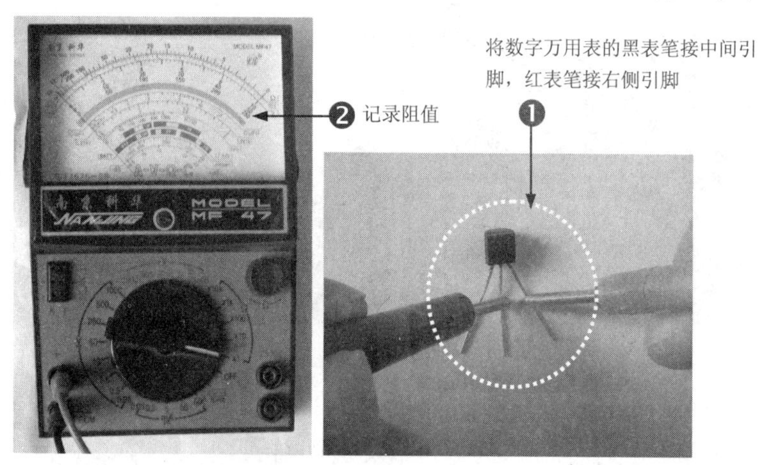
将数字万用表的黑表笔接中间引
脚，红表笔接右侧引脚
❶
❷ 记录阻值
MODEL
MF 47
（a）测量右侧两只引脚正向阻值

图 10-24　检测晶闸管右侧两只引脚间正、反向电阻

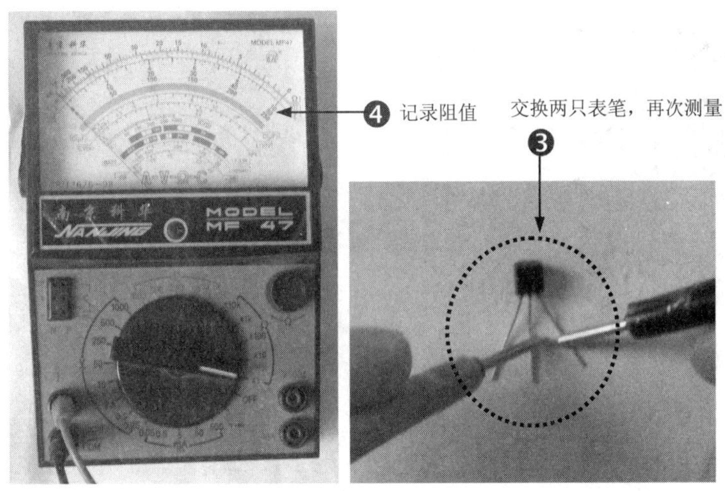
4 记录阻值
交换两只表笔，再次测量
3

（b）测量右侧两只引脚反向阻值

图 10-24　检测晶闸管右侧两只引脚间正、反向电阻（续）

结论：经检测，只有当黑表笔接左侧引脚，红表笔接中间的引脚或当红表笔接左侧引脚，黑表笔接中间的引脚时，才能测出有一较小阻值。因此可知晶闸管绝缘性良好，且阻值较小的那次测量中黑表笔所接的是双向晶闸管的 T_1 极，红表笔所接的是双向晶闸管的 T_2 极，剩下那只是双向晶闸管的 G 极。

（7）将指针万用表的红黑表笔任意接在双向晶闸管的 T_1 和 T_2 引脚上，此时阻值为无穷大。瞬间短接 T_2 与控制极 G，然后观察 T_1 与 T_2 之间正向电阻的变化，具体操作步骤如图 10-25 所示。

（8）交换红黑表笔所接的双向晶闸管的引脚，此时阻值仍为无穷大。瞬间短接 T_2 与控制极 G，然后观察 T_1 与 T_2 之间正向电阻的变化，具体操作步骤如图 10-26 所示。

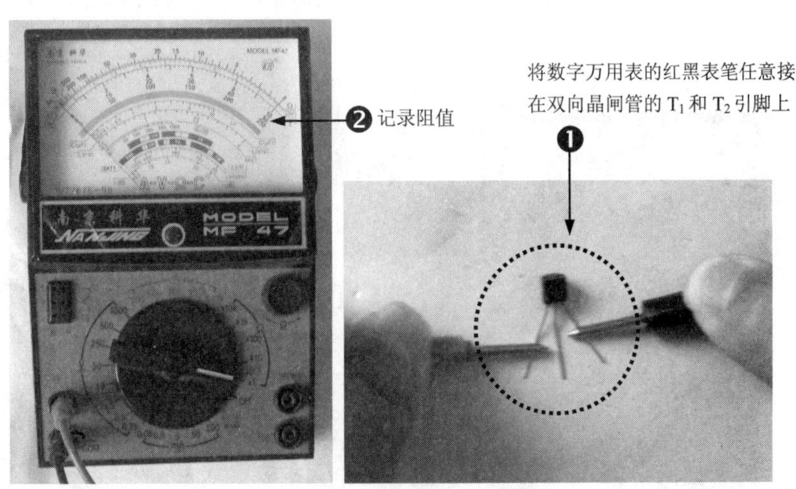
将数字万用表的红黑表笔任意接
在双向晶闸管的 T_1 和 T_2 引脚上
2 记录阻值
1

（a）测量 T_1 和 T_2 引脚正向阻值

图 10-25　测量 T_1 与 T_2 间正向电阻

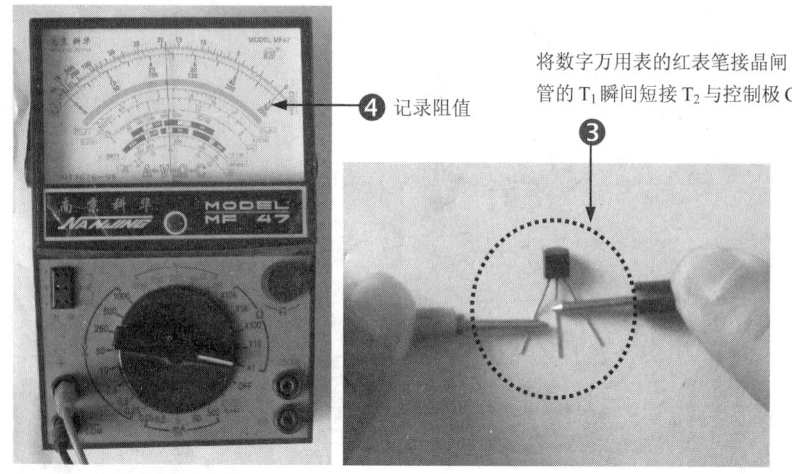
④ 记录阻值
将数字万用表的红表笔接晶闸管的 T1 瞬间短接 T2 与控制极 G
③
MODEL
MF 47

（b）瞬间短接 T_2 与控制极 G

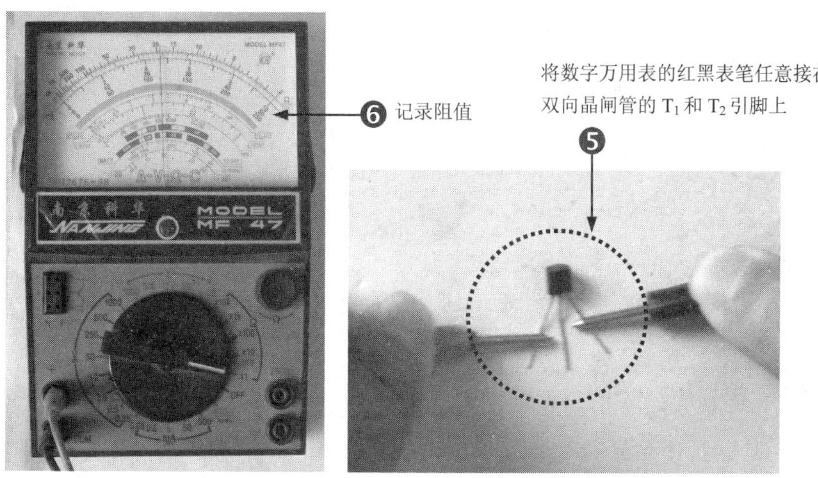
⑥ 记录阻值
将数字万用表的红黑表笔任意接在双向晶闸管的 T1 和 T2 引脚上
⑤
MODEL
MF 47

（c）观察 T_1 与 T_2 之间正向电阻的变化

图 10-25　测量 T_1 与 T_2 间正向电阻（续）

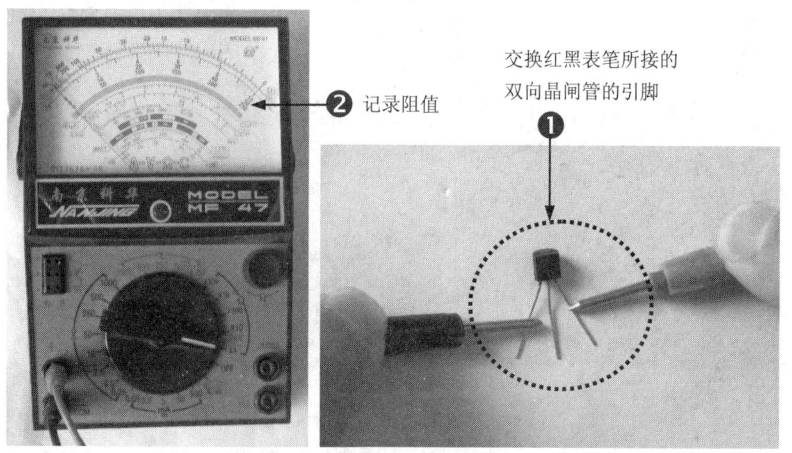
② 记录阻值
交换红黑表笔所接的双向晶闸管的引脚
①
MODEL
MF 47

（a）测量 T_1 和 T_2 引脚反向阻值

图 10-26　测量 T_1 与 T_2 间反向电阻

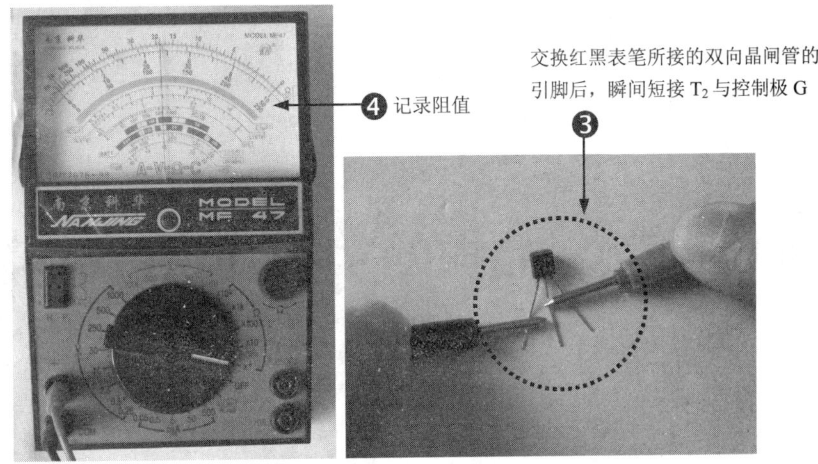

❹ 记录阻值
交换红黑表笔所接的双向晶闸管的引脚后，瞬间短接 T_2 与控制极 G
❸
MODEL MF 47
NANJING

（b）瞬间短接 T_2 与控制极 G

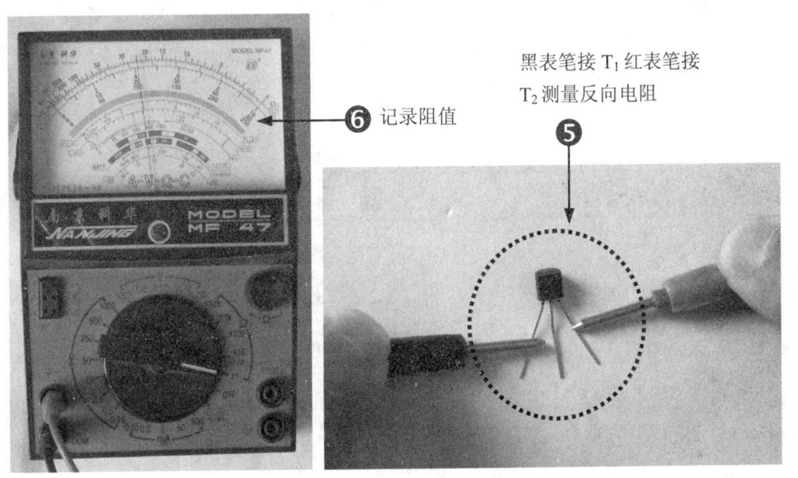

❻ 记录阻值
黑表笔接 T_1 红表笔接 T_2 测量反向电阻
❺
MODEL MF 47
NANJING

（c）观察 T_1 与 T_2 之间正向电阻的变化

图 10-26　测量 T_1 与 T_2 间反向电阻（续）

结论：经检测双向晶闸管的双向触发性良好，所以该双向晶闸管功能正常。

第 11 章　晶振的实用知识、故障判断与检测代换

晶振是时钟电路的主要元件，通常它的好坏决定着电路是否能开机启动。要掌握晶振的维修检测方法，首先要掌握各种晶振的构造、特性、参数、标注规则等基本知识，然后还需掌握晶振在电路中的应用特点、晶振好坏检测和代换方法等内容，本章将重点讲解这些内容。

11.1 晶振的实用知识

11.1.1 认识晶振

晶振是晶体振荡器（有源晶振）和晶体谐振器（无源晶振）的统称，其作用在于产生原始的时钟频率，这个频率经过频率发生器的放大或缩小后就成了电路中各种不同的总线频率。通常无源晶振需要借助于时钟电路才能产生振荡信号，自身无法振荡起来。有源晶振是一个完整的谐振振荡器。电路中常见的晶振，如图 11-1 所示。

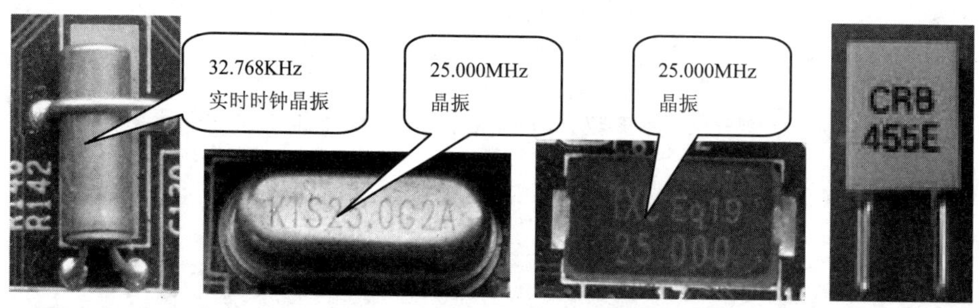

图 11-1　电路中常见的晶振

11.1.2 晶振的工作原理及作用

晶振具有压电效应，即在晶片两极外加电压，晶体会产生变形，反过来如外力使晶片变形，则两极上金属片又会产生电压。如果给晶片加上适当的交变电压，晶片就会产生谐振（谐振频

率与石英斜面倾角等有关系，且频率一定）。晶振是一种能把电能和机械能相互转化的晶体，在通常工作条件下，普通的晶振频率绝对精度可达百万分之五十，可以提供稳定、精确的单频振荡。利用该特性，晶振可以提供较稳定的脉冲，被广泛应用于微芯片时钟电路里。晶片多为石英半导体材料，外壳用金属封装。

晶振常与主板、南桥、声卡等电路连接使用，晶振可比喻为各板卡的“心跳”发生器，如果主卡的“心跳”出现问题，必定会使其他各电路出现故障。

11.1.3 晶振的表示符号

晶振是电子电路中最常用的电子元件之一，一般用字母“X”、“G”或“Z”表示，单位为 HZ。在电路图中每个电子元器件都有其电路图形符号，晶振的电路图形符号如图 11-2 所示。

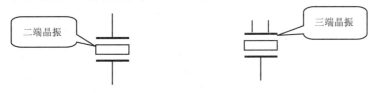

图 11-2　晶振的电路图形符号

11.2 晶振的种类

常见的晶振主要分为普通晶振、恒温晶体振荡器、温度补偿晶体振荡器、压控晶体振荡器等。

11.2.1 普通晶体振荡器

普通晶体振荡器（SPXO）是一种简单的晶体振荡器，通常称为钟振，是一种完全由晶体自由振荡完成工作的晶振。普通晶体振荡器主要应用于稳定度要求不高的场合。图 11-3 所示为普通晶体振荡器。

图 11-3　普通晶体振荡器

11.2.2 恒温晶体振荡器

恒温晶体振荡器（OCXO）是一种将晶体置于恒温槽内，通过设置恒温工作点，使槽体保持恒温状态，在一定范围内不受外界温度影响，达到稳定输出频率效果的晶振。OCXO 的主要优点是频率温度特性在所有类型晶振中是最好的，由于电路设计精密，其短稳和相位噪声都较好。不足之处在于消耗功耗大、体积大，使用时还需预热 5 分钟。OCXO 主要用于各种类型的通信设备、数字电视及军工设备等。图 11-4 所示为恒温晶体振荡器内部结构及外形图片。

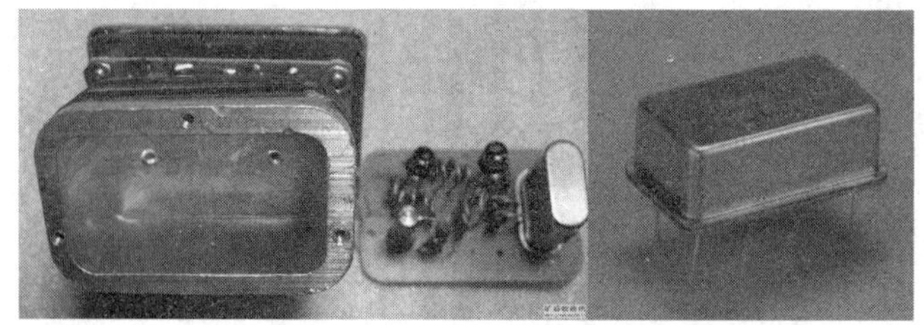

图 11-4　恒温晶体振荡器内部结构及外形

11.2.3 温度补偿晶体振荡器

温度补偿晶体振荡器（TCXO）是一种通过感应环境温度，将温度信息做适当变换后控制输出频率的晶振。TCXO 的输出频率会随着温度的不同有一些微小的变化，但是这个变化会弥补其他元件随温度产生的变化让整体的变化减小，图 11-5 所示为温度补偿晶体振荡器。

图 11-5　温度补偿晶体振荡器

11.2.4 压控晶体振荡器

压控晶体振荡器（VCXO）是一种通过红外控制电压使振荡效率可变或可调的石英晶体振荡器，前面提到的三种晶振也可以带压控端口。图 11-6 所示为压控晶体振荡器。

图 11-6　压控晶体振荡器

11.3 晶振的命名方法和重要参数

11.3.1 晶振的命名方法

国产晶振型号命名一般由三个部分构成，分别为外壳的形状和材料、石英片的切型和主要性能及外形尺寸，如图 11-7 所示。

第一部分为外壳的形状和材料，J 表示金属壳。

第二部分为石英切片型，用字母表示。F 表示为 FT 切割方式。

第三部分为主要功能和外形尺寸，用数字表示。5.000 表示谐振频率为 5MHz。

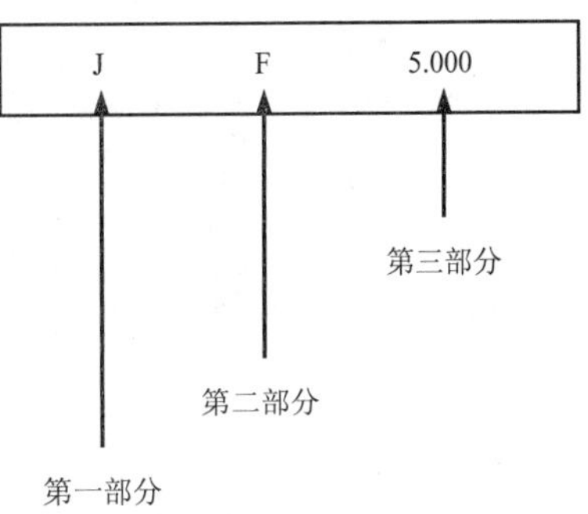

图 11-7　三极管的命名

因此 JF5.000——为 FT 切割方式金属外壳谐振频率为 5MHz 的谐振晶振。三极管标注为“3AD62”，表示此三极管是锗材料 PNP 型低频大功率三极管。

为了方便读者查阅，表 11-1 和表 11-2 所示分别列出了晶振的外壳的形状和材料字母含义对照表、石英切片型的表示方法字母含义对照表。

表 11-1　晶振的外壳的形状和材料字母含义对照表

字　母	含　义
B	玻璃壳
S	塑料壳
J	金属壳

表 11-2　石英切片型的表示方法字母含义对照表

字　母	含　义	字　母	含　义
A	AT 切型	K	KT 切型
B	BT 切型	L	LT 切型
D	DT 切型	M	MT 切型
E	ET 切型	N	NT 切型
F	FT 切型	U	音叉弯曲振动形 WX 切型
G	GT 切型	X	伸缩震动 X 切型
H	HT 切型	Y	Y 切型
I	IT 切型		

11.3.2 晶振的重要参数

1．频率温度特性

晶振自身的谐振频率固然稳定，但也会受温度的干扰。即晶振固有频率会随温度变化而变化。频率温度特性的好坏一般用温度频差的大小表示。

2．温度频差

在规定条件下，某温度范围内的工作频率相对于基准温度时工作频率的最大偏离值。频差越小晶振越稳定。

3．调整频差

在规定条件下，基准温度时的工作频率相对于标称频率的最大偏离值。调整频差越小晶振的质量越好。

4．总频差

在规定条件下，工作温度范围内的工作频率相对于标称频率的最大偏离值。总频差越小晶振的质量越好。

5．工作温度

可以使晶振正常行使自身功能的一个温度范围，如果工作温度超过这一范围晶振将无法正常工作。

6．基准温度

测量晶振各种参数时指定的环境温度。恒温晶振的基准温度一般为工作温度范围的中心点，非恒温晶振的基准温度一般为 25±2°C。

11.4 晶振的检测方法

晶振的常用检测方法如下。

1．测量晶振的电压

检测时，先给电路板加电，然后用万用表测量晶振两引脚的电压，正常情况下两引脚电压不一样，会有一个压差。如果无压差，晶振已发生损坏。

2．测量对此阻值

检测时，分别测量两只引脚的对地电阻值，正常情况下晶振两引脚的对地电阻值应在 300～800Ω。如果超过这一范围晶振已发生损坏。

3．测量晶振引脚间的正反向阻值

检测时，开路检测晶振两只引脚间的正反向阻值，正常情况下，无论是正向电阻还是反向电阻均应为无穷大；否则说明晶振已发生损坏。

4．测量晶振的波形

将测量的电路板通电，然后用频率表或示波器测其工作频率，正常情况下，其工作频率应在标识频率范围内。

5．代换检测

在受条件限制的情况下，也可以用一个好的晶振替换原先的晶振，看能否正常工作。如果能，则是晶振损坏。

11.5 晶振的选配与代换方法

由于晶振的工作频率及所处的环境温度普遍都比较高，所以晶振比较容易出现故障。通常在更换晶振时都要用原型号的新品，因为相当一部分电路对晶振的要求都是非常严格的，否则将无法正常工作。

11.6 晶振的检测维修实训

11.6.1 晶振两脚电压测量实训

1．检测晶振引脚对地电压实训（数字万用表）

晶振两引脚对地电压检测法的步骤：

（1）检查待测晶振的外观，看待测晶振是否烧焦或针脚断裂等明显的物理损坏。如果有，该晶振已不能正常使用了，如图 11-8 所示，可见本次检测的晶振外形完好，需要进一步进行检测是否正常。

（2）清洁待测晶振的引脚以避免因油污的隔离作用而影响测量的准确性，如图 11-9 所示。

图 11-8　观察待测晶振

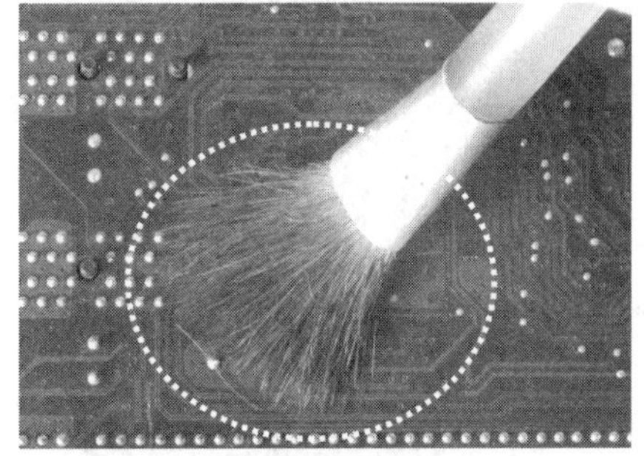

图 11-9　清洁待测晶振的引脚

（3）将待测晶振的电路板接上正常的工作电压。

（4）将数字万用表旋至直流电压挡的量程 2，如图 11-10 所示。

图 11-10　数字万用表的电压挡

（5）将数字万用表的红表笔接晶振的其中一个引脚，黑表笔接地，记录其读数；然后用红表笔接晶振的另一个引脚，黑表笔接地，记录读数，具体操作步骤如图 11-11 所示。

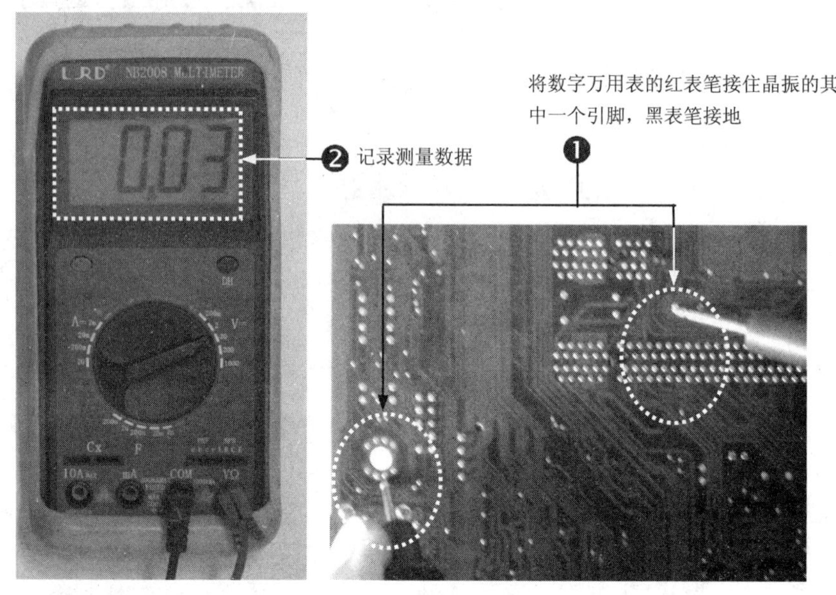

（a）晶振第一只脚的对地电压

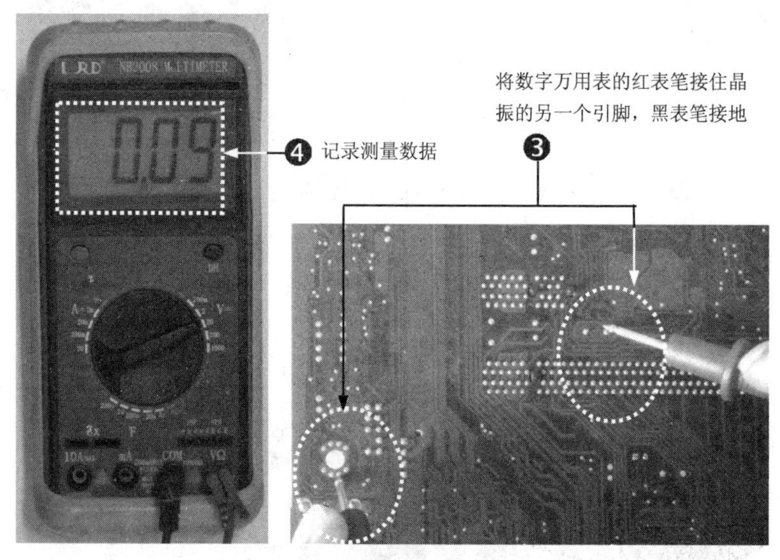

（b）晶振第二只引脚的对地电压

图 11-11　晶振引脚对地电压测量

结论：正常情况下，两次测量应有一个压差，如果两次测量的结果完全一样或相差非常小，说明该晶振已发生损坏。

2．检测晶振引脚对地电压（指针万用表）

晶振两引脚对地电压检测法的步骤：

（1）检查待测晶振的外观，看待测晶振是否烧焦或针脚断裂等明显的物理损坏。如果有，该晶振已不能正常使用了，本次检测的晶振外形完好，需要进一步进行检测是否正常。

（2）将待测晶振的电路板接上正常的工作电压。

（3）将指针万用表的功能旋钮旋至直流电压挡的 2.5 量程，如图 11-12 所示。

（4）清洁待测晶振的引脚以避免因油污的隔离作用而影响音响测量的准确性。

（5）将指针万用表的红表笔接晶振的其中一个引脚，黑表笔接地，记录其读数；然后将红表笔接晶振的另一个引脚，黑表笔接地，具体操作步骤如图 11-13 所示。

MODEL
MF 47

图 11-12　指针万用表的电压挡

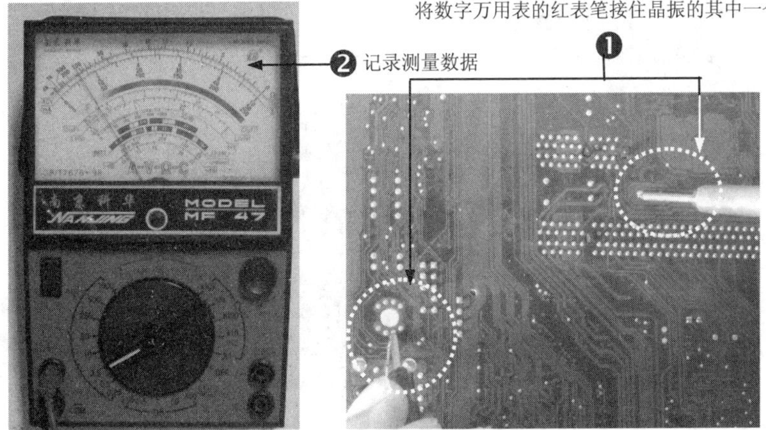
将数字万用表的红表笔接住晶振的其中一个引脚，黑表笔接地
❶
❷ 记录测量数据
MODEL
MF 47

（a）晶振其中一引脚的对地电压

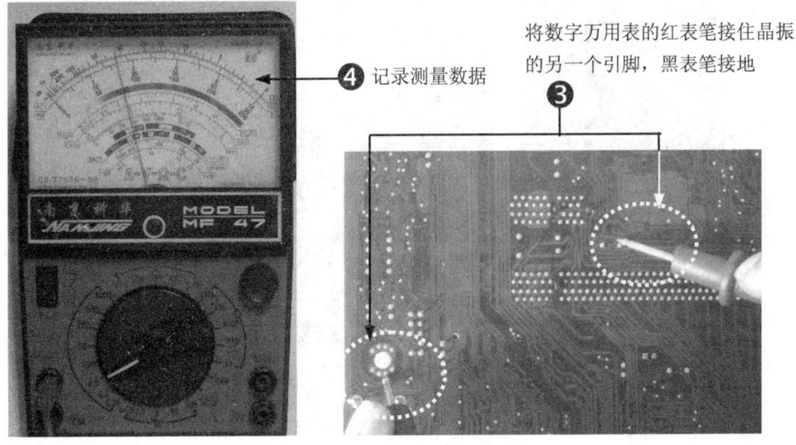
将数字万用表的红表笔接住晶振
的另一个引脚，黑表笔接地
❸
❹ 记录测量数据
MODEL
MF 47

（b）晶振另一只一引脚的对地电压

图 11-13　晶振引脚对地电压测量

结论：正常情况下，两次测量应有一个压差，如果两次测量的结果完全一样或相差非常的小，说明该晶振已发生损坏。

11.6.2 测量晶振两引脚对地电阻实训

晶振两引脚对地电阻检测法的步骤：

（1）检查待测晶振的外观，看待测晶振是否烧焦或针脚断裂等明显的物理损坏。如果有，该晶振已不能正常使用了，本次检测的晶振外形完好，需要进一步进行检测是否正常。

（2）清洁待测晶振的引脚以避免因油污的隔离作用而影响音响测量的准确性。

（3）将数字万用表的功能旋钮旋至数字万用表的“二极管”挡。

（4）将数字万用表的红表笔接晶振的其中一个引脚，黑表笔接地，记录其读数；然后用红表笔接晶振的另一个引脚，黑表笔接地，记录读数，具体操作步骤如图 11-14 所示。

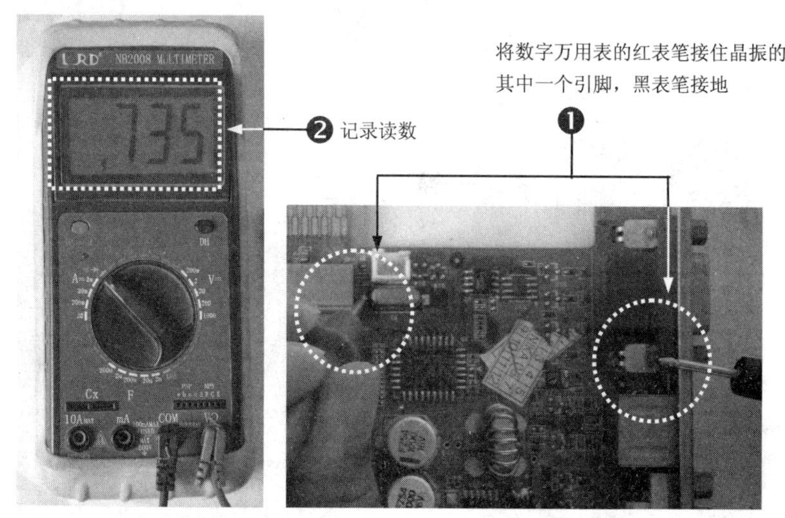

（a）晶振左侧引脚的对地电阻

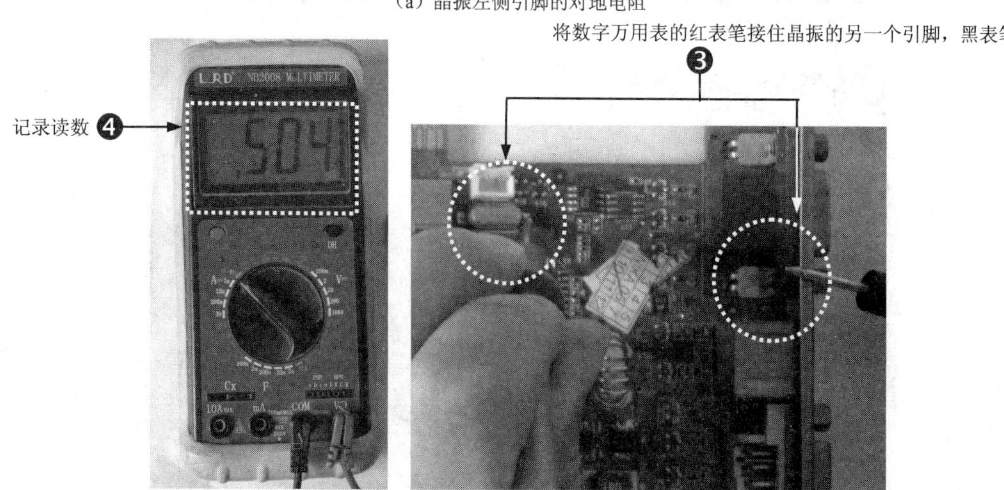

（b）晶振右侧引脚的对地电阻

图 11-14 晶振引脚对地电阻的测量

结论：正常情况下，晶振两引脚的对地电阻值应为 300～800Ω，如果超过这个范围晶振已发生损坏。

11.6.3 开路检测晶振实训

1．开路检测晶振实训（数字万用表）

用数字万用表开路检测晶振的步骤如下：

（1）检查待测晶振的外观，看待测晶振是否有烧焦或针脚断裂等明显的物理损坏。如果有，该晶振已不能正常使用了，本次检测的晶振外形完好需要进一步进行检测是否正常。

（2）用电烙铁将待测晶振从电路板上取下，如图 11-15 所示。

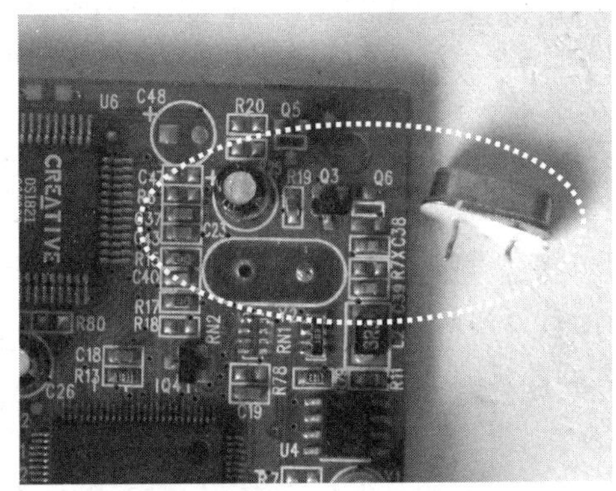

图 11-15　取下待测晶振

（3）将晶振的两引脚清洁干净，以避免污物的隔离作用而影响检测的结果。

（4）选择数字万用表的二极管挡。

（5）将两表笔任意接在晶振的两引脚上，记录读数；然后交换表笔再测一次，具体操作步骤如图 11-16 所示。

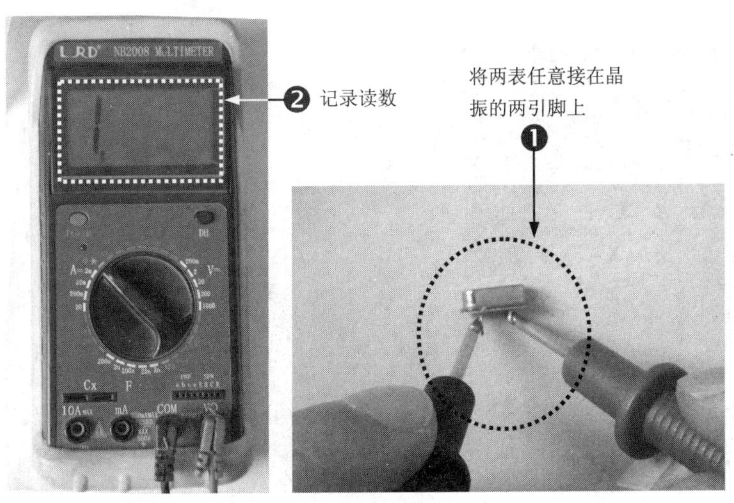
❷ 记录读数
将两表任意接在晶振的两引脚上
❶

（a）第一次测量

图 11-16　晶振的绝缘性检测

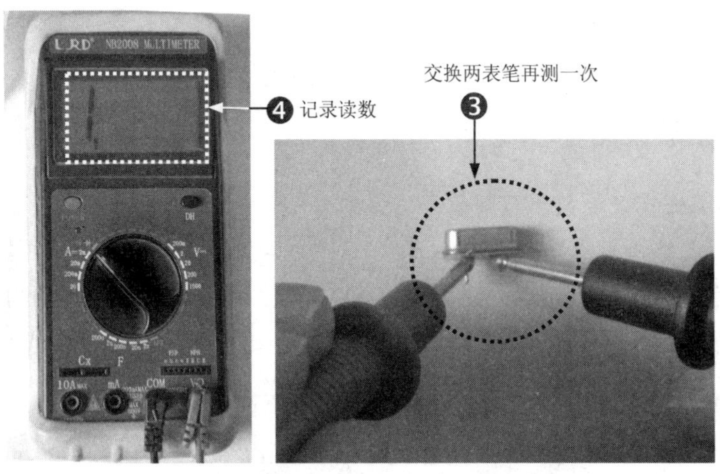

（b）交换表笔后第二次测量

图 11-16　晶振的绝缘性检测（续）

正常情况下，两次所测的结果均应为无穷大，否则说明晶振已发生漏电故障不适合继续使用。

2．开路检测晶振实训（指针万用表）

用指针万用表开路检测晶振的步骤如下：

（1）检查待测晶振的外观，看待测晶振是否烧焦或针脚断裂等明显的物理损坏。如果有，则该晶振已不能正常使用了，本次检测的晶振外形完好，需要进一步进行检测是否正常。

（2）用电烙铁将待测晶振从电路板上焊下。

（3）将晶振的两引脚清洁干净，以避免污物的隔离作用而影响检测的结果。

（4）选择指针万用表的“R×10k”，并调零校正。

（5）将两表任意接在晶振的两引脚上，测量并记录指针读数；然后交换表笔再测一次，具体操作步骤如图 11-17 所示。

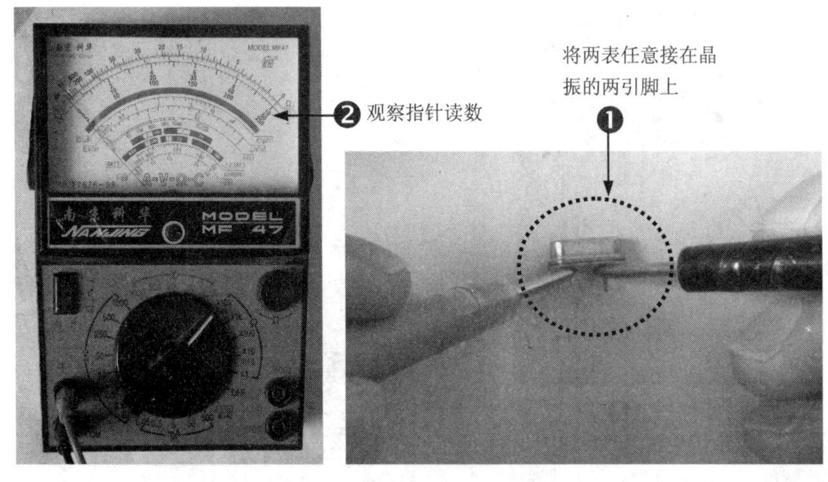

（a）第一次测量

图 11-17　晶振的绝缘性检测

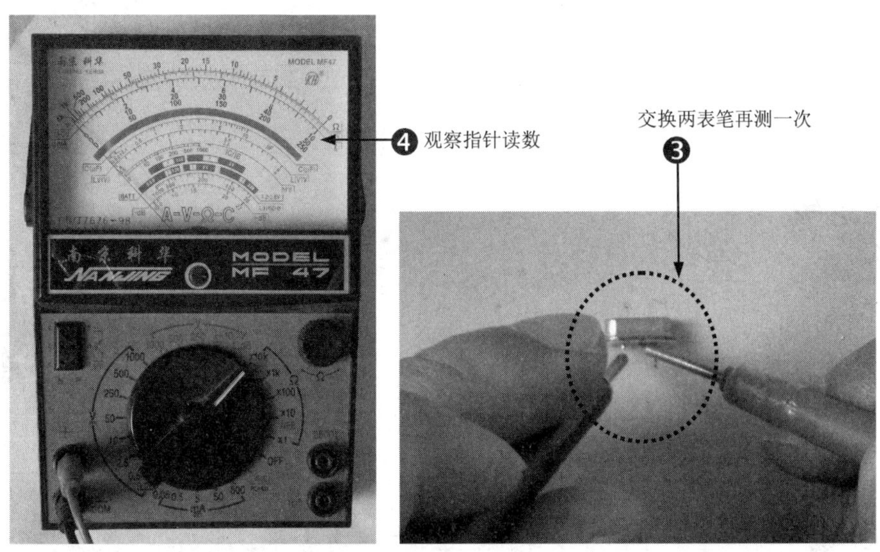

（b）交换表笔后第二次测量

图 11-17　晶振的绝缘性检测（续）

结论：正常情况下，两次所测的结果均应为无穷大，否则说明晶振已发生漏电故障不适合继续使用。

第12章　集成电路的实用知识、故障判断与检测代换

集成电路是一种微型电子器件或部件，它的内部包含很多个晶体管、二极管、电阻、电容和电感等元件。集成电路通常是一个电路中最重要的元件，它影响着整个电路的正常运行。本章将重点讲解集成电路的基本知识，以及集成稳压器、集成运算器、数字集成电路等的特性、引脚功能、参数、好坏检测、代换方法等内容。

12.1 集成电路的基本知识

12.1.1 认识集成电路

将一个单元电路的主要或全部元件都集成在一个介质基片上，使其成为具备一定功能的完整电路，然后封装在一个管壳内，这样的电路被称为集成电路。其中所有元件在结构上已组成一个整体，这样，整个电路的体积大大缩小，且引出线和焊接点的数目也大为减少，从而使电子元件向着微小型化、低功耗和高可靠性方面迈进了一大步。常见的集成电路如图 12-1 所示。

图 12-1　电路中常见的集成电路

12.1.2 集成电路的优点

集成电路具有体积小、重量轻、引出线和焊接点少、寿命长、可靠性高以及性能好等优点，

同时生产成本低，便于大规模生产。它的出现使整机的电路简化，安装调试也变得简便，而且可靠性也大大提高。用集成电路来装配电子设备，其装配密度可比晶体管提高几十倍至几千倍，设备的工作状态也更加稳定。

12.1.3 集成电路的分类

1．按制作工艺分类

按照制作工艺的不同，集成电路可分为半导体集成电路、膜集成电路和混合集成电路。

（1）半导体集成电路：是一种将晶体管、二极管等有源元件和电阻器、电容器等无源元件，按照一定的电路互联，“集成”在一块半导体单晶片上所制成的具有某种电路功能的集成电路。

（2）膜集成电路：是一种在绝缘基片上，以“膜”的形式制作电阻、电容等无源器件（无源器件，在模拟和数字电路中施以外界信号，不会改变自己本身的基本特性），构成的具有某种电路功能的集成电路，分成有厚膜集成电路和薄膜集成电路。

（3）混合集成电路是在基片上用成膜方法制作厚膜或薄膜元件及其互连线，并在同一基片上将分立的半导体芯片、单片集成电路或微型元件混合组装，再外加封装而成。

2．按导电类型不同分类

集成电路按导电类型可分为单极型集成电路和双极型集成电路。

（1）单极性集成电路：工作速度低，输入阻抗高，功耗也较低，制作工艺简单，易于制成大规模集成电路。常见的单极性集成电路主要有 CMOS、NMOS、PMOS 等类型。

（2）双极型集成电路：频率特性较好，但制作工艺复杂，功耗较大常见的双极性集成电路主要有 HTL、LST-TL、ECL、TTL 及 STTL 等类型。

3．按照集成度大小的不同分类

按照集成度大小的不同分类来分类，集成电路可分为：

（1）小型集成电路，元件数为 10～100。

（2）中型集成电路，元件数为 100～1 000。

（3）大规模集成电路，元件数为 1 000～100 000。

（4）超大规模集成电路，元件数为 100 000 以上。

4．按其功能分类

按照集成电路所具有的功能不同，可将集成电路划分为模拟集成电路和数字集成电路两类。

（1）模拟集成电路：

模拟集成电路主要是指由电容、电阻、晶体管等组成的模拟电路集成在一起用来产生、放大和处理各种模拟信号的。常见的模拟集成电路主要有：集成运算放大器、稳压集成电路、音响集成电路、电视集成电路、CMOS 集成电路及电子琴集成电路等。图 12-2 所示为电路中常用的集成运算放大器和集成稳压器。

（a）集成运算放大器

（b）集成稳压器

图 12-2　电路中常用的集成运算放大器和集成稳压器

（2）数字集成电路：

数字集成电路是将元器件和连线集成于同一半导体芯片上而制成的，用来产生、放大和处理各种数字信号的数字逻辑电路或系统。常见的数字集成电路主要有：门电路、触发器、功能部件、存储器、微处理器及可编程器等。图 12-3 所示为电路中常用的门电路和微处理器。

（a）门电路

（b）微处理器

图 12-3　电路中常用的门电路和微处理器

12.2 集成电路的命名及重要参数

12.2.1 集成电路的命名

国产集成电路型号命名一般由五个部分构成，依次分别为符合的标准、器件的类型、集成电路系列和品种代号、工作的温度范围、集成电路的封装形式，如图 12-4 所示。

第一部分为集成电路符合的标准， C 表示中国国标产品。

第二部分为器件的类型，用字母表示。W 表示稳压器。

第三部分为集成电路系列和品种代号，用数字表示。6 表示代码 6。

第四部分为工作温度范围，用字母表示。C 表示 0～70℃。

第五部分为集成电路的封装形式，用字母表示。F 表示全密封扁平。

由此可知集成电路标注为“CW6CF”，表示此为国产全密封扁平稳压器，代码为 6，工作温度范围在 0～70℃。

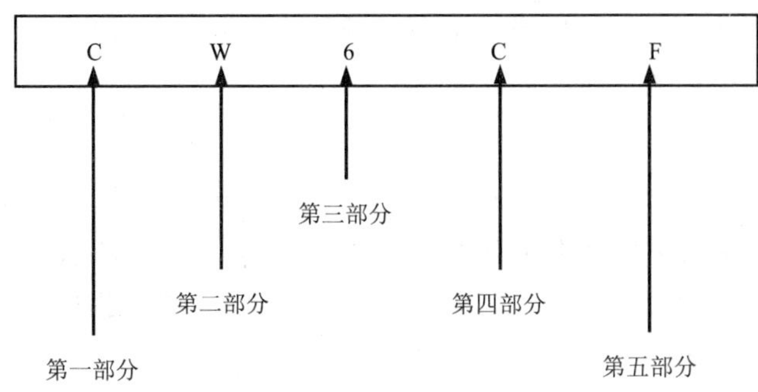

图 12-4　集成电路的命名

为了方便读者查阅，表 12-1、表 12-2 和表 12-3 所示分别列出了集成电路类型符号和意义对照表、集成电路工作温度范围符号和意义对照表以及集成电路封装形式符号和意义对照表。

表 12-1　集成电路类型符号和意义对照表

符　号	类　型	符　号	类　型
T	TTL 电路	B	非线性电路
H	HTTL 电路	J	接口电路
E	ECL 电路	AD	A/D 转换器
C	CMOS 电路	DA	D/A 转换器
M	存储器	SC	通信专用电路
U	微型机电路	SS	敏感电路
F	线性放大器	SW	钟表电路
W	稳压器	SJ	机电仪电路
D	音响、电视电路	SF	复印机电路

表 12-2　集成电路工作温度范围符号和意义对照表

符　号	工作温度范围	符　号	工作温度范围
C	0～70℃	E	-40～85℃
G	-25～70℃	R	-55～85℃
L	-25～85℃	M	-55～125℃

表 12-3　集成电路封装形式符号和意义对照表

符　号	封 装 形 式	符　号	封 装 形 式
W	陶瓷扁平	P	塑料直插
B	塑料扁平	J	黑陶瓷直插
F	全密封扁平	K	金属菱形
D	陶瓷直插	T	金属圆形

12.2.2 集成电路的重要参数

不同功能的集成电路，其参数项目各不相同，但多数集成电路均有最基本的几项参数，下面讲解一般集成电路常用的几种参数。

1．额定电源电压

额定电源电压是指可以加在集成电路电源引脚与接地引脚之间的电压的极限值，使用中不允许超过此值；否则将会永久性损坏集成电路。

2．静态工作电流

静态工作电流是指集成电路信号输入引脚不加输入信号的情况下，电源引脚回路中的电流大小，相当于三极管的集电极静态工作电流。该参数对确认集成电路故障具有重要意义。通常，集成电路的静态工作电流均给出典型值、最小值、最大值 3 个指示指标。

3．允许功耗

允许功耗是指集成电路正常工作所能承受的最大耗散功率，主要用于功率放大器集成电路。

4．最大输出功率

集成电路的最大输出功率是指信号的失真度为额定值时，集成电路输出引脚所输出的电信号功率。该参数主要针对功率放大集成电路。

5．工作环境温度限制

工作环境温度限制是指集成电路能维持正常工作的最低和最高环境温度。如果超过或低于这个限度集成电路都不能良好的工作。

6．储存温度

储存温度是指集成电路在储存状态下的最低温度和最高温度。

7．增益

增益指集成电路放大器的放大能力，通常标出开环增益和闭环增益两项，也分典型值、最小值、最大值 3 个指标。一般集成电路的增益都不能用万用表进行测量，只能使用专门的测量仪器。

12.3 集成电路的引脚分布

在集成电路的检测、维修、替换过程中，经常需要对某些引脚进行检测。而对引脚进行检测，首先要做的就是对引脚进行正确的识别，必须结合电路图能找到实物集成电路上相对应的引脚。无论哪种封装形式的集成电路，引脚排列都会有一定的排列规律，可以依靠这些规律迅速进行判断。

12.3.1 单列直插式集成电路引脚的分布规律

常见的单列直插式集成电路，在引脚 1 那端都会有一个特殊的标志。可能是一个小圆凹坑、一个小圆孔、一个小半圆缺、一个小缺脚、一个小色点等。引脚 1 通常是起始端，可以沿着引脚排列的位置依次对应引脚 2、3、4…，如图 12-5 所示。

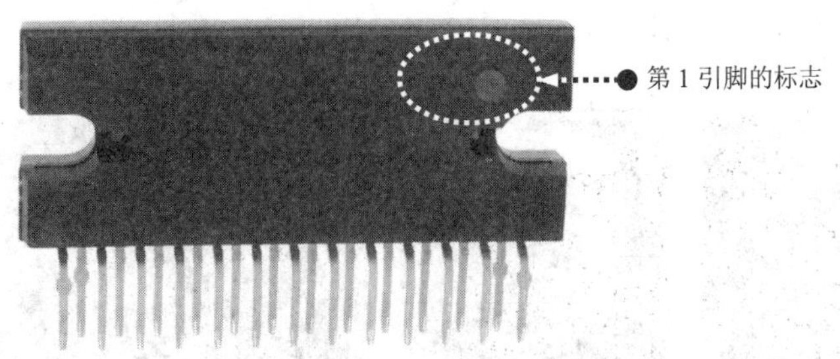

图 12-5 单列直插式集成电路引脚的分布规律

12.3.2 双列直插式集成电路的引脚分布规律

一般情况下的双列直插式集成电路，在引脚 1 那端都会有一个特殊的标志，而标记的上方往往是最后一个引脚。可以顺着引脚排列的位置，依次对应引脚 2、3、4…至最后一个引脚，如图 12-6 所示。

图 12-6 双列直插式集成电路的引脚分布规律

12.3.3 扁平矩形集成电路的引脚分布规律

多数情况下，扁平矩形集成电路在引脚 1 的上方都会有一个特殊的标志，而标记的左面往往是最后一个引脚。可以顺着引脚排列的位置，依次对应找出引脚 2、3、4…至最后一个引脚，如图 12-7 所示。这个标记有可能是一个小圆凹坑，也可能一个小色点等。

图 12-7 扁平矩形集成电路的引脚分布规律

12.4 集成稳压器

12.4.1 集成稳压器简介

集成稳压器又叫做集成稳压电路，是一种将不稳定直流电压转换成稳定的直流电压的集成电路。与用分立元件组成的稳压电源相比，集成稳压器具有稳压精度高、工作稳定可靠、外围电路简单，体积小、重量轻等显著优点。集成稳压器一般分为多端式（稳压器的外引线数目超过三个）和三端式（稳压器的外引线数目为三个）两类。图 12-8 所示为电路中常见的集成稳压器。

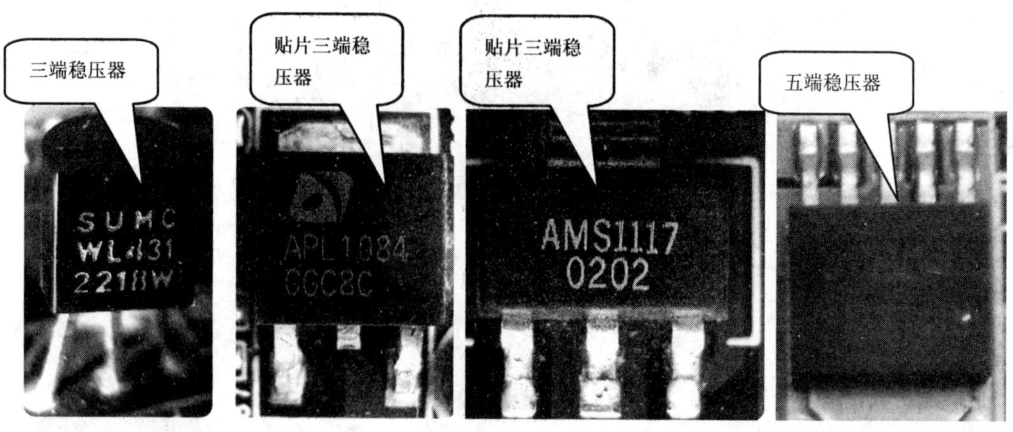

图 12-8 集成稳压器

12.4.2 集成稳压器的表示符号

在电路图中集成稳压器常用字母“Q”表示，电路图形符号如图 12-9（a）所示为多端式，图 12-9（b）所示为三端式。

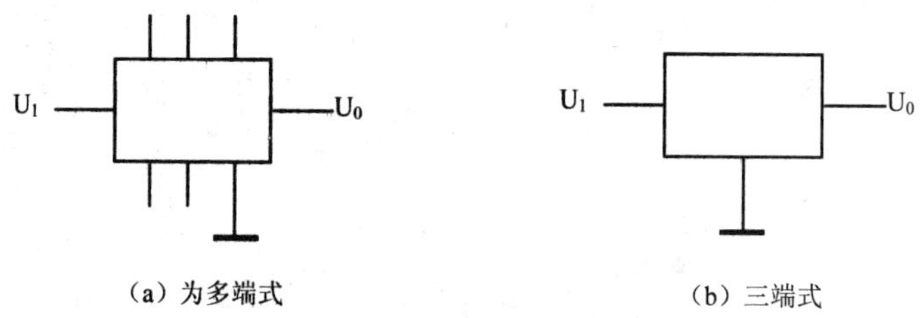

图 12-9 稳压器的电路图形符号

12.5 集成运算放大器

12.5.1 集成运算放大器的简介

集成运算放大器（Integrated Operational Amplifier，集成运放）是由多级直接耦合放大电路组成的高增益（对元器件、电路、设备或系统，其电流、电压或功率增加的程度）模拟集成电路。集成运算放大器通常结合反馈网络共同组成某种功能模块，可以进行信号放大、信号运算、信号的处理（滤波、调制）以及波形的产生和变换等功能。图 12-10 所示为电路中常见的集成运算放大器。

图 12-10 电路中常见的集成运算放大器

图 12-10　电路中常见的集成运算放大器（续）

12.5.2 集成运算放大器的表示符号

在电路中集成运算放大器常用字母“U”表示，常用的电路图形符号如图 12-11 所示。

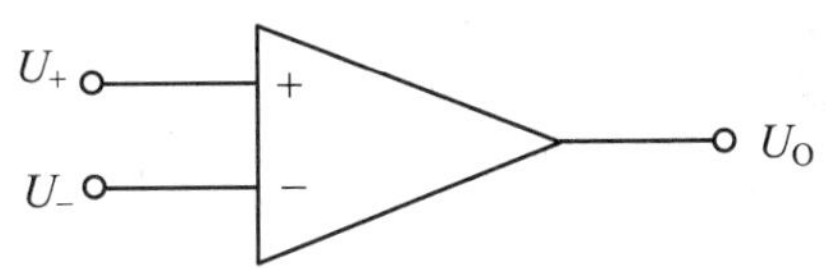

图 12-11　集成运算放大器的电路图形符号

12.6 数字集成电路

数字集成电路是一种采用外延生长、氧化、光刻、扩散等技术，将多个晶体管、电阻、电容等元件，以及它们之间的连线集成于同一半导体芯片上而制成的数字逻辑电路或系统。数字集成电路主要作用是用来产生、放大和处理各种数字信号。

按照逻辑功能来分，数字集成电路一般可以分为组合逻辑电路和时序逻辑电路两种。其中，组合逻辑电路包括门电路、编译码器等；时序逻辑电路包括触发器、计数器、寄存器等。下面我们对这些功能做一些具体讲解。

12.6.1 门电路

用以实现基本逻辑运算和复合逻辑运算的单元电路称为门电路。门电路可以有一个或多个输入端，但只有一个输出端。只有加在输入端的各个输入信号之间满足某种逻辑关系时，才有信号输出。凡是对脉冲通路上的脉冲起着开关作用的电子线路就叫做门电路，是基本的逻辑电路。电路中的门电路主要有与门、或门、非门、与非门和或非门等。从逻辑关系看，门电路的输入端或输出端只有两种状态，无信号以“0”表示，有信号以“1”表示（有时也会用高电平或低电平来表示）。

1．与门

与门又被称做“与电路”，是执行“与”运算的基本门电路。有两个或两个以上的输入端，只有一个输出端。只有当所有的输入信号同时为“1”时，输出端信号才为“1”，只要有一个输入信号为“0”，输出信号即为“0”。图 12-12 所示为与门电路图形符号。

与门的关系式为 Y=AB，即只要输入端 A 和 B 中有一个为“0”时，Y 即为“0”；而所有输入端均为“1”时，Y 才为“1”。

2. 或门

或门又被称做“或电路”，是执行“或”运算的基本门电路。有两个或两个以上的输入端，只有一个输出端。只要输入信号中有一个为“1”，输出信号就为“1”，只有当所有的输入信号全为“0”，输出信号才为“0”。图 12-13 所示为或门电路图形符号。

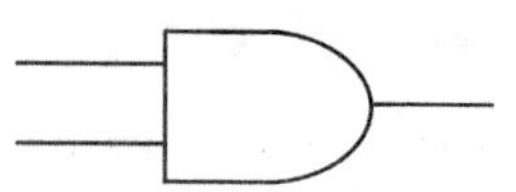

图 12-12　与门电路图形符号

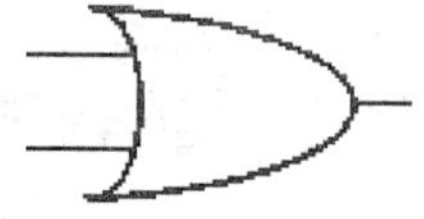

图 12-13　或门电路图形符号

或门的关系式为 Y=A+B，即只要输入端 A 和 B 中有一个为“1”时，Y 即为“1”；而所有输入端 A 和 B 均为“0”时，Y 才为“0”。

3. 非门

非门又称做“反相器”，是逻辑电路的重要基本单元，非门有输入和输出两个端，输出端的圆圈代表反相的意思。当其输入端为高电平时，输出端为低电平；当其输入端为低电平时，输出端为高电平。也就是说，输入端和输出端的电平状态总是反相的。图 12-14 所示为非门电路图形符号。

非门的关系式为 $Y=\overline{A}$，即输出端 Y 总是与输入端 A 相反，当输入端为低电平时，输出端为高电平；当输入端为高电平时，输出端为低电平。

4. 与非门

与非门是数字电子技术的一种基本逻辑电路，是与门和非门的叠加，有两个或两个以上输入端只有一个输出端。与非门的电路图形符号如图 12-15 所示。

图 12-14　非门电路图形符号

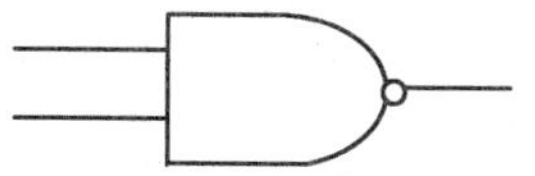

图 12-15　与非门的电路图形符号

与非门的关系式为 $Y=\overline{AB}$，即输入端 A 和 B 全部为“1”时，输出端 Y 为“0”；当输入端 A 和 B 有一个为“0”时，输出端为“1”。

5. 或非门

或非门是由或门和非门复合而成的门电路，或非门是一种对或取非的门电路。如果或逻辑输出为“1”，或非逻辑则变为“0”；如果或逻辑输出为“0”，或非逻辑则变为 1。图 12-16 所示为或非门电路图形符号。

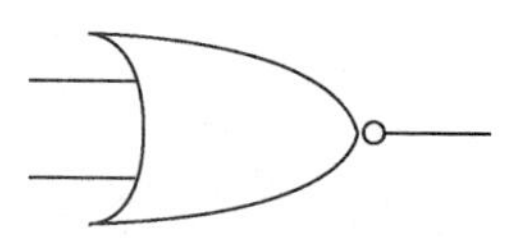

图 12-16　或非门电路符号

或非门的关系式为 $Y=\overline{A+B}$，即输入端 A 和 B 全部为“0”时，输出端 Y 为“1”；当输入端 A 和 B 有一个为“1”时，输出端为“0”。

12.6.2 译码器

译码器是一个单输入、多输出的组合逻辑电路。它将二进制代码转换成为对应信息的器件。译码器在数字系统中，有广泛的用途。译码器主要分为变量译码和显示译码两类。变量译码一般是一种较少输入变为较多输出的器件，一般分为 2n 译码器和 8421BCD 译码器两类。显示译码主要解决二进制数显示成对应的十或十六进制数的转换功能，一般可分为驱动 LED 和驱动 LCD 两类。图 12-17 所示为电路中常见的译码器。

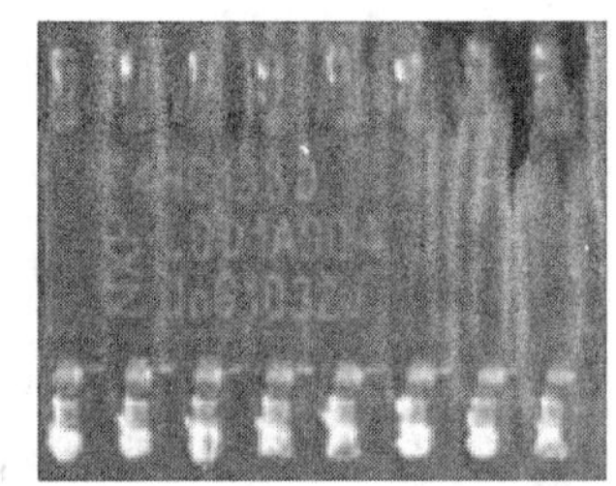

图 12-17　电路中常见的译码器

12.6.3 触发器

在各种复杂的数字电路中不但需要对二值信号进行数值运算和逻辑运算，还经常需要将运算结果保存下来，为此需要使用具有记忆功能的基本逻辑单元。能够存储 1 位二值信号的基本单元电路统称为触发器。触发器的执行不经由程序的调用，也不用手动启动，而是由特定事件的触发而后行使功能的。例如，对一个表进行操作时就会激活它的执行。常用的触发器型号有以下几种。

1. RS 同步触发器

RS 同步触发器的工作状态不仅要由 R、S 端的信号来决定，同时还接有 CP 端用来调整触发器节拍翻转。只有在 CP 端上出现时钟脉冲时，触发器的状态才能变化。具有时钟脉冲控制的触发器状态的改变与时钟脉冲同步，所以称为同步触发器。图 12-18 所示为 RS 同步触发器的引脚图。

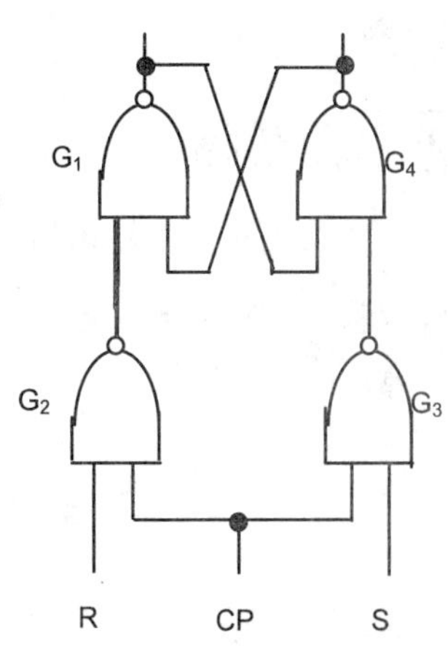

图 12-18　RS 同步触发器

当图 12-19 所示电路中 CP＝0 时，控制门 G_3、G_4 处于关闭状态，输出均为 1。此时，无论 R 端和 S 端的信号如何发生改变，触发器的状态都保持不变。当 CP＝1 时，G_3、G_4 打开，R 端和 S 端的输入信号才可以通过这两个门，使 RS 触发器的状态翻转，其输出状态由 R、S 端的输入信号决定。

2. 施密特触发器

施密特触发器也称做施密特与非门，该器件既具有普通“与非”门的特性，也可以接成施密特触发器使用。图 12-19 所示，是 CD4093 型号的施密特触发器引脚图。通过观察可知施密特触发器内部逻辑符号和“与非”门的逻辑符号有些不同，多了一个特殊的标记，那是对施密特触发器电压滞后特性的一个标明。常用它这个特性对脉冲波进行整形，使波形的上升沿或下降沿变得陡直；还可以用它来作电压幅度鉴别。在数字电路中，它也是很常用的器件。

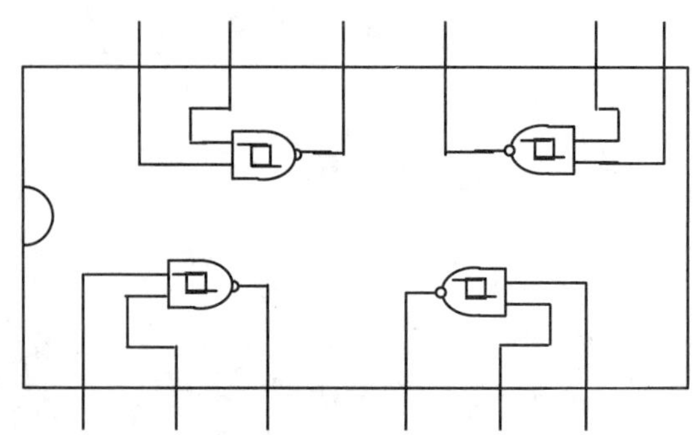

图 12-19　CD4093 型号的施密特触发器引脚图

3. JK 触发器

JK 触发器是数字电路触发器中的一种电路单元。它有两个数据输入端 J 和 K；另外还有一个时钟输入端 CP，用来控制是否接受输入信号。JK 触发器具有置 0、置 1、保持和翻转功能，在各类集成触发器中，JK 触发器的功能最为齐全。在实际应用中，它不仅有很强的通用性，而且能灵活地转换其他类型的触发器。由 JK 触发器可以构成 D 触发器和 T 触发器。图 12-20 所示为 JK 触发器的电路图形符号。

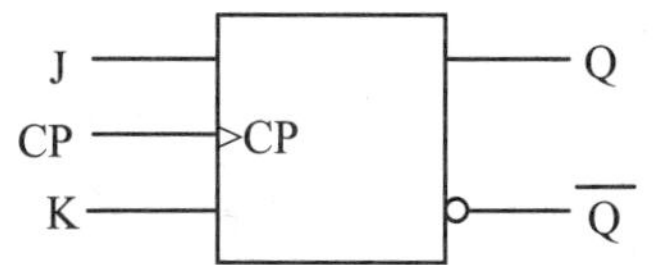

图 12-20　JK 触发器的电路图形符号

12.6.4 计数器

计数器是数字系统中应用最多的时序电路，计数器是一个记忆装置，能对输入的脉冲按一定的规则进行计数，并由输出端的不同状态予以表示。不仅如此，它还可以用于分频、定时、产生节拍脉冲和脉冲序列以及进行数字运算等。图 12-21 所示为一计数器芯片结构图。

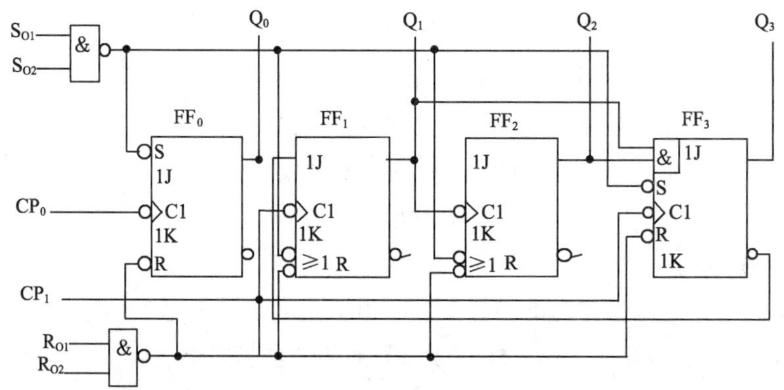

图 12-21　计数器芯片结构图

12.6.5 寄存器

数字电路中，用来存放二进制数据或代码的电路称为寄存器。寄存器是中央处理器内的重要组成部分，是有限存储容量的高速存储部件，可用来暂存指令、数据和位址。在中央处理器的算术及逻辑部件中，包含的寄存器有累加器（ACC）。而在中央处理器的控制部件中，包含的寄存器有指令寄存器（IR）和程序计数器（PC）。

12.7 集成电路的检测方法

12.7.1 集成电路检测的注意事项

检测集成电路时，需要注意下面一些问题。

（1）检测前要了解待检集成电路的相关工作原理，以及所用集成电路的功能、内部电路、主要电气参数、各引脚的作用、引脚的正常电压和波形、外围元器件的概况。在了解上述一些情况后，分析和检查就方便了。

（2）检测时一定注意不要因表笔或探头的滑动造成集成电路引脚间短路，任何哪怕瞬间的短路都容易将集成电路损坏。为避免上述情况的发生最好在与引脚直接连通的外围印刷电路上进行检测。

（3）如果需要开路检测，一定注意不允许带电使用电烙铁，最好将外壳接地。

（4）在无隔离变压器的情况下，严禁用已接地的测试设备去接触底板带电的电视、音响等设备。虽然一般的收录机都具有电源变压器，当接触到较特殊的电视或音响设备时，极易与底板带电的电视、音响等设备造成电源短路，进而损毁集成电路。

12.7.2 集成电路检测的通用方法

1．电压检测法

电压检测法是指通过万用表的直流电压挡，来测量电路中相关针脚的工作电压，根据检测结果和标准电压值作比较来判断集成电路是否正常的检测方法。测量时集成电路的应正常通电，但不能有输入信号。如果测量结果和标准电压值有很大差距，则需要进一步对外围器件进行测量，以作出合理的判断。

2．电流检测法

电流检测法是一种通过对电源引脚静态电流的检测来判断集成电路内部是否存在异常的方法。检测时，首先将电源输入引脚的铜箔线切断，红表笔接靠近线路板焊点的一段断口，黑表笔接靠近集成电路的一段断口（使电流从红表笔流入，黑表笔流出）。测出电源输入引脚端的实际电流值，若测得该电流在标称静态工作电流最大和最小之间，说明该集成电路基本正常。

3．代换检测法

代换检测法，一般都是经过前面各种方法检测后怀疑但又不能证实该集成电路出现故障的情况下，将其卸下，将好的原型号的集成电路安装上去；若电路故障消失，证实该集成电路确实已出现故障。

12.7.3 集成稳压器的检测与好坏判断

集成稳压器主要通过测量引脚间的电阻值和稳压值来判断好坏。

1．测量引脚间的电阻值

选用数字万用表的二极管挡。用万用表的分别去测集成稳压器GND引脚（中间引脚）与其他两个引脚间的阻值，正常情况下，应该有较小的阻值。如果阻值为零，说明集成稳压器发生断路故障；如果阻值为无穷大，说明集成稳压器发生开路故障。

2．测量稳压值

将万用表功能旋钮调到直流电压挡的“10”或“50”挡（根据集成稳压器的输出电压大小）。

将集成稳压器的电压输入端与接地端之间加上一个直流电压（不得高于集成电路的额定电压，以免烧毁）。

将万用表的红表笔接集成稳压器的输出端，黑表笔接地，测量集成稳压器输出的稳压值。

如果测得输出的稳压值正常，证明该集成稳压器基本正常；如果测得的输出稳压值不正常，那么该集成稳压器已损坏。

12.7.4 集成运算放大器的检测与好坏判断

首先将万用表的功能旋钮调到直流电压挡的“10”挡。

测量集成运算放大器的输出端与负电源端之间的电压值，在静态时电压值会相对较高。

用金属镊子依次点触集成运算放大器的两个输入端，给其施加干扰信号。

如果万用表的读数有较大的变动，说明该集成运算放大器是完好的；如果万用表读数没变化，说明该集成运算放大器已经损坏了。

12.7.5 数字集成电路的检测与好坏判断

通常通过测量数字集成电路引脚的对地阻值，来判定数字集成电路的好坏。

选用数字万用表的二极管挡，分别测量集成电路各引脚对地的正、反向电阻值，并测出已知正常的数字集成电路的各引脚对地间的正、反向电阻，与之进行比较。

如果测量的电阻值与正向的各电阻值基本保持一致，则该数字集成电路正常；否则，说明数字集成电路已损坏。

12.8 集成电路的选配与代换方法

集成电路的代换主要分为直接代换和非直接代换两种方法：

直接代换法是指将其他集成电路不经任何改动而直接替换原来的集成电路，代换后不能影响机器的主要性能与指标。代换集成电路其功能（逻辑极性不可改变）、引脚用途、封装形式、性能指标、引脚序号和间隔等几方面均相同。

非直接代换是指将不能进行直接代换的集成电路外围稍加修改，使外围引脚排列顺序与新的集成器件引脚排列顺序相对应，使之成为可代换的集成电路。

12.9 集成电路检测维修实训

12.9.1 集成稳压器的检测实训

1．检测集成稳压器引脚阻值实训（数字万用表）

电路板中常见的稳压器主要有 APL1084、AMS1117、WL431、和 78L05 等，它们的检测方法基本相同，可以采用数字万用表的二极管挡进行检测。

（1）观察待测集成稳压器，看待测集成稳压器是否有烧焦或针脚断裂等明显的物理损坏。如果有，集成稳压器已发生损坏，如图 12-22 所示，可见本次检测的集成稳压器外形完好，需要进一步进行测量。

图 12-22　集成稳压器外形观察

（2）用热风焊台将待测集成稳压器焊下，接着清洁集成稳压器的引脚，去除引脚上的污物，以避免因油污的隔离作用而影响检测结果，如图 12-23 所示。

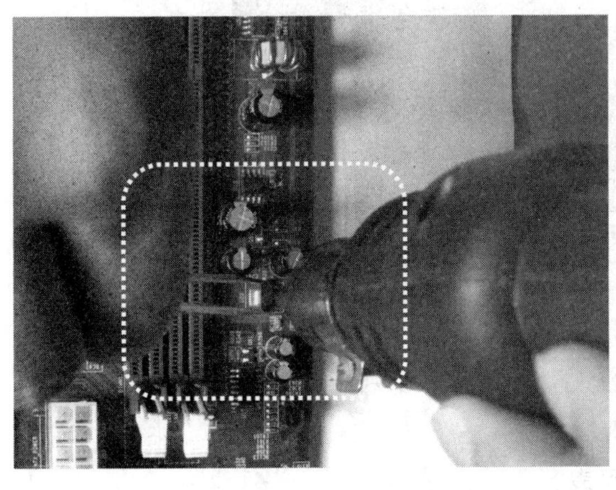

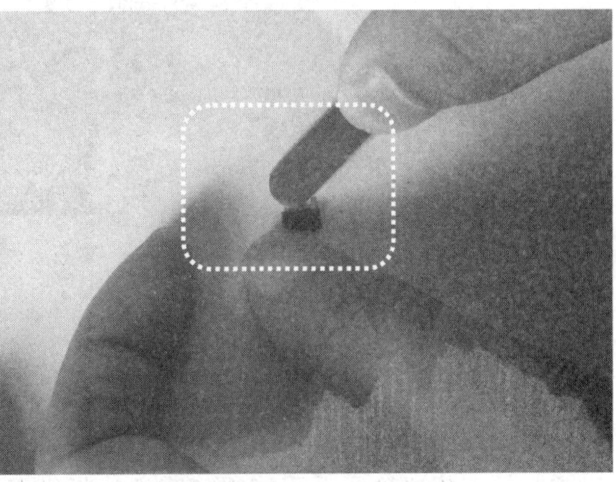

图 12-23　焊下并清洁待测集成稳压器

（3）清洁完成后，将数字万用表的功能旋钮旋至二极管挡。

（4）用万用表的分别去测集成稳压器 GND 引脚（中间引脚）与其他两个引脚间的阻值，具体操作步骤如图 12-24 所示。

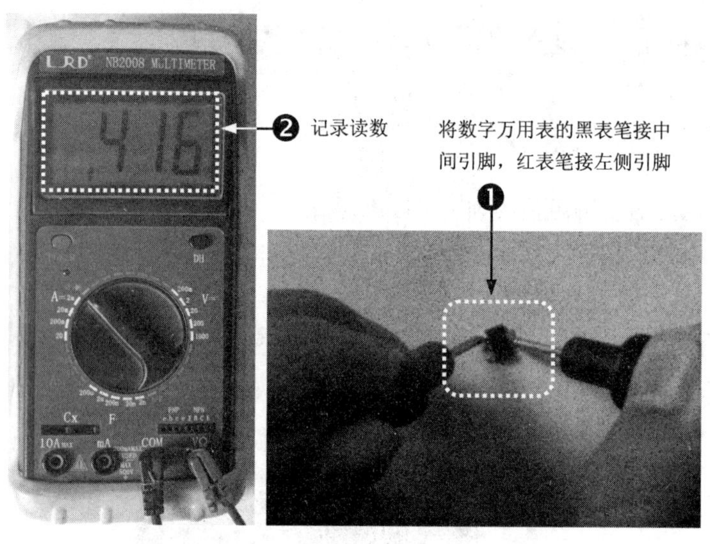
NB2008 MULTIMETER
.416
❷ 记录读数
将数字万用表的黑表笔接中间引脚，红表笔接左侧引脚
❶

（a）第一次测量

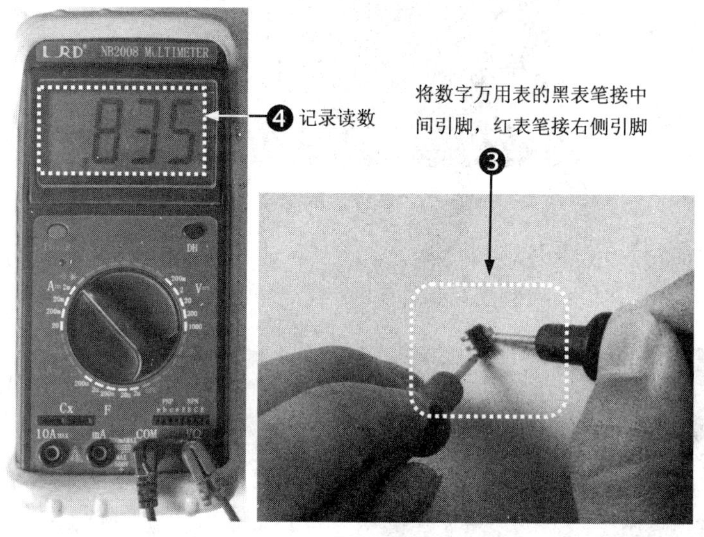
NB2008 MULTIMETER
.835
❹ 记录读数
将数字万用表的黑表笔接中间引脚，红表笔接右侧引脚
❸

（b）第二次测量

图 12-24　集成稳压器的检测

结论：由于测量的电阻值不是“0”和“无穷大”，因此可以判断此集成稳压器基本正常，不存在开路或短路故障。

2．检测集成稳压器引脚阻值实训（指针万用表）

除采用数字万用表的二极管挡进行检测外，还可以使用指针万用表的 R×1k 挡进行检测。

（1）观察待测集成稳压器，看待测集成稳压器是否有烧焦或针脚断裂等明显的物理损坏。如果有，集成稳压器已发生损坏，本次检测的集成稳压器外形完好，需进一步进行测量。

（2）将待测集成稳压器用电烙铁取下，接着清洁集成稳压器的引脚，去除引脚上的污物，以避免因油污的隔离作用影响检测结果。

（3）清洁完成后，将指针万用表的功能旋钮旋至“R×1k”挡，并调零校正。

（4）用万用表的分别去测集成稳压器 GND 引脚（中间引脚）与其他两个引脚间的阻值，具体操作步骤如图 12-25 所示。

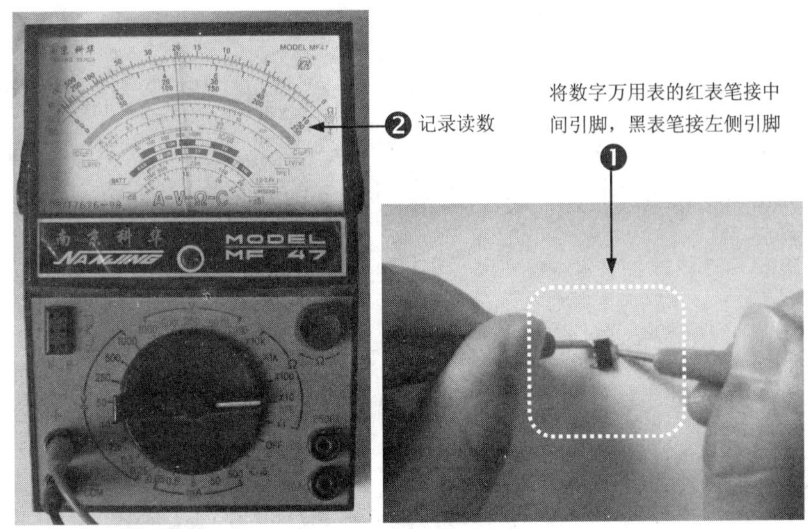

（a）第一次测量

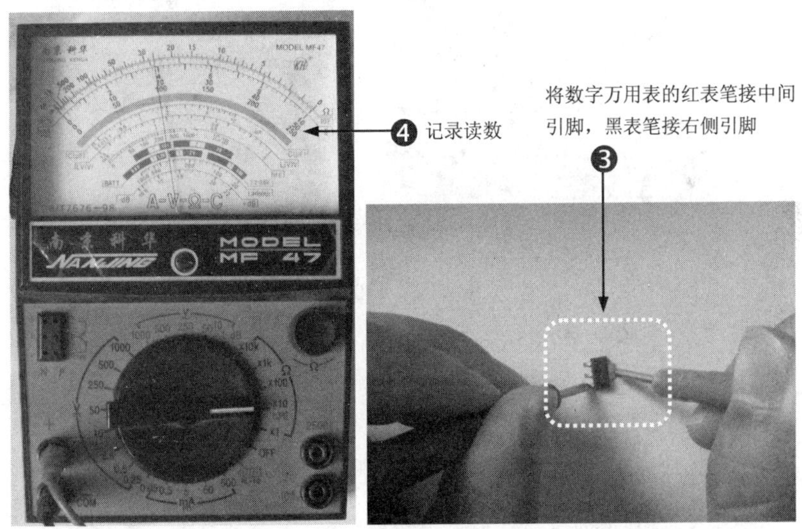

（b）第二次测量

图 12-25　集成稳压器的检测

结论：由于测量的电阻值不是“0”和“无穷大”，因此可以判断此集成稳压器基本正常，不存在开路或短路故障。

3．检测集成稳压器的输出电压实训

用对地电压法检测集成稳压器的好坏方法如下：

（1）检查待测集成稳压器的外观，看待测集成稳压器是否有烧焦或针脚断裂等明显的物理损坏。如果有，该集成稳压器已不能正常使用了，本次检测的双向晶闸管外形完好，需要进一部进行检测是否正常。

（2）清洁待测集成稳压器的引脚以避免因油污的隔离作用而影响测量的准确性。

（3）将待测集成稳压器电路板接上正常的工作电压。

（4）将数字万用表旋至直流电压挡的量程 20 挡。

（5）先给电路板通电，将数字万用表的红表笔接集成稳压器电压输出端引脚，黑表笔接地，记录其读数。如果输出端电压正常，则稳压器正常；如果输出端电压不正常，继续测量输入端电压。将数字万用表的红表笔接集成稳压器的输入端，黑表笔接地，记录其读数；具体操作步骤如图 12-26 所示。

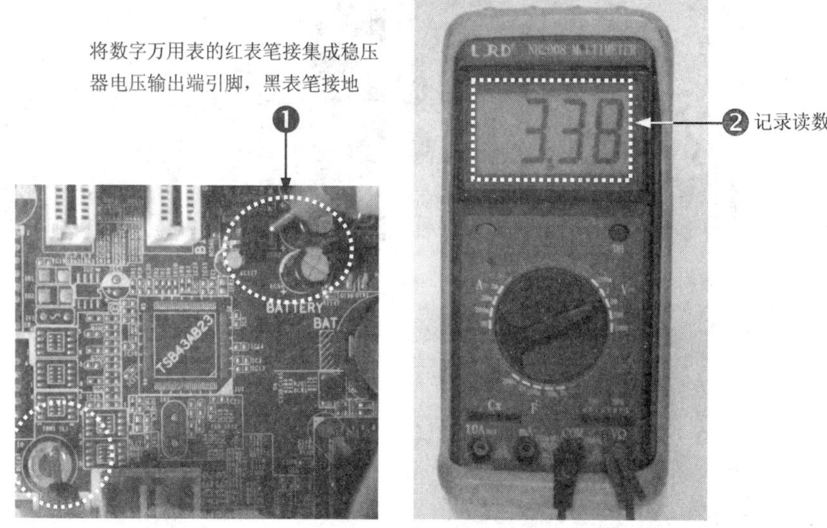

（a）输出端的对地电压

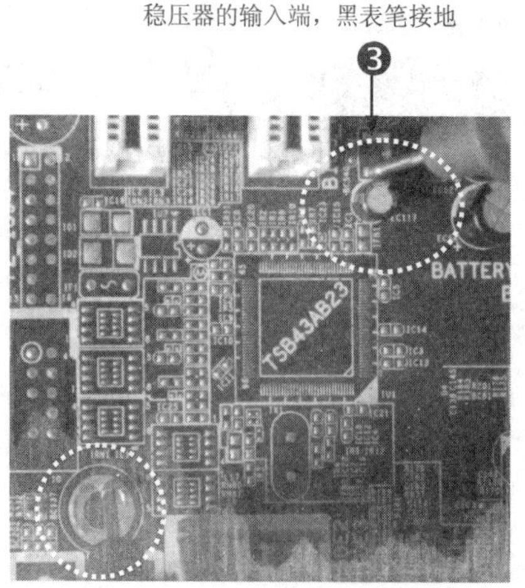

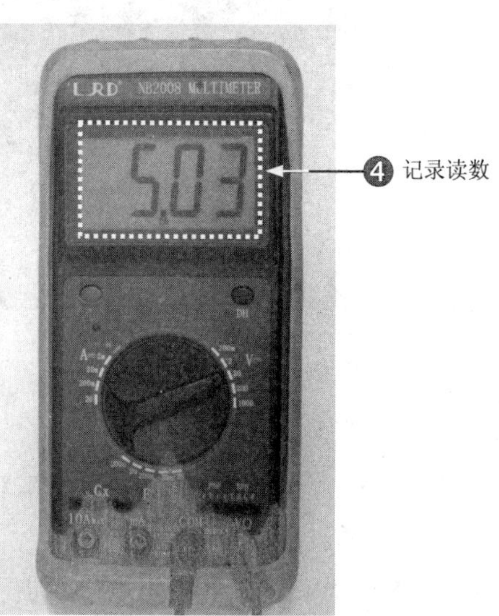

（b）输入端的对地电压

图 12-26　集成稳压器输出/入端对地电压检测

结论：如果输入端电压正常，输出端电压不正常，则稳压器或稳压器周边的元器件可能有问题。接着检查稳压器周边的元器件，如果周边元器件正常，则稳压器有问题，需更换稳压器。

12.9.2 数字集成电路的检测实训

通常采用开路检测数字集成电路对地电阻的方法，检测数字集成电路是否正常。

（1）首先观察待测数字集成电路的物理形态，看待测数字集成电路是否有烧焦或针脚断裂等明显的物理损坏。如果有，数字集成电路已发生损坏，如图 12-27 所示，可见本次检测的数字集成电路外形完好，需进一步进行测量。

（2）用热风焊台将待测数字集成电路取下，接着清洁数字集成电路的引脚，去除引脚上的污物，以避免因油污的隔离作用而影响检测结果，如图 12-28 所示。

图 12-27　观察待测集成电路

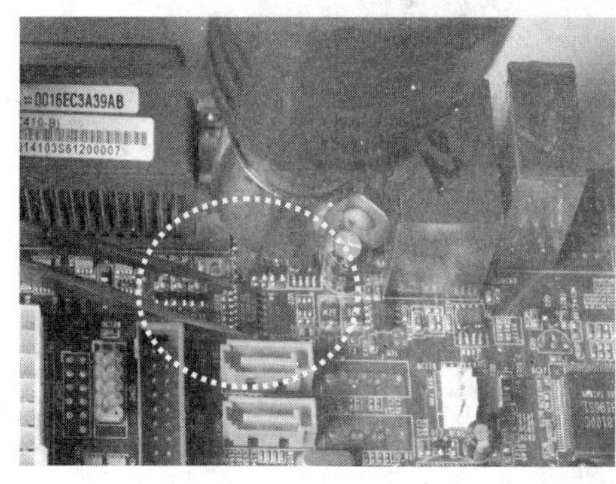

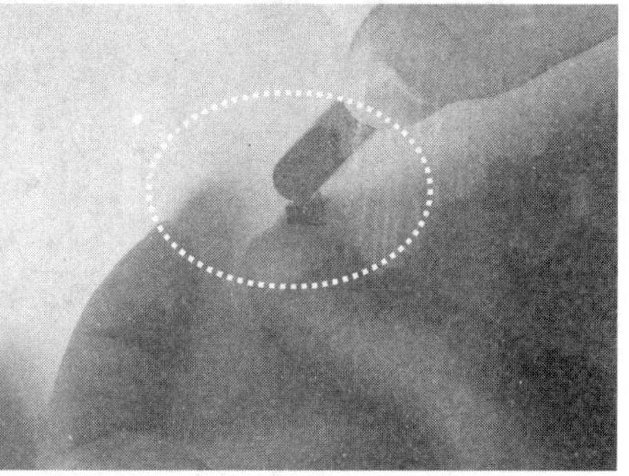

图 12-28　焊下并清洁待测集成电路引脚

（3）清洁完成后，将数字万用表的功能旋钮旋至“二极管”挡。

（4）将数字万用表的黑表笔接数字集成电路的地端，红表笔分别与其他引脚相接去检测其他引脚与地端的正向电阻，具体操作步骤如图 12-29 所示。

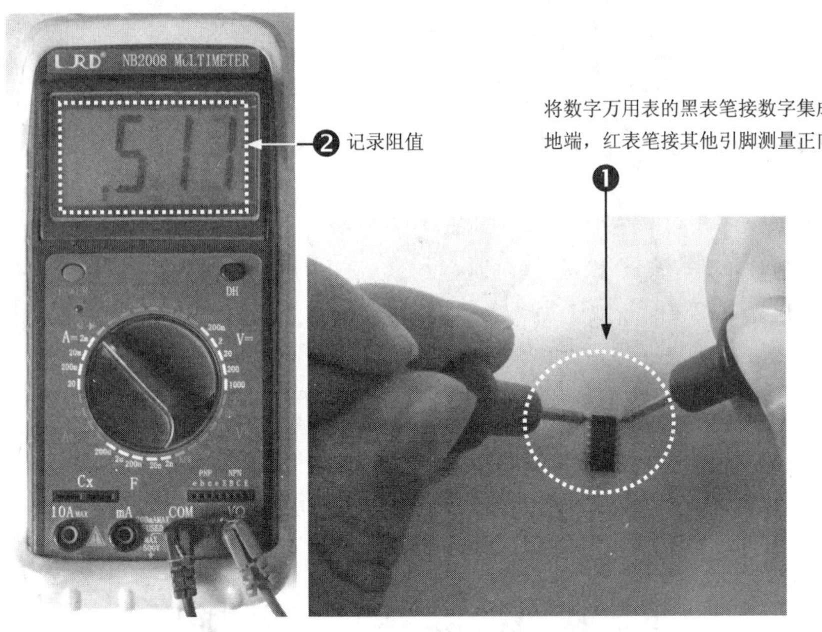
LRD NB2008 MULTIMETER
.517
❷ 记录阻值
将数字万用表的黑表笔接数字集成电路的地端，红表笔接其他引脚测量正向阻值
❶

（a）第一次测量

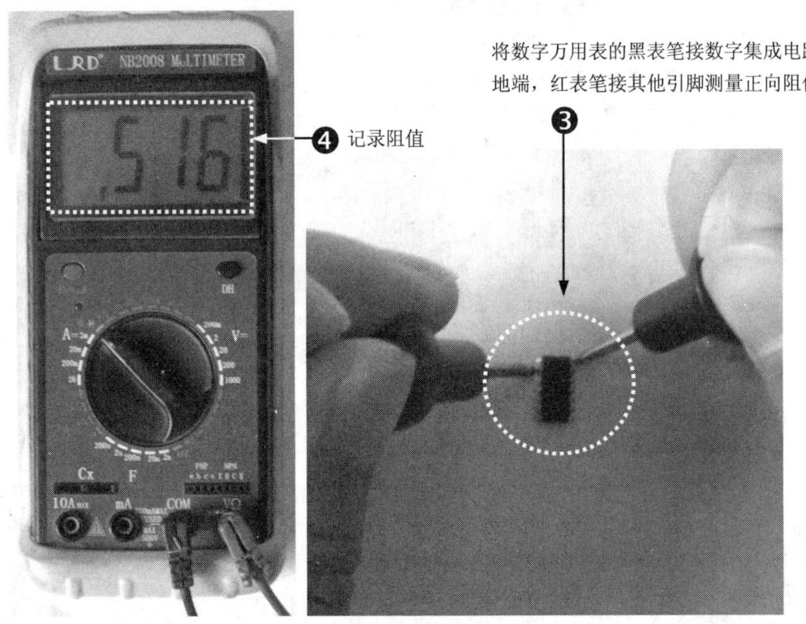
LRD NB2008 MULTIMETER
.516
❹ 记录阻值
将数字万用表的黑表笔接数字集成电路的地端，红表笔接其他引脚测量正向阻值
❸

（b）第二次测量

图 12-29　集成电路各引脚的正向对地电阻

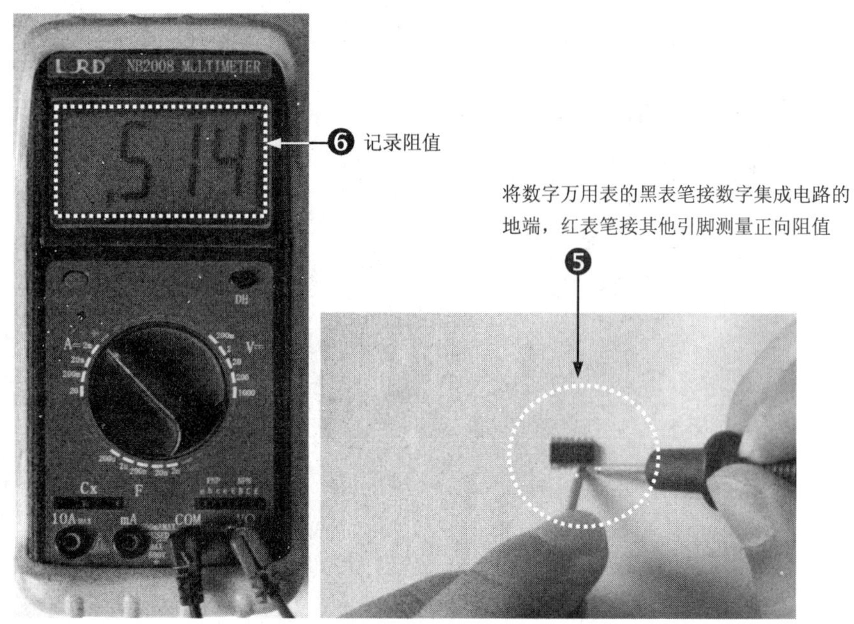

LRD NB2008 MULTIMETER
514
❻ 记录阻值
将数字万用表的黑表笔接数字集成电路的地端，红表笔接其他引脚测量正向阻值
❺

（c）最后一个引脚的检测

图 12-29　集成电路各引脚的正向对地电阻（续）

（5）将红表笔接地端，黑表笔接其他引脚，检测地端到其他引脚间的反向电阻，具体操作步骤如图 12-30 所示。

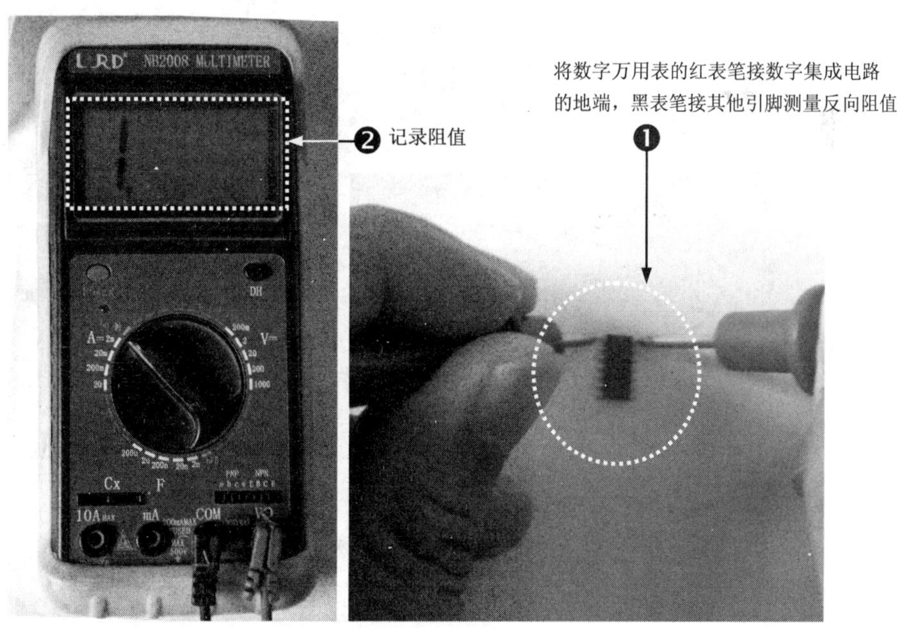

LRD NB2008 MULTIMETER
1.
❷ 记录阻值
将数字万用表的红表笔接数字集成电路的地端，黑表笔接其他引脚测量反向阻值
❶

（a）第一次检测

图 12-30　数字集成电路各引脚对地反向电阻

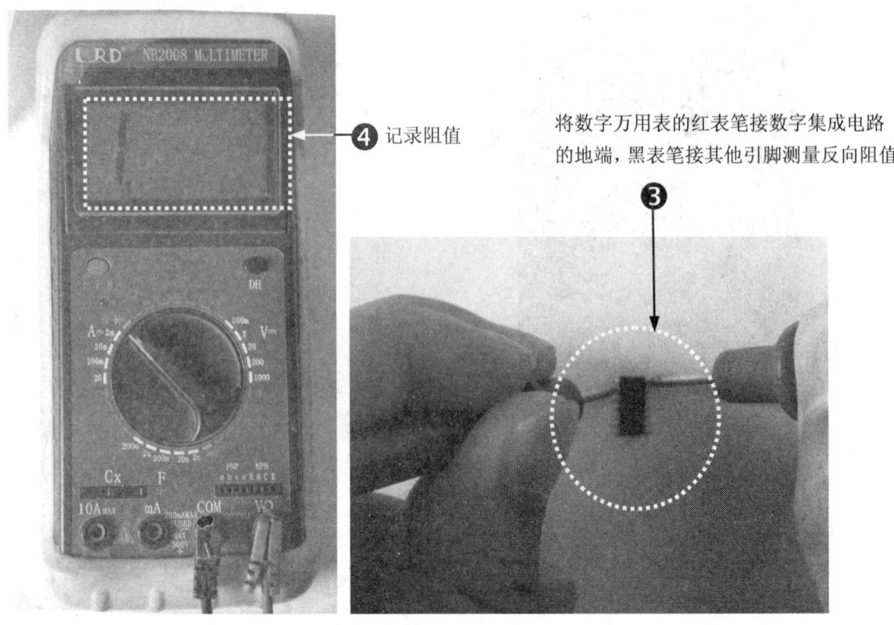

URD NB2008 MULTIMETER
4 记录阻值
将数字万用表的红表笔接数字集成电路的地端，黑表笔接其他引脚测量反向阻值
3

（b）第二次检测

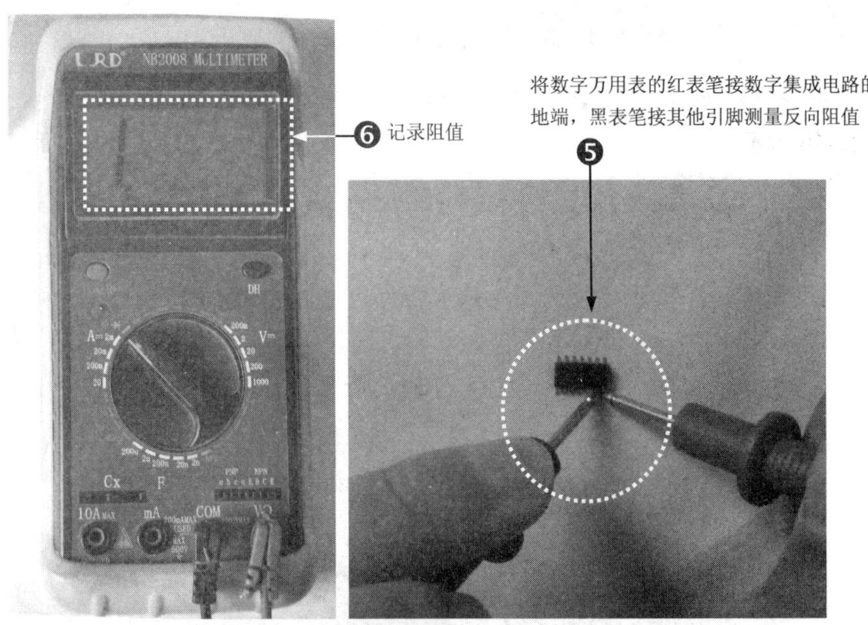

URD NB2008 MULTIMETER
6 记录阻值
将数字万用表的红表笔接数字集成电路的地端，黑表笔接其他引脚测量反向阻值
5

（c）最后一个引脚的检测

图 12-30　数字集成电路各引脚对地反向电阻（续）

结论：由于测得地端到其他引脚间的正向阻值为固定值，反向阻值为无穷大，因此该数字集成电路功能正常。